全国高职高专机电类专业规划教材

机械工程基础

主　编　张志光　邓良平
副主编　刘爱文　国　磊
主　审　苑章义

黄河水利出版社
·郑州·

内 容 提 要

本书是全国高职高专机电类专业规划教材，是根据教育部对高职高专教育的教学基本要求及中国水利教育协会全国水利水电高职教研会制定的机械工程基础课程标准编写完成的。全书共5篇，主要包括机械工程材料、热加工基础、钳工基础、机械切削基础和零件质量控制基础等内容。在编写过程中，编者把机械制造技术中传统的机械工程材料、热加工、钳工、机械切削加工、公差配合与测量技术等课程内容，进行了结构重构、结构优化，以机械制造的工艺为主线，介绍了机械制造各个工艺过程的基本理论知识和相关实践技术。

本书可作为高职高专院校机电类相关专业的教材，也可作为各类业余大学、函授大学及中等职业学校相关专业的教学参考书，并可供相关专业工程技术人员参考使用。

图书在版编目(CIP)数据

机械工程基础/张志光，邓良平主编.—郑州：黄河水利出版社，2013.3

全国高职高专机电类专业规划教材

ISBN 978-7-5509-0277-0

Ⅰ.①机… Ⅱ.①张… ②邓… Ⅲ.①机械工程-高等职业教育-教材 Ⅳ.①TH

中国版本图书馆CIP数据核字(2013)第003561号

组稿编辑：王路平 电话：0371-66022212 E-mail：hhslwlp@163.com

简　群　　66026749　w_jq001@163.com

出 版 社：黄河水利出版社

地址：河南省郑州市顺河路黄委会综合楼14层　邮政编码：450003

发行单位：黄河水利出版社

发行部电话：0371-66026940、66020550、66028024、66022620(传真)

E-mail：hhslcbs@126.com

承印单位：黄河水利委员会印刷厂

开本：787 mm×1 092 mm　1/16

印张：22

字数：510千字　　印数：1—4 100

版次：2013年3月第1版　　印次：2013年3月第1次印刷

定价：45.00元

前　言

本书是根据《教育部关于全面提高高等职业教育教学质量的若干意见》(教高[2006]16号)、《教育部关于推进高等职业教育改革创新引领职业教育科学发展的若干意见》(教职成[2011]12号)等文件精神,在中国水利教育协会指导下,由全国水利水电高职教研会组织编写的机电类专业规划教材。该套规划教材是在近年来我国高职高专院校专业建设和课程建设不断深化改革和探索的基础上组织编写的,内容上力求体现高职教育理念,注重对学生应用能力和实践能力的培养;形式上力求做到基于工作任务和工作过程编写,便于"教、学、练、做"一体化。该套规划教材是一套理论联系实际、教学面向生产的高职高专教育精品规划教材。

编写本书时,编者把机械制造技术中传统的机械工程材料、热加工、钳工、机械切削加工、公差配合与测量技术等课程内容,进行了结构重构、结构优化。以机械制造工艺为主线,介绍了机械制造各个工艺过程的基本理论知识和相关实践技术。本书共5篇,主要包括机械工程材料、热加工基础、钳工基础、机械切削基础和零件质量控制基础等内容。

本书力求突出工作过程和职业技能,突显校企合作,紧密联系生产实际,将岗位实践的知识、技术融入教材中,跟踪新技术,体现应用性。将以过程为导向的"工学结合"和以就业为导向的"双证教学"结合起来,构建高职大学生教学和就业的直接通道,更好地培养生产、建设、管理、服务第一线需要的"下得去、留得住、用得上、出绩效"的,实践能力强、具有良好职业道德的高素质技能型人才。

本书按86个学时编写,采用模块化结构,模块的开头配有"模块导入"、"技能要求",结束配有"拓展提高"、"练习题"等,教材的最后附有初级热处理工知识试卷、中级装配钳工知识试卷等及其答案。

本书编写人员及编写分工如下:山东水利职业学院张志光(模块1~2、模块12~14)、湖南水利水电职业技术学院邓良平(模块3~4)、沧州职业技术学院刘爱文(模块5~6)、沧州职业技术学院张雪娜(模块7)、山东水利职业学院国磊(模块8~9)、山东水利职业学院尹盛莲(模块10~11)。本书由张志光、邓良平担任主编,张志光负责全书统稿;由刘爱文、国磊担任副主编;由山东水利职业学院苑章义担任主审。

在本书的编写过程中,有关企业专家和技术人员给予了大力支持,中国五征集团高级工程师胡乃琴、山东省水电设备厂高级工程师耿相臣、山东同泰集团股份有限公司水泵厂总工程师仲勇军等对教材提出了许多宝贵的建议,在此特向他们表示衷心的感谢!

本书的编写参阅了一些国内外出版的同类书籍,在此特向有关作者表示衷心的感谢!

限于编者的水平,书中不妥之处在所难免,恳请有关专家、同行、读者批评斧正。

编　者

2012年10月

目 录

第1篇 机械工程材料

第2篇　热加工基础

第3篇　钳工基础

第4篇　机械切削加工基础

第5篇　零件质量控制基础

第1篇　机械工程材料

模块1　金属材料的性能

【模块导入】

在现代工业生产中,金属材料是工程材料的核心。因此,对于机械制造行业的高级技术应用型人才,掌握金属材料的性能就显得极为重要。

金属材料有三大类性能:一类是使用性能,它反映了金属材料在使用过程中所显示出来的特性,包括力学性能、物理性能和化学性能;一类是工艺性能,它反映了金属材料在制造加工过程中成形能力的各种特性,包括铸造性、锻造性、焊接性、热处理以及切削加工性;还有一类是经济性能。

【技能要求】

掌握金属材料的强度、塑性、硬度等力学性能指标的检测方法,初步判别材料优劣;理解金属材料的物理性能、化学性能指标的含义,加深对材料使用性能的认识,做到材料的合理选用与防护;了解金属材料的工艺性能,认识材料在制造加工过程中的各种成形能力。

1.1　金属材料的力学性能

机械零件或工具在使用过程中受到各种载荷的作用。金属材料的力学性能是指金属材料在载荷作用下所反映出来的一系列性能,主要有强度、塑性、硬度、韧性和疲劳极限等。

1.1.1　强度

强度是指材料在外力作用下抵抗塑性变形和断裂的能力。

按外力性质的不同,强度可分为屈服强度、抗拉强度、抗压强度、抗弯强度、抗剪强度等。工程上,用来表示金属材料强度的指标主要有屈服强度和抗拉强度。

作为材料性能的重要指标,金属材料的强度是通过拉伸试验测定出来的。低碳钢拉伸试件与特性曲线如图1-1所示。

1.1.1.1　屈服强度

当载荷增至 F_s 时,拉伸曲线呈直线状,即试样所承受的载荷几乎不变,但却产生了较为明显的塑性变形,材料的这种现象称为屈服现象。

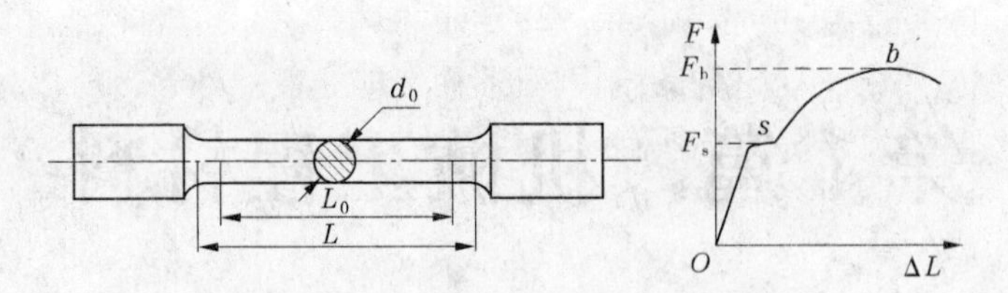

图 1-1　低碳钢拉伸试件与特性曲线

屈服强度是指试样在外力作用下开始产生明显塑性变形时的应力，常用 σ_s 表示，且

$$\sigma_s = \frac{F_s}{A_0} \ (\text{MPa}) \tag{1-1}$$

式中　F_s——试样产生塑性变形时的载荷，即拉伸曲线中 s 点所对应的外力，N；

A_0——试样的原始横截面面积，mm^2。

1.1.1.2　抗拉强度

抗拉强度是指试样断裂前所承受的最大应力，又称强度极限，常用 σ_b 表示，且

$$\sigma_b = \frac{F_b}{A_0} \ (\text{MPa}) \tag{1-2}$$

式中　F_b——试样被拉断前所承受的最大外力，即拉伸曲线上 b 点所对应的外力，N；

A_0——试样的原始横截面面积，mm^2。

金属材料必须在小于其 σ_s 的条件下工作，否则会引起零件的塑性变形；金属材料不能在超过其 σ_b 的条件下工作，否则会导致零件的毁坏。因此，屈服强度和抗拉强度在选择金属材料、进行机械设计时有着重要意义。

1.1.2　塑性

塑性是指材料在静载荷作用下产生不可逆永久变形的性能。评定材料塑性的指标有断后伸长率和断面收缩率。

1.1.2.1　断后伸长率

断后伸长率是指试样拉断后的标距的伸长量与原始标距的百分比，用 δ 表示，即

$$\delta = \frac{L_1 - L_0}{L_0} \times 100\% \tag{1-3}$$

式中　L_0——试样的原始标距，mm；

L_1——试样拉断后的标距，mm。

1.1.2.2　断面收缩率

断面收缩率是指试样拉断后缩颈处横截面面积的最大缩减量与原始横截面面积的百分比，用 ψ 表示，即

$$\psi = \frac{S_0 - S_1}{S_0} \times 100\% \tag{1-4}$$

式中　S_0——试样的原始横截面面积，mm^2；

S_1——试样拉断后缩颈处的横截面面积，mm^2。

塑性直接影响到零件的成形和使用。塑性好的材料，不仅能顺利地进行轧制、锻压等成形工艺，而且在使用中一旦超载，由于可变形而能防止突然断裂。所以，大多数机械零件除要求具有较高的强度外，还必须有一定的塑性。

通常，将断后伸长率是否达到5%作为划分塑性材料和脆性材料的判据。

1.1.3 硬度

硬度是指材料表面抵抗局部变形，特别是塑性变形、压痕或划痕的能力，是衡量材料软硬的一个综合指标。

通常情况下，材料的硬度越高，则耐磨性越好，故将硬度值作为衡量材料耐磨性的重要指标之一。

硬度值的测定有压入法、划痕法和回跳法等，通常使用压入法。把规定的压头压入金属材料的表面层，然后根据压痕的面积或深度来确定其硬度值。根据压头和压力的不同，常用的硬度指标有布氏硬度（HBS、HBW）、洛氏硬度（HRA、HRB、HRC）和维氏硬度（HV）。

1.1.3.1 布氏硬度

布氏硬度的试验原理是用直径为 D 的淬火钢球或硬质合金球，以相应的试验力 F 压入试样表面，保持规定的时间后卸除试验力，在试样表面留下球形压痕，如图1-2所示。布氏硬度值用球面压痕单位面积上所承受的平均压力来表示。用淬火钢球作压头时，布氏硬度用符号HBS表示；用硬质合金球作压头时，布氏硬度用符号HBW表示。

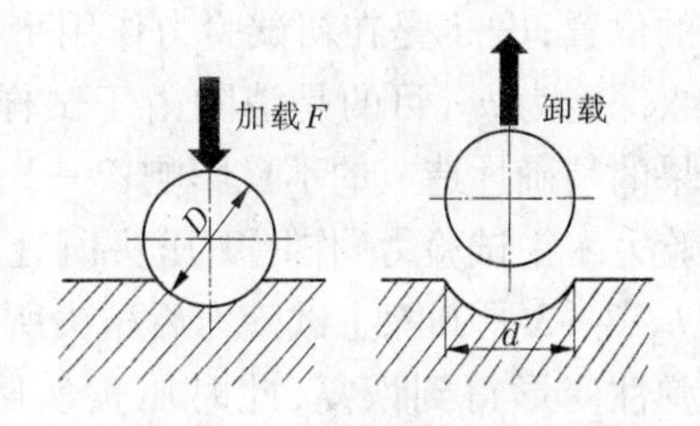

图1-2 布氏硬度试验原理

$$\text{HBS(HBW)} = 0.102 \times \frac{2F}{\pi D(D - \sqrt{D^2 - d^2})} \tag{1-5}$$

式中 HBS(HBW)——淬火钢球（硬质合金球）试验的布氏硬度值；

F——试验力，N；

d——压痕平均直径，mm；

D——淬火钢球（硬质合金球）的直径，mm。

布氏硬度的单位为MPa，但习惯上只写明硬度值而不标出单位。

由布氏硬度值的计算公式可以看出，当所加试验力 F 与淬火钢球（或硬质合金球）直径 D 已选定时，硬度值HBS(HBW)只与压痕平均直径 d 有关。d 越大，则HBS(HBW)值越小，表明材料越软；d 越小，则HBS(HBW)值越大，表明材料越硬。

国标规定，除采用淬火钢球（或硬质合金球）直径 D 为10 mm，试验力 F 为3 000 kgf（29 421 N），保持时间10～15 s的试验条件外，在其他试验条件下测得的硬度值，应在符号HBS(HBW)的后面用相应的数字注明压头直径、试验力大小和试验力保持时间。

如120HBS10/1000/30，表示用10 mm的淬火钢球作压头，在1 000 kgf（9 807 N）的试验力作用下，保持时间为30 s后所测得的硬度值为120。

如500HBW5/750，表示用5 mm的硬质合金球作压头，在750 kgf（7 355 N）的试验力作用下，保持时间为 10～15 s 后所测得的硬度值为500。

淬火钢球用于测定硬度 HBS <450 的金属材料，如灰铸铁、有色金属以及经退火、正火和调质处理的钢材等。为了避免压头变形，可用硬质合金球作压头，它适用于测定硬度 HBW <650 的金属材料(目前，我国布氏硬度试验机的压头主要是淬火钢球)。

布氏硬度试验的特点：试验时使用的压头直径较大，在试样表面上留下的压痕也较大，测得的硬度值比较准确，但对金属表面的损伤较大，不易测定太薄工件的硬度，也不适于测定成品件的硬度。

布氏硬度试验常用来测定原材料、半成品及性能不均匀材料(如铸铁)的硬度。

1.1.3.2 洛氏硬度

测量洛氏硬度时，以顶角为 120°的金刚石圆锥体或直径为 1.588 mm 的淬火钢球作压头，以规定的试验力使其压入试样表面。试验时，首先加初试验力，然后加主试验力，压入试样表面之后卸除主试验力，在保留初试验力的情况下，根据试样表面压痕深度，确定被测金属材料的洛氏硬度值。

如图 1-3 所示，0—0 为金刚石压头还没有和试样接触的位置；1—1 是在初试验力作用下压头所处的位置，压入深度为 h_1，目的是消除由于试样表面粗糙对试验结果的精确性造成的不良影响；2—2 是在总试验力(初试验力 + 主试验力)作用下压头所处的位置，压入深度为 h_2；3—3 是卸除主试验力后压头所处的位置，由于金属弹性变形得到恢复，此时压头实际压入深度为 h_3。故由于主试验力所引起的塑性变形而使压头压入深度为 $h = h_3 - h_1$。洛氏硬度值由 h 的大小确定，压入深度 h 越大，硬度越低；反之，则硬度越高。一般来说，按照人们习惯上的认识，数值越大，硬度越高。因此，采用一个常数 c 减去 h 来表示硬度的高低，并用每 0.002 mm 的压痕深度为一个硬度单位。由此获得的硬度值称为洛氏硬度值，用符号 HR 表示，且

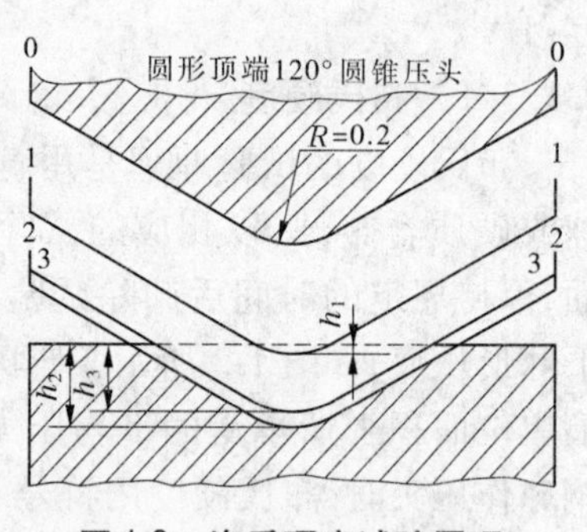

图 1-3　洛氏硬度试验原理

$$\mathrm{HR} = \frac{c - h}{0.002} \tag{1-6}$$

式中　c——常数，对于 HRC、HRA，c 取 0.2；对于 HRB，c 取 0.26。

由此获得的洛氏硬度值 HR 为无量纲数值，试验时可从试验机指示器上直接读出。

上述洛氏硬度的三种标尺(HRC、HRA、HRB)中，以 HRC 应用最多，一般经淬火处理的钢或工具都采用 HRC 测量。在中等硬度情况下，洛氏硬度 HRC 与布氏硬度 HBS 之间的比例关系约为 1:10，如 40 HRC 相当于 400 HBS。布氏硬度 HBS 与抗拉强度 σ_b 之间的关系约为：低碳钢 $\sigma_b = 3.6$ HB；高碳钢 $\sigma_b = 3.4$ HB；合金调质钢 $\sigma_b = 0.33$ HB；铸铁 $\sigma_b = \frac{\mathrm{HB} - 40}{6}$。

洛氏硬度试验的优点如下所述：

(1)操作简单迅速，效率高，可直接从指示器上读出硬度值；

(2)压痕小,故可直接测量成品或较薄工件的硬度;

(3)对于 HRA 和 HRC 采用金刚石压头,可测量高硬度薄层和深层的材料。

洛氏硬度试验的缺点:由于压痕小,测得的数值不够准确,通常要求在试样不同部位测定四次以上,取其平均值为该材料的硬度值。

1.1.3.3 维氏硬度

布氏硬度试验不适用于测定硬度较高的材料。洛氏硬度试验虽然可用于测定软材料和硬材料,但其硬度值不能进行比较。维氏硬度(符号为 HV)试验可以测量从软到硬的各种材料以及金属零件的表面硬度,并有连续一致的硬度标尺。其优点是试验力可以任意选择,特别适用于表面经强化处理的机械零件和很薄的产品。但维氏硬度试验的效率不是很高,不适用于成批生产产品的常规检验。

1.1.4 韧性

材料断裂前吸收的变形能量称为韧性,韧性的常用指标为冲击韧度。

冲击韧度通常采用摆锤冲击试验机测定(夏比试验)。测定时,一般是将带有缺口的标准冲击试样(参见 GB/T 3808—2002)放在试验机上,然后用摆锤将其一次冲断,并以试样缺口处单位横截面面积上所吸收的冲击功表示其冲击韧度。即

$$a_k = \frac{A_k}{A} \quad (\mathrm{J/cm^2}) \tag{1-7}$$

式中 a_k——冲击韧度(冲击值);

A_k——冲断试样所消耗的冲击功,J;

A——试样缺口处的横截面面积,cm^2。

对于脆性材料(如铸铁、淬火钢等)的冲击试验,试样一般不开缺口,因为开缺口的试样冲击值过低,难以比较不同材料冲击性能的差异。

冲击值的大小与很多因素有关。它不仅受试样形状、表面粗糙度、内部组织的影响,还与试验时的环境温度有关。因此,冲击值一般作为选择材料的参考,不直接用于强度计算。

必须注意:承受冲击载荷的机械零件,很少是在大能量下一次冲击而破坏的,如连杆、曲轴、齿轮等。因此,在大能量、一次冲断的条件下来测定冲击韧度,虽然方法简单,但对大多数在工作中承受小能量、重复冲击的机械零件不一定合适。试验研究表明:在冲击力不太大的情况下,金属材料承受多次重复冲击的能力主要取决于强度,而不是冲击韧度。例如,用球墨铸铁制造的曲轴,只要强度足够,其冲击韧度达到 8 ~ 15 $\mathrm{J/cm^2}$时,其使用性能就能够得到满足。

冲击值对组织缺陷很敏感,它能反映出材料品质、宏观缺陷和显微组织等方面的变化。因此,冲击试验是生产上用来检验冶炼、热加工和热处理等工艺质量的有效方法。

1.1.5 疲劳极限

许多机械零件,如曲轴、齿轮、连杆、弹簧等是在周期性或非周期性动载荷(称为疲劳载荷)的作用下工作的。这些承受疲劳载荷的机械零件发生断裂时,其应力值往往低于该材料的强度极限,这种断裂称为疲劳断裂。

金属材料所承受的疲劳应力 σ 与其断裂前的应力循环次数 N 具有如图 1-4 所示的疲劳曲线关系。当应力下降到某值之后，疲劳曲线成为水平线，这表示该材料可经受无数次应力循环而不发生疲劳断裂，这个应力值称为疲劳极限或疲劳强度，也就是金属材料在无数次循环载荷作用下不至于引起断裂的最大应力，当应力按正弦曲线对称循环时，疲劳强度以符号 σ_{-1} 表示。

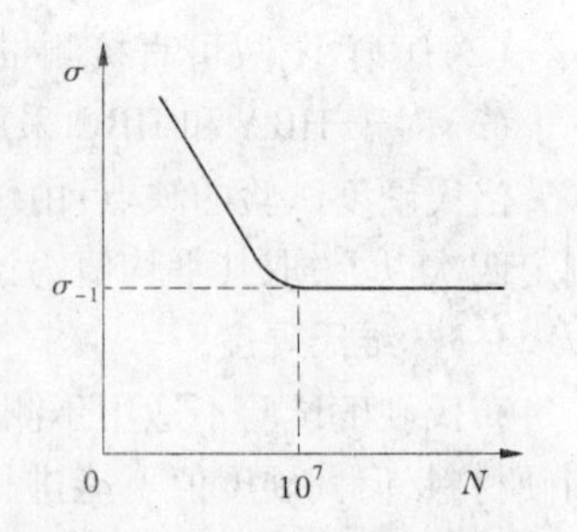

图 1-4　疲劳曲线示意图

由于实际测试时不可能做到无数次应力循环，故规定各种金属材料应有一定的应力循环基数。如钢材以 10^7 为基数，即钢材的应力循环次数达到 10^7 仍不发生疲劳断裂，就认为不会发生疲劳断裂了。对于非铁合金和某些超高强度钢，则常取 10^8 为基数。

产生疲劳断裂的原因：一般认为是由于材料含有杂质、表面有划痕及其他能引起应力集中的缺陷，导致产生微裂纹。这种微裂纹随应力循环次数的增加而逐渐扩展，致使机械零件有效截面逐步缩减，直至不能承受载荷而突然断裂。

统计表明，在失效的机械零件中，大约 80% 以上属于疲劳破坏。为了提高机械零件的疲劳强度，除应改善其结构形状、减少应力集中外，还可采取表面强化的方法，如提高机械零件的表面质量，采用喷丸处理、表面热处理等。同时，应控制材料的内部质量，避免气孔、夹杂等缺陷。

1.2　金属材料的物理性能和化学性能

1.2.1　金属材料的物理性能

金属材料固有的一些属性称为物理性能，主要包括密度、熔点、导电性、导热性、热膨胀性和磁性等。

1.2.1.1　密度

密度是指金属材料单位体积的质量，单位为 kg/m^3。

在机械制造中，一般将密度小于 $5\times10^3\ kg/m^3$ 的金属称为轻金属（如 Al、Sn 等）；密度大于 $5\times10^3\ kg/m^3$ 的金属称为重金属（如 Fe、Pb 等）。

在实际工作中，常用密度计算大型零件的质量。某些机械零件在选材时，必须考虑金属的密度，如发动机中要求质轻、运动时惯性小的活塞，通常采用密度小的铝合金制成。在航空工业领域中，密度更是选用材料所考虑的关键性能指标之一。

1.2.1.2　熔点

金属由固态转变为液态时的温度称为熔点。大多数金属都有固定的熔点，一般以 700 ℃为分水岭，将金属分为易熔金属（如 Sn、Pb、Zn 等）和难熔金属（如 W、Mo、V 等）。

熔点是制定热加工工艺规程的重要依据之一。常用易熔金属制造熔断器、防火安全阀等零件；难熔金属可制造耐高温零件，在航空、航天领域中有着广泛的应用。

1.2.1.3 导电性

金属能够传导电流的性能称为导电性。材料的导电性一般用电阻率来表示,电阻率越小,导电性就越好。金属材料一般具有良好的导电性,Ag 的导电性最好,Cu、Al 次之。

材料的导电性随合金成分的复杂化而降低,因而纯金属导电性总是比合金好。为此,工业上常用纯铜、纯铝作为导电材料;而用电阻大的铜合金作为电阻材料。

1.2.1.4 导热性

材料的导热性用热导率来表示。材料的热导率越大,说明导热性越好。一般来说,金属纯度越高,其导热能力越强,金属的导热能力以 Ag 为最好,Cu、Al 次之。

导热性好的金属散热性能也好,在制造散热器、热交换器等零件时,就要注意选用导热性好的金属。

1.2.1.5 热膨胀性

对精密仪器或机械零件,热膨胀性是一个非常重要的性能指标。当不同金属材料之间进行焊接时,常因金属材料的热膨胀性相差过大使得焊件产生变形或破坏,从而不能保证产品质量。

热膨胀的大小,通常用线胀系数或体胀系数来表示。线胀系数的计算公式如下:

$$\alpha_L = \frac{L_2 - L_1}{L_1 t} \quad (1/℃) \tag{1-8}$$

式中 L_1——膨胀前长度,mm;

L_2——膨胀后长度,mm;

t——膨胀前后温度差,℃;

α_L——材料线胀系数,1/℃。

【例 1-1】 有一车工,车削一根长 1 000 mm 的黄铜棒,车削时黄铜棒温度由 10 ℃升高到 30 ℃,求这时黄铜棒的长度为多少(黄铜线胀系数为 0.000 017 8 1/℃)?

解 将 $\alpha_L = 0.000\,017\,8$ 1/℃,$L_1 = 1\,000$ mm,$t = 30$ ℃ $- 10$ ℃ $= 20$ ℃,代入公式:

$$\alpha_L = \frac{L_2 - L_1}{L_1 t} \quad (1/℃)$$

得

$$L_2 = 0.000\,017\,8 \times 20 \times 1\,000 + 1\,000 = 1\,000.356(\text{mm})$$

因此,这时黄铜棒的长度为 1 000.356 mm。

在例 1-1 中,由于车床夹头和顶针间的距离一般是固定的,在这种情况下,工件(特别是细长轴)往往因膨胀而发生弯曲。所以,在加工细长轴时,常常采用弹性顶针,或在工件车削时注意工件的充分冷却。

1.2.1.6 磁性

材料能够导磁的性能称为磁性。磁性材料又分为软磁性材料(如电工用纯铁、硅钢片等)和硬磁性材料(如淬火的钴钢、稀土钴等)。许多金属(如 Fe、Ni、Co 等)都具有较高的磁性,也有许多金属(如 Al、Cu、Pb 等)是无磁性的。

常用金属材料的物理性能见表 1-1。

1.2.2 金属材料的化学性能

金属材料的化学性能是指金属与周围介质接触时抵抗发生化学反应或电化学反应的性能。

表 1-1　常用金属材料的物理性能

金属名称	符号	密度 ρ $(kg/m^3) \times 10^3$	熔点 (℃)	热导率 λ (W/(m·k))	线胀系数 α_L $(\times 10^{-6}/℃)$	电阻率 ρ $(10^{-6}\Omega \cdot m)$	电导率 (%)
银	Ag	10.49	960.8	418.6	19.7	1.5	100
铝	Al	2.698 4	660.1	221.9	23.6	2.655	60
铜	Cu	8.96	1 083	393.5	17.0	1.68	95
铬	Cr	7.19	1 903	67	6.2	12.9	12
铁	Fe	7.87	1 538	75.4	11.76	9.7	16
镁	Mg	1.74	650	153.7	24.3	4.47	36
锰	Mn	7.43	1 244	4.98	37	185	0.9
镍	Ni	8.90	1 453	92.1	13.4	6.84	23
钛	Ti	4.508	1 677	15.1	8.2	44.5	3.4
锡	Sn	7.298	231.91	62.8	2.3	11.5	14
钨	W	19.3	3 380	166.2	4.6	5.1	29

1.2.2.1　耐腐蚀性

耐腐蚀性是指金属材料在常温下抵抗周围各种介质侵蚀的能力，常用的耐腐蚀性材料有不锈钢、塑料、陶瓷、钛及其合金等。

根据金属腐蚀过程的不同，金属腐蚀又分为化学腐蚀和电化学腐蚀两类。金属材料的腐蚀绝大多数是由电化学腐蚀引起的，电化学腐蚀比化学腐蚀快得多，危害性也更大。

1.2.2.2　抗氧化性

抗氧化性是指金属材料在高温下抵抗产生氧化皮的能力。常用的抗氧化性材料有耐热钢、铬镍合金、铁铬合金等。工业用的锅炉、加热设备、汽轮机、喷气发动机等，有许多零件在高温下工作，要求制造这些零件的材料具有良好的抗氧化性。

据统计，全世界每年钢铁因锈蚀损耗的数量占年产量的1/10左右。因此，采取必要的措施提高金属材料的耐腐蚀性是十分必要的。目前，工程上经常采用的防腐蚀方法主要有以下几种：

(1)选择合理的防腐蚀材料；

(2)采用覆盖法防腐蚀；

(3)改善腐蚀环境；

(4)采用电化学保护法。

1.3　金属材料的工艺性能

金属材料的工艺性能是指材料在各种加工条件下成形的能力，如铸造性能、焊接性能、锻造性能、切削加工性能、冲压性能和热处理工艺性等。材料的工艺性能好坏，决定着其加工成形的难易程度，直接影响所制造零件的工艺方法、质量和制造成本。

1.3.1 铸造性能

铸造性能是指金属液体浇铸铸件时,金属易于成形并获得优质铸件的性能,包括流动性、收缩性和偏析现象等。含碳量高的铸铁和青铜的铸造性能较好。

1.3.2 焊接性能

焊接性能是指材料焊接时其工艺方法的难易程度及接口处是否能满足使用目的的特性。焊接性能的好坏一般用焊接处出现各类缺陷的倾向来评定。含碳量高的铸铁和铝合金的焊接性较差。含碳量小于0.25%的低碳钢的焊接性较好。

1.3.3 锻造性能

锻造性能是指金属材料在锻压加工中能承受塑性变形而不破裂的能力。含碳量越高,锻造性越差。低碳钢锻造性较好,合金钢锻造性较差。

1.3.4 切削加工性能

切削加工性能是指材料被切削加工成合格零件的难易程度。好的切削加工性能体现在:刀具耐用度较高;切削力较小,切削温度较低;容易获得良好的表面加工质量;容易控制切屑的形状或容易断屑等。含碳量太高,切削性差;含碳量太低,切削性也差。

1.3.5 冲压性能

冲压性能是指金属材料承受冲压变形加工而不破裂的能力。含碳量越高,冲压性能越差,而铸铁不能进行压力加工。

1.3.6 热处理工艺性

热处理工艺性是指材料被热处理时达到性能要求的难易程度,包括淬硬性、淬透性、变形开裂倾向、过热敏感性、回火脆性倾向、氧化脱碳倾向等。淬硬性是指钢淬火时获得高硬度的能力。含碳量越高,钢的淬硬性越好。淬透性是指钢获得淬透层深度的能力,与合金元素有关。

1.4 金属材料的经济性能

金属材料的经济性能是指在满足使用性能的前提下,尽量选用价格比较便宜的零件材料,注意降低零件的总成本。金属材料的经济性能主要从以下两个方面考虑。

1.4.1 材料本身价格

据有关资料统计,在一般的工业部门中,材料的直接成本通常占产品价格的30%~70%。

1.4.2 材料加工费用

碳钢的加工性能好于合金钢,有色金属的加工性能好于黑色金属,塑料类非金属材料的加工性能好于金属材料。

材料加工费用应从以下几个方面考虑:成形方法,在满足零件性能要求的前提下,能铸代锻,能焊代锻;优化机械加工工艺路线;改善企业现有生产条件等。

在金属材料中,钢铁材料因其优良的性能、良好的经济性、资源的可获取性以及应用领域的广泛性,成为国民经济建设极其重要的基础和支柱材料。因此,在满足零件机械性能的前提下优先选用碳钢和铸铁,不仅具有较好的加工工艺性,而且可以降低成本。

低合金钢由于强度比碳钢高,总的经济效益比较显著,近几年有扩大使用的趋势。此外,所选钢铁中应尽量少而集中,以便采购和管理。

1.5 拓展提高——布洛维硬度计

1.5.1 洛氏硬度、布氏硬度的区别和换算

硬度是衡量材料软硬程度的一个性能指标。硬度试验的方法较多,原理也不相同,测得的硬度值和含义也不完全一样。最普通的是静负荷压入法硬度试验,即布氏硬度(HB)、洛氏硬度(HRA、HRB、HRC)、维氏硬度(HV)等,硬度值表示材料表面抵抗坚硬物体压入的能力。

1.5.1.1 钢材的硬度

金属硬度(Hardness)的代号为H。按硬度试验方法的不同,常规表示有布氏、洛氏、维氏等,其中以HB及HRC较为常用。HB应用范围较广,HRC适用于表面高硬度材料,如热处理硬度等。两者区别在于硬度计的压头不同,布氏硬度计的压头为钢球,而洛氏硬度计的压头为金刚石。维氏硬度以120 kg以内的载荷和顶角为136°的金刚石方形锥压入材料表面,用材料压痕凹坑的表面积除以载荷值,即为维氏硬度值,HV适用于显微镜分析。

1.5.1.2 布氏硬度

布氏硬度一般用于较软的材料,如有色金属、热处理之前或退火后的钢铁。洛氏硬度一般用于硬度较高的材料,如热处理后的硬度等。布氏硬度是以一定大小的试验载荷,将一定直径的淬火钢球或硬质合金球压入被测金属表面,保持规定时间,然后卸荷,测量被测表面压痕直径,布氏硬度值是载荷除以压痕球形表面积所得的商。

1.5.1.3 洛氏硬度

洛氏硬度是以压痕塑性变形深度来确定硬度值的。当HB > 450或者试样过小时,不能采用布氏硬度试验而改用洛氏硬度计量。它是用一个顶角为120°的金刚石圆锥体或直径为1.58 mm的钢球,在一定载荷下压入被测材料表面,由压痕的深度求出材料的硬度,以0.002 mm作为一个硬度单位。根据试验材料硬度的不同,分以下三种不同的标度来表示:

(1)HRA。即采用60 kg载荷和钻石锥压入求得的硬度,用于硬度极高的材料(如硬质合金等)。

(2)HRB。即采用100 kg载荷和直径1.58 mm淬硬的钢球求得的硬度,用于硬度较低的材料(如退火钢、铸铁等)。

(3)HRC。即采用150 kg载荷和钻石锥压入求得的硬度,用于硬度很高的材料(如淬火钢等)。

1.5.1.4 洛氏硬度计与布氏硬度计

HRC和HB在生产中的应用都很广泛。HRC适用范围为20~67 HRC,相当于225~650 HB。若硬度高于此范围,则用洛氏硬度A标尺HRA,若硬度低于此范围,则用洛氏硬度B标尺HRB。洛氏硬度计的压头为金刚石圆锥。布氏硬度计的压头为淬火钢球或硬质合金球,试验载荷随球直径不同而不同,从31.25 kgf到3 000 kgf。

1.5.1.5 HB与HRC的互换

在一定条件下,HB与HRC可以查表互换。其可大概记为:1 HRC≈1/10 HB。

实践证明,金属材料的各种硬度值之间,硬度值与强度值之间具有近似的相应关系。这是因为硬度值是由起始塑性变形抗力和继续塑性变形抗力决定的,材料的强度越高,塑性变形抗力越大,硬度值也就越大。表1-2是常用范围内钢材的抗拉强度与维氏硬度、布氏硬度、洛氏硬度的对照表。

表1-2 几种常见指标的对照关系表

抗拉强度(MPa)	维氏硬度(HV)	布氏硬度(HB)	洛氏硬度(HRC)	抗拉强度(MPa)	维氏硬度(HV)	布氏硬度(HB)	洛氏硬度(HRC)
250	80	76.0	—	595	185	176	—
270	85	80.7	—	610	190	181	—
305	95	90.2	—	625	195	185	—
320	100	95.0	—	640	200	190	—
350	110	105	—	660	205	195	—
370	115	109	—	690	215	204	—
400	125	119	—	720	225	214	—
430	135	128	—	740	230	219	—
450	140	133	—	770	240	228	20.3
480	150	143	—	800	250	238	22.2
490	155	147	—	820	255	242	23.1
530	165	156	—	850	265	252	24.8
545	170	162	—	865	270	257	25.6
560	175	166	—	880	275	261	26.4

续表 1-2

抗拉强度（MPa）	维氏硬度（HV）	布氏硬度（HB）	洛氏硬度（HRC）	抗拉强度（MPa）	维氏硬度（HV）	布氏硬度（HB）	洛氏硬度（HRC）
900	280	266	27.1	1 740	530	（504）	51.1
930	290	276	28.5	1 810	550	（523）	52.3
950	295	280	29.2	1 845	560	（532）	53.0
995	310	295	31.0	1 920	580	（551）	54.1
1 030	320	304	32.2	1 955	590	（561）	54.7
1 060	330	314	33.3	2 030	610	（580）	55.7
1 095	340	323	34.4	2 070	620	（589）	56.3
1 125	350	333	35.5	2 105	630	（599）	56.8
1 190	370	352	37.7	2 180	650	（618）	57.8
1 220	380	361	38.8		660		58.3
1 290	400	380	40.8		680		59.2
1 320	410	390	41.8		690		59.7
1 350	420	399	42.7				61.0
1 420	440	418	44.5				61.8
1 455	450	428	45.3				63.3
1 485	460	437	46.1				64.0
1 555	480	（456）	47.7				65.3
1 595	490	（466）	48.4				65.9
1 630	500	（475）	49.1				66.4
1 700	520	（494）	50.5				67.5

1.5.2 布洛维硬度计

中国五征集团质量控制中心拥有 HBRV－187.5 布洛维硬度计两台（见图 1-5）。布洛维硬度计适用于黑色金属、有色金属、硬质合金、渗碳层和化学处理层的硬度测定。仪器可以进行洛氏标准测试（60～100～150 kgf）、布氏测试（31.25～62.5～187.5 kgf）和维氏测试（30～100 kgf），仪器配上显微镜就可在模拟型和数码型仪器上进行布氏和维氏压痕测量，且测量时又快又好。

图 1-5 布洛维硬度计

练习题

1. 选择题

(1)拉伸试验时,试样拉断前能承受的最大应力称为材料的(　　)。

A. 屈服点　　B. 抗拉强度　　C. 弹性极限

(2)现需测定某灰铸件的硬度,一般应选用(　　)来测定。

A. 布氏硬度计　　B. 洛氏硬度计　　C. 维氏硬度计

(3)洛氏硬度C标尺所用的压头是(　　)。

A. 淬火钢球　　B. 金刚石圆锥体　　C. 硬质合金球

(4)金属材料抵抗塑性变形或断裂的能力称为(　　)。

A. 塑性　　B. 硬度　　C. 强度

(5)材料的(　　)越好,则表示材料抗断裂能力就越好。

A. 强度　　B. 塑性　　C. 刚度

2. 填空题

(1)金属材料的性能包括________性能、________性能和________性能。

(2)大小不变或变动缓慢的载荷称为________载荷,突然增大的载荷称为________载荷,周期性或非周期性变动的载荷称为________载荷。

(3)洛氏硬度按选用的总试验力及压头类型的不同,常用的标尺有__________、__________和__________三种,它们的总试验力分别为588.4 N、980.7 N和1 471.0 N。

(4)金属材料抵抗________载荷作用而________的能力,称为冲击韧度,用符号________表示,单位为J/cm^2。

(5)填写下列机械性能指标的符号:屈服点________、抗拉强度________、洛氏硬度C标尺________、伸长率________、疲劳极限________。

3. 判断题

(1)拉伸试验可以测定金属材料的弹性、强度和塑性等多项指标。所以,拉伸试验是测试机械性能的重要方法。(　　)

(2)材料的屈服点越低,则允许的工作应力越高。(　　)

(3)材料的断后伸长率、断面收缩率数值越大,表明塑性越好。(　　)

(4)作布氏硬度试验时,若试验条件相同,其压痕直径越小,材料的硬度越低。(　　)

(5)钢的铸造性比铸铁好,故常用来铸造形状复杂的工件。(　　)

4. 综合题

(1)耐磨工件的硬化层应该采用哪种硬度试验方法来测定硬度?

(2)下列硬度标注方法是否正确？如果错误，如何改正？

A. HBS210 ~ 240　　　　B. 450 ~ 480HBS

C. 180 ~ 210HRC　　　　D. HRC20 ~ 25

(3)某低碳钢拉伸试样，直径为10 mm，标长为50 mm，屈服时拉力为18 840 N，断裂前的最大拉力为35 320 N，拉断后将试样接起来，标距之间的长度为73 mm，断口处截面直径为6.7 mm。求该低碳钢拉伸试样的σ_s、σ_b、δ、ψ，并估算该试样的硬度值。

(4)结合具体例子，说明选用材料时，如何综合考虑材料的物理性能、化学性能和工艺性能。

模块 2 金属的晶体结构与铁碳合金相图

【模块导入】

金属材料的各种性能,尤其是力学性能与其微观结构有关。物质的聚集状态为气态、液态和固态,大多数金属材料都能由液态转变为固态,并且在固态下使用。所以,认真分析和了解金属材料的固态结构及其形成过程、学习铁碳合金的基本组织及其相图、掌握铁碳合金相图在工业生产中的应用是十分必要的。

【技能要求】

了解金属材料的晶体结构;学习铁碳合金显微组织的特征;理解铁碳合金的化学成分、组织与力学性能之间的关系;掌握铁碳合金强化的具体措施,具有分析未知试样碳的质量分数和硬度的技能。

2.1 金属的晶体结构

2.1.1 晶体结构的基本知识

2.1.1.1 晶体与非晶体

固态物质的性能与原子在空间的排列情况有着密切的关系,固态物质按原子排列的特点可分为晶体与非晶体两大类。

凡原子按一定规律排列的固态物质称为晶体,如图 2-1(a)所示。在自然界中除一些少数的物质(如普通玻璃、松香等)外,包括金属在内的绝大多数固体都是晶体。

晶体的特点是:

(1)原子在三维空间中呈现有规则的周期性重复排列;

(2)具有一定的熔点,如 Fe 的熔点为 1 538 ℃,Cu 的熔点为 1 083 ℃;

(3)晶体的性能随着原子的排列方位而改变,即晶体具有各向异性。

非晶体的特点是:

(1)原子在三维空间中呈现不规则的排列;

(2)没有固定熔点,随着温度的升高将逐渐变软,最终变为有明显流动性的液体,如塑料、玻璃、沥青等;

(3)在各个方向上的原子聚集密度大致相同,即具有各向同性。

2.1.1.2 晶格

为了清楚地表明原子在空间的排列规律,研究者人为地将原子看作一个点,再用一些假想线条,将晶体中各原子的中心连接起来,便形成了一个空间格子,这种抽象的、用于描述原子在晶体中规则排列方式的空间几何图形称为晶格,如图 2-1(b)所示。晶格中的每个点称为结点。晶格中各种不同方位的原子面称为晶面。晶格中各原子列的位向称为晶向。

2.1.1.3 晶胞

晶体中原子的排列具有周期性变化的特点。因此，只要在晶格中选取一个能够完全反映晶格特征的最小的几何单元进行分析，便能确定原子排列的规律。组成晶格的最基本的几何单元称为晶胞，如图 2-1(c)所示。实际上整个晶格就是由许多大小、形状和位向相同的晶胞在空间重复堆积而成的。

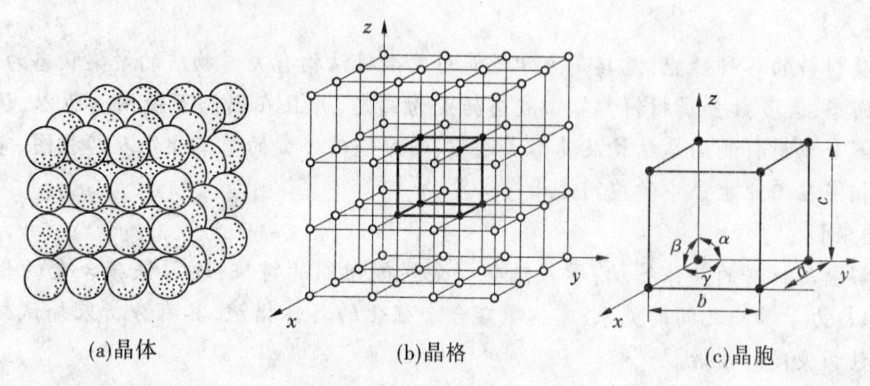

图 2-1 晶体及晶格示意图

2.1.1.4 晶格常数

晶胞的各棱边长为 a、b、c，称为晶格常数。当晶格常数 $a=b=c$，棱边夹角 $\alpha=\beta=\gamma=90°$ 时，这种晶胞称为简单立方晶胞，如图 2-1(c)所示。

2.1.2 常见金属的晶格类型

大多数金属具有的晶体结构有体心立方晶格、面心立方晶格和密排六方晶格三种，如图 2-2 所示，只有少数金属例外。

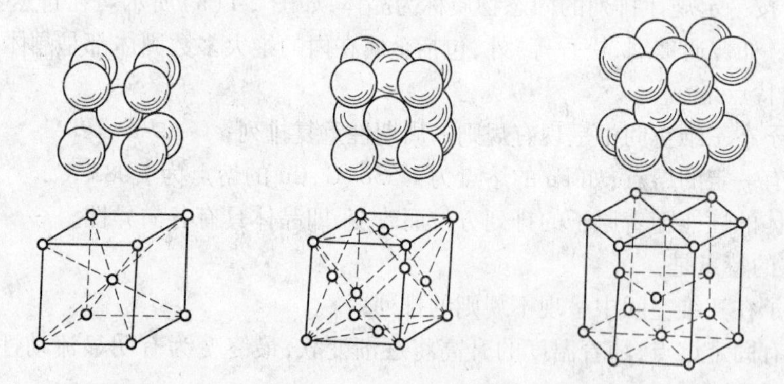

图 2-2 常见晶格类型

2.1.2.1 体心立方晶格

体心立方晶格的晶胞是一个立方体，原子分布在立方体的各结点和中心处。一个晶胞中原子的数目可参照如下方法计算：晶胞每个结点上的原子为相邻的 8 个晶胞所共有，加上晶胞中心 1 个原子，所以每个晶胞的原子数 $n=8\times1/8+1=2$(个)。

属于体心立方晶格类型的金属有 α－Fe(912 ℃以下的钝铁)、Cr、V、Nb、W、Mo 等。

2.1.2.2 面心立方晶格

面心立方晶格的晶胞也是一个立方体,原子分布在立方体的各结点和各面的中心处。一个晶胞中原子的数目可参照如下方法计算:晶胞每个结点上的原子为相邻的 8 个晶胞所共有,而每个面中心的原子为 2 个晶胞所共有,所以每个晶胞中的原子数 $n = 8 \times 1/8 + 6 \times 1/2 = 4$(个)。

属于面心立方晶格类型的金属有 γ－Fe(912～1 394 ℃的钝铁)、Ni、Cu、Al、Ag 等。

2.1.2.3 密排六方晶格

密排六方晶格的晶胞是在正六方柱体的 12 个结点和上、下两底面的中心处各排列 1 个原子,另外,中间还有 3 个原子。一个晶胞中原子的个数可参照如下方法计算:晶胞每个结点上的原子为相邻的 6 个晶胞所共有,上下底面中心的原子为 2 个晶胞所共有,晶胞中间的 3 个原子为该晶胞所独有,所以每个晶胞中的原子数 $n = 12 \times 1/6 + 2 \times 1/2 + 3 = 6$(个)。

属于密排六方晶格类型的金属有 Be、Mg、Zn、α－Ti 等。

2.2 金属的结晶与晶体缺陷

2.2.1 金属的实际晶体结构

2.2.1.1 单晶体与多晶体

如果一块晶体,其内部的晶格位向完全一致,则称这块晶体为单晶体,其示意图如图 2-3(a)所示。但在金属材料中,除非专门制作,否则都不是单晶体,即使在一块很小的金属中也含有许许多多的小晶体,每个小晶体的内部,晶格位向都是均匀一致的,而各个小晶体之间,彼此的位向都不相同。这种小晶体的外形呈颗粒状,称为晶粒,晶粒与晶粒之间的界面称为晶界。在晶界处,为适应两晶粒间不同晶格位向的过渡,原子排列总是不规则的。

金属的实际晶体是由多种晶粒组成的晶体结构,称为多晶体,其示意图如图 2-3(b)所示。

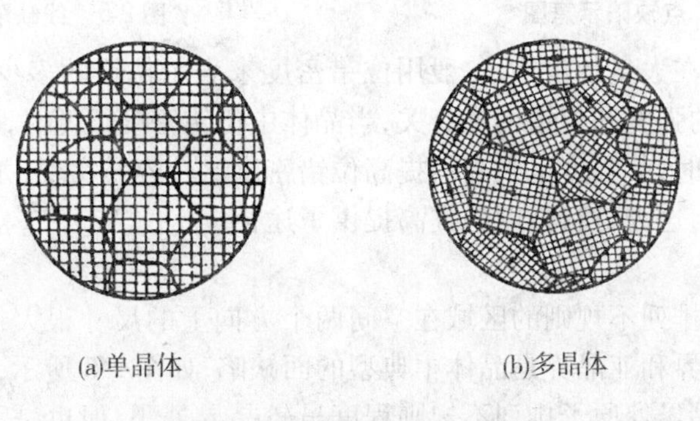

(a)单晶体　　(b)多晶体

图 2-3　单晶体与多晶体示意图

对于单晶体,由于各个方向上原子排列不同,导致各个方向上的性能不同,即具备"各向异性"的特点;而多晶体由于各小晶粒的位向不同,表现的是各小晶粒的平均性能,不具备"各向异性"的特点。

2.2.1.2　**金属的晶体缺陷**

随着科学技术的发展,人们发现,在金属中还存在着各种各样的晶体缺陷,按其几何形式的特点分为以下三类。

1. 点缺陷

点缺陷是指长、宽、高尺寸都很小的缺陷。常见的点缺陷是空位和间隙原子,如图2-4所示。在实际晶体结构中,晶格的某些结点往往未被原子所占有,这种空着的位置称为空位。与此同时,又有可能在个别晶格空隙处出现多余原子,这种不占有正常晶格位置而处在晶格空隙中的原子称为间隙原子。在空位和间隙原子附近,由于原子间作用力的平衡被破坏,使其周围原子发生靠拢或撑开,因此晶格发生歪曲、畸变,使金属的强度提高、塑性下降。

2. 线缺陷

线缺陷是原子排列的不规则区域在空间一个方向上的尺寸很大,而在其余两个方向上的尺寸很小的缺陷。位错可认为是晶格中一部分晶体相对于另一部分晶体的局部滑移而造成的,滑移部分与未滑移部分的交界线即为位错线。

由于晶体中局部滑移的方式不同,可形成不同类型的位错,图2-5所示为一种最简单的位错——刃型位错。因为相对滑移的结果使晶体上半部分多出一半原子面,多余一半原子面的边缘好像插入晶体中的一把刀的刃口,故称刃型位错。

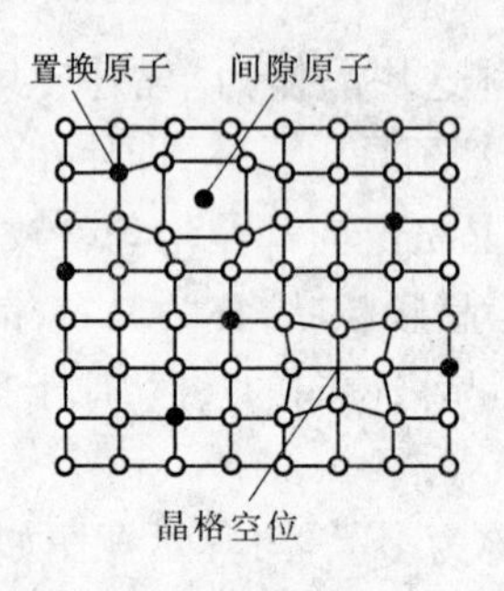

图2-4　点缺陷示意图

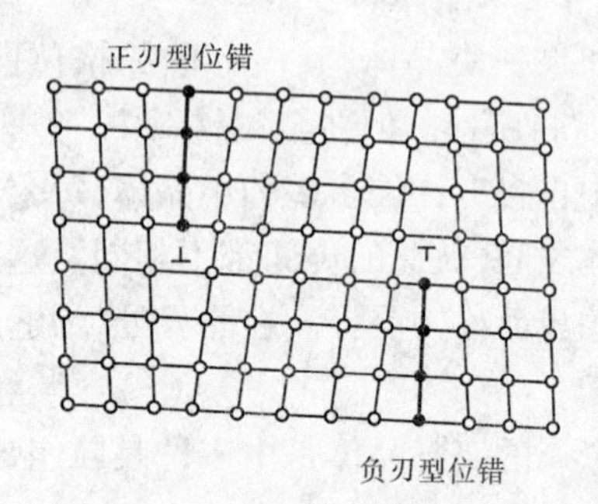

图2-5　线缺陷示意图

实际晶体中存在大量的位错,一般用位错密度来表示位错的多少。大量的试验和理论研究表明,晶体的强度和位错密度有关,当晶体中位错密度很低时,晶体强度很低;当晶体中位错密度很高时,其强度也很高。提高位错密度比较容易实现,如剧烈的冷加工可使位错密度大大提高,这为材料强度的提高提供了途径。

3. 面缺陷

面缺陷是原子排列不规则的区域在空间两个方向上的尺寸很大,而另一方向上的尺寸很小的缺陷。晶界和亚晶界是晶体中典型的面缺陷,如图2-6所示,显然在晶界处原子排列很不规则,亚晶界处原子排列不规则程度虽较晶界处小,但也是不规则的,可以看作是由无数刃型位错组成的位错墙,这样晶界及亚晶界越多,晶格畸变越大,且位错密度越大，晶体的强度越高。

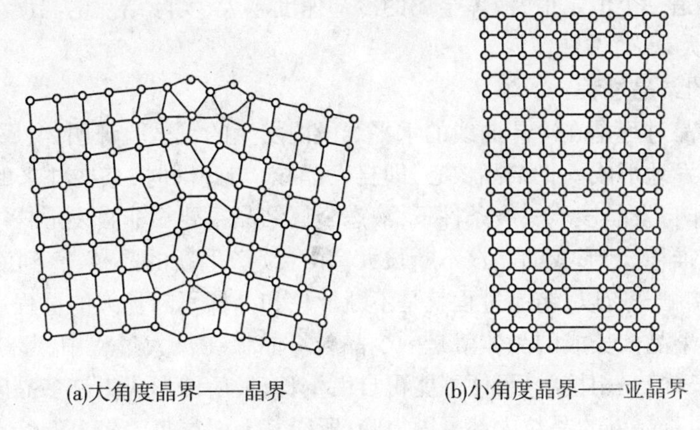

(a)大角度晶界——晶界　　(b)小角度晶界——亚晶界

图 2-6　面缺陷示意图

2.2.2　金属的结晶

物质由液态冷却转变为固态的过程称为凝固。如果凝固的固态物质是原子（或分子）作有规则排列的晶体，则这种凝固又称为结晶。

2.2.2.1　冷却曲线与过冷现象

由冷却曲线图 2-7 可见，液态金属随着冷却时间的延长，温度不断下降，但当冷却到某一温度时，冷却时间虽然延长但其温度并不下降，在冷却曲线上出现了一个水平线段，这个水平线段所对应的温度就是纯金属进行结晶的温度。出现水平线段的原因，是结晶时放出的结晶潜热补偿了向外界散失的热量。结晶完成后，由于金属继续向周围散失热量，故温度又重新下降。

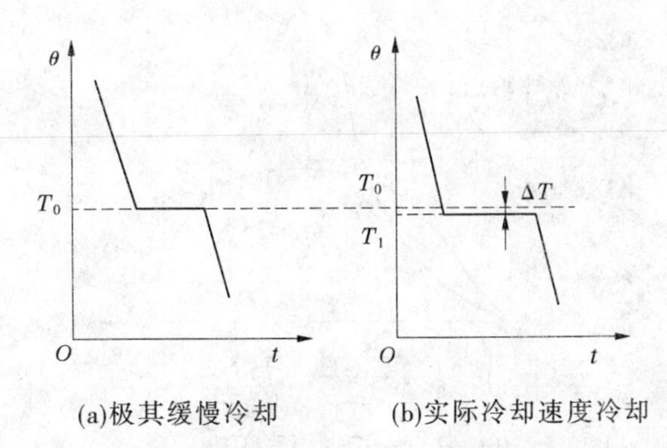

(a)极其缓慢冷却　　(b)实际冷却速度冷却

图 2-7　纯金属冷却曲线

金属在极其缓慢冷却的条件下（即平衡条件下）所测得的结晶温度 T_0 称为理论结晶温度。但在实际生产中，金属由液态结晶为固态时的冷却速度都是相当快的，金属总是要在理论结晶温度 T_0 以下的某一温度 T_1 才开始进行结晶，温度 T_1 称为实际结晶温度。实际结晶温度 T_1 低于理论结晶温度 T_0 的现象称为过冷现象。而 T_0 与 T_1 之差 ΔT 称为过冷度，即

$$\Delta T = T_0 - T_1 \tag{2-1}$$

过冷度并不是一个恒定值,液体金属的冷却速度越大,实际结晶的温度 T_1 就越低,即过冷度 ΔT 就越大。

2.2.2.2 金属的结晶过程

纯金属的结晶过程是在冷却曲线的水平线段内发生的。试验证明,金属结晶时,首先从液体金属中自发地形成一批结晶核心,即自发晶核,与此同时,某些外来的难熔质点可充当晶核,形成非自发晶核。一般条件下,液态金属结晶主要靠非自发形核。

随着时间的推移,已形成的晶核不断长大,并继续产生新的晶核,直到液体金属全部消失、晶体彼此接触。所以,结晶过程就是不断形核和晶核不断长大的过程。

结晶时由一个晶核长成的晶体就是一个晶粒。晶核在长大过程中,起初是不受约束的,能够自由生长,当互相接触后,便不能再自由生长,最后即形成由许多晶向不同的晶粒组成的多晶体,由于晶界的晶粒内部凝固得晚,所以其上面富集着较多低熔点的杂质。

2.2.2.3 影响晶核形成和长大的因素

晶粒大小对金属的机械性能有较大的影响,在常温下工作的金属,其强度、硬度、塑性和韧性一般是随晶粒细化而有所提高的。

通常用 N 表示形核率,用 G 表示长大速度。形核率 N 越大,长大速度 G 越小,则晶粒越细,即 N 与 G 的比值大则晶粒细。影响晶粒大小的因素有以下几点。

1. 过冷度

如图 2-8 所示,过冷度大 ΔT 越大,结晶驱动力越大,形核率和长大速度都增大,且 N 比 G 增大得快,提高了 N 与 G 的比值,晶粒变细。但过冷度过大,对晶粒细化不利,结晶发生困难。

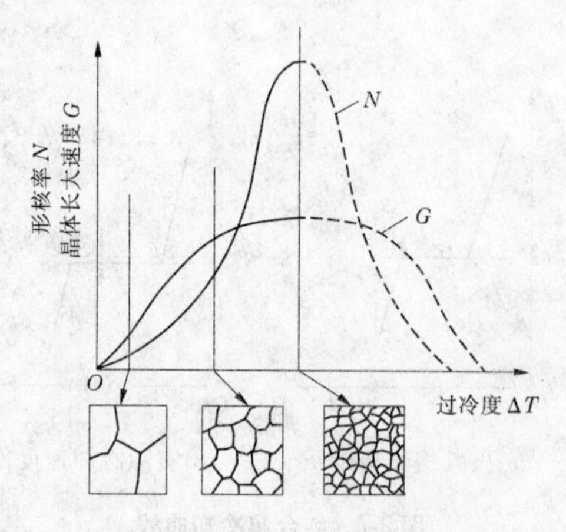

图 2-8 过冷度对晶粒大小的影响

2. 变质处理

在液态金属结晶前,特意加入某些合金,形成大量可以成为非自发晶核的固态质点,使结晶时的晶核数目大大增加,从而提高了形核率,细化了晶粒,这种处理方法即为变质处理。如往钢液中加入 Ti、Al 等。

3. 附加振动

金属结晶时,利用机械振动、超声波振动、电磁振动等方法,既可使正在生长的晶体破碎而细化,又可使破碎的枝晶起晶核作用,增大形核率 N,从而细化晶粒。

2.2.3 晶粒大小对力学性能的影响

金属结晶后是由许多晶粒组成的多晶体,晶粒大小可以用单位体积内晶粒数目来表示,数目越多,晶粒越小。为了测量方便,常以单位截面上晶粒数目或晶粒的平均直径来表示。试验表明,在常温下的细晶粒金属比粗晶粒金属具有更高的强度、硬度、塑性和韧性。这是因为:

(1)晶粒越细,塑性变形分散在更多的晶粒内进行,使塑性变形更加均匀,内应力集中更小;

(2)晶粒越细,晶界面越多,晶界就越曲折;

(3)晶粒越细,晶粒与晶粒间犬牙交错的机会就越多,越不利于裂纹的传播和发展,彼此就越紧固,强度和韧性就越好。

2.3 合金的晶体结构与组织

一般来说,纯金属大都具有优良的塑性、导电、导热等性能,但它们制取困难,价格较贵,种类有限,特别是力学性能,难以满足各种高性能的要求。因此,工程上大量使用的金属材料为合金,如碳钢、合金钢、铸铁、铝合金及铜合金等。

2.3.1 合金的基本概念

2.3.1.1 合金

合金是指由两种或两种以上的金属元素或金属与非金属元素组成的、具有金属特性的物质。如黄铜是由铜和锌组成的合金;碳钢是由铁和碳组成的合金;硬铝是由铝、铜和镁组成的合金等。合金不仅具有纯金属的基本特性,同时还具备了比纯金属更好的力学性能和特殊的物化性能。另外,组成合金的各元素比例可以在很大范围内调节,从而使合金的性能随之发生一系列变化,满足了工业生产中各类机械零件的不同性能要求。

2.3.1.2 组元

组成合金的基本物质称为组元。组元大多数是元素,如铁碳合金中的铁元素和碳元素是组元;铜锌合金中的铜元素和锌元素也是组元。有时稳定的化合物也可视为组元,如 Fe_3C 等。

2.3.1.3 合金系

组元一定,按不同比例可以配制一系列不同成分的合金,构成一个合金系。如由两个组元构成的合金系称为二元系,由三个组元构成的合金系称为三元系等。另外,也可由构成元素来命名,如铁碳合金。

2.3.1.4 相

相是指金属组织中化学成分、晶体结构和物理性能相同的部分。其中包括固溶体、金属化合物及纯物质(如石墨)等。

2.3.1.5 **组织**

组织泛指用金相观察方法看到的、由形态、尺寸和分布方式不同的一种或多种相构成的总体。

将金属试样的磨面用浸蚀处理后复型或制成的薄膜置于光学显微镜或电子显微镜下观察到的组织,称为显微组织。只由一种相组成的组织称为单相组织;由几种相组成的组织称为多相组织。金属材料的组织不同,其性能也就不同。因此,要研究合金的性能,首先应了解合金中可能出现的相,了解这些相的结构和性能,以及它们形成各种组织的规律。

2.3.2 合金的相结构

根据构成合金的各组元之间相互作用的不同,固态合金的相可分为固溶体和金属化合物两大类。

2.3.2.1 **固溶体**

溶质原子溶入溶剂晶格中而仍保持溶剂晶格类型的合金相,称为固溶体。例如铁碳合金中,α－Fe 中溶入碳原子而形成的铁素体即为固溶体。根据溶质元素在溶剂晶格中所占位置的不同,固溶体可分为置换固溶体和间隙固溶体两类。

置换固溶体是溶质原子替换了溶剂晶格某结点上的原子而形成的(见图 2-9)。

间隙固溶体是溶质原子溶入溶剂晶格的间隙之中而形成的(见图 2-10)。因为晶格中的空隙位置是有限的,所以间隙固溶体是有限固溶体。

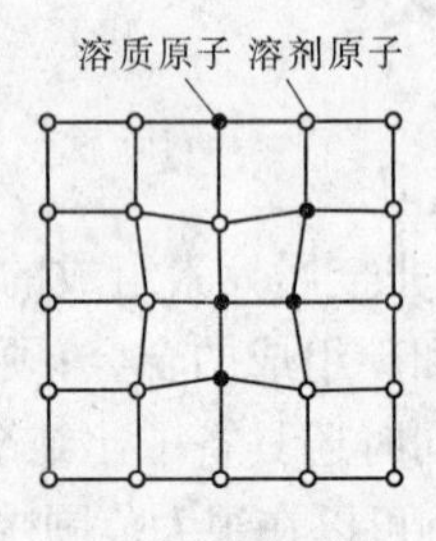

图 2-9 置换固溶体

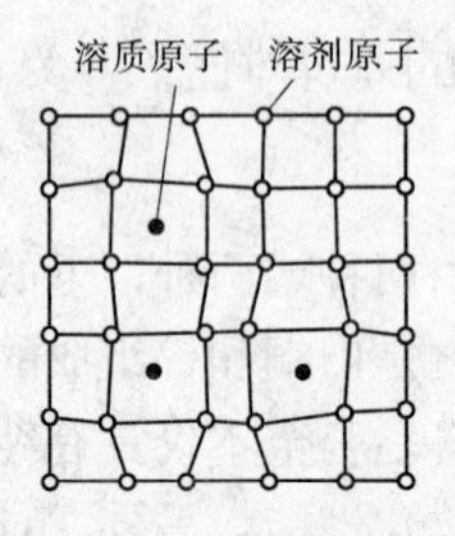

图 2-10 间隙固溶体

由于溶质原子的溶入会引起固溶体晶格发生畸变,晶格畸变使合金变形阻力增大,从而提高了合金的强度和硬度,这种现象称为固溶强化。它是提高金属材料力学性能的重要途径之一。例如,低合金强度结构钢就是利用锰、硅等元素来强化铁素体,从而使材料的力学性能大为提高的。

2.3.2.2 **金属化合物**

金属化合物是合金组元之间相互作用而形成具有金属特性的一种新相,其晶格类型和性能完全不同于合金中的任一组元,一般可用分子式来表示。如碳钢中的 Fe_3C,各种钢中都有的 FeS、MnS 等,都是金属化合物。

金属化合物一般具有复杂的晶体结构,熔点高、硬度高、脆性大。当合金中出现金属化合物时,合金的强度、硬度和耐磨性均提高,而塑性和韧性降低。金属化合物是许多合金的重要组成相，与固溶体适当配合可以提高合金的综合力学性能。

2.3.2.3 **机械混合物**

机械混合物是合金中的一类复相混合物组织，不同的相均可互相组合形成机械混合物。各相在机械混合物中仍保持原有的晶格和性能，机械混合物的性能介于各组成相的性能之间，工业上大多数合金均由混合物组成，如钢、铸铁、铝合金等。

2.4 铁碳合金的基本组织

2.4.1 纯铁的同素异构转变

同一种元素随温度变化而发生晶格改变的现象称为同素异构转变。自然界中有许多元素具有同素异构转变现象，纯铁即具有同素异构转变的特征，如图 2-11 所示，纯铁在 1 538 ℃结晶后具有体心立方晶格，称为 δ－Fe；当冷却到 1 394 ℃时发生同素异构转变，由具有体心立方晶格的 δ－Fe 转变为具有面心立方晶格的 γ－Fe；继续冷却至 912 ℃时，再次发生同素异构转变，由具有面心立方晶格的 γ－Fe 转变为具有体心立方晶格的 α－Fe。再继续冷却时，晶格类型不再发生变化。

$$\delta-\mathrm{Fe}(\text{体}) \xrightleftharpoons{1\,394\ ℃} \gamma-\mathrm{Fe}(\text{面}) \xrightleftharpoons{912\ ℃} \alpha-\mathrm{Fe}(\text{体})$$

同素异构转变是纯铁的一个重要特性，以铁为基体的铁碳合金，其性能之所以呈现多样性，并能通过热处理显著改变其性能，使之用途广泛，就是因为铁具有同素异构转变特性的缘故。

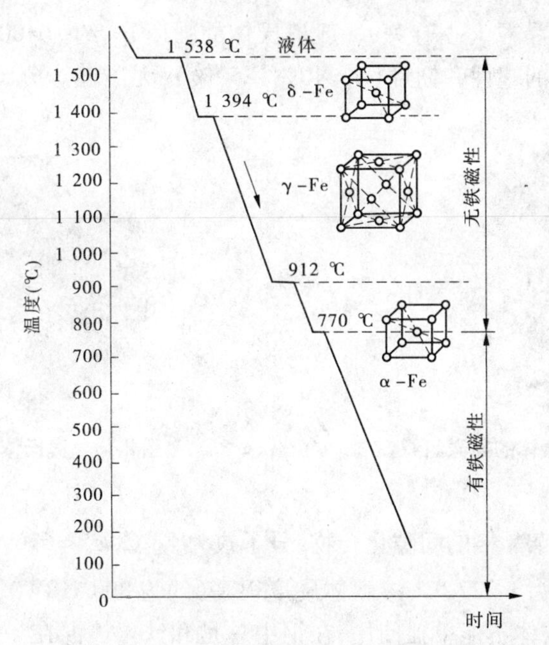

图 2-11 纯铁的冷却曲线及晶体结构的变化

金属的同素异构转变过程与液态金属的结晶过程相似，实质上是一个重结晶过程。

因此,它同样遵循着结晶的一般规律:①有一定的转变温度;②转变时需要过冷;③有潜热产生;④转变过程包括晶核的形成和晶核的长大两个阶段。

2.4.2 铁碳合金的基本组织及其性能

在固态铁碳合金中,铁和碳的相互作用有三种:第一种是碳原子溶解到铁的晶格中形成固溶体,如铁素体与奥氏体;第二种是铁和碳原子按一定的比例相互作用形成金属化合物,如渗碳体;第三种是形成机械混合物,如珠光体和莱氏体。铁素体、奥氏体、渗碳体均是铁碳合金的基本相。

2.4.2.1 铁素体

碳溶于 $\alpha-Fe$ 中的间隙固溶体称为铁素体,常用“F”表示,其显微组织如图 2-12 所示。它仍保持 $\alpha-Fe$ 的体心立方晶格,由于体心立方晶格原子间的空隙很小,因而溶碳能力极差,在 727 ℃时的最大溶碳量为 $w_C=0.021\ 8\%$,在 600 ℃时溶碳量仅为 $w_C=0.005\ 7\%$,室温下几乎为零($w_C=0.000\ 8\%$)。因此,其室温性能几乎和纯铁相同,铁素体的强度、硬度不高($\sigma_b=180\sim280$ MPa,50 ~ 80 HBS),但具有良好的塑性和韧性($\delta=30\%\sim50\%$,$A_k=128\sim160$ J)。所以,以铁素体为基体的铁碳合金适于塑性成形加工。

2.4.2.2 奥氏体

碳溶于 $\gamma-Fe$ 中的间隙固溶体称为奥氏体,常用“A”表示,其显微组织如图 2-13 所示。它仍保持 $\gamma-Fe$ 的面心立方晶格,由于面心立方晶格原子间的空隙比体心立方晶格大,因此碳在 $\gamma-Fe$ 中的溶碳能力比在 $\alpha-Fe$ 中要大些。在 727 ℃时的溶碳量为 $w_C=0.77\%$,随着温度的升高,溶碳量增加,到 1 148 ℃时达到最大 $w_C=2.11\%$。奥氏体的力学性能与其溶碳量及晶粒大小有关,一般奥氏体的强度 σ_b 约为 400 MPa,硬度为 160 ~ 200 HBS,但具有良好的塑性和韧性($\delta=40\%\sim50\%$),无磁性。奥氏体的硬度较低而塑性较高,因此易于锻压成形。

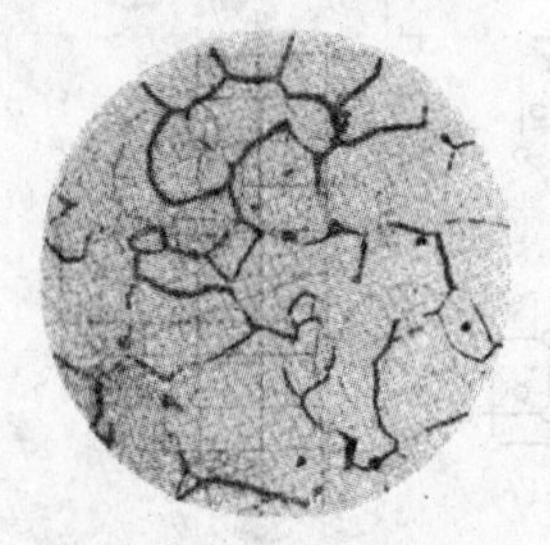

图 2-12 铁素体的显微组织

图 2-13 奥氏体的显微组织

2.4.2.3 渗碳体

渗碳体是具有复杂晶格的间隙化合物,分子式为 Fe_3C,$w_C=6.69\%$,是钢和铸铁中常用的固相。其熔点约为 1 227 ℃,渗碳体硬度很高(约为 800 HBW),而塑性与韧性几乎为零,脆性很大。渗碳体不能单独使用,在钢中总是和铁素体混在一起,是碳钢中的主要强化相。渗碳体在钢和铸铁中的存在形式有片状、球状、网状、板状,它的数量、形状、大小和分布状况对钢的性能影响很大。

2.4.2.4 珠光体

珠光体是铁素体和渗碳体组成的共析体，常用“P”表示。经显微镜观察可知，珠光体呈层片状，表面具有珍珠光泽，因此得名。珠光体中 $w_C = 0.77\%$，在 727 ℃以下温度范围内存在。力学性能：$\sigma_b = 750$ MPa，HBS = 160 ~ 180，$\delta = 20\% \sim 25\%$，$\psi = 30\% \sim 40\%$。

2.4.2.5 莱氏体

莱氏体是由奥氏体和渗碳体组成的共晶体，常用“Ld”表示。铁碳合金中 $w_C = 4.3\%$ 的液体冷却到 1 148 ℃时发生共晶转变，生成高温莱氏体。合金继续冷却到 727 ℃时，其中的奥氏体转变为珠光体，故室温时由珠光体和渗碳体组成，称为低温莱氏体，高温莱氏体和低温莱氏体统称莱氏体。

2.5 铁碳合金相图

2.5.1 铁碳合金相图的概述

2.5.1.1 相图

众所周知，合金通常是用不同的金属熔化在一起形成的合金溶液，再冷却结晶而得到的。在冷却结晶过程中，合金溶液会形成什么样的组织呢？利用合金相图可以回答这一问题，即某成分的合金在一定温度下能形成什么样的组织。

用来表示合金系中各个合金的结晶过程的简明图解称为相图，又称为状态图或平衡图。

2.5.1.2 铁碳合金相图

铁碳合金相图是在平衡条件（指极其缓慢的冷却）下，铁碳合金的成分、组织和性能之间关系及变化规律的图形。铁碳合金相图是在长期的生产和科学实验中总结出来的，是研究钢铁材料、制定热加工工艺的重要理论依据。

Fe + C→Fe_3C、Fe_2C、FeC…，整个铁碳合金相图可以看成是由 Fe—Fe_3C、Fe_3C—Fe_2C、Fe_2C—FeC 等各部分相图所组成的，如图 2-14 所示。由于含碳量超过 5% 的铁碳合金的机械性能和工艺性能差，没有实用价值，因此在铁碳相图中只研究 Fe—Fe_3C 相图。下面要分析的铁碳合金相图实际上就是 Fe—Fe_3C 相图，生产上普遍应用的也是 Fe—Fe_3C 相图。

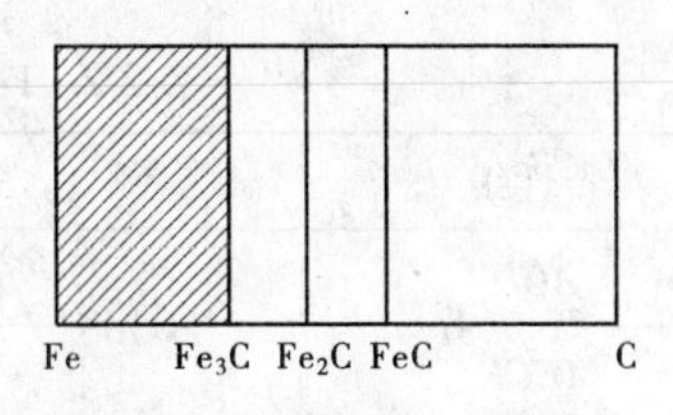

图 2-14 铁碳合金相图

2.5.2 铁碳合金相图的分析

简化的 Fe—Fe_3C 的相图如图 2-15 所示。简化后的 Fe—Fe_3C 相图可视为由 Fe 和 Fe_3C 两个简单的典型二元合金相图组合而成的。

2.5.2.1 主要特性点

Fe—Fe_3C 相图的主要特性点及其含义见表 2-1。

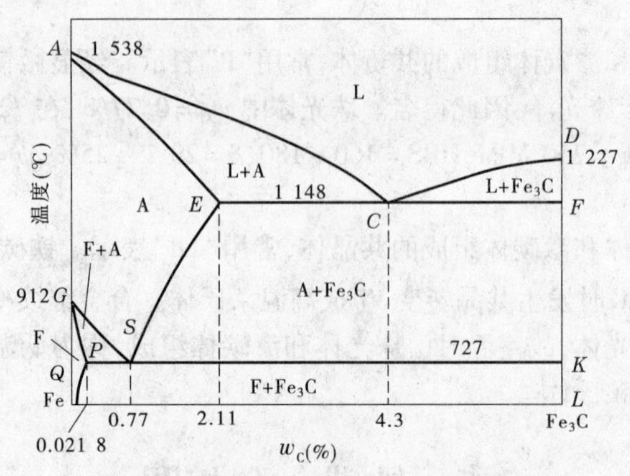

图 2-15　简化后的 $Fe—Fe_3C$ 相图

表 2-1　$Fe—Fe_3C$ 相图的主要特性点及其含义

特性点	温度(℃)	含碳量(%)	特性点含义
A	1 538	0	纯铁的熔点
C	1 148	4.3	共晶点,有共晶转变,$L_{4.3} \xrightleftharpoons{1\,148\ ℃} A_{2.11} + Fe_3C$
D	1 227	6.69	Fe_3C 的熔点
E	1 148	2.11	碳在 γ - Fe 中的最大溶解度点,钢和铸铁的分界点
G	912	0	纯铁同素异构转变点,$\alpha - Fe \xrightleftharpoons{912\ ℃} \gamma - Fe$
P	727	0.021 8	碳在 α - Fe 中的最大溶解度
S	727	0.77	共析点,有共析转变,$A_{0.77} \xrightleftharpoons{727\ ℃} F_{0.021\,8} + Fe_3C$

2.5.2.2　主要特性线

$Fe—Fe_3C$ 相图的主要特性线及其含义见表 2-2。

表 2-2　$Fe—Fe_3C$ 相图的主要特性线及其含义

特性线	特性线含义
ACD	铁碳合金的液相线
AECF	铁碳合金的固相线
GS	不同含碳量的奥氏体冷却时析出铁素体的开始线,常用 A_3 表示
ES	碳在 γ - Fe 中的溶解度曲线,常用 A_{cm} 表示
ECF	共晶转变线,$L_{4.3} \xrightleftharpoons{1\,148\ ℃} A_{2.11} + Fe_3C$
PSK	共析转变线,$A_{0.77} \xrightleftharpoons{727\ ℃} F_{0.021\,8} + Fe_3C$,常用 A_1 表示
PQ	碳在 α - Fe 中的溶解度曲线

2.5.2.3　主要相区

$Fe—Fe_3C$ 相图的主要相区如表 2-3 所示。

表 2-3　Fe—Fe_3C 主要相区

范围	存在的相	相区
ACD 线以上	L	单相区
AESGA	A	单相区
AEC	L + A	两相区
DFC	L + Fe_3C	两相区
GSP	A + F	两相区
ESKF	A + Fe_3C	两相区
PSK 线以下	F + Fe_3C	两相区

2.6　铁碳合金相图在工业生产中的应用

2.6.1　铁碳合金的分类

由于铁碳合金的成分不同,室温下将得到不同的组织。根据铁碳合金的含碳量及组织的不同,可将铁碳合金分为工业纯铁、碳钢和白口铸铁三种。

2.6.1.1　**工业纯铁**($w_C \leqslant 0.0218\%$)

性能特点:塑性、韧性好,硬度、强度低。

2.6.1.2　**碳素钢(简称碳钢,**$0.0218\% < w_C \leqslant 2.11\%$)

碳素钢分为以下三类:

(1)亚共析钢:$0.0218\% < w_C < 0.77\%$,室温组织为 F + P。

(2)共析钢:$w_C = 0.77\%$,室温组织为 P。

(3)过共析钢:$0.77\% < w_C \leqslant 2.11\%$,室温组织为 P + Fe_3C。

2.6.1.3　**白口铸铁**($2.11\% < w_C < 6.69\%$)

白口铸铁分为以下三类:

(1)亚共晶生铁:$2.11\% < w_C < 4.3\%$,室温组织为 P + Fe_3C + Ld。

(2)共晶生铁:$w_C = 4.3\%$,室温组织为 Ld。

(3)过共晶生铁:$4.3\% < w_C < 6.69\%$,室温组织为 Ld + Fe_3C。

2.6.2　铁碳合金成分对平衡组织和性能的影响

2.6.2.1　**铁碳合金成分对平衡组织的影响**

室温下铁碳合金由铁素体和渗碳体两个相组成,随着含碳量的增加,一方面铁素体减少,另一方面渗碳体增加,其组织变化如图 2-16 所示。

2.6.2.2　**铁碳合金成分对机械性能的影响**

铁素体是软、韧相,渗碳体为硬、脆相,当两者以层片状组成珠光体时,珠光体兼具两者的优点,即具有较高的硬度、强度和良好的塑性、韧性。

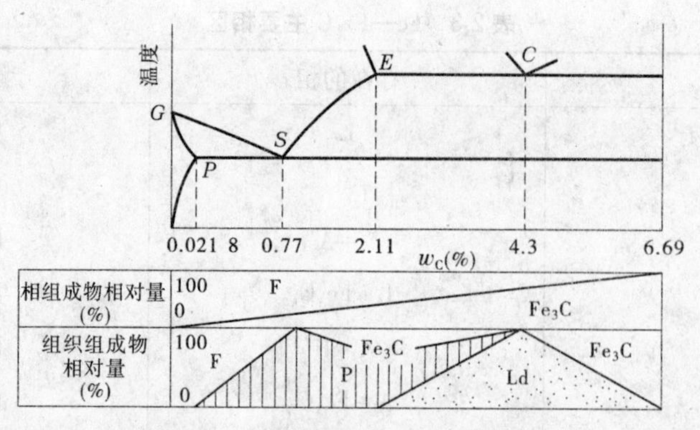

图 2-16　含碳量对平衡组织的影响

铁碳合金中渗碳体是强化相，对于以铁素体为基体的钢来说，渗碳体的数量愈多，分布愈均匀，其强度愈高。但若 Fe_3C 以网状分布于晶界上或呈粗大片状，尤其是作为基体时，铁碳合金的塑性、韧性大大下降，这就是过共析钢和白口铸铁脆性很高的原因。

图 2-17 是含碳量对碳钢力学性能的影响。随着含碳量的增加，强度、硬度增加，塑性、韧性降低。当含碳量大于 1.0% 时，由于网状二次渗碳体的出现，钢的强度下降。为了保证工业用钢具有足够的强度和适当的塑性、韧性，其含碳量一般不超过 1.3%。

含碳量大于 2.11% 的铁碳合金，即白口铸铁，由于其组织中存在大量的渗碳体，因此具有很高的硬度和脆性，难以切削加工，除制造少数耐磨件外很少应用。

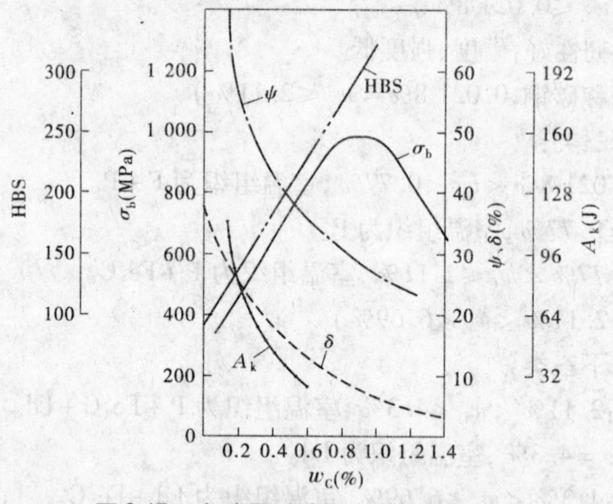

图 2-17　含碳量对碳钢力学性能的影响

2.6.3　Fe—Fe_3C 相图的实际应用

2.6.3.1　为选材提供依据

Fe—Fe_3C 相图描述了铁碳合金的组织随含碳量变化的规律，合金的性能取决于合金的组织，这样就可以根据零件的性能要求来选择不同成分的铁碳合金。

若零件要求塑性、韧性好，如建筑结构和压力容器等，应选用低碳钢（w_C = 0.10% ~ 0.25%）；若零件要求强度、塑性、韧性都较好，如轴、齿轮等，应选用中碳钢（w_C =

0.25% ~0.60%);若零件要求硬度高、耐磨性好,如工具、量具等,应选用高碳钢(w_C = 0.6% ~1.3%)。

白口铸铁具有很高的硬度和脆性,应用很少,但因其具有很强的抗磨损能力,可用于少数需要耐磨而不受冲击的零件,如拔丝模、轧辊和球磨机的铁球等。

2.6.3.2 为制定热加工工艺提供依据

$Fe—Fe_3C$ 相图总结了不同成分的铁碳合金在缓慢冷却时组织随温度的变化规律,这就为制定热加工工艺提供了依据,无论在铸造、锻造、焊接或热处理等方面都具有重要意义。

对于铸造:根据相图可以找出不同成分的钢或铸铁的熔点,确定铸造温度;根据相图上液相线和固相线间的距离估计铸造性能的好坏,距离越小,铸造性能越好,如纯铁、共晶成分或接近共晶成分的铸铁的铸造性能比铸钢的好。因此,共晶成分的铸铁常用来浇注铸件,其流动性好,分散缩孔少,显微偏析少。

对于锻造:根据相图可以确定锻造温度。钢处于奥氏体状态时,强度低、塑性高,便于塑性变形。因此,锻造或轧制温度必须选择在单相奥氏体区的适当温度范围内,始轧和始锻温度不能过高,以免钢材氧化严重和发生奥氏体晶界熔化(称为过烧),一般控制在固相线以下 100 ~200 ℃。而终轧和终锻温度也不能过高,以免奥氏体的晶粒粗大,但又不能过低,以免钢材因塑性差而导致裂纹的产生。一般对于亚共析钢,终锻和终轧温度控制在稍高于 *GS* 线(A_3 线);对于过共析钢,则控制在稍高于 *PSK* 线(A_1 线)。实际生产中各种碳钢的始轧温度为 1 150 ~1 250 ℃,终锻和终轧温度为 750 ~850 ℃。

对于焊接:由于在焊接过程中焊缝至母材处于不同的温度条件,因而整个焊缝区会出现不同组织,引起性能的不均匀,可根据相图来分析碳钢焊缝组织,并用适当热处理方法来减轻或消除组织不均匀。

对于热处理:$Fe—Fe_3C$ 相图就显得更为重要,将会在模块 3 中详细介绍。

2.7 拓展提高——金相试样的制备

2.7.1 取样

试样大小要便于握持、易于磨制,通常为直径 15 mm、长 15 ~20 mm 的圆柱体或边长为 15 ~25 mm 的立方体。对形状特殊或尺寸细小、不易握持的试样,要进行镶嵌或机械夹持。

2.7.2 镶样

镶嵌分冷镶嵌和热镶嵌两种。镶嵌材料有热凝性塑料(如胶木粉)、热塑性塑料(如聚氯乙烯)。胶木粉不透明,有多种颜色,比较硬,试样不易倒角,但耐腐蚀性比较差;聚氯乙烯为半透明或透明状,耐腐蚀性好,但较软。用这两种材料镶样均需用专门的镶样机加压、加热才能成形。

对温度及压力极敏感的材料(如淬火马氏体、易发生塑性变形的软金属),以及微裂纹的试样,冷镶、洗涤后可在室温下固化,将不会引起试样组织的变化。环氧树脂、牙托粉镶嵌法对粉末金属、陶瓷多孔性试样特别适用。

2.7.3 磨光

粗磨:整平试样,并磨成合适的形状,通常在砂轮机上进行。

精磨:常在砂纸上进行。砂纸分为水砂纸和金相砂纸。通常水砂纸为 SiC,磨料不溶于水,金相砂纸的磨料有人造刚玉、碳化硅、氧化铁等,极硬,呈多边棱角,具有良好的切削性能。精磨时可用水作润滑剂手工湿磨或机械湿磨,通常使用粒度为 240 号、320 号、400 号、500 号、600 号五种水砂纸进行磨光后即可进行抛光。对于较软金属,应用更细的金相砂纸磨光后再抛光。

2.7.4 抛光

抛光是指使磨光留下的细微磨痕抛成光亮无痕的镜面。

粗抛:除去磨光的变形层,常用的磨料是粒度为 10 ~ 20 μm 的 $\alpha-Al_2O_3$、Cr_2O_3 或 Fe_2O_3,加水配成悬浮液使用。目前,人造金刚石磨料已逐渐取代了氧化铝等磨料。

精抛(又称终抛):除去粗抛产生的变形层,使抛光损伤减到最小。要求操作者有较高的技巧。常用的精抛磨料为 MgO 及 $\gamma-Al_2O_3$,其中 MgO 的抛光效果最好,但抛光效率低,不易掌握,而 $\gamma-Al_2O_3$ 的抛光效率高,易于掌握。

2.7.5 金相试样的化学腐蚀

将已抛光好的试样用水冲洗干净或用酒精擦掉表面残留的脏物,然后将试样磨面浸入腐蚀剂中,或用竹夹子夹住棉花球蘸取腐蚀剂在试样磨面上擦拭,抛光的磨面即逐渐失去光泽,待试样腐蚀合适后马上用水冲洗干净,用滤纸吸干或用吹风机吹干试样磨面,即可放在显微镜下观察。高倍观察时,腐蚀稍浅一些,而低倍观察时,则应腐蚀较深一些。

练习题

1. 选择题

(1)纯铁在 1 450 ℃时为(　　)晶格,在 1 000 ℃时为(　　)晶格,在 600 ℃为(　　)晶格。

A. 体心立方　　B. 面心立方　　C. 密排六方

(2)纯铁在 700 ℃时称为(　　),在 1 100 ℃时称为(　　),在 1 500 ℃时称为(　　)。

A. $\alpha-Fe$　　B. $\gamma-Fe$　　C. $\delta-Fe$

(3)冷、热加工的区别在于加工后是否留下(　　)。

A. 加工硬化　　B. 晶格改变　　C. 纤维组织

(4)铁素体为(　　)晶格,奥氏体为(　　)晶格,渗碳体为(　　)晶格。

A. 面心立方　　B. 体心立方　　C. 密排六方

(5)铁碳合金相图上的 *ES* 线,其代号用(　　)表示,*PSK* 线的代号用(　　)表示。

A. A_1　　B. A_3　　C. A_{cm}

(6)铁碳合金相图上的共析线是(　　),共晶线是(　　)。

A. *ECF* 线　　B. *ACD* 线　　C. *PSK* 线

2. 填空题

(1)常见的金属晶格类型有________晶格、________晶格、________晶格等。铬属于________晶格,铜属于________晶格,锌属于________晶格。

(2)理论结晶温度与实际结晶温度之差称为________,过冷度同冷却速度有关,冷却速度越________,过冷度越大。

(3)从金属学角度来说,凡在再结晶温度以下进行的加工,称为________;而在再结晶温度以上进行的加工,称为________。

(4)两种或两种以上的相按一定质量分数组成的物质称为________。铁碳合金中,这样的组织有________和________。

(5)铁碳合金相图是表示在________的条件下,不同成分的铁碳合金的________随温度变化的图形。

(6)分别填写下列铁碳合金组织的符号:奥氏体____,铁素体____,渗碳体____,珠光体____,高温莱氏体____。

3. 判断题

(1)非晶体具有各向异性的特点。(　　)

(2)所有金属材料的晶格类型都是相同的。(　　)

(3)一般来说,晶粒越细小,金属材料的力学性能越好。(　　)

(4)金属发生同素异构转变时,要吸收或放出热量,转变是在恒温下进行的。(　　)

(5)组元是指组成合金的最基本的独立物质。(　　)

(6)形成间隙固溶体,要求溶剂原子的直径必须小于溶质原子直径。(　　)

4. 综合题

(1)金属结晶的基本规律是什么?晶核的形核率和长大速度受到哪些因素的影响?

(2)在铸造生产中,采用哪些措施控制晶粒大小?在生产中如何应用变质处理?

(3)解释下列名词:合金、组元、相、组织、相图、固溶体、金属化合物、铁素体、奥氏体、渗碳体、珠光体、莱氏体、亚共析钢、共析钢、过共析钢。

(4)固溶体、金属化合物、机械混合物的性能如何?

(5)默画简化的 $Fe—Fe_3C$ 相图,阐述图中各主要特性点、特性线的意义,并指出各相区的相组成物和组织组成物。

(6)$Fe—Fe_3C$ 相图有何作用?在生产实践中有何指导意义?

(7)亚共析钢、共析钢和过共析钢的组织有何特点?

(8)根据 $Fe—Fe_3C$ 相图,说明产生下列现象的原因:

①含碳量为1.0%的钢比含碳量为0.5%的钢的硬度高；

②在室温下，含碳量为0.8%的钢其强度比含碳量为1.2%的钢高；

③在1 100 ℃，含碳量为0.4%的钢能进行锻造，含碳量为4.0%的生铁不能锻造；

④绑扎物件一般用铁丝（镀锌低碳钢丝），而起重机吊重物却用钢丝绳（用65钢）；

⑤钳工锯T8、T10、T12等钢料时比锯10、20钢费力，锯条容易磨钝；

⑥钢适宜于通过压力加工成形，而铸铁适宜于通过铸造成形。

(9)从某企业仓库中找出一根积压的钢材，经金相分析后发现其组织为珠光体和铁素体，其中铁素体占80%，问此钢材的含碳量大约是多少？

(10)一堆钢材由于混杂存放，不知道其化学成分，现抽出一根进行金相分析，其组织为铁素体和珠光体，其中珠光体的面积大约占40%，问此钢材的含碳量大约为多少？

模块3　钢的热处理

【模块导入】

钢的热处理是材料学研究和应用的重要课题之一，通过各种热处理手段，既可以提高材料的力学性能，充分发挥材料的潜能，又可以获得一些特殊要求的性能，以满足当今社会对材料的各种需求。

【技能要求】

通过学习钢的预备处理工艺和最终处理工艺、钢的普通热处理工艺和表面热处理工艺，学生初步具有对金属材料热处理工艺选择的基本技能。通过加强热处理基本技能的实际训练，学生初步掌握热处理工应具备的知识技能。

3.1　钢在加热时的组织转变

3.1.1　热处理的定义及其分类

3.1.1.1　热处理的定义

钢在固态下加热到一定温度，进行必要的保温，并以适当的速度冷却到室温，以改变钢的内部组织，从而得到所需性能的工艺方法称为钢的热处理。钢的热处理工艺曲线如图3-1所示。

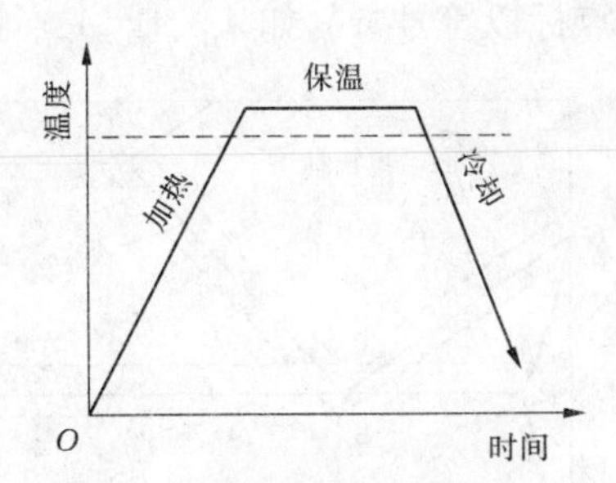

图3-1　钢的热处理工艺曲线

热处理是强化金属材料、提高产品质量和延长产品使用寿命的主要途径之一。绝大多数重要的机械零件在制造过程中都必须进行热处理。热处理的目的有以下两点：

(1)消除毛坯中的缺陷，改善工艺性能，为切削加工或热处理做组织和性能上的准备，通常称之为预先热处理。

(2)提高金属材料的力学性能，充分发挥材料的潜力，节约材料，延长零件的使用寿命，通常称之为最终热处理。

3.1.1.2 热处理的分类(按工艺方法不同)

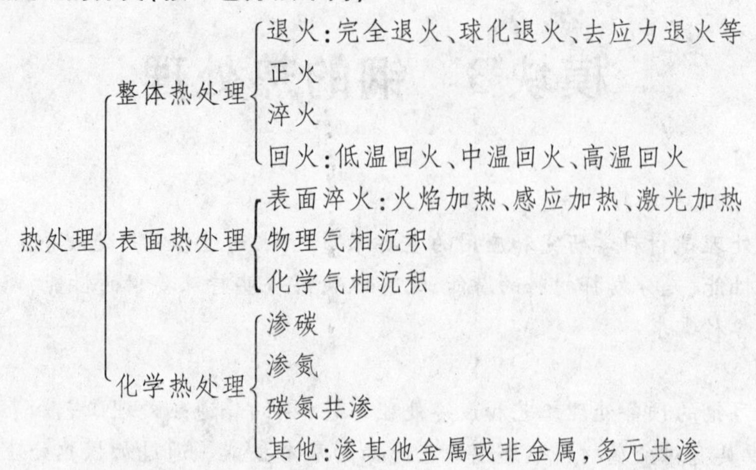

热处理之所以能够改变钢的性能,主要是因为在加热和冷却过程中,钢的内部组织发生了变化。

3.1.2 奥氏体的形成

钢在加热时的组织转变实质上是奥氏体的形成。热处理的第一步就是把这些原始组织加热,使其转变为奥氏体,通常称为奥氏体化。热处理第一步质量的好坏,直接影响到最终热处理后钢件的工艺性能和使用性能。

Fe—Fe_3C 相图是表示铁碳合金在接近平衡状态下组织、成分和温度间的关系图,图 3-2中的临界点 A_1、A_3 和 A_{cm}也只是在平衡条件下才适用。然而,生产中不可能以极其缓慢的速度加热和冷却,其相变是在非平衡的条件下进行的,研究发现这种非平衡的组织转变有滞后现象。为了区别实际加热和冷却时的临界点,把加热时临界点标以符号“c”,如 A_{c1}、A_{c3}、A_{ccm},冷却时临界点标以符号“r”,如 A_{r1}、A_{r3}、A_{rcm} 等,如图 3-2 所示。

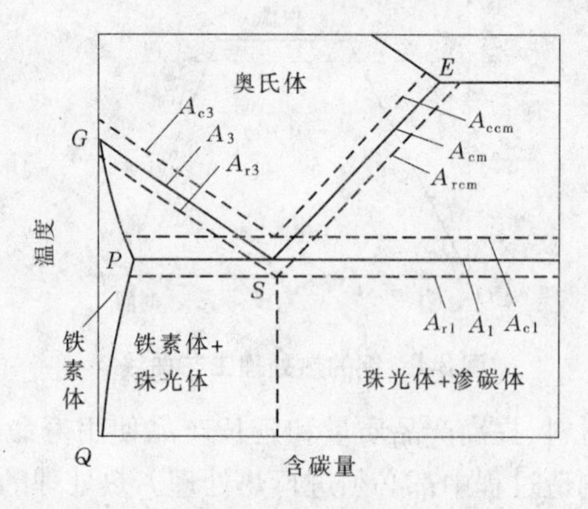

图3-2 加热和冷却时铁碳相图上各变相点的位置

下面以共析钢为例,来说明奥氏体的形成与长大。

当钢由室温加热到 A_{c1} 以上温度时,珠光体将转变为奥氏体。整个奥氏体的形成过程分为四个阶段,即晶核形成、晶核长大、残余渗碳体的溶解和奥氏体成分的均匀化。整个共析钢的奥氏体形成过程示意图如图 3-3 所示。

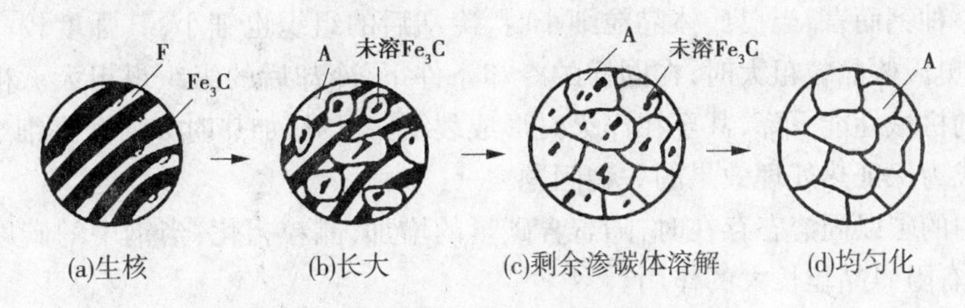

图 3-3 共析钢中奥氏体形成过程示意图

3.1.2.1 奥氏体晶核的形成

珠光体是由铁素体和渗碳体两相层片交替组成的，在 F 和 Fe_3C 两相交界处，原子排列处于过渡状态，能量较高，碳浓度的差别也比较大，有利于在奥氏体形成时碳原子的扩散。此外，界面原子排列的不规则也有利于 Fe 原子的扩散，导致晶格的改组重建，这样为奥氏体晶核的形成提供了能量、浓度和结构条件，因此奥氏体优先在 F 和 Fe_3C 的界面处形成晶核。

3.1.2.2 奥氏体晶核的长大

刚形成的奥氏体晶核内部的碳浓度是不均匀的，与渗碳体相接的界面上的碳浓度大于与铁素体相接的界面上的碳浓度。由于存在碳的浓度梯度，碳不断从 Fe_3C 界面通过奥氏体晶核向低浓度的铁素体界面扩散，这样就破坏了原来 F 和 Fe_3C 界面的碳浓度关系。为了维持原界面的碳浓度关系，铁素体通过 Fe 原子的扩散，晶格不断改组为奥氏体，而 Fe_3C 则通过碳的扩散，不断溶入奥氏体中，结果奥氏体晶粒不断向铁素体和渗碳体两边长大，直至铁素体全部转变为奥氏体。

3.1.2.3 残余渗碳体的溶解

由于 Fe_3C 的晶格结构和含碳量与奥氏体的差别远大于铁素体与奥氏体的差别，所以铁素体优先转变为奥氏体后，还有一部分渗碳体残留下来，被奥氏体包围，这部分残余的 Fe_3C 在保温过程中通过碳的扩散继续溶于奥氏体，直至全部消失。

3.1.2.4 奥氏体成分的均匀化

Fe_3C 刚刚全部溶解时，奥氏体中原先属于 Fe_3C 的部位含碳量较高，属于 F 的部位含碳量较低，随着保温时间的延长，通过碳原子的扩散，奥氏体的含碳量逐渐趋于均匀。

3.1.3 影响奥氏体晶粒大小的主要因素

3.1.3.1 加热温度、速度，保温时间

加热温度越高，保温时间越长，奥氏体晶粒越容易自发长大粗化。

加热速度越快，相变时过热度越大，相变驱动力也越大，形核率提高，晶粒越细，所以快速加热、短时保温是实际生产中细化晶粒的手段之一。加热温度一定时，随着保温时间的延长，晶粒会不断长大。但保温时间足够长后，奥氏体晶粒几乎不再长大，而趋于相对稳定。

3.1.3.2 钢的化学成分

对同一种钢而言，当奥氏体晶粒细小时，冷却后的组织也细小，其强度较高，塑性、韧性较好；当奥氏体晶粒粗大时，在同样的冷却条件下，冷却后的组织也粗大。粗大的晶粒会导致钢的机械性能下降，甚至在淬火时形成裂纹。可见，加热时如何获得细小的奥氏体晶粒常常成为保证热处理效果的关键问题之一。

当钢中的碳以固溶态存在时，随着含碳量的增加，晶粒粗化；当钢中的碳以碳化物形式存在时，有阻碍晶粒长大的作用。

对于钢中的合金元素，碳化物形成元素能阻碍晶粒长大，如 W、Ti、V 等。非碳化物形成元素有的阻碍晶粒长大，如 Cu、Si、Ni 等，有的促进晶粒长大，如 P、Mn 等。

实际生产中因加热温度不当，使奥氏体晶粒长大粗化的现象叫过热，过热后将使钢的性能恶化。因此，如何控制奥氏体晶粒大小，是热处理工制定加热温度时必须考虑的重要问题。

3.2 钢在冷却时的组织转变

钢的冷却组织转变实质上是过冷奥氏体的冷却转变。由于冷却条件不同，其转变产物在组织和性能上有很大差异。表 3-1 表明，45 钢在同样的奥氏体化条件下，由于冷却速度的不同，其力学性能存在明显差异。

表 3-1 45 钢加热到 840 ℃后，在不同冷却条件下的力学性能

冷却方法	σ_b(MPa)	σ_s(MPa)	δ(%)	ψ(%)	HRC
随炉冷却	519	272	32.5	49	15 ~ 18
空气冷却	657 ~ 706	333	15 ~ 18	45 ~ 50	18 ~ 24
油中冷却	882	608	18 ~ 20	48	40 ~ 50
水中冷却	1 078	706	78	12 ~ 14	52 ~ 60

3.2.1 过冷奥氏体

由 Fe—Fe_3C 相图可知，钢的温度高于临界点(A_1、A_3、A_{cm})时，其奥氏体是稳定的，当温度处于临界点以下时，奥氏体将发生分解和转变。然而在实际冷却条件下，奥氏体虽然冷却至临界点以下，但并不立即发生转变，这种处于临界点以下的奥氏体称为过冷奥氏体。

随着时间的推移，过冷奥氏体将发生分解和转变，其转变产物的组织和性能取决于冷却条件。

奥氏体化后的钢冷却至室温的方式有两种：

(1) 连续冷却，是指使奥氏体化后的钢在温度连续下降的过程中发生组织转变。

(2) 等温冷却，是指将奥氏体化后的钢迅速冷却到 A_1 点以下某一温度，恒温停留一段时间，在这段保温时间内发生组织转变，然后再继续冷却。

3.2.2　过冷奥氏体等温转变曲线

过冷奥氏体等温转变曲线就是在等温冷却转变情况下，温度、时间和转变产物之间的关系曲线。由于其形状像个字母“C”，所以又称为C曲线。图3-4为共析钢等温转变C曲线。

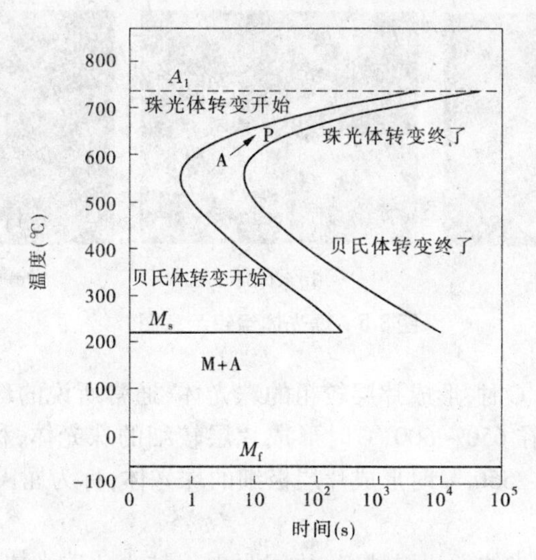

图3-4　共析钢等温转变C曲线

共析钢等温转变C曲线中，高于临界点 A_1 的区域为奥氏体的稳定区，纵坐标与转变开始线之间为过冷奥氏体区，其横坐标的长度为过冷奥氏体等温转变的“孕育期”，两曲线之间为转变区（过冷奥氏体与转变产物的共存区），转变终了线右侧为转变产物区。对于共析钢，在550 ℃时，即“鼻尖”处，孕育期最短，过冷奥氏体稳定性最差。

3.2.3　过冷奥氏体等温转变产物的组织和性能

从前面的分析可知，过冷奥氏体冷却转变时，温度区间不同，转变方式不同，转变产物的组织性能亦不同。过冷奥氏体在不同的等温度下会发生三种不同转变：550 ℃以上为珠光体转变；550 ℃ ~ M_s 为贝氏体转变；M_s ~ M_f 为马氏体转变。M_s 和 M_f 分别为马氏体转变的开始温度和终了温度。

3.2.3.1　**珠光体转变**

1. 转变过程

奥氏体转变为珠光体的过程是一个形核和长大的过程。

当奥氏体冷却到 A_{r1} 温度时，能量、成分和结构的起伏导致在奥氏体晶界处形成薄片状的渗碳体核心，Fe_3C 的含碳量为6.69%，它必须依靠其周围奥氏体不断地供应碳原子，与此同时，它周围的奥氏体的含碳量不断降低，为铁素体的形核创造了有利条件，铁素体晶核便在渗碳体两侧形成，这样就形成了一个珠光体晶核。由于铁素体的溶碳量很低，约为0.02%，其长大过程中必将过剩的碳排出来，使相邻奥氏体中的含碳量增高，这又为产生新的渗碳体片创造了条件。随着渗碳体片的不断长大，新的铁素体片又不断产生。如此反复进行,一个珠光体晶核就长大成为一个珠光体领域。当一个珠光体晶核向奥氏体晶粒内部长大时,同时又有新的珠光体晶核形成并长大,每个晶核都长大成为一个珠光体领域,直到各个珠光体领域彼此相碰,这时奥氏体完全消失,转变完成。

2. 组织与性能特征

珠光体片层的粗细与等温转变温度密切相关,图 3-5 为珠光体组织示意图。

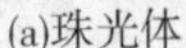
(a)珠光体　(b)索氏体　(c)屈氏体

图 3-5　珠光体组织示意图

当温度在 A_1 ~650 ℃时,形成片层较粗的珠光体,通常所说的珠光体就指这一类,用"P"表示,17 ~25HRC;在 650 ~600 ℃时形成片层较细的珠光体,称为索氏体,用"S"表示,25 ~35HRC;在 600 ~550 ℃时形成片层极细的珠光体,称为屈氏体(又称为托氏体),用"T"表示,35 ~40HRC。

显然,温度越低,珠光体的片层越细,片间距也就越小。珠光体的片间距对其性能有很大的影响,片间距越小,珠光体的强度和硬度就越高,同时塑性和韧性也有所增加。这是因为珠光体的基体相是铁素体,铁素体很软、易变形,而渗碳体片和铁素体片的相界阻碍铁素体变形,从而提高了强度和硬度。珠光体片间距愈小,相界面积愈大,强化作用愈大,因而强度和硬度升高,同时,由于此时渗碳体片较薄,易随铁素体一起变形而不脆断,因此细片珠光体又具有较好的韧性和塑性。

3.2.3.2　贝氏体转变

1. 转变过程

将奥氏体过冷到 550 ~230 ℃(M_s 点)温度范围内发生贝氏体转变,其转变产物叫贝氏体,用"B"表示,贝氏体是由过饱和的铁素体和渗碳体组成的混合物。奥氏体转变为贝氏体时,先沿奥氏体晶界析出过饱和的铁素体,由于碳原子处于过饱和状态,有从铁素体中脱溶并向奥氏体方向扩散的倾向。

图 3-6 所示为上贝氏体的形成。随着密排的铁素体条伸长和变宽,生长着的铁素体中的碳原子不断地通过界面而扩散到其周围的奥氏体中,导致条间的奥氏体中的碳原子不断富集,当其浓度足够高时,便在条间沿条的长轴方向析出碳化物,形成上贝氏体组织,40 ~48 HRC。

图 3-7 所示为下贝氏体的形成。下贝氏体是在较大的过冷度下形成的。碳原子的扩散能力降低,尽管初生的下贝氏体中的铁素体固溶有较多的碳原子,但碳原子的迁移都没越过铁素体片的范围,只在片内沿一定晶面偏聚,进而形成下贝氏体组织,48 ~55 HRC。

2. 组织与性能特征

上贝氏体在显微镜下呈羽毛状,它是由许多互相平行的过饱和铁素体片和分布在片

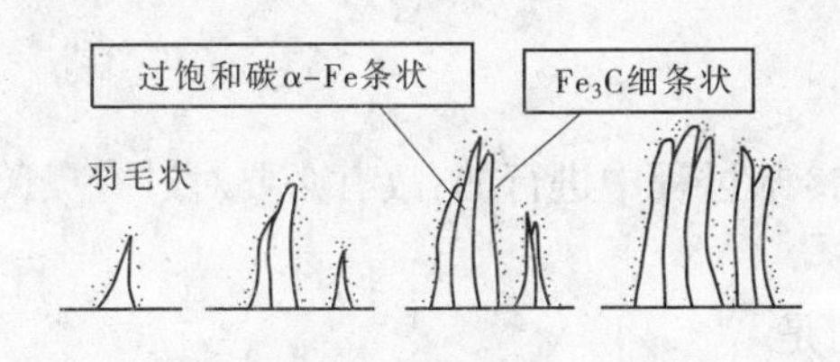

图 3-6　上贝氏体的形成

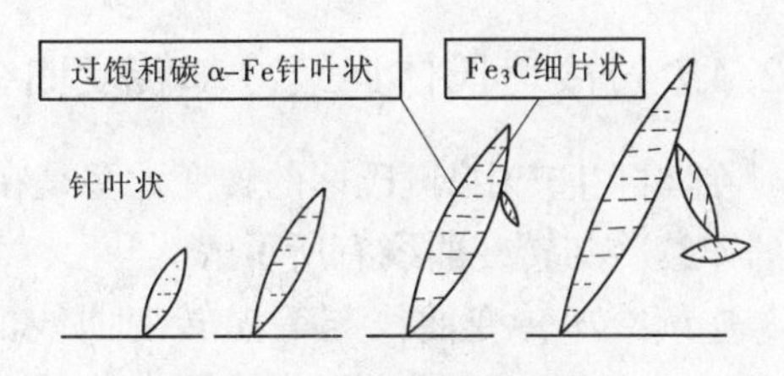

图 3-7　下贝氏体的形成

间的断续细小的渗碳体组成的混合物,用“$B_上$”表示。由于其铁素体片较粗,因此塑性和韧性较差,在生产中应用较少。

下贝氏体的形成温度在 350 ℃ ~ M_s 范围内,下贝氏体在光学显微镜下呈黑色针叶状。下贝氏体中的铁素体也是一种过饱和的铁素体,而且碳原子的过饱和度大于上贝氏体。下贝氏体用“$B_下$”表示。因其铁素体针叶较细,故其塑性和韧性较好。

在 320 ~ 350 ℃温度范围内等温形成的下贝氏体具有高强度、高硬度、高塑性、高韧性,即具有良好的综合机械性能。生产中有时对中碳合金钢和高碳合金钢采用“等温淬火”的方法获得下贝氏体,以提高钢的强度、硬度、韧性和塑性,其原因就在于此。

3.2.3.3　马氏体的组织与形态

马氏体用“M”表示。马氏体是碳在 α - Fe 中的过饱和固溶体,具有体心立方晶格。马氏体转变温度低,铁原子和碳原子都不能扩散,转变前后新相与母相的成分相同,即马氏体的含碳量与高温奥氏体的含碳量相同。

通常铁素体在室温的含碳量小于 0.008%,当奥氏体由面心立方转变为马氏体改组为体心立方时,多余的碳并不以 Fe_3C 形式析出,而仍保留在体心立方晶格上,成为过饱和的固溶体。

大量碳原子的过饱和造成晶格的畸变,使塑性变形的抗力增加。另外,由于马氏体的比容比奥氏体大,当奥氏体转变成马氏体时发生体积膨胀,产生较大的内应力,引起塑性变形和加工硬化。因此,马氏体具有较高的强度和硬度。

奥氏体转变后,所产生的马氏体的形态取决于奥氏体中的含碳量,含碳量小于 0.6%的为板条状马氏体;含碳量在 0.6% ~ 1.0% 的为板条状和针叶状混合的马氏体;含碳量大于 1.0% 的为针叶状马氏体。这两种不同形态的马氏体具有不同的机械性能,随着马氏体含碳量的增加,形态从板条状过渡到针叶状,硬度和强度也随之升高,而塑性和韧性随之降低。板条状和针叶状马氏体的形态如图 3-8 所示。

(a)板条状马氏体

(b)针叶状马氏体

图 3-8　马氏体的形态

3.2.4 过冷奥氏体连续冷却转变曲线

在实际生产中，奥氏体的转变大多是在连续冷却过程中进行的，故有必要对过冷奥氏体的连续冷却转变曲线有所了解。

连续冷却转变曲线与等温转变曲线的区别是没有 C 曲线的下部分，即共析钢在连续冷却转变时，得不到贝氏体组织。这是因为共析钢贝氏体转变的孕育期很长，当过冷奥氏体连续冷却通过贝氏体转变区内尚未发生转变时就已过冷到 M_s 点而发生马氏体转变，所以不出现贝氏体转变。

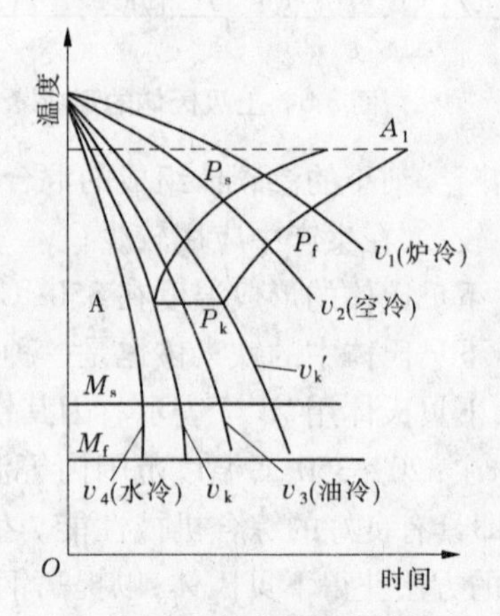

图 3-9 连续冷却转变曲线

连续冷却转变曲线又称 CCT 图，如图 3-9 所示。图中 P_s 和 P_f 表示 A→P 的开始线和终了线，P_k 线表示 A→P 的中止线，若冷却曲线碰到 P_k 线，A→P 转变停止，继续冷却时，A 一直保持到 M_s 点温度以下转变为马氏体。

v_k 称为临界冷却速度，它是获得全部马氏体组织的最小冷却速度。v_k 越小，钢在淬火时越容易获得马氏体组织，即钢接受淬火的能力越强。

由于共析钢在连续冷却时的转变测定较困难，生产中常利用等温冷却转变曲线分析连续冷却转变的结果，即按连续冷却转变曲线与等温冷却转变曲线相交的大致位置，估计连续冷却后得到的组织。

3.3 钢的退火与正火

将工件整体进行加热、保温和冷却，以使其获得均匀的组织和性能的一种操作称为整体热处理(又称为普通热处理)，主要包括退火、正火、淬火和回火。

实际生产中，各种工件在制造过程中有不同的工艺路线，如：铸造→退火(正火)→切削加工→成品；锻造→退火(正火)→粗加工→淬火→回火→精加工→成品。可见，退火与正火是应用非常广泛的热处理。为什么将退火与正火安排在铸造或锻造之后、切削加工之前呢？原因如下：

(1)在铸造或锻造之后，钢件中不但残留有铸造或锻造应力，而且还往往存在着成分和组织上的不均匀性，因而机械性能较差，并且会导致以后淬火时钢件的变形和开裂。经过退火与正火后，便可得到细小而均匀的组织，并消除应力，改善钢件的机械性能，为随后的淬火作好了准备。

(2)铸造或锻造后，钢件硬度经常偏高或偏低，严重影响切削加工。经过退火与正火后，钢的组织接近于平衡组织，其硬度适中，有利于进行下一步的切削加工。

(3)如果工件的性能要求不高，如铸件、锻件或焊接件等，退火或正火通常作为最终热处理。

3.3.1 钢的退火

退火是将工件加热到临界点以上或临界点以下某一温度,保温一定时间后,以十分缓慢的冷却速度(炉冷)进行冷却的一种热处理工艺。根据钢的成分、组织状态和退火目的的不同,退火工艺可分为完全退火、等温退火、球化退火、去应力退火等。

3.3.1.1 完全退火和等温退火

完全退火主要用于亚共析钢成分的碳钢和合金钢的铸件、锻件及热轧型材,有时也用于焊接结构。完全退火的目的是细化晶粒,降低硬度,改善金属材料的切削加工性能。

完全退火工艺:将工件加热到 A_{c3} 以上 30 ~ 50 ℃,保温一定时间后,随炉缓慢冷却到 600 ℃以下,然后在空气中冷却。这种工艺过程比较耗费时间,为克服这一缺点,产生了等温退火工艺,生产上常常采用等温退火替代完全退火。

等温退火工艺:先以较快的冷却速度,将工件加热到 A_{c3} 以上 30 ~ 50 ℃,保温一定时间后,先以较快的速度冷却,直到珠光体的形成温度之后等温,待等温转变结束之后再空冷。这样就可以大大缩短退火的时间。

3.3.1.2 球化退火

球化退火主要用于共析或过共析成分的碳钢及合金钢。通过球化退火,层状渗碳体和网状渗碳体转变为球状渗碳体。球化退火后的组织是由铁素体和球状渗碳体组成的球状珠光体。球化退火的目的在于降低硬度,改善切削加工性,并为以后淬火作准备。

球化退火工艺:将钢件加热到 A_{c1} 以上 20 ~ 40 ℃,保温一定时间后,随炉缓慢冷却至 600 ℃,出炉空冷。同样为缩短退火时间,生产上常采用等温球化退火,它的加热工艺与普通球化退火相同,只是冷却方法不同。

3.3.1.3 去应力退火(低温退火)

去应力退火主要用于消除铸件、锻件、焊接件、冷冲压件(或冷拔件)及机加工的残余内应力。这些应力若不消除会导致工件在随后的切削加工或使用中变形、开裂,降低机器的精度,甚至会发生事故。在去应力退火中不发生组织转变。

去应力退火工艺:将工件随炉缓慢加热(100 ~ 150 ℃/h)至 500 ~ 650 ℃,保温一段时间后,随炉缓慢冷却(50 ~ 100 ℃/h)至 200 ℃,出炉空冷。

3.3.2 钢的正火

正火是将工件加热到 A_{c3} 或 A_{ccm} 以上 30 ~ 50 ℃,保温后从炉中取出在空气中冷却的一种热处理工艺。

正火与退火的区别是冷却速度快、经济性强、组织细、强度和硬度有所提高。当钢件尺寸较小时,正火后组织为 S,而退火后组织为 P。钢的退火与正火工艺参数如图 3-10 所示。

正火的主要应用有以下几点:

(1)用于普通结构零件,作为最终热处理,细化晶粒,提高机械性能。

(2)用于低、中碳钢,作为预先热处理,得到合适的硬度,便于切削加工。

(3)用于过共析钢,消除网状 Fe_3C,有利于球化退火的进行。

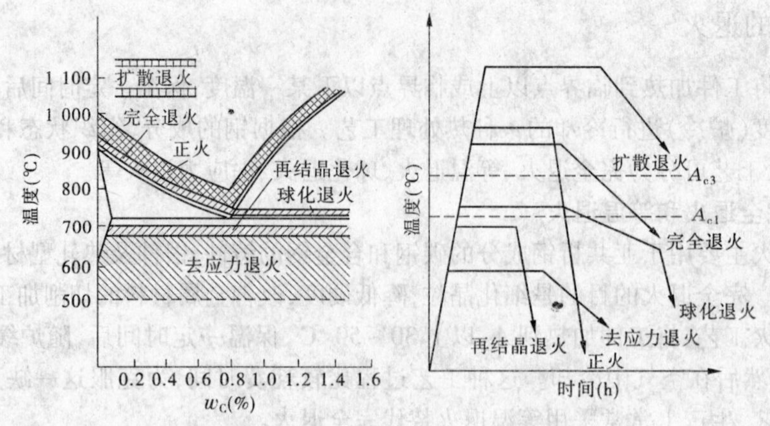

图 3-10 钢的退火与正火工艺参数

3.3.3 退火和正火的选择

退火与正火在某种程度上有相似之处，在实际生产中又可相互替代，那么，在设计时根据什么原则进行选择呢？退火与正火的选择应从以下三方面予以考虑。

3.3.3.1 从切削加工性上考虑

切削加工性包括硬度、切削脆性、表面粗糙度及对刀具的磨损等。

一般金属的硬度在 170 ~ 230 HBS 范围内，切削性能较好。过高则金属过硬，难以加工，且刀具磨损快；过低则切屑不易断，造成刀具发热和磨损，加工后的零件表面粗糙度很大。可见，对于低、中碳结构钢，以正火作为预先热处理比较合适，对于高碳结构钢和工具钢，则以退火为宜。至于合金钢，由于合金元素的加入，钢的硬度有所提高，故中碳以上的合金钢一般都采用退火，以改善切削性。

3.3.3.2 从使用性能上考虑

若工件性能要求不太高，随后不再进行淬火和回火，那么往往采用正火来提高其机械性能，但若零件的形状比较复杂，正火的冷却速度有促使裂纹形成的危险，应采用退火。

3.3.3.3 从经济上考虑

正火比退火的生产周期短，耗能少，且操作简便，故在可能的条件下，应优先考虑以正火代替退火。

3.4 钢的淬火与回火

3.4.1 钢的淬火

淬火就是将钢件加热到 A_{c3} 或 A_{c1} 以上 30 ~ 50 ℃，保温一定时间，然后以大于临界冷却速度（一般为油冷或水冷）的速度冷却，从而得到马氏体组织的一种热处理工艺。

3.4.1.1 淬火的目的

淬火的目的就是获得马氏体。但淬火必须和回火相配合，否则淬火后虽得到了高硬度、高强度，但韧性差、塑性低，不能获得优良的综合机械性能。

3.4.1.2 钢的淬火工艺

淬火是一种复杂的热处理工艺，又是决定产品质量的关键工序之一，淬火后要得到细小的马氏体组织而又不至于产生严重的变形和开裂，就必须根据钢的成分、零件的大小和形状等，结合C曲线合理地确定淬火加热温度和冷却方法。

1. 淬火加热温度的选择

马氏体针叶的大小取决于奥氏体晶粒的大小。为了在淬火后得到细小而均匀的马氏体，首先要在淬火加热时得到细小而均匀的奥氏体。因此，加热温度不宜太高。

淬火工艺参数如图3-11所示。对于亚共析钢：A_{c3} +（30～50 ℃），淬火后的组织为均匀而细小的马氏体。对于过共析钢：A_{c1} +（30～50 ℃），淬火后的组织为均匀而细小的马氏体和颗粒状渗碳体及残余奥氏体的混合组织。如果加热温度过高，渗碳体溶解过多，奥氏体晶粒粗大，会使淬火组织中马氏体针叶变粗，渗碳体量减少，残余奥氏体量增多，从而降低钢的硬度和耐磨性。

2. 淬火冷却介质

淬火冷却速度是决定淬火质量的关键。为了使工件获得马氏体组织，淬火冷却速度必须大于临界冷却速度 $v_{临}$，而快冷会产生很大的内应力，容易引起工件的变形和开裂。所以，既不能使冷却速度过大又不能使冷却速度过小，理想的冷却速度应如图3-12所示。目前，还没有找到十分理想的冷却介质能符合这一要求。

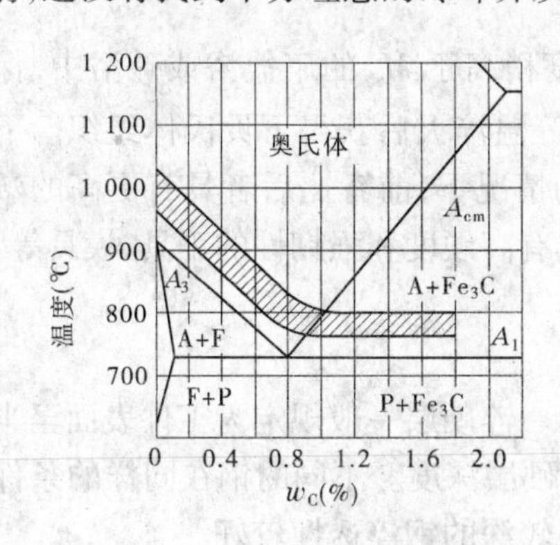

图3-11　淬火工艺参数

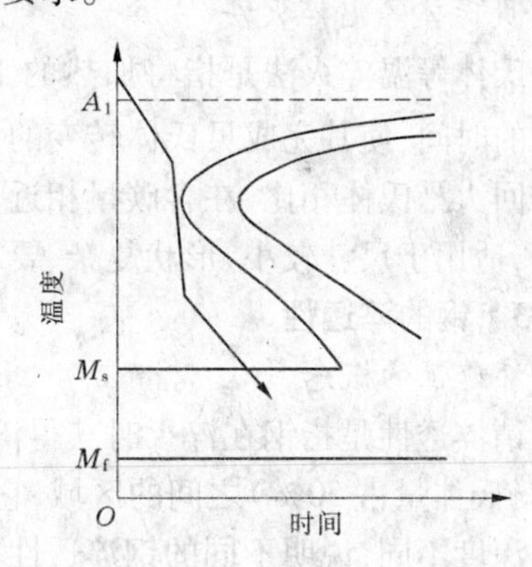

图3-12　淬火理想的冷却速度

最常用的冷却介质是水和油，水在650～550 ℃范围内具有很大的冷却速度，可防止珠光体的转变，但在300～200 ℃时冷却速度仍然很快，这时正发生马氏体转变，具有如此高的冷却速度，必然会引起淬火钢的变形和开裂。若在水中加入10%的盐（NaCl）或碱，可将650～550 ℃范围内的冷却速度提高，但在300～200 ℃范围内冷却速度基本不变，因此水及盐水或碱水常被用作碳钢的淬火冷却介质，但都易引起材料的变形和开裂。而油在300～200 ℃范围内的冷却速度较慢，可减少钢在淬火时的变形和开裂倾向，但在650～550 ℃范围内的冷却速度不够大，不易使碳钢淬火成马氏体，只能用于合金钢。常用的淬火油为10#、20#机油。

3. 淬火方法

为了使工件淬火成马氏体并防止变形和开裂，单纯依靠选择淬火介质是不行的，还必须采取正确的淬火方法。最常用的淬火方法有以下四种。

1)单液淬火法

单液淬火法是指将加热的工件放入一种淬火介质中冷却直到室温的淬火方法。这种方法操作简单,容易实现机械化、自动化,如碳钢在水中淬火,合金钢在油中淬火。其缺点是不符合理想淬火冷却速度的要求,水淬容易产生变形和裂纹,油淬容易产生硬度不足或硬度不均匀等。

2)双液淬火法

双液淬火法是指将加热的工件先在快速冷却的介质中冷却到300 ℃左右,立即转入另一种缓慢冷却的介质中冷却至室温,以降低马氏体转变时的应力、防止变形和开裂的淬火方法。如形状复杂的碳钢工件常采用水淬油冷的方法,即先在水中冷却到300 ℃,再在油中冷却;而合金钢则采用油淬空冷,即先在油中冷却,再在空气中冷却。

3)马氏体分级淬火法

马氏体分级淬火法是指将加热的工件先放入温度稍高于 M_s 的硝盐浴或碱浴中,保温2~5 min,使零件内外的温度均匀后,立即取出在空气中冷却的淬火方法。这种方法可以减小工件内外的温差和降低马氏体转变时的冷却速度,从而有效地减小内应力,防止变形和开裂。但由于硝盐浴或碱浴的冷却能力低,只能适用于尺寸较小、要求变形小、尺寸精度高的工件,如模具、刀具等。

4)贝氏体等温淬火法

贝氏体等温淬火法是指将加热的工件放入温度稍高于 M_s 的硝盐浴或碱浴中,保温足够长的时间,使其完成贝氏体转变的淬火方法。等温淬火后获得下贝氏体组织。下贝氏体与回火马氏体相比,在含碳量相近、硬度相当的情况下,前者比后者具有更高的塑性与韧性,适用于尺寸较小、形状复杂、要求变形小、具有高硬度和强韧性的工具、模具等。

3.4.1.3 钢的淬透性

1.淬透性的概念

所谓淬透性是指钢在淬火时获得淬硬层的能力。淬硬层一般规定为工件表面至半马氏体(马氏体量占50%)之间的区域,它的深度叫淬硬层深度。不同的钢在同样的条件下淬硬层深度不同,说明不同的钢淬透性不同,淬硬层较深的钢淬透性较好。

淬硬性是指钢以大于临界冷却速度冷却时,获得的马氏体组织所能达到的最高硬度。钢的淬硬性主要决定于马氏体的含碳量,即取决于淬火前奥氏体的含碳量。

影响淬透性的因素有:钢件的化学成分、奥氏体化温度等。

2.淬透性在选材方面等的应用

淬透性是机械零件设计时选择材料和制定热处理工艺的重要依据。

淬透性不同的钢材,淬火后得到的淬硬层深度不同,所以沿截面的组织和机械性能差别很大。因此,机械制造中截面较大或形状较复杂的重要零件,以及应力状态较复杂的螺栓、连杆等零件要求截面机械性能均匀,应选用淬透性较好的钢材。

受弯曲和扭转作用的轴类零件,应力在截面上的分布是不均匀的,其外层受力较大,心部受力较小,可考虑选用淬透性较低的、淬硬层较浅(如为直径的1/3~1/2)的钢材。有些工件(如焊接件)不能选用淬透性好的钢件,否则容易在焊缝热影响区内出现组织转变,造成焊缝变形和开裂。

3.4.2　钢的回火

回火是将淬火钢重新加热到 A_1 点以下的某一温度,保温一定时间后,冷却到室温的一种热处理工艺。

3.4.2.1　回火的目的

淬火钢硬度高、脆性大,存在着淬火内应力,且淬火后的组织马氏体和奥氏体都处于非平衡态,是一种不稳定的组织,经过一定时间后,组织会向平衡组织转变,导致工件的尺寸、形状改变,性能发生变化。因此,为克服淬火组织的这些弱点而采取回火处理。

回火的目的:降低淬火钢的脆性,减小或消除内应力,使组织趋于稳定并获得所需要的性能。

3.4.2.2　回火时的组织

淬火钢在回火过程中,随着加热温度的提高,原子活动能力增强,其组织相应发生以下四个阶段性的转变。

1. 80~200 ℃,发生马氏体的分解

由于淬火马氏体中析出薄片状细小的碳化物,马氏体中碳的过饱和度降低,但仍是碳在 α-Fe 中的过饱和固溶体,通常把这种组织称为回火马氏体,这一阶段内应力逐渐减小。

2. 200~300 ℃,发生残余奥氏体的分解

残余奥氏体分解过饱和的几种碳化物的混合物,这种组织与马氏体分解的组织基本相同,因此把它归类为回火马氏体组织,即回火温度在 300 ℃以下得到的回火组织。

3. 250~400 ℃,马氏体分解完成

组织由 M→F,但这时的铁素体仍保持着马氏体针叶状的外形,这时过渡相碳化物也转变为极细的颗粒状渗碳体。这种由针叶状铁素体和极细颗粒状渗碳体组成的机械混合物称为回火屈氏体。在这一阶段马氏体的内应力大大降低。

4. 400 ℃以上,回火索氏体的形成

回火温度超过 400 ℃时,具有平衡浓度的相开始回复,500 ℃以上时发生再结晶,从针叶状转变为多边形的颗粒状,在“回复—再结晶”的过程中,颗粒状渗碳体聚集长大成球状,即在 500~650 ℃得到由颗粒状铁素体和渗碳体组成的回火组织——回火索氏体。

3.4.2.3　回火的分类及其应用

按回火温度范围将钢的回火分为以下三类。

1. 低温回火

低温回火的回火温度范围为 150~250 ℃,得到的组织为回火马氏体。内应力和脆性降低,保持了高硬度和高耐磨性。这种回火主要应用于高碳钢或高碳合金钢制造的工具、模具、滚动轴承、渗碳及表面淬火的零件,回火后的硬度一般为 58~64 HRC。

2. 中温回火

中温回火的回火温度范围为 350~500 ℃,回火后的组织为回火屈氏体,硬度 35~45 HRC,具有一定的韧性、较高的弹性极限及屈服极限。这种回火主要应用于含碳量在

0.5% ~0.7%的碳钢和合金钢制造的各类弹簧。

3. 高温回火

高温回火的回火温度范围为500 ~650 ℃,回火后的组织为回火索氏体,其硬度为25 ~35 HRC,具有较高的强度、足够的塑性和韧性。这种回火主要应用于含碳量为0.3% ~0.5%的碳钢、合金钢制造的各类起连接和传动作用的结构零件,如轴、连杆和螺栓等。在生产上,将淬火加高温回火的处理称为调质处理。

3.5 钢的表面热处理

一些在弯曲、扭转、冲击载荷、摩擦作用下工作的齿轮等机器零件,它们要求表面具有耐磨性而心部具有良好的韧性,能抗冲击的特性,仅从选材方面去考虑是很难达到要求的。所以,工业上广泛采用表面热处理来满足上述要求。

3.5.1 钢的表面淬火

表面淬火是将工件的表面层淬硬到一定深度,而心部仍保持未淬火状态的一种局部淬火法。它利用快速加热使钢件表面奥氏体化,而心部尚处于较低温度即迅速予以冷却,表层被淬硬为马氏体,而心部仍保持原来的退火、正火或调质状态的组织。

表面淬火一般适用于中碳钢、中碳低合金钢,也可用于高碳工具钢、低合金工具钢。目前应用最多的是火焰加热表面淬火和感应加热表面淬火。

3.5.1.1 火焰加热表面淬火

火焰加热表面淬火是将乙炔—氧或煤气—氧的混合气体燃烧的火焰,喷射至零件表面上,使它快速加热,当达到淬火温度时立即喷水冷却,从而获得预期的硬度和淬硬层深度的一种表面淬火方法。

火焰加热表面淬火零件的选材,常用中碳钢如35、45 钢,以及中碳合金结构钢如40Cr、65Mn 等,如果含碳量过低,则淬火后硬度较低;如果碳和合金元素含量过高,则易淬裂。

火焰加热表面淬火的淬硬层深度一般为2 ~6 mm,若要获得更深的淬硬层,往往会引起零件表面严重的过热,且易产生淬火裂纹。

火焰加热表面淬火方法简便,无需特殊设备,适用于单件或小批生产的大型零件,以及需要局部淬火的工具和零件,如大型轴类、大模数齿轮和锤子等。但火焰表面淬火较易过热,淬火质量往往不够稳定,工作条件差,因此限制了其在机械制造业中的广泛应用。

3.5.1.2 感应加热表面淬火

感应加热表面淬火是在工件中引入一定频率的感应电流(涡流),使工件表面层快速加热到淬火温度后立即喷水冷却的方法。

1. 感应加热表面淬火的工作原理

一个线圈中通过一定频率的交流电时,在它周围便产生交变磁场。若把工件放入线圈中,工件中就会产生与线圈频率相同而方向相反的感应电流。这种感应电流在工件中的分布是不均匀的,主要集中在表面层,愈靠近表面,电流密度愈大,频率愈高,电流集中的表面层愈薄，这种现象称为集肤效应。

2. 感应加热表面淬火的分类

根据电流频率的不同，感应加热表面淬火可分为：高频感应加热表面淬火（100 ~ 1 000 kHz），最常用的工作频率为 200 ~ 300 kHz，淬硬层深度为 0.2 ~ 2 mm，适用于中小型零件，如小模数齿轮；中频感应加热表面淬火（2.5 ~ 10 kHz），最常用的工作频率为 2.5 ~ 8 kHz，淬硬层深度为 2 ~ 8 mm，适用于大中型零件，如直径较大的轴和大中型模数的齿轮；工频感应加热表面淬火（50 Hz），淬硬层深度一般在 10 ~ 15 mm 以上，适用于大型零件，如直径大于 300 mm 的轧辊及轴类零件等。

3. 感应加热表面淬火的特点

其优点是：加热速度快、生产率高；淬火后表面组织细、硬度高（比普通淬火高 2 ~ 3 HRC）；加热时间短，氧化脱碳少；淬硬层深度易控制，变形小、产品质量好；生产过程易实现自动化。其缺点是：设备昂贵，维修、调整困难，形状复杂的感应圈不易制造，不适于单件生产。

3.5.2 钢的化学热处理

化学热处理是将工件置于活性介质中加热和保温，使介质中活性原子渗入工件表层，以改变其表层的化学成分、组织结构和性能的热处理工艺。根据渗入元素的不同，化学热处理可分为渗碳、氮化（渗氮）、碳氮共渗等。

化学热处理的主要目的：除提高钢件表层硬度、耐磨性以及疲劳极限外，也用于提高零件的耐腐蚀性、抗氧化性，以代替昂贵的合金钢。

化学热处理的一般过程：任何化学热处理方法的过程基本相同，都要经过分解（分解出活性的 N、C 原子）、吸收（活性原子被工件表层吸收，先固溶于基体金属，当超过固溶度后，便可能形成化合物）和扩散（原子向内扩散，形成具有一定厚度的渗层）三个过程。

3.5.2.1 钢的渗碳

将工件放在渗碳性介质中，使其表层渗入碳原子的一种化学热处理工艺称为渗碳。渗碳钢都是含碳量在 0.15% ~ 0.25% 的低碳钢和低碳合金钢，如 20、20Cr、20CrMnTi、20SiMnVB 等。渗碳层深度一般都在 0.5 ~ 2.5 mm。

钢渗碳后表层的含碳量可达到 0.8% ~ 1.1%。渗碳件渗碳后缓冷到室温的组织接近于铁碳合金相图所反映的平衡组织，从表层到心部依次是过共析组织、共析组织、亚共析过渡层、心部原始组织。

渗碳方法有气体渗碳、液体渗碳和固体渗碳，目前常用的方法是气体渗碳。不论是气体渗碳还是固体渗碳，渗碳后的零件都要进行淬火和低温回火处理，才能达到所要求的使用性能。

渗碳主要用于表面磨损严重、冲击载荷较大的零件，如齿轮、轴类和套角等。

3.5.2.2 钢的氮化

向钢件表层渗入氮，形成含氮硬化层的化学热处理过程称为氮化。氮化的实质就是利用含氮的物质分解产生活性氮原子，渗入工件的表层。

应用较广泛的是气体氮化法，即把工件放入密封箱式炉内加热（500 ~ 580 ℃），并通入氨气使其分解,分解出的活性氮原子被工件表层吸收,通过扩散传质,得到一定深度的渗氮层。

氮化处理适用于耐磨性和精度都要求较高的零件或要求抗热、耐腐蚀的耐磨件,如发动机的汽缸、排气阀、高精度传动齿轮等。

3.5.2.3 碳氮共渗

碳氮共渗是向工件的表层同时渗入碳和氮的过程,目前以中、低温气体碳氮共渗应用较为广泛。

3.6 拓展提高——发蓝处理

发蓝处理是将钢在空气中加热或直接浸于浓氧化性溶液中,使其表面产生极薄的氧化物膜的保护技术工艺,也称发黑。

发蓝处理是一种表面处理方法,使金属表面形成一层氧化膜,以防止金属表面被腐蚀。黑色金属表面经发蓝处理后所形成的氧化膜,其外层主要是 Fe_3O_4,内层为 FeO。钢铁零件的表面进行发蓝处理后,就能大大增强零件的耐腐蚀能力,延长零件的使用寿命。

$$3Fe + 4H_2O \xrightarrow{\text{高温}} Fe_3O_4 + 4H_2$$

钢铁零件的发蓝可在亚硝酸钠和硝酸钠的熔融盐中进行,也可在高温热空气及 500 ℃以上的过热蒸气中进行。发蓝时的溶液成分、反应温度和时间依钢铁基体的成分而定。发蓝膜的成分为磁性氧化铁,厚度为 0.5 ~ 1.5 μm,颜色与材料成分和工艺条件有关,有灰黑、深黑、亮蓝等。单独的发蓝膜耐腐蚀性较差,但经涂油、涂蜡或涂清漆后,耐腐蚀性和抗摩擦性都有所改善。常用于精密仪器、光学仪器、工具、硬度块等。

现在,钢制件的发黑处理常用的方法有传统的碱性加温发黑和出现较晚的常温发黑两种。但常温发黑工艺对于低碳钢的效果不太好。Q235 钢用碱性发黑好一些。碱性发黑又分为一次发黑和两次发黑。发黑液的主要成分是氢氧化钠和亚硝酸钠。发黑时所需的温度范围较大,在 135 ~ 155 ℃都可以得到不错的表面,只是所需时间不同而已。

实际操作中,需要注意的是工件发黑前除锈和除油的质量,以及发黑后的钝化浸油。发黑质量往往因这些工序而变化。

发蓝处理的主要作用是在工件表面形成一层致密的氧化膜,防止工件腐蚀上锈,提高工件的耐磨性和美观度。发蓝处理只是一种表面处理,不会对内部组织产生任何的影响,因此它不属于热处理。

练习题

1. 选择题

(1)球化退火一般适用于(　　)。

A. 合金结构钢　　B. 普碳钢　　C. 轴承钢及合金刃具钢

(2)一般来说,碳素钢淬火应选择(　　)作冷却介质,合金钢应选择(　　)作冷却介质。

A. 矿物油　　　　B. 20 ℃自来水　　C. 20 ℃的10%食盐水溶液

(3)钢在一定条件下淬火后获得淬硬层深度的能力称为(　　)。

A. 淬硬性　　　　B. 淬透性　　　　C. 耐磨性

(4)化学热处理与其他热处理方法的基本区别是(　　)。

A. 加热温度　　　B. 组织变化　　　C. 改变表面化学成分

(5)零件渗碳后,一般需经(　　)处理,才能达到表面硬而耐磨的目的。

A. 淬火+低温回火　B. 正火　　　　C. 调质

(6)为提高低碳钢的切削加工性,通常采用(　　)热处理;为改善T10钢的切削加工性,通常采用(　　)热处理。

A. 完全退火　　　B. 正火　　　　C. 球化退火

(7)65Mn钢用于制造弹簧时,淬火后应进行(　　)回火;T10A钢用于制造锯片时,淬火后应进行(　　)回火。

A. 高温　　　　　B. 中温　　　　C. 低温

2. 填空题

(1)在实际生产中,选用退火和正火时应主要考虑________、________、________等三个方面因素,在可能的条件下,应选用________。

(2)常用的退火方法有________退火、________退火和________退火等。

(3)工厂里淬火常用的淬火介质有________、________和________等。

(4)常见的淬火缺陷有________与脱碳、过热与________、畸变与开裂和________不足与软点等。

(5)感应加热表面淬火法,按电流频率不同可分为高频、中频和________三种。电流频率越高,淬硬层________。

(6)化学热处理都是通过______、______和______三个基本过程完成的。

(7)在机械零件中,要求表面具有耐磨性和______,而要求心部具有足够塑性和______时,应进行表面热处理。

3. 判断题

(1)因为珠光体和贝氏体都是铁素体与渗碳体的混合物,所以它们的性能没有多大改变。(　　)

(2)含碳量低于0.25%的碳钢,可用正火代替退火,以改善加工性。(　　)

(3)钢的含碳量越高,选择淬火加热温度越高。(　　)

(4)淬火后的钢,回火温度越高,其强度和硬度也越高。(　　)

(5)钢回火的加热温度在A_1点以下,因此回火过程中无组织变化。(　　)

(6)表面热处理就是改变钢材表面的化学成分,从而改变钢材表面的性能。(　　)

(7)T12钢可选为渗碳零件用钢。(　　)

4. 综合题

(1)什么是金属材料的热处理？热处理的目的是什么？热处理有哪些基本类型？

(2)正火与退火的主要区别是什么？生产中如何选择正火与退火？

(3)淬火的目的是什么？亚共析钢和过共析钢的加热温度一般应如何选择？为什么？

(4)回火的目的是什么？常用的回火类型有哪些？指出各种回火操作后都得到的组织及其应用范围。

(5)表面淬火的目的是什么？常用的表面淬火方法有哪几种？试比较它们的优缺点及应用范围。

(6)指出下列钢件应采用的退火方法,并说明退火的目的：

①亚共析钢($w_C=0.35\%$)铸造齿轮；

②锻造后产生过热组织(晶粒粗大)的亚共析钢($w_C=0.6\%$)锻造毛坯；

③具有片状渗碳体的钢坯($w_C=1.2\%$)。

(7)有一批 $w_C=0.45\%$ 的碳钢齿轮,其制造工艺为：圆钢下料→锻造→退火→车削加工→淬火→回火→铣齿→表面淬火。试说明各热处理工序的名称和作用。

(8)某柴油机凸轮轴,要求凸轮表面具有高的硬度(HRC>50),而心部具有良好的韧性,原采用 $w_C=0.45\%$ 的碳钢调质,再在凸轮表面进行高频淬火,最后低温回火。现因库存钢材用完,拟用 $w_C=0.15\%$ 的碳钢代替。试说明：

①原采用的 $w_C=0.45\%$ 钢的各热处理工序的作用。

②改用 $w_C=0.15\%$ 钢后,仍按原热处理工序进行能否满足性能要求？为什么？

③改用 $w_C=0.15\%$ 钢后,采用何种热处理工艺能达到所要求的性能？

(9)表面热处理方法主要有哪些？对工程材料进行表面热处理具有何意义？

(10)指出对下列零件的锻造毛坯进行正火的主要目的及正火后的显微组织：

①20 钢齿轮；②45 钢小轴；③T12 钢锉刀。

模块4 常用工程材料

【模块导入】

工程材料分为金属材料和非金属材料，其中金属材料在工程中应用得最为广泛，它包括碳钢、合金钢、铸铁和有色金属等。本模块主要介绍金属材料的性能、牌号及其选用等方面的知识。同时，对非金属材料的应用有初步的介绍。

【技能要求】

通过学习碳钢、合金钢、铸铁、有色金属、塑料、橡胶和陶瓷等知识，学生应具有选择材料的技能，以满足企业生产的实际需要。

4.1 碳钢

碳钢的价格低廉，易于获得，因而在机械制造中得到了广泛的使用。为了在生产上合理选择、正确使用各种碳钢，必须掌握我国碳钢的分类、编号和用途，了解杂质元素对碳钢性能的影响。

4.1.1 杂质元素对碳钢性能的影响

钢中常存的杂质元素有 Si、Mn、S、P 等几种。

4.1.1.1 锰(Mn)

Mn 来自炼钢生铁和脱氧剂锰铁，一般认为 Mn 在钢中是一种有益元素，碳钢中 $w_{Mn}<0.80\%$；在含锰合金钢中，$w_{Mn}=1.0\%\sim1.2\%$。Mn 大部分溶于铁素体中，形成置换固溶体，并使铁素体强化；另一部分 Mn 溶于 Fe_3C 中，形成合金渗碳体，这都使钢的强度有所提高。另外，Mn 与 S 化合成 MnS，能减轻 S 的有害作用。

4.1.1.2 硅(Si)

Si 来自炼钢生铁和脱氧剂硅铁，一般认为 Si 在钢中是一种有益元素，碳钢中 $w_{Si}<0.35\%$，Si 与 Mn 一样能溶于铁素体中，使铁素体强化，从而使钢的强度、硬度、弹性提高，而塑性、韧性降低。有一部分 Si 则存在于硅酸盐夹杂中。

4.1.1.3 硫(S)

S 是由生铁带来的，而在炼钢时又未能除尽的有害元素。S 不溶于铁，而以 FeS 形式存在。FeS 会与 Fe 形成共晶，并分布于奥氏体的晶界上，当钢材在 1 000 ~1 200 ℃进行压力加工时，由于 FeS—Fe 共晶（熔点只有 989 ℃）已经熔化，并使晶粒脱开，钢材将变得极脆，这种脆性现象称为热脆。为了避免热脆，钢中含硫量必须严格控制，普通钢 $w_S\leqslant0.055\%$，优质钢 $w_S\leqslant0.040\%$，高级优质钢 $w_S\leqslant0.030\%$。

在钢中增加含锰量，可消除 S 的有害作用，Mn 能与 S 形成熔点为 1 620 ℃的 MnS，而且 MnS 在高温时具有塑性,这样就避免了热脆现象。

4.1.1.4 磷(P)

P 是由生铁带来的,而在炼钢时又未能除尽的有害元素。P 在钢中全部溶于铁素体中,虽可使铁素体的强度、硬度有所提高,但却使室温下钢的塑性、韧性急剧降低,并使钢的脆性转化温度有所升高,使钢变脆,这种现象称为冷脆。P 的存在还会使钢的焊接性能变差,因此钢中含磷量应严格控制,普通钢 $w_P \leqslant 0.045\%$,优质钢 $w_P \leqslant 0.040\%$,高级优质钢 $w_P \leqslant 0.035\%$。

但是,在适当的情况下,S、P 也有一些有益的作用:对于 S,当钢中含硫量较高(0.08% ~ 0.3%)时,适当提高钢中含锰量(0.6% ~1.55%),使 S 与 Mn 结合成 MnS,切削时易于断屑,能改善钢的切削性能,故易切削钢中含有较多的 S;对于 P,如与 Cu 配合能增强钢的抗大气腐蚀能力,改善钢材的切削加工性能。

4.1.2 碳钢的分类

碳钢分类方法很多,比较常用的有三种,即按钢的含碳量、质量和用途分类。

4.1.2.1 按含碳量分类

低碳钢:$w_C \leqslant 0.25\%$ 的钢。

中碳钢:$w_C = 0.25\% \sim 0.6\%$ 的钢。

高碳钢:$w_C > 0.6\%$ 的钢。

4.1.2.2 按质量分类(即按含有杂质元素 S、P 的多少进行分类)

普通碳素钢:$w_S \leqslant 0.055\%$,$w_P \leqslant 0.045\%$。

优质碳素钢:w_S、$w_P \leqslant 0.035\% \sim 0.040\%$。

高级优质碳素钢:$w_S \leqslant 0.02\% \sim 0.03\%$,$w_P \leqslant 0.03\% \sim 0.035\%$。

4.1.2.3 按用途分类

碳素结构钢:用于制造各种工程构件,如桥梁、船舶、建筑构件等及机器零件,如齿轮、轴、连杆、螺钉、螺母等。

碳素工具钢:用于制造各种刀具、量具、模具等,一般为高碳钢,在质量上都是优质钢或高级优质钢。

4.1.3 碳钢的牌号和用途

4.1.3.1 普通碳素结构钢

普通碳素结构钢主要保证机械性能,牌号体现机械性能,用"Q + 数字"表示,"Q"为屈服极限"屈"的汉语拼音的首位字母,数字表示屈服极限数值。如:Q275,表示屈服极限为 275 MPa,若牌号后面标注字母"A"、"B"、"C"、"D",则表示钢材质量等级不同,即 S、P 含量不同,"A"、"B"、"C"、"D"表示质量依次提高。"F"表示沸腾钢,"b"表示半镇静钢,"Z"表示镇静钢,"TZ"表示特殊镇静钢,钢号中"Z"和"TZ"可以省略不标出。如:Q235AF 表示屈服极限为 235 MPa 的 A 级沸腾钢;Q235C 表示屈服极限为 235 MPa 的 C 级镇静钢。

普通碳素结构钢一般情况下都不经热处理,而是在供应状态下直接使用。通常 Q195、Q215、Q235 的含碳量低,有一定强度,常轧制成薄板、钢筋、焊接钢管等,用于桥梁、建筑等钢结构，也可制造普通的铆钉、螺钉、螺母、垫圈、地脚螺栓、轴套、销轴等。Q235（俗称 A3 钢）最为常用；Q255 和 Q275 强度较高，塑性、韧性较好，可进行焊接，通常轧制成型钢、条钢和钢板作为结构件，也可制造连杆、键、销、齿轮（简单机械）等零件。

表 4-1 为碳素结构钢的牌号、主要成分及力学性能。

表 4-1　碳素结构钢的牌号、主要成分及力学性能

牌号	质量等级	化学成分 w_{Me}(%)				脱氧方法	σ_s(MPa)				σ_b(MPa)	δ_5(%)			
		C	Mn	S	P		钢材厚度（直径）(mm)					钢材厚度（直径）(mm)			
							≤16	16~40	40~60	60~100		≤16	16~40	40~60	60~100
				不大于			不大于					不大于			
Q195		0.06~0.12	0.25~0.50	0.050	0.045	F、b、Z	195	185			315~390	33	32		
Q215	A	0.09~0.15	0.25~0.55	0.050	0.045	F、b、Z	215	205	195	185	335~410	31	30	29	28
	B			0.045											
Q235	A	0.14~0.22	0.30~0.65	0.050	0.045	F、b、Z	235	225	215	205	375~460	26	25	24	23
	B	0.12~0.20	0.30~0.70	0.045											
	C	≤0.18	0.35~0.80	0.040	0.040	Z									
	D	≤0.17		0.035	0.035	TZ									
Q255	A	0.18~0.28	0.40~0.70	0.050	0.050	F、b、Z	255	245	235	225	410~510	24	23	22	21
	B			0.045											
Q275		0.28~0.38	0.50~0.80	0.050	0.045	b、Z	275	265	255	245	490~610	20	19	18	17

4.1.3.2　优质碳素结构钢

优质碳素结构钢能同时保证钢的化学成分和机械性能。其牌号是采用两位数字表示的，表示钢中平均含碳量的万分之几。如 45 钢（读作"45 钢"，但不能读作"45 号钢"）表示钢中 $w_C = 0.45\%$；08 钢表示钢中 $w_C = 0.08\%$。若钢中含锰量较高，须将锰元素标出，如 $w_C = 0.45\%$，$w_{Mn} = 0.70\% \sim 1.00\%$ 的钢即 45Mn（不属于合金钢）。

优质碳素结构钢主要用于制造机械零件，一般都要经过热处理以提高机械性能，根据含碳量的不同，有不同的用途。08、08F、10、10F 钢，塑性、韧性好，具有优良的冷成形性能和焊接性能，常冷轧成薄板，用于制作仪表外壳、汽车和拖拉机上的冷冲压件，如汽车车身、拖拉机驾驶室等；15、20、25 钢属于渗碳钢，用于制作尺寸较小、负荷较轻、表面要求耐磨、心部强度要求不高的渗碳零件，如活塞钢、样板等；30、35、40、45、50 钢属于调质钢，经热处理后具有良好的综合机械性能，即具有较高的强度和较好的塑性、韧性，用于制作轴类零件；55、60、65 钢属于弹簧钢，热处理后具有高的弹性极限，常用于制作弹簧。

表 4-2 为常用优质碳素结构钢的牌号、主要成分及力学性能。

表 4-2　常用优质碳素结构钢的牌号、主要成分及力学性能

牌号	化学成分 w_{Me}(%)			力学性能						
	C	S	Mn	σ_b (MPa)	σ_s (MPa)	δ_5 (%)	ψ (%)	a_k (J/cm^2)	HBS	
				不小于					热轧	退火
08F	0.05~0.11	0.03	0.25~0.50	295	175	35	60		131	
08	0.05~0.12	0.17~0.37	0.35~0.65	325	195	33	60		131	
10	0.07~0.14	0.17~0.37	0.35~0.65	335	205	31	55		137	
15	0.12~0.19	0.17~0.37	0.35~0.65	375	225	27	55		143	
20	0.17~0.24	0.17~0.37	0.35~0.65	410	245	25	55		156	
30	0.27~0.35	0.17~0.37	0.50~0.80	490	295	21	50	63	179	
35	0.32~0.40	0.17~0.37	0.50~0.80	530	315	20	45	55	197	
40	0.37~0.45	0.17~0.37	0.50~0.80	570	335	19	45	47	217	187
45	0.42~0.50	0.17~0.37	0.50~0.80	600	355	16	40	39	229	197
50	0.47~0.55	0.17~0.37	0.50~0.80	630	375	14	40	31	241	207
55	0.52~0.60	0.17~0.37	0.50~0.80	645	380	13	35		255	217
65	0.62~0.70	0.17~0.37	0.50~0.80	695	410	10	30		255	229
65Mn	0.62~0.70	0.17~0.37	0.90~1.20	735	430	9	30		285	229
70	0.67~0.75	0.17~0.37	0.50~0.80	715	420	9	30		269	229
75	0.72~0.80	0.17~0.37	0.50~0.80	1 080	880	7	30		285	241

4.1.3.3　碳素工具钢

这类钢的含碳量为 $w_C=0.65\%\sim1.35\%$，分优质碳素工具钢与高级优质碳素工具钢两类。其牌号是用字母“T”后附数字表示，“T”为碳素工具钢“碳”汉语拼音的首位字母，数字表示钢中平均含碳量的千分之几。T8 和 T10 分别表示钢中平均含碳量为 0.80% 和 1.0% 的碳素工具钢，若为高级优质碳素工具钢，则在钢号最后附以字母“A”。如 T12A。

碳素工具钢在机械加工前一般进行球化退火，组织为铁素体 + 细小均匀分布的粒状渗碳体，硬度≤217 HBS。作为刃具，最终热处理为淬火 + 低温回火，组织为回火马氏体 + 粒状渗碳体 + 少量残余奥氏体。其硬度可达 60~65 HRC，耐磨性和加工性都较好，价格又便宜，生产上应用广泛，大多用于制造刃部受热程度较低的手用工具和低速、小进给量的机用工具，亦可制作尺寸较小的模具和量具。

T7、T7A、T8、T8A、T8MnA 用于制造要求较高韧性、承受冲击负荷的工具，如小型冲头、凿子、锤子等；T9、T9A、T10、T10A、T11、T11A 用于制造要求中韧性的工具，如钻头、丝锥、车刀、冲模、拉丝模、锯条等；T12、T12A、T13、T13A 具有高硬度、高耐磨性，但韧性低，用于制造不受冲击的工具如量规、塞规、样板、锉刀、刮刀、精车刀等。

4.1.3.4 碳素铸钢

有些机械零件，例如水压机横梁、轧钢机机架、重载大齿轮等，因形状复杂，难以用锻压方法成形，用铸铁又无法满足性能要求，此时可采用铸钢件。

碳素铸钢的牌号（ZG）用“铸钢”的汉语拼音的首位字母加屈服强度和抗拉强度来表示，碳素铸钢中含碳量为 $w_C = 0.15\% \sim 0.60\%$，碳的质量分数过高则塑性差，易产生裂纹。

ZG200－400 有良好的塑性、韧性和焊接性能；ZG230－450 有一定的强度和较好的塑性、韧性，焊接性能良好，切削加工性能尚可；ZG270－500 有较高的强度和较好的塑性，铸造性能良好，焊接性能尚好，切削加工性能好；ZG310－570 则强度和切削加工性能良好，塑性和韧性较低，用于制作承受载荷较高的各种机械零件；ZG340－640 有高的强度、硬度和良好的耐磨性，切削加工性中等，焊接性能较差，流动性好，裂纹敏感性较好。

4.2 合金钢

碳钢的价格低廉，加工容易，通过含碳量的增减和不同的热处理工艺，它的性能可以得到改善，能满足生产上的很多要求。但是，由于碳钢还存在着淬透性低、回火抗力差、不能满足一些特殊要求等缺点，目前，工业上广泛使用合金钢。

所谓的合金钢，就是为了改善钢的性能，特意地加入一些合金元素的钢。钢中 $w_{Me} < 5\%$ 者称为低合金；$w_{Me} = 5\% \sim 10\%$ 者称为中合金；$w_{Me} > 10\%$ 者称为高合金。目前，常用的合金元素包括 Cr、Mn、Ni、Co、Cu、Si、Al、B、W、Mo、V、Ti、Nb、Zn 及稀土 Re。

4.2.1 合金元素在钢中的作用

合金元素对钢的性能有明显的影响，在钢中的存在形式主要有三种：固溶状态、化合物和游离状态。

4.2.1.1 固溶状态

合金元素产生固溶强化，使钢的强度提高，而且合金元素的原子半径及晶格类型与铁原子的相差愈大，强化作用愈大。

4.2.1.2 形成合金渗碳体和特殊碳化物

合金元素固溶于渗碳体中，部分替代了渗碳体中的铁原子，使渗碳体的硬度和稳定性提高，这是因为和碳化物形成元素相比，铁和碳的亲合力最弱，故渗碳体是稳定性最差的碳化物，合金元素溶于渗碳体内增加了铁与碳的亲合力，从而提高了其稳定性，且这种稳定性较高的合金渗碳体较难溶于奥氏体，抑制晶粒聚集长大，可提高钢的强度、硬度和耐磨性。

总之，不同合金元素在钢中的作用不同，同一种合金元素，其含量不同，对钢的组织和性能影响不同，因此就形成了不同类型的合金钢。

4.2.2 合金钢的分类及牌号

合金钢的种类繁多，为了便于生产、选材、管理及研究，常按用途将合金钢分为三大类：合金结构钢、合金工具钢和特殊性能钢。

4.2.2.1　合金结构钢

在工业上凡是制造各种机械零件以及用于建筑工程结构的钢都称为结构钢。它是机械制造、交通运输、石油化工及工程建筑等方面应用最广、用量最多的钢材。除碳素结构钢外,形状复杂、截面较大、机械性能要求较高的工程结构件或零件都采用合金结构钢。

合金结构钢是在碳素结构钢的基础上加入一种或几种合金元素,如 Cr、Mn、Si、Ni、Mo、W、V、Ti 等,以提高钢的性能,减轻工程结构件和零件的重量,延长其使用寿命。合金结构钢必须经过适当的热处理后,才能充分发挥合金元素的作用。

合金结构钢的牌号用“数字+化学元素+数字”的方法表示,前面的数字表示钢的平均含碳量的万分数,合金元素用汉字或化学符号表示,其后面的数字表示合金元素含量,一般以平均含量的百分数表示,当合金元素平均含量小于 1.5% 时,牌号中只标明元素而不标明含量,如果平均含量等于或大于 1.5%、2.5%、3.5%…,相应地以 2、3、4 等表示,如 $w_C=0.37\%\sim0.44\%$,$w_{Cr}=0.8\%\sim1.10\%$ 的钢用 40Cr 表示;$w_C=0.57\%\sim0.65\%$,$w_{Si}=1.5\%\sim2.0\%$,$w_{Mn}=0.6\%\sim0.9\%$ 的钢用 60Si2Mn 表示。

另外,对于滚珠轴承钢,在钢的牌号前注明“G”(“滚”字的汉语拼音的首位字母),后面的数字则表示含铬量的千分数,如 GCr15 钢是 $w_{Cr}=1.5\%$ 左右,$w_C=1\%$ 左右;易切削钢,在钢的牌号前加“Y”(“易”字的汉语拼音的首位字母),如 Y12;低合金高强度结构钢,在屈服强度数值前加“Q”(“屈”字的汉语拼音的首位字母),如 Q345;合金结构钢为高级优质钢,则在钢的牌号后加“A”。

1. 低合金高强度结构钢

为保证零件具有良好的塑性与韧性、良好的焊接性能和冷成形工艺,低合金高强度结构钢中碳的含量一般均较低,大多数 $w_C=0.16\%\sim0.20\%$。Mn 为主加元素,并辅加 V、Ti、Ne、Si、Al、Cr、Ni 等。这些元素的主要作用:加入 Mn、Si、Cr、Ni 等元素是为了强化铁素体;加入 V、Ne、Ti、Al 等元素是为了细化铁素体晶粒。

低合金高强度结构钢按屈服极限分为 295、345、390、420 和 460(MPa)五个强度等级,其中 Q345 钢应用得最广泛。表 4-3 为几种低合金高强度结构钢的牌号、化学成分和用途。

表 4-3　低合金高强度结构钢的牌号、化学成分和用途

钢号		化学成分 w_{Me}(%)				钢材厚度(mm)	力学性能			用途
现 GB/T 1591—94	原 GB/T 1591—88	C	Si	Mn	其他		σ_b(MPa)	σ_s(MPa)	δ_5(%)	
Q295	09Mn2 等	≤0.12	0.20 ~ 0.60	1.40 ~ 1.80		4 ~ 10	450	295	21	油罐、车辆等
Q345	14MnNb 等	0.12 ~ 0.18	0.20 ~ 0.60	0.80 ~ 1.20	Nb0.02 ~ 0.05	≤16	500	345	20	锅炉、桥梁等
	16Mn 等	0.12 ~ 0.20	0.20 ~ 0.60	1.20 ~ 1.60		≤16	470 ~ 630	345	21 ~ 22	压力容器等
Q390	15MnTi 等	0.12 ~ 0.18	0.20 ~ 0.60	1.20 ~ 1.60	Ti0.12 ~ 0.20	≤25	540	390	10	船舶、电站设备等

低合金高强度结构钢具有良好的综合力学性能，在确保良好的塑性、韧性条件下具有较高的强度，特别是把屈服极限提高到了265～460 MPa，能减轻结构自重、增强承载能力、节约钢材、保证安全。同时，具有良好的焊接性能、较好的抗大气腐蚀性能、优良的加工工艺性能。

2. 合金渗碳钢

合金渗碳钢通常是指经渗碳淬火及低温回火后使用的合金钢。合金渗碳钢的渗碳层具有优异的耐磨性、抗疲劳性，未渗碳的心部具有足够的强度及优良的韧性。

合金渗碳钢中 $w_C = 0.10\% \sim 0.25\%$，这是为了保证渗碳零件心部具有良好的韧性。常用的合金元素有Cr、Ni、Mn和B等，其中以Ni的作用最好。为了细化晶粒，还加入了少量阻止奥氏体晶粒长大的强碳化物形成元素，如Ti、V、Mo等，它们形成的碳化物在高温渗碳时不溶解，能有效地抑制渗碳时的过热现象。

合金渗碳钢主要用来制造性能要求较高或截面尺寸较大，且在较强烈的冲击和磨损的条件下工作的渗碳零件。例如，制作承受动载荷和重载荷的汽车变速箱齿轮和汽车后桥齿轮等。

具体来说，20Cr、20Mn2等钢由于淬透性不高，心部性能不好，只适于制造承受载荷不大的中小型耐磨零件，如活塞销、凸轮轴、滑块等；20CrMnTi、20SiMnVB等钢合金元素含量较高，其淬透性和力学性能均较好，可用来制造承受中等载荷的耐磨零件，如汽车变速齿轮、花键轴套、凸轮盘等；20Cr2Ni4、18Cr2Ni4WA等钢含有较多的Cr、Ni等元素，其淬透性好，甚至空冷也能淬成马氏体，渗碳层和心部的性能都非常优异，主要用来制造承受重载荷及强烈磨损的重要大型零件，如飞机、坦克的发动机齿轮等。

表4-4为合金渗碳钢的牌号、热处理和力学性能。

表4-4　合金渗碳钢的牌号、热处理和力学性能

牌号	试样尺寸(mm)	热处理				力学性能				
		渗碳	第一次淬火	第二次淬火	回火	σ_b (MPa)	σ_s (MPa)	δ_{10} (%)	ψ (%)	a_k (J/cm^2)
20Cr	15	930	880 ℃水、油	780～820 ℃水、油	200	835	540	10	40	60
20CrMnTi	15	930	880 ℃油	870 ℃油	200	1 080	853	10	45	70
20SiMnVB	15	930	880 ℃油	800 ℃油	200	1 175	980	10	45	70
20Cr2Ni4	15	930	880 ℃油	780 ℃油	200	1 175	1 080	10	45	80
18Cr2Ni4WA	15	930	950 ℃空	850 ℃空	200	1 175	835	10	45	100

3. 合金调质钢

合金调质钢是经调质后使用的合金钢，含碳量为0.25%～0.50%。合金调质钢的主加元素有Cr、Ni、Mn、Si、B等，以增加淬透性。Mn、Cr、Ni、Si等元素在钢中除增加淬透性外，还能强化铁素体，起固溶强化作用。辅加元素有Mo、W、V、Al、Ti等。

合金调质钢具有良好的综合力学性能，主要用来制造一些重要零件，如机床的主轴、汽车底盘的半轴、柴油机连杆螺栓等。

具体来说,40Cr、40MnB、40MnVB 等合金调质钢,由于强度比碳钢高,常用于制造截面面积小、力学性能要求比碳钢高的工件,如在机床中应用最广的是 40Cr 钢;42CrMo、40CrMn、30CrMnSi、38CrMoAlA 等合金调质钢,由于强度很高,韧性也较好,常用于制造截面面积大、承受较重载荷的工件。40CrNiMoA、40CrMnMo、25Cr2Ni4WA 等合金调质钢,由于强度最高,韧性也很好,常用于制造大截面、承受更大载荷的重要调质件。

表 4-5 为合金调质钢的牌号、热处理和力学性能。

表 4-5　合金调质钢的牌号、热处理和力学性能

牌号	试样尺寸(mm)	热处理		力学性能				
		淬火	回火	σ_b (MPa)	σ_s (MPa)	δ_5 (%)	ψ (%)	a_k (J/cm^2)
40Cr	25	850 ℃油	520 ℃水、油	980	785	9	45	60
40MnB	25	850 ℃油	500 ℃水、油	930	785	10	45	60
30CrMnSi	25	880 ℃油	520 ℃水、油	1 100	900	10	45	50
35Cr	25	850 ℃油	550 ℃水、油	980	835	12	45	80
38CrMoAlA	30	940 ℃水、油	640 ℃水、油	980	835	14	50	90
40CrMnMo	25	850 ℃油	600 ℃水、油	1 000	800	10	45	80
40CrNiMoA	25	850 ℃油	600 ℃水、油	980	835	12	55	78

4. 合金弹簧钢

合金弹簧钢是指用于制造各种弹簧及其他弹性零件的合金钢。合金弹簧钢的含碳量为 0.5% ~0.7%,碳的质量分数过高时,塑性和韧性差,疲劳强度下降。常加入以 Si、Mn 为主的提高淬透性的元素,Si、Mn 合金元素溶入铁素体中,使铁素体得到强化。

根据弹簧尺寸的不同,成形和热处理方法也不同。合金弹簧钢分为热成形弹簧钢和冷成形弹簧钢。

1)热成形弹簧钢

截面尺寸≥8 mm 的螺旋弹簧或板弹簧通常在热态下成形,成形后利用余热进行淬火,然后中温回火,得到回火托氏体,具有高的比例极限与疲劳强度,硬度一般为 42 ~48 HRC。弹簧经热处理后,一般还要进行喷丸处理,使表面强化,并在表面产生残余压应力,以提高其疲劳强度。

2)冷成形弹簧钢

截面尺寸 <8 mm 的弹簧常用冷拔弹簧钢丝冷绕而成。钢丝在冷拔过程中,首先将盘条坯料加热至获得奥氏体组织后(A_{c3} 以上 80 ~100 ℃),在 500 ~550 ℃的碱浴或盐浴中等温转变获得索氏体组织,然后经多次冷拔,得到均匀的所需直径的、具有冷变形强化效果的钢丝。常用合金弹簧钢的牌号有 60Si2Mn、60Si2CrVA 和 50CrVA。主要用于制造各种弹性元件,如在汽车、拖拉机、坦克、机车车辆上的减振板簧和螺旋弹簧,大炮的缓冲弹簧,钟表的发条等。

表 4-6 为合金弹簧钢的牌号、热处理和力学性能。

表 4-6　合金弹簧钢的牌号、热处理和力学性能

牌号	化学成分 w_{Me}(%)				热处理(℃)		力学性能			
	C	Si	Mn	Cr	淬火	回火	σ_b(MPa)	σ_s(MPa)	δ_{10}(%)	ψ(%)
55Si2Mn	0.52 ~ 0.60	1.50 ~ 2.00	0.60 ~ 0.90	≤0.35	870 油	480	1 300	1 200	6	30
60Si2Mn	0.56 ~ 0.64	1.50 ~ 2.00	0.60 ~ 0.90	≤0.35	870 油	480	1 300	1 200	5	25
50CrVA	0.46 ~ 0.54	0.17 ~ 0.37	0.50 ~ 0.80	0.80 ~ 1.10	850 油	500	1 300	1 150	10	40
60Si2Cr	0.56 ~ 0.64	1.40 ~ 1.80	0.40 ~ 0.70	0.90 ~ 1.20	850 油	410	1 900	1 700	6	20
55SiMnMoVNb	0.52 ~ 0.60	0.40 ~ 0.70	1.00 ~ 1.30		880 油	550	1 400	1 300	7	35

5. 滚动轴承钢

滚动轴承钢是用来制造滚动轴承中的滚动体及内、外滚道的专用钢种。也可做其他用途,如制造形状复杂的工具、冷冲模具、精密量具,以及要求硬度高、耐磨性高的结构零件。

一般的轴承用钢是高碳铬钢,w_C = 0.95% ~ 1.15%,属于过共析钢,足够的碳化物能保证轴承具有高的强度、硬度和耐磨性。w_{Cr} = 0.4% ~ 1.65%,铬的作用主要是提高淬透性,使组织均匀,并增加回火稳定性。Cr 与 C 作用形成的(Fe、Cr)$_3$C 合金渗碳体,能阻碍奥氏体晶粒长大,减少钢的过热敏感性,使淬火后获得细针状马氏体组织,从而增加钢的韧性。但若 w_{Cr} > 1.65%,淬火后残余奥氏体量会增加,使零件的硬度和尺寸稳定性降低、碳化物的不均匀性增加、韧性和疲劳强度降低。

滚动轴承钢对 S、P 的含量限制极严(w_S < 0.020%、w_P < 0.027%),这是因为 S、P 能形成非金属夹杂物,降低接触疲劳抗力。故它是一种高级优质钢(但在牌号后不加"A")。

滚动轴承钢的热处理包括球化退火、淬火与低温回火。热处理后的组织为极细的回火马氏体、分布均匀的细小碳化物和少量的残余奥氏体,回火后硬度为 61 ~ 65 HRC。

最常用的是 GCr15 钢。它是一种高强度、高耐磨性且具有稳定力学性能的轴承钢。为了提高淬透性,可在上述铬轴承钢的基础上适当提高 Si、Mn 的含量,如 GCr15SiMn 钢等,用来制造较大型滚动轴承。

4.2.2.2　合金工具钢

合金工具钢与合金结构钢大致相同,只是含碳量的表示方法不同。w_C ≥ 1.0% 时不标出;w_C < 1.0% 时用千分之几表示(高速钢例外,其 w_C < 1.0% 时也不标出)。

例如:CrMn 表示 w_C ≥ 1.0%,Cr、Mn 平均含量均小于 1.5% 的合金工具钢;9SiCr 表示 w_C = 0.9%,Si、Cr 平均含量均小于 1.5% 的合金工具钢;W18Cr4V 表示 w_C = 0.70% ~ 0.80%,W、Cr、V 平均含量分别为 18%、4%、小于 1.5% 的高速钢。

合金工具钢比碳素工具钢具有更高的硬度、耐腐蚀性,特别是具有更好的淬透性、红

硬性(是指钢在高温下保持高硬度的能力)和回火稳定性等,因而可制造截面面积大、形状复杂、性能要求高的工具。按用途将合金工具钢分为三类:合金刃具钢、合金模具钢、合金量具钢。

1. 合金刃具钢

1)低合金刃具钢

为了保证高硬度、高耐磨性,w_C = 0.75% ~ 1.45%,加入 Cr、Mn、Si 元素等增加淬透性,加入 W、V 等元素细化晶粒,提高回火抗力,加入 Cr、W、V、Si 等元素增加耐磨性,低合金刃具钢的红硬性、耐磨性等比碳素刃具钢的高。

其热处理工艺为球化退火、淬火及低温回火,使用温度 < 300 ℃。硬度一般为 60 HRC。典型牌号为 9SiCr、CrWMn,应用于拉刀、长丝锥、长铰刀。

表 4-7 为常用低合金刃具钢的牌号、化学成分、热处理及硬度。

表 4-7　常用低合金刃具钢的牌号、化学成分、热处理及硬度

牌号	化学成分 w_{Me}(%)					热处理及硬度			
						淬火		回火	
	C	Mn	Si	Cr	其他	温度(℃)	HRC	温度(℃)	HRC
9SiCr	0.85 ~ 0.95	0.30 ~ 0.60	1.20 ~ 1.60	0.95 ~ 1.25		840 油	62	180	61
9Mn2V	0.856 ~ 0.95	1.70 ~ 2.00	≤0.40		V0.10 ~ 0.25	800 油	62	170	61
CrWMn	0.90 ~ 1.05	0.80 ~ 1.10	≤0.40	0.90 ~ 1.20	W1.20 ~ 1.60	820 油	62	180	61

2)高速钢

切削速度高时,刀具的工作温度可达 500 ~ 600 ℃,低合金刃具钢不能满足其性能要求,高速钢则可以进行高速切削。高速钢具有高的强度、硬度、耐磨性和淬透性。

高速钢的含碳量为 0.70% ~ 1.60%,合金含量 w_{Me} > 10%。主要合金元素为 W、Cr、V 等,与 C 元素形成碳化物,保证钢的耐磨性。典型牌号为 W18Cr4V(俗称峰钢、风钢)、W6Mo5Cr4V2,应用于高速切削刀具。

2. 合金模具钢

冲压和模锻是金属材料成形的重要方法,用于成形的模具所用的钢称为模具钢。按模具工作条件分为冷作模具钢和热作模具钢。

1)冷作模具钢

冷作模具钢用于制造在冷态下使金属变形的模具,如冷冲模、拉延模、冷挤压模等。模具在工作时不承受较大的冲击载荷,但表面严重磨损。因此,必须具有高硬度、高耐磨性及足够韧性。

如 T8A、T10A、T12A 等,优点为价低,切削加工好;缺点是淬透性低、耐磨性低、变形小、寿命短;适用于制造尺寸不大、形状简单、载荷较小工件。如 Cr12、Cr12MoV 等,具有淬火变形小、淬透性好、耐磨性高的特点,广泛用于制造载荷大、形状复杂的高精度模具。Cr6WV 可替代高碳高铬钢制冷冲模、冷墩模和冷挤压模。65Cr4W3Mo2VNb 适制形状复杂、冲击较大、尺寸较大的冷变形模。6Cr4Mo3Ni2WV 适制冷热模具。5Cr4Mo3SiMnVAl 适制冷热变形模具。

2）热作模具钢

热作模具钢用于制造在受热状态下对金属进行变形加工的模具，如热锻模、热挤压模和压铸模，承受较大的冲压载荷，还承受很大的压应力、拉应力和弯曲应力，以及炽热的液态金属在模腔中流动所产生的强烈摩擦力。

性能要求：在受热条件下保持其高硬度、高强度和韧性，还具有抗热疲劳的能力及足够淬透性。常用牌号有 5CrMnMo、5CrNiMo 等。

3. 合金量具钢

量具是机械加工过程中控制加工精度的测量工具，如千分尺、块规、塞规等。因容易受到磨损与碰撞，量具应有高硬度（58～64 HBC）和耐磨性、高的尺寸稳定性及足够韧性。

T10A、T12A 价低，可获高硬度、高耐磨性，但会引起尺寸变化；GCr15 变形小，淬透性较大，油淬内应力小，Cr 元素使 M 分解温度提高、组织稳定性提高。因此，可用于制造高精度和复杂量具。

4.2.2.3 特殊性能钢

特殊性能钢含碳量的表示方法与合金工具钢的相同，即 $w_C \geqslant 1.0\%$ 时不标出，$w_C < 1.0\%$ 时以千分之几表示，而合金元素用百分数表示。

例如：9Cr18 表示 $w_C = 0.9\%$，$w_{Cr} = 18\%$；Mn13 表示 $w_C > 1.0\%$，$w_{Mn} = 13\%$。但如果 $w_C \leqslant 0.03\%$ 及 $w_C \leqslant 0.08\%$，在钢号前分别加“00”及“0”表示，如：00Cr18Ni10 表示 $w_C \leqslant 0.03\%$，$w_{Cr} = 18\%$，$w_{Ni} = 10\%$；如 0Cr18 表示 $w_C \leqslant 0.08\%$，$w_{Cr} = 18\%$。

在机械制造、航空、化学、石油等工业部门中使用的机器，有时是在一定温度（高温或低温）和一定介质（酸、碱、盐）中工作的，其中有些零件需选用特殊性能钢来制造。特殊性能钢包括不锈钢、耐热钢、低温钢和耐磨钢等。

1. 不锈钢

在自然环境或一定工业介质中具有耐腐蚀性的钢称为不锈钢。

1）金属腐蚀及防腐方法

所谓腐蚀是金属在介质的作用下，其表面发生化学反应或电化学反应而逐渐受到破坏的现象。通常把由化学反应引起的腐蚀称为化学腐蚀，这种腐蚀过程中不产生电流。如钢在高温下的氧化等，由电化学反应引起的腐蚀称为电化学腐蚀，在多数情况下金属都是以电化学腐蚀的形式进行的。

为了提高钢的耐腐蚀性，可从以下方面考虑：

（1）提高基体的电极电位，如钢中加入一定量的 Cr 会使电极电位提高。试验证明：当铁中 Cr 的摩尔分数为 12.5%时，铁的电极电位由 −0.56 V 突升到 +0.12 V；在室温下不锈钢中 $w_{Cr} > 17\%$ 时，可得单相 F；$w_{Cr} > 17\%$，$w_{Ni} > 8\%$ 时可得单相 A 组织。

（2）使钢表面形成钝化膜，如 Cr_2O_3、SiO_2、Al_2O_3。

（3）形成稳定碳化物，减轻或消除晶间腐蚀（Ti、Nb）。

（4）提高不锈钢的强度，如 Mo、Al、Ti、Nb 形成弥散分布的碳化物分布在基体上，使其强度提高。

2)常用的不锈钢

不锈钢按组织特点分为马氏体钢、铁素体钢和奥氏体钢等。

马氏体钢，$w_{Cr}=12\%\sim18\%$、$w_{C}=0.1\%\sim1.0\%$，淬透性大，空冷时可形成马氏体，在热加工后可形成马氏体组织，因此称为马氏体型不锈钢。随含碳量的增加，钢的强度、硬度、耐磨性及切削性能显著提高，但耐腐蚀性则下降。故这类钢主要用于制造机械性能要求较高而在弱腐蚀介质中工作、耐腐蚀性要求较低的机械零件和工具，如汽轮机叶片、医疗器械等。

常用的马氏体钢有1Cr13、2Cr13、3Cr13、4Cr13、9Cr18等，由于含有较多的Cr，其共析点含碳量移至0.3%附近，这样3Cr13和4Cr13就分别属于共析钢和过共析钢了。因此，工业上一般把1Cr13、2Cr13作为结构钢使用，而把3Cr13、4Cr13、9Cr18等作为工具钢使用。

铁素体钢，$w_{C}\leqslant0.15\%$、$w_{Cr}=12\%\sim30\%$，室温下为单相铁素体组织，加热至高温(900～1 100 ℃)基体仍为铁素体，只有少量铁素体转变为奥氏体，故称铁素体钢。其耐酸能力强，抗氧化性能好，塑性高，但强度较低，且不能用热处理方法强化。这类钢主要用在对机械性能要求不高，但对耐腐蚀性要求很高的场合。常用的铁素体钢有1Cr17、1Cr28。

奥氏体钢，$w_{C}<0.12\%$、$w_{Cr}=17\%\sim25\%$、$w_{Ni}=8\%\sim29\%$，有时也加入少量的Mn、N，使钢获得单相的奥氏体组织。

这种钢具有较高的耐腐蚀性、塑性和低温韧性，以及高的加工硬化能力，无磁性，而且具有良好的焊接性能，是工业上应用最广泛的不锈钢，约占不锈钢总产量的2/3。常用的奥氏体钢是在18% Cr、8% Ni的不锈钢基础上发展起来的，故称18－8型不锈钢，常用的奥氏体钢有00Cr18Ni10、0Cr18Ni9Ti。

2. 耐热钢

耐热钢是指具有良好耐热性的钢，而耐热性是指材料在高温下兼有抗氧化与高温强度的综合性能。它包括抗氧化钢与热强钢。

抗氧化钢是在高温下有较好的抗氧化性能力，并有一定强度的钢。热强钢是在高温下有良好抗氧化能力，并具有较高的高温强度的钢。在钢中加入与氧亲和力大的Cr、Si、Al等元素，使其优先被氧化，形成一层致密、完整、高熔点并牢固覆盖于钢表面的氧化膜(Cr_2O_3、SiO_2、Al_2O_3)，可将金属与外界的高温氧化性气体隔绝，从而避免进一步氧化。

常用的抗氧化钢有1Cr13Si3、1Cr13SiAl、3Cr18Mn12Si2N、2Cr20Mn9Ni2Si2N；常用的热强钢有15CrMo、12CrMoV、4Cr14Ni14W2Mo、1Cr18Ni9Ti。

4.3 铸　铁

由铁碳合金相图可知，含碳量大于2.11%的铁碳合金称为铸铁，工业上常用铸铁的含碳量的范围是2.5%～4.0%。尽管铸铁的机械性能较低，但是由于其生产成本低廉，具有优良的铸造性、可切削加工性、减振性及耐磨性，因此在现代工业中仍得到了普遍的应用，如制造机床的床身、内燃机的汽缸、汽缸套和曲轴等。

铸铁的组织可以理解为在钢的组织基体上分布有不同形状、大小和数量的石墨。

4.3.1 铸铁的石墨化过程

铸铁组织中石墨的形成过程称为石墨化过程。

在铁碳合金中，碳除少部分固溶于铁素体和奥氏体外，其余的以两种形态存在，即化合状态的渗碳体和游离状态的石墨（用 G 表示）。熔融状态的铁水在冷却过程中，随着冷却条件的不同，既可从液态或奥氏体中直接析出渗碳体，也可直接析出石墨，一般是缓慢冷却时析出石墨，快速冷却时析出渗碳体。渗碳体是一种亚稳定相，降低冷却速度或添加石墨化元素 Si 等，均可使渗碳体分解为 Fe 和石墨状态的自由碳。

$$Fe_3C \rightarrow 3Fe + G(\text{石墨})$$

根据铸铁在结晶过程中石墨化程度的不同，铸铁可分为以下三类：

（1）灰口铸铁。其断口为暗灰色，工业上所用的铸铁几乎全部属于这一类，有铁素体灰口铸铁、铁素体 + 珠光体灰口铸铁及珠光体灰口铸铁。

（2）白口铸铁。没有石墨化，其组织为 $F + Fe_3C$，主要作为炼钢的原料。

（3）麻口铸铁。石墨化未充分进行，其组织为 Ld + P + G，含有 Ld 的在工业上应用较少（性能脆而硬）。

4.3.2 影响铸铁石墨化的因素

影响铸铁石墨化的主要因素是化学成分和结晶时的冷却速度。

4.3.2.1 化学成分的影响

1. 促进石墨化

含碳量愈高愈易石墨化，但不能太高或太低。含碳量太高会使石墨数量增多，导致铸铁粗化、性能变差。含碳量太低易出现白口组织，故 $w_C = 2.5\% \sim 4.0\%$ 为宜。另外，Si、P 等为促进石墨化合金元素，铸铁中每增加 1% 的 Si，共晶点的含碳量相应降低 1/3，保证 $w_C = 2.5\% \sim 4.0\%$ 的铸铁具有好的铸造性能。P 含量大于 0.3% 后出现 Fe_3P，硬而脆，细小均匀分布时，提高铸铁的耐磨性；连成网时，降低铸铁的强度。除耐磨铸铁外（$w_P = 0.5\% \sim 1.0\%$），通常铸铁中 P 含量小于 0.3%。

2. 阻碍石墨化

S 不仅阻碍石墨化，还会降低铸铁的强度和流动性，故其含量应尽量低，一般在 0.15% 以下，而 Mn 因为可与 S 形成 MnS，减弱 S 的有害作用，同时可促进珠光体基体的形成，从而提高铸铁的强度，故可允许其含量在 0.5% ~ 1.4%。

4.3.2.2 冷却速度的影响

冷却速度愈慢，即过冷度愈小，对石墨化愈有利；反之，冷却速度愈快，过冷度增大，不利于石墨化的进行。

生产中铸铁冷却速度可由铸件的壁厚来调整，如图 4-1 所示。可见，碳、硅含量增加，壁厚增加，越易得到灰口组织，石墨化越完全；反之，碳、硅含量减少，壁厚越小，越易得到白口组织，石墨化过程越不易进行。

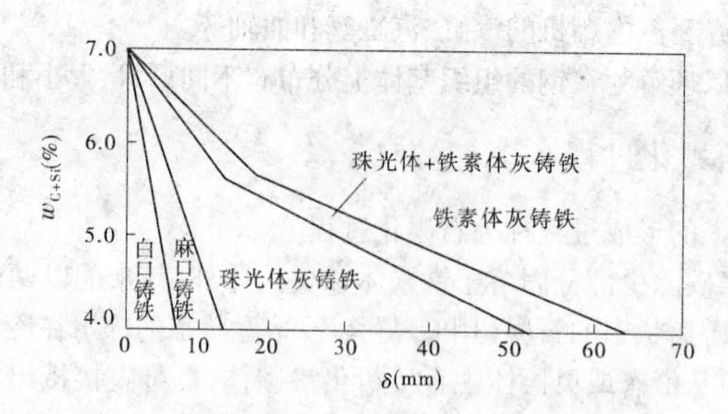

图 4-1　铸件壁厚(冷速)和化学成分对铸件组织的影响

4.3.3　灰口铸铁的组织分类及性能特点

4.3.3.1　灰口铸铁的基体组织

灰口铸铁的基体组织为 F、F + P 和 P。灰铸铁组织可简单看成是由钢基体和石墨共同构成的。

4.3.3.2　灰口铸铁的分类

按照石墨形状的不同,可将灰口铸铁分为四类:即灰铸铁(片状 G)、球墨铸铁(球状 G)、蠕墨铸铁(蠕虫状 G)和可锻铸铁(团絮状 G)。

4.3.3.3　性能特点

1. 优良的铸造性能

含碳量高(w_C = 2.5% ~ 4.0%),成分接近共晶点,熔点比钢低,流动性好,分散缩孔少,偏析程度低。且在凝固过程中会析出比容较大的石墨,所以收缩率小,凡无法用锻造成形的形状复杂的零件,如汽缸体、变速箱外壳等均可用灰口铸铁铸造而成。

2. 良好的切削加工性

石墨使切屑容易脆断,同时,石墨本身的润滑作用减少了对刀具的磨损。

3. 优良的耐磨性与减振性

石墨有利于润滑和储油,磷含量的增加使铸铁有好的耐磨性。铸铁中的石墨能将振动能转变为热能,从而达到减振效果。

4. 较低的机械性

灰口铸铁的抗拉强度、塑性、韧性和疲劳强度都比钢低,这是因为石墨的强度、塑性几乎为零,石墨的存在减小了基体的有效面积,且石墨本身可以看成是一个个孔洞和裂纹,破坏了基体的连续性。所以,可把灰口铸铁看成是布满孔洞和裂纹的钢。

若提高灰口铸铁的机械性能,必须从两方面着手:一是在铸造时通过孕育处理(或变质处理)、球化处理、蠕化处理等方法,改变石墨的形态、大小、数量及分布状况;二是通过合理的热处理改变基体组织。

4.3.4　各类灰口铸铁的牌号及用途

4.3.4.1　灰铸铁

灰铸铁由铁水直接浇注而得,组织为 F、F + P、P(见图 4-2),其生产过程最简单,且成本低,故应用广泛,典型的是用于制造汽缸、机床床身、卡盘等。

图 4-2　不同基体组织(F、F + P、P)的灰口铸铁的组织图

由于石墨呈片状,对基体的割裂作用最大,其强度、塑性、韧性远比基体钢低,而且粗大的石墨割裂作用更大。通常对灰铸铁采取变质处理(孕育处理):在浇注前加少量的孕育剂(硅铁或硅钙合金),使铁水中形成大量的人工石墨晶粒,细化石墨片,减小对基体的割裂作用,使其强度有所提高。

其牌号用"HT + 抗拉强度(最小)"表示,HT 为"灰铁"汉语拼音的首位字母。如 HT100 表示最小抗拉强度为 100 MPa 的灰铸铁。表 4-8 所列为灰铸铁的牌号、力学性能和用途。

表 4-8　灰铸铁的牌号、力学性能和用途

类别	牌号	力学性能		用途举例
		σ_b(MPa)(不小于)	HBS	
铁素体灰铸铁	HT100	100	143 ~ 229	低载荷和不重要零件:盖、手轮、支架等
铁素体 - 珠光体灰铸铁	HT150	150	163 ~ 229	中等应力零件:底座、床身、阀体等
珠光体灰铸铁	HT200	200	170 ~ 241	较重要的零件:缸体、齿轮、机座等
	HT250	250	170 ~ 241	
孕育铸铁	HT300	300	187 ~ 225	受力较大的床身、机座、卡盘、泵体、凸轮等
	HT350	350	197 ~ 260	

4.3.4.2　可锻铸铁

可锻铸铁是将铁水先浇注成白口铸铁件,然后经石墨化退火得到团絮状石墨的一种铸铁。其强度较灰铸铁高,塑性比灰铸铁好,且有一定的塑性变形能力,因此又被称为展性铸铁、韧性铸铁。实际上,可锻铸铁是不能经过锻造加工的,只是因为其较灰铸铁有一定的韧性,习惯上才称之为可锻铸铁。可锻铸铁组织如图 4-3 所示。通常用于制造形状复杂、要求承受冲击载荷的薄壁零件,如汽车和拖拉机的前后轮壳、减速器的壳体等。

可锻铸铁生产周期长、工艺复杂、成本高。所以,目前不少可锻铸铁件渐渐被球墨铸铁所代替。

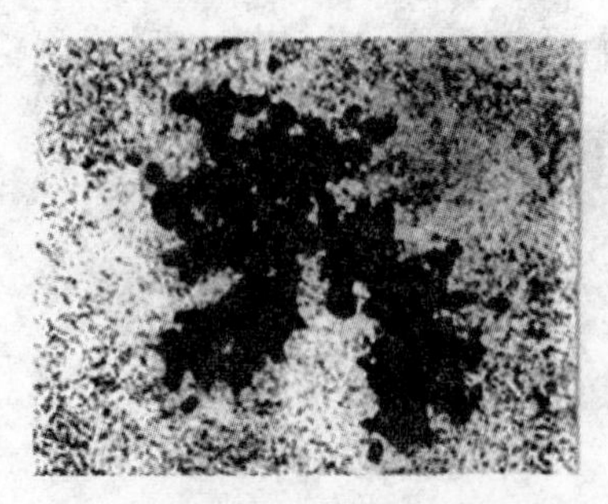

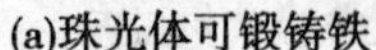

(a)珠光体可锻铸铁　　　　　(b)铁素体可锻铸铁

图 4-3　可锻铸铁组织图

可锻铸铁的牌号中,"KT"表示"可锻铸铁","KTH"表示黑心可锻铸铁,"KTB"表示白心可锻铸铁,"KTZ"表示珠光体可锻铸铁。它们后面的数字分别表示最低抗拉强度(MPa)和最小延伸率。如:KTH350 - 10 表示 σ_{bmin} = 350 MPa,δ_{min} = 10% 的黑心可锻铸铁。KTB380 - 12 表示 σ_{bmin} = 380 MPa,δ_{min} = 12% 的白心可锻铸铁。KTZ450 - 06 表示 σ_{bmin} = 450 MPa,δ_{min} = 6% 的珠光体可锻铸铁。

4.3.4.3　球墨铸铁

球墨铸铁是在浇注前往铁水中加入一定量的球化剂进行球化处理,并加入少量的孕育剂以促进石墨化,浇注后得到球状石墨的铸铁。球墨铸铁组织如图 4-4 所示。

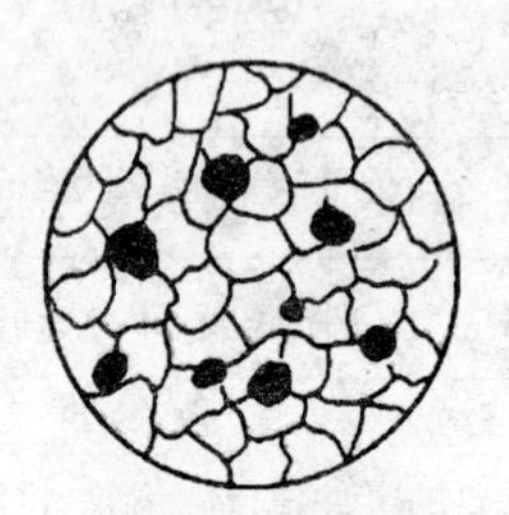

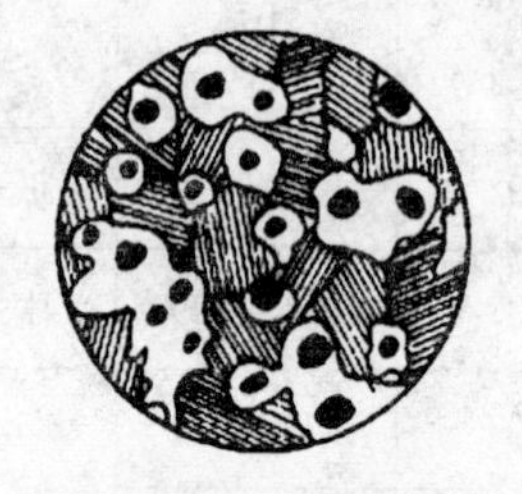

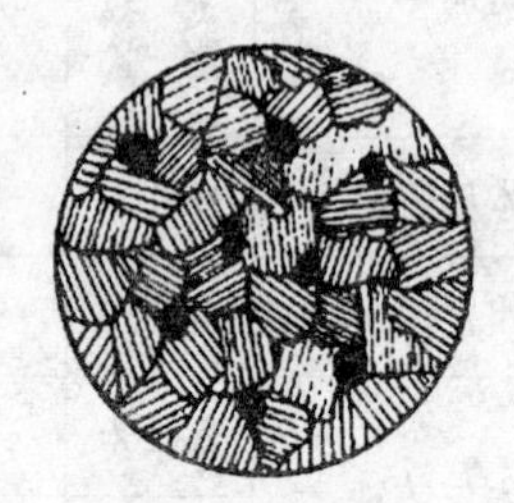

(a)铁素体球墨铸铁　(b)铁素体+珠光体球墨铸铁　(c)珠光体球墨铸铁

图 4-4　球墨铸铁组织图

由于石墨呈球状,对基体的割裂作用最小,应力集中小,其基体的强度能够得到充分的发挥。因此,球墨铸铁既具有灰铸铁的优点(如良好的铸造性、耐磨性、可切削加工性及低的缺口敏感性),又具有钢的机械性能(即有较高的抗拉强度、良好的塑性与韧性),还可通过合金化和热处理来进一步提高它的性能。在所有的铸铁中,球墨铸铁的机械性能最好,但其韧性仍比钢差,可部分替代中碳钢、某些合金钢和可锻铸铁,用于制造载荷较大、受力复杂的重要零件,如汽车、拖拉机和火车的曲轴、凸轮轴,机床中的主轴,轧钢机的轧辊等。

其牌号用"QT + 最低抗拉强度(MPa) - 最小延伸率"表示。如 QT400 - 18 表示 σ_{bmin} = 400 MPa,δ_{min} = 18% 的球墨铸铁。表 4-9 所列为球墨铸铁的牌号、力学性能和用途。

表 4-9 球墨铸铁的牌号、力学性能和用途

牌号	力学性能			基体组织	用途举例
	σ_b(MPa)	δ(%)	HBS		
QT400-18	400	18	130~180	铁素体	轮毂、离合器、犁铧、阀体、阀盖、车架等
QT400-15	400	15	130~180	铁素体	
QT450-10	450	10	160~210	铁素体	
QT500-7	500	7	170~230	铁素体+珠光体	油泵齿轮、阀门体、轴瓦等
QT600-3	600	3	190~270	铁素体+珠光体	曲轴、连杆、凸轮轴、空压机、泵套、缸体等
QT700-2	700	2	225~305	珠光体	
QT800-2	800	2	245~335	珠光体或回火组织	
QT900-2	900	2	280~360	贝氏体或回火马氏体	汽车螺旋锥齿轮、减速齿轮、犁铧等

4.3.4.4 蠕墨铸铁

蠕墨铸铁是指石墨主要以蠕虫状存在于组织中的一类铸铁。在铸铁材料中，蠕墨铸铁出现较晚，其力学性能介于灰铸铁与球墨铸铁之间，而铸造性能、减振性、疲劳性能优于球墨铸铁，与灰铸铁相近。目前，蠕墨铸铁较广泛地用于制作结构复杂、强度和疲劳性能要求高的零件。

其牌号中，“RuT”是“蠕铁”汉语拼音的首位字母，后面的数字是最低抗拉强度(MPa)，如 RuT420。

4.3.5 灰口铸铁的热处理及合金铸铁

灰口铸铁进行热处理的目的：①改善加工性能；②减小铸件中的内应力；③提高铸铁的强度、硬度及耐磨性。

热处理只改变灰口铸铁的基体组织，而不改变原始组织中石墨的形态和分布。对于灰铸铁，由于片状石墨显著降低其机械性能，因此对它进行调质、等温淬火等强化型热处理，效果不显著，故灰铸铁的热处理主要有退火、正火和表面热处理。对于球墨铸铁，石墨的割裂作用大大减小，基体可充分发挥作用，因此通过热处理可以显著改善其机械性能。故球墨铸铁可以像钢一样进行退火、正火、调质、等温淬火、感应加热表面淬火和表面化学热处理等。

随着铸铁在现代工业中的广泛应用，对其性能的要求愈来愈高，不仅要求其具有更高的机械性能，有时还应具有某些特殊的性能，如耐热性、耐腐蚀性及耐磨性等，为使其具有这些特殊性能，向铸铁中加入合金元素，这种加入了合金元素的铸铁即合金铸铁，如高强度合金铸铁、耐热合金铸铁、耐磨合金铸铁、耐蚀合金铸铁等都得到应用。

4.4 有色金属

工业生产中,通常把以铁为基体的金属材料称为黑色金属,如钢与铸铁等;把非铁金属及其合金称为有色金属,如铅、金、镍、锌、钛、铜、黄铜、硬铝等。

有色金属与钢铁相比,具有许多特殊性能,是现代工业生活中不可缺少的金属材料。下面重点介绍铝及铝合金、铜及铜合金以及滑动轴承合金。

4.4.1 铝及铝合金

4.4.1.1 铝及铝合金的性能特点

1. 密度小,熔点低

纯铝的密度 $2.72\times10^3\ kg/m^3$,仅为铁的1/3,熔点为660.4 ℃,导电性仅次于Cu、Au、Ag。铝合金的密度也很小,熔点更低,但导电性、导热性不如纯铝,铝及铝合金的磁化率极低,属于非铁磁材料。

2. 抗大气腐蚀性能好

在大气中,铝和氧的化学亲和力强,铝和铝合金表面会很快形成一层致密的 Al_2O_3 氧化膜,防止内部继续氧化。但在碱和盐的水溶液中,氧化膜易破坏。因此,不能在用铝及铝合金制作的容器中盛放盐和碱溶液。

3. 加工性能好,比强度高

具有较高的塑性($\delta=30\%\sim50\%$,$\psi=80\%$),易于压力加工成形,并有良好的低温性能,纯铝的强度低,$\sigma_b=70$ MPa,虽经冷变形强化,强度可提高到150~250 MPa,但也不能直接用于制作受力的结构件。而铝合金通过冷变形和热处理,其 $\sigma_b=500\sim600$ MPa,相当于低合金钢的强度,比强度(σ_s/σ_b)高,可用作飞机的主要结构材料。

4.4.1.2 提高铝及铝合金强度的主要途径

工业铝合金的二元相图一般具有如图4-5所示的形式。

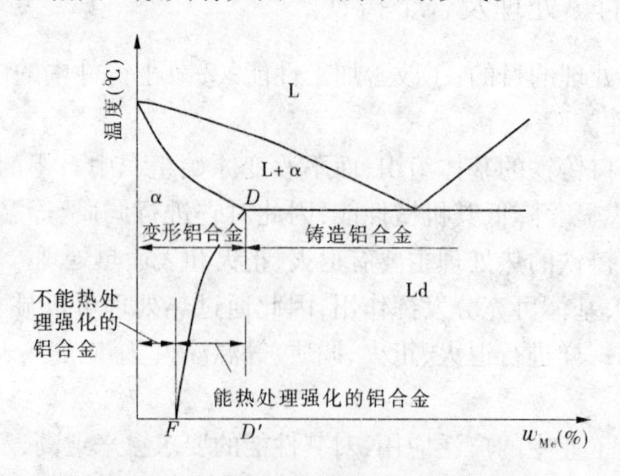

图4-5 工业铝合金二元相图的一般形式

成分小于 *D* 点的合金称为变形铝合金,成分大于 *D* 点的合金称为铸造铝合金,由于凝固时发生共晶反应，熔点低、流动性好，适于铸造。

成分小于 F 点的变形铝合金，不能热处理强化，称为不能热处理强化的铝合金，而成分位于 F 与 D 之间的合金，其固溶体成分随温度而变化，可进行固溶 + 时效处理强化，称为能热处理强化的铝合金。

提高铝与铝合金强度的主要途径是冷变形（加工硬化）、变质处理（细晶强化）和固溶 + 时效处理（时效强化）。

1. 铝合金的时效强化

将成分位于 $D \sim F$ 的合金加热到固态溶解度线（固溶度线）DF 以上某一温度，获得单相固溶体 α，然后水冷（淬火），获得过饱和固溶体 α 的处理工艺称为固溶处理。这种过饱和固溶体是不稳定的，在室温放置一段时间或在低于固溶度线的某一温度下加热时，过饱和固溶体 α 趋于发生某种程度的分解，使合金的强度和硬度明显提高，这种现象称为时效（或时效强化）。

在室温下进行的时效称为自然时效，在加热条件下进行的时效称为人工时效。

2. 纯铝与铝合金的细晶强化

纯铝和铝合金在浇注前进行变质处理，即在浇注前向合金溶液中加入变质剂，可有效地细化晶粒，从而提高合金强度。

对于纯铝和变形铝合金，常用的变质剂有 Ti、B、Nb、Zr 等元素，它们所起的作用是形成外来晶核，从而细化晶粒；对于铸造铝合金，典型代表是铝硅系合金（硅铝明），这类合金具有优良的铸造性能（熔点低、流动性好、收缩性小）和焊接性能，尤以含硅量为11% ~ 13% 的二元铝硅合金的铸造性能最好。

4.4.1.3 铝及铝合金的分类及用途

1. 纯铝

纯铝按纯度分为高纯铝、工业高纯铝、工业纯铝三类。高纯铝：w_{Al} = 99.996% ~ 99.93%，用于科研，代号 L04 ~ L01；工业高纯铝：w_{Al} = 99.9% ~ 99.85%，用作铝合金原料，代号 L0、L00；工业纯铝：w_{Al} = 99.0% ~ 98.0%，用于制作管、线、棒等，牌号有 1070A、1060、1050A、1035、1200（相当于代号 L1 ~ L6），数字越大，表示杂质的含量越高。

2. 铝合金

铝合金分为变形铝合金和铸造铝合金。变形铝合金根据性能的不同又分为防锈铝、硬铝、超硬铝和锻铝四种；铸造铝合金按加入的主要合金元素的不同，又分为 Al - Si、Al - Cu、Al - Mg、Al - Zn 等合金。部分变形铝合金的牌号、成分、性能及用途见表 4-10。

铝合金牌号的表示方法：Al + 主要合金元素符号 + 主要合金元素平均含量。若为铸造铝合金则在牌号前面加“Z”，如 ZAlSi12 表示平均含硅量为 12% 的铸造铝合金。

按国家标准规定，防锈铝、硬铝、超硬铝和锻铝代号分别用“LF”、“LY”、“LC”、“LD”等字母及一组顺序号表示，如 LF5、LY1、LC4、LD5 等。

铸造铝合金的代号用“ZL”两个字母和三个数字表示，如 ZL102、ZL203、ZL302 等。其典型代表为 ZL102，称为简单硅铝明，w_{Si} = 10% ~ 13%，相当于共晶成分，组织为 α + Si 共晶体。其优点是铸造性能好，密度小，耐腐蚀性、耐热性和焊接性也相当好，但强度低，用钠盐进行变质处理后，抗拉强度也不超过 180 MPa。这类合金只适用于制造形状复杂，但对强度要求不高的铸件,如仪表壳体等。

表 4-10　部分变形铝合金的牌号、成分、性能及用途

类别		代号	化学成分 w_{Me}(%)				材料状态	力学性能			用途举例
			Cu	Mg	Mn	Zn		σ_b (MPa)	δ (%)	HBS	
不能热处理强化的合金	防锈铝	5A05	0.1	4.8~5.5	0.3~0.6	0.2	M	280	20	70	焊接油箱、油管、焊条、铆钉以及中载零件
		3A21	0.2	0.05	1.0~1.6	0.1	M	130	20	30	焊接油箱、油管以及轻载零件
能热处理强化的合金	硬铝	2A01	2.2~3.0	0.2~0.5	0.2	0.1	CZ	300	24	70	工作温度小于 100 ℃的中等强度铆钉
		2A11	3.8~4.8	0.4	0.4~0.8	0.3	CZ	420	15	100	螺栓、螺钉等中等强度结构件
	超硬铝	7A04	1.4~2.0	1.8~2.8	0.2~0.6	5.5~7.0	CS	600	12	150	飞机大梁、桁架等结构中主要受力件
	锻铝	2B50	1.8~2.6	0.4~0.8	0.4~0.8	0.3	CS	390	10	100	风扇叶轮等形状复杂的锻件
		2A70	1.9~2.5	0.2~0.3	0.2~0.3		CS	440	12	120	高温下工作的结构件

4.4.2　铜及铜合金

4.4.2.1　铜及铜合金的性能特点

(1)导电性、导热性、抗磁性好。纯铜又称紫铜,密度为 8.98×10^3 kg/m^3,熔点为 1 083 ℃。

(2)抗大气和水的腐蚀能力强。但纯铜在含有二氧化碳的湿空气中表面将产生 $CuCO_3\cdot Cu(OH)_2$ 或 $2CuCO_3\cdot Cu(OH)_3$ 的绿色铜膜,称之为铜绿。

(3)加工性能好,面心立方晶格,无同素异构转变,塑性好。

某些铜合金也具有良好的塑性,故铜的某些铜合金易于冷热压力加工成形。铜合金还有较好的铸造性能。由于铜及合金具有上述特点,故在电气工业、仪表工业、造船业及机械制造业得到广泛的应用。

4.4.2.2　铜及铜合金的分类及用途

1. 纯铜

我国工业纯铜有三个牌号:即一号铜($w_{Cu}=99.95\%$)、二号铜($w_{Cu}=99.90\%$),三号铜($w_{Cu}=99.7\%$),其代号分别为 T1、T2、T3。

纯铜在退火状态,强度低、塑性好($\sigma_b=250\sim270$ MPa,$\delta=35\%\sim45\%$),经冷加工变形后强度升高,而塑性急剧降低($\sigma_b=400\sim500$ MPa,$\delta=1\%\sim3\%$),不能用作受力的结

构材料。工业纯铜主要用于导电、导热，也用于制作耐腐蚀性的器材，如电线、电缆、电器开关等。

2. 铜合金

纯铜强度低，虽然冷加工变形可提高其强度，但塑性显著降低，不能制作受力的结构件。为了满足制作结构件的要求，在铜中加入合金元素，通过固溶强化、时效强化及过剩相强化等途径提高合金的强度，获得高强度的铜合金。常用的合金元素有Zn、Al、Sn、Mn、Ni、Fe、Be、Ti、Cr、Zr等。铜合金按其化学成分可分为黄铜、青铜、白铜三大类。

1）黄铜

黄铜是以Zn为主要合金元素的铜合金，具有良好的机械性能，易加工成形，对大气、海水有相当好的耐腐蚀能力，是应用最广的重要的有色金属材料。

黄铜按其所含合金元素的种类可分为普通黄铜和特殊黄铜两类；按生产方式可分为压力加工黄铜和铸造黄铜两类。

普通黄铜就是Cu-Zn二元合金，工业上所用的黄铜 $w_{Zn}<47\%$。其牌号为"H+平均含铜量"，如H62表示 $w_{Cu}=62\%$，其余皆为Zn的黄铜。

特殊黄铜是在普通黄铜的基础上加入Al、Fe、Si、Mn、Pb、Sn、Ni等元素形成的，它们比普通黄铜具有更高的强度、硬度、耐腐蚀性。其牌号为"H+主加元素符号+平均含铜量+主加元素平均含量"，如HMn58-2表示 $w_{Cu}=58\%$、$w_{Mn}=2\%$ 的特殊黄铜。

无论是普通黄铜，还是特殊黄铜，铸造黄铜牌号前都加"Z"，如ZH62、ZHMn58-2、ZCuZn38、ZCuZn40Mn2。常用黄铜的牌号、化学成分、力学性能及用途等见表4-11。

表4-11　常用黄铜的牌号、化学成分、力学性能及用途

类别	牌号	化学成分 w_{Me}(%)			制品种类	力学性能		用途举例
		Cu	Zn	其他		σ_b (MPa)	δ (%)	
普通黄铜	H80	79~81	余量		板、条、带、棒、管、线	320	52	色泽美观，用于镀层、装饰
	H70	69~72	余量			320	55	弹壳
	H68	67~70	余量			320	53	管道、散热器、铆钉等
	H62	60~63	余量			330	49	散热器、垫片等
特殊黄铜	HPb59-1	57~60	余量	Pb0.8~1.9	板、棒、管、线	400	45	热冲压和切削零件
	HMn58-2	57~60	余量	Mn1.0~2.0	板、带、棒、管	400	40	耐蚀零件
铸铝黄铜	ZCuZn31Al2	66~68	余量	Al2.0~3.0	砂型、金属铸造	295 390	12 15	常温下耐腐蚀性较好的零件
铸硅黄铜	ZCuZn16Si4	79~81	余量	Si2.5~4.5	砂型、金属铸造	345 390	15 20	与海水接触的管配件

2）青铜

青铜是以 Sn、Al、Si、Be、Ti 等为主要合金元素的铜合金，按照生产方式可分为加工青铜和铸造青铜两类。其牌号为"Q + 主加元素符号 + 主加元素平均含量（ + 其他元素的平均含量）"。如 QAl5 表示 $w_{Al}=5\%$ 的铝青铜。同样，铸造青铜牌号前加"Z"。

锡青铜是以锡为主要合金元素的铜合金，是人类历史上应用最早的铜合金，是 Cu - Sn 二元合金。锡青铜在大气、海水、淡水及蒸气中比纯铜和黄铜好，但在盐酸、硫酸及氨水中的耐腐蚀性较差。为了改善锡青铜的性能，还加入 Zn、Pb、P 等元素，Zn 可提高铸造性能，Pb 可提高耐磨性和切削加工性，P 可提高弹性极限等。另外，加入其他元素代替锡的青铜叫无锡青铜，如铝青铜、铍青铜、铅青铜、硅青铜等。

青铜主要用于制作耐腐蚀、耐磨、防磁的零件，如仪器上的弹簧簧片、轴承、齿轮等。

3）白铜

白铜是以 Ni 为主要合金元素的铜合金。白铜具有高的耐腐蚀性和优良的冷热加工成形性，一般应用在精密仪器、仪表、化工机械及医疗器械中。

4.4.3 滑动轴承合金

4.4.3.1 滑动轴承合金的性能要求

制造滑动轴承中的轴瓦及其内衬的合金叫做轴承合金，轴承合金须具备如下性能：①在工作温度下有足够的抗压强度和疲劳强度，以承受轴所施加的载荷；②有足够的塑性和韧性，以保证与轴配合良好，并承受冲击和振动；③摩擦系数小，并能保持住润滑油，以减少对轴颈的磨损；④具有小的膨胀系数和良好的导热性和耐腐蚀性，以防止轴瓦与轴颈强烈摩擦升温而发生咬合，并抵抗润滑油的侵蚀；⑤具有良好的磨合能力，以使载荷均匀分布；⑥容易制造，价格低廉。

纯金属或单相合金通常不能满足上述性能要求，必须配以软硬不同的多相合金。通常是在软基体上均匀分布一定数量和大小的硬质点，或者硬基体上分布一定数量和大小的软质点。

4.4.3.2 滑动轴承合金的分类及用途

常用的滑动轴承合金按其化学成分可以分为锡基、铅基、铝基、铜基和铁基等数种，锡基、铅基轴承合金称为巴氏合金。轴承合金一般在铸态下使用，其牌号为"ZCh（"铸"、"承"）+ 基本元素符号 + 主加元素符号 + 主加元素平均含量 + 辅加元素平均含量"。如 ZChPbSn 5 - 9，表示 $w_{Sn}=5\%$、$w_{Sb}=9\%$ 的铅基轴承合金。

锡基轴承合金是以 Sn 为主并加入少量 Sb、Cu 等元素的合金，是一种软基体、硬质点类型的轴承合金。铅基轴承合金的基本成分是铅和锑。

4.5 非金属材料

4.5.1 高分子材料

高分子材料是指分子量很大的化合物，即由高分子化合物组成的一类材料的总称。

高分子材料有有机高分子材料和无机高分子材料、天然高分子材料和人工合成高分子材料之分。目前,人工合成的有机高分子材料如塑料、合成橡胶、合成纤维等发展十分迅速,品种繁多,而且具有广阔的发展前景。

4.5.1.1 基本概念

有机高分子化合物是由有机低分子化合物在一定条件下聚合而成的,具有重复排列链状结构的高聚物,如聚乙烯塑料就是由乙烯聚合而成的高分子材料。

4.5.1.2 结构特征

通过前面的学习知道,金属材料的性能是由它的组织结构决定的,同样,对非金属材料也不例外,它的性能仍然是由其组织结构决定的。固态高聚物存在着晶态和非晶态两种聚集状态。

4.5.1.3 基本特性

高聚物与一般低分子化合物相比,在聚集状态时其组织结构上有很大的不同,因而在性能上具有一系列的特征。

1. 机械性能

(1)低强度。高聚物的抗拉强度平均为 100 MPa 左右,高分子材料的强度比金属低得多,但因其密度小,所以其比强度并不比金属低。

(2)高弹性和低弹性模量。高弹性和低弹性模量是高分子材料所特有的特性。即弹性变形大、弹性模量小,而且弹性随温度升高而增大。

(3)黏弹性。高分子材料的高弹性变形不仅和外加应力有关,还和受力变形的时间有关,即变形与外力的变化不是同步的,有滞后现象,且高聚物的大分子链越长,受力变形时用于调整大分子链构象所需的滞后时间也就越长,这种变形滞后于受力的现象称为黏弹性。

(4)高耐磨性。高聚物的硬度比金属低,但耐磨性比金属好,尤其塑料更为突出。塑料的摩擦系数小,而且有些塑料本身就有润滑性能,而橡胶则相反,其摩擦系数大,适合于制造要求较大摩擦系数的耐磨零件,如汽车轮胎等。

2. 物理性能、化学性能

(1)高绝缘性。高聚物以共价键结合,不能电离,导电能力差,即绝缘性高,塑料和橡胶是电机、电器必不可少的绝缘材料。

(2)低耐热性。耐热性是指材料在高温下长期使用,并保持性能不变的能力。高分子材料中的高分子链在受热过程中容易发生链移动或整个分子链移动,导致材料软化或熔化,使性能变坏。

(3)低导热性。固体的导热性与其内部的自由电子、原子、分子的热运动有关,高分子材料内部无自由电子,而且分子链相互缠绕在一起,受热时不易运动,故导热性差。

(4)高热膨胀性。高分子材料的线膨胀系数大,为金属的 3 ~ 10 倍。这是由于受热时,分子间的缠绕程度降低,分子间结合力减小,分子链柔性增大,故加热时高分子材料产生明显的体积和尺寸的变化。

(5)高化学稳定性。高聚物中没有自由电子,不会受电化学腐蚀。其强大的共价键结合使高分子不易遭破坏,又由于高聚物的分子链是纠缠在一起的,许多分子链的基团被包在里面，纵然接触到能与其分子中某一基团起反应的试剂，也只有露在外面的基团才比较容易与试剂起化学反应，所以高分子材料的化学稳定性好，在酸、碱等溶液中表现出优异的耐腐蚀性能。

（6）老化。高聚物及其制品在储运、使用过程中，由于应力、光、热、氧气、水蒸气、微生物或其他因素的作用，其使用性能变坏，逐渐失效的过程称为老化，如变硬、变脆、变软或发黏等。

4.5.1.4 常用高分子材料

常用高分子材料包括塑料、橡胶、合成纤维、胶粘剂、涂料五类。

4.5.2 陶瓷材料

陶瓷是一种无机非金属材料，由于它的熔点高、硬度高、化学稳定性好，具有耐高温、耐磨蚀、耐摩擦、绝缘等优点，在现代工业上已得到广泛的应用。

陶瓷和金属材料、高分子材料一样，陶瓷材料的各种特殊性能都是由其化学组成、晶体结构、显微组织决定的。

陶瓷是以天然的硅酸盐（如黏土、长石、石英等）或人工合成的化合物（氧化物、氮化物、碳化物、硅化物、硼化物、氟化物）为原料，经粉碎配制、成形和高温烧结而制成的，它是多相多晶体材料。

4.5.2.1 组成

陶瓷的显微组织由晶相、玻璃相和气相组成，各组成相的结构、数量、形态、大小及分布对陶瓷性能有显著影响。

陶瓷中的晶相是主要组成相，主要来源是原料中的氧化物和硅酸盐。在陶瓷中最常见的晶体结构是氧化物结构，硅酸盐结晶相是陶瓷的主要组成相，对陶瓷晶体的强度、硬度、耐热性有决定性的影响。陶瓷中的玻璃相是一种非晶态的固体，它是烧结时，原料中的有些晶体物质如 SiO_2 已处在熔化状态，但因熔点附近黏度大，原子迁移很困难，若以较快的速度冷却到熔点以上，原子不能规则地排列成晶体，而成为过冷液体，当其继续冷却到 T_g 温度时便凝固成非晶态的玻璃相。而且玻璃相是陶瓷材料中不可缺少的组成相，其作用是黏结分散的晶相，降低烧结温度。气相是指陶瓷孔隙中的气孔，它是陶瓷生产工艺过程中不可避免地形成并保留下来的。气孔对陶瓷性能有显著的影响，它使陶瓷密度减小，并能吸收振动，又使其强度降低、电击穿强度下降、绝缘性变差。因此，应对陶瓷中的气孔数量、形状、大小和分布有所控制。

4.5.2.2 性能特点

陶瓷和金属相比，其机械性能有如下特点：

（1）高硬度。硬度是陶瓷材料的重要性能指标，大多数陶瓷材料的硬度比金属高得多，故其耐磨性好。

（2）高弹性模量、高脆性。陶瓷在拉伸时几乎没有塑性变形，在拉应力作用下产生一定弹性变形后直接脆断，大多数陶瓷材料的弹性模量都比金属高。

（3）低抗拉强度和较高的抗压强度。由于陶瓷内部存在大量气孔，其作用相当于裂纹，在拉应力作用下迅速扩展导致陶瓷脆断，陶瓷的抗拉强度要比金属低得多。在受压时气孔等缺陷不易扩展成宏观裂纹,故其抗压强度较高。

(4)优良的高温强度和差的抗热振性。陶瓷的熔点高于金属,具有优于金属的高温强度。大多数金属在1 000 ℃以上就丧失强度,而陶瓷在高温下不仅保持高硬度,而且基本保持其室温下的强度,具有高的蠕变抗力,同时抗氧化的性能好,广泛用作高温材料,但陶瓷承受温度急剧变化的能力差(热振性差),当温度剧烈变化时易裂。

4.5.3 复合材料

随着现代工业的发展,对材料的性能要求愈来愈高,除要求材料具有高强度、耐高温、耐腐蚀、耐疲劳等性能外,甚至有些构件要求材料同时具有相互矛盾的性能,如既要求导电又要求绝热,强度要比钢好,而弹性又要比橡胶好,等等。对此,单一材料是无法满足的,这就要求采用复合技术,于是出现了复合材料。

复合材料是指由两种或两种以上不同性质的材料,通过不同的工艺方法人工合成的多相材料。如不同的非金属之间、不同的金属材料之间,以及非金属材料与金属材料之间都可以互相复合。

复合材料既要保持各自的最佳特性,又要具有组合后的新特性,从而满足构件对性能的要求。

4.6 典型零件选材与热处理工艺

4.6.1 热处理技术条件的标注

零件设计者应根据零件的工作特性,提出热处理技术条件。对于热处理零件,一般在图纸上都以硬度作为热处理技术条件;对于渗碳的零件,则还应标注渗碳深度。某些性能要求较高的零件还需标注其他机械性能指标。此外,在标注硬度的同时,要写出相应的热处理工艺名称,如调质、淬火、回火、高频淬火等,在标注硬度范围时,HRC在5个单位左右,HB在20~40个单位。

采用不同热处理方法时,图纸上的标注方法不同。

对于整体热处理,热处理技术条件大多标注在零件图纸标题栏的上方,如图4-6所示。

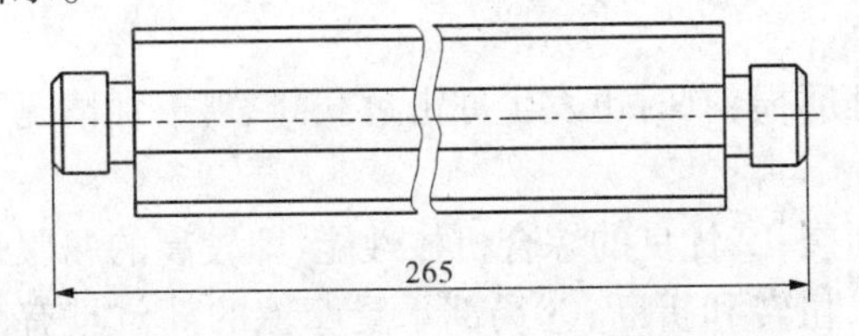

调质 235~265 HBS

名称	Ⅱ轴
材料	45钢

图4-6 45钢轴

对于局部热处理,热处理技术条件直接标注在需要局部热处理的部位,并用细实线标明处理位置,当然对于渗碳零件,还应标注渗碳层深度,如图4-7所示。

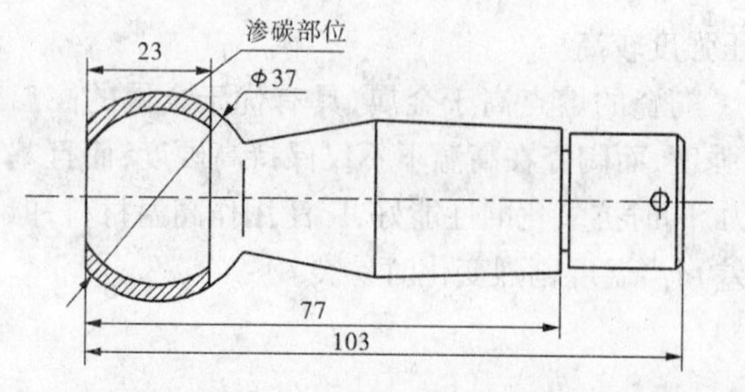

渗碳 0.8～1.0 mm

淬火、回火 58～63 HRC

名称	球头销
材料	20CrMnTi

图 4-7　20CrMnTi 钢摇杆

4.6.2　热处理与切削加工性的关系

材料的切削加工性的好坏，经常从材料被切削时的难易程度、材料被切削后的表面粗糙度以及刀具寿命等几方面来衡量。

实践证明，在切削加工时，为了不致发生“粘刀”现象和使刀具严重磨损，通过金相组织控制钢的硬度范围是必要的，为了使钢具有良好的切削加工性，一般希望将硬度控制在 170～230 HBS。

含碳量在 0.25% 以下时，钢的切削加工性随含碳量增加而改善，含碳量过低时，退火钢吸附大量柔软的铁素体，钢的延展性非常好，切屑易粘着刀刃而形成刀瘤，而且切屑是撕裂断裂的，以致表面粗糙度变差，刀具的寿命也受到影响，因此含碳量过低的钢不宜在退火状态下进行切削加工。随着含碳量增加，退火钢中铁素体量减少而珠光体量增多，钢的延展性降低而硬度和强度增加，从而使钢的切削加工性有所改善。生产上，低碳钢大多在热轧、高温正火状态或冷拔塑性变形状态下进行切削加工。含碳量超过 0.6% 的高碳钢，大多通过球化退火获得合格的球化组织，使硬度适当降低之后，再进行切削加工。含碳量在 0.25%～0.6% 的中碳钢，为了获得较好的表面粗糙度，经常采取正火处理获得较多的细片状珠光体，使硬度适当提高些。对含碳量在 0.5% 以上的中碳钢，宜采取一般退火或调质处理，以获得比正火处理略低的硬度，易切削加工。

4.6.3　典型零件(以轴类零件为例)选材及热处理工艺分析

4.6.3.1　轴的工作条件失效方式及对性能的要求

轴主要起支承传动零件并传递扭矩的作用，工作条件是：①承受高变扭转载荷、高变弯曲载荷或拉－压载荷；②局部(轴颈、花键等)承受摩擦和磨损；③在特殊条件下，受温度或介质作用影响。

轴的主要失效方式是疲劳断裂和轴颈处磨损，有时也发生冲击过载断裂，个别情况下发生塑性变形或腐蚀失效。

性能要求：①高的疲劳强度，防止疲劳断裂；②优良的综合机械性能，即较高的屈服强度、抗拉强度，较高的韧性，以防止塑性变形、扭转和折断；③局部承受摩擦的部位具有高硬度和耐磨性，防止磨损；④在特殊条件下工作的轴的材料应具有特殊性能，如蠕变抗力、耐腐蚀性等。

4.6.3.2　轴的选材及热处理

轴类零件常用的材料有普通碳素钢、优质碳素钢、合金结构钢和球墨铸铁等。

碳素钢通常是含碳量在0.35%～0.50%的中碳钢，常用的是35、40、45钢；不重要的或受力小的轴也可用Q235、Q255和Q275钢；对于高转速、重负荷，要求耐磨、耐冲击及耐疲劳的轴，应选用40Cr、45Mn、35SiMn或38CrMoAlA等合金钢，这类钢经适当的热处理可以改善其机械性能，承载能力高、耐磨性强；高强度的球墨铸铁可以用来制造压缩机曲轴和水泵轴等。

机床主轴承受中等扭转－弯曲复合载荷，转速中等，并承受一定的冲击载荷，大多选用45钢制造，经调质处理后，轴颈处再进行表面淬火。载荷较大时可选用40Cr钢制造。

工艺路线：下料→锻造→正火→粗加工→调质→精加工→局部表面淬火＋低温回火→精磨→成品。正火处理可细化组织，调整硬度，改善切削加工性；调质处理可获得高的综合机械性能和疲劳强度；局部表面淬火及低温回火可获得局部高硬度和耐磨性。

对于某些机床主轴，如万能铣床主轴，也可用球墨铸铁代替45钢来制造。对于要求高精度、高尺寸稳定性及耐磨性的镗床主轴，往往用38CrMoAlA钢制造，经调质处理后，再进行氮化处理。

4.7 拓展提高——金属材料的现场鉴别

4.7.1 火花鉴别法

4.7.1.1 火花的构成

钢材在砂轮上磨削时所射出的火花由根部火花、中部火花和尾部火花组成，其所构成的火花束如图4-8所示。

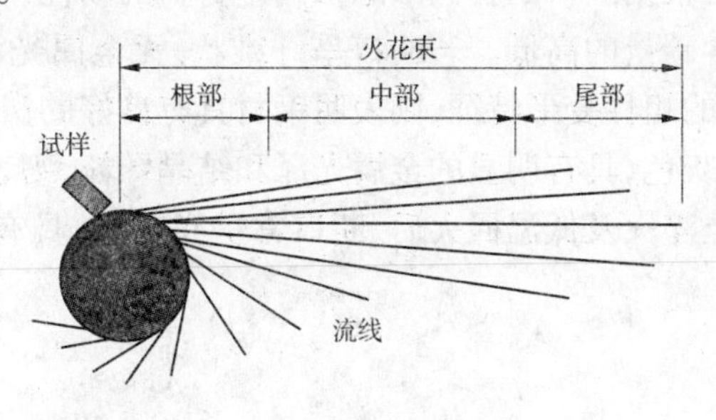

图4-8 火花束

磨削时由灼热粉末形成的线条状火花称为流线。流线在飞行途中爆炸而发出稍粗且明亮的点称为节点。火花在爆裂时所射出的线条称为芒线。芒线所组成的火花称为节花。节花分一次花、二次花、三次花等。芒线附近呈现明亮的小点称为花粉。

由于钢材的化学成分不同，流线尾部出现不同的尾部火花，称为尾花。尾花有苞状尾花、菊状尾花、狐尾花、羽状尾花等。

4.7.1.2 常用钢火花的特征

碳素钢随着含碳量增加，流线形式由直线转向抛物线，流线逐渐增多，火花束长度逐渐缩短，流线由粗变细，芒线逐渐变得细而短，由一次爆花转向多次爆花，花的数量和花粉也逐渐增多,光辉度随着含碳量的升高而增加,砂轮附近的晦暗面积增大。在砂轮磨削时,手感也由软而渐渐变硬。

15钢火花的特征:火花流线多,略呈弧形。火花束长,呈草黄色,带红。芒线稍粗。爆花呈多分叉,一次爆花。

40钢火花的特征:整个火花束呈黄而略明亮。流线较细,多分叉而长。爆花接近流线尾端,呈多叉二次爆裂。磨削时手感反抗力较弱。

T13钢火花的特征:火花束短粗,中暗红色。流线多,细而密。爆花为多次爆裂,花量多并重叠,碎花、花粉量多。磨削时手感较硬。

合金钢火花的特征与加入合金元素有关。例如,Ni、Si、Mo、W等有抑制爆裂的作用,而Mn、V、Cr却可以助长爆裂,所以对合金钢火花的鉴别较难掌握。W18Cr4V钢火花束细长,流线数量少,无火花爆裂,色泽是暗红色,根部和中部为断续流线,尾花呈狐尾状。

4.7.2 色标鉴别法

生产中为了表明材料的牌号、规格等,在材料上需要做一定的标记,常用的标记方法有涂色、打印、挂牌等。金属材料的涂色标志用以表示钢种,颜色涂在材料端面,成捆交货的钢应涂在同一端的端面上,盘条则涂在卷的外侧。在生产中可以根据材料的色标对钢铁材料进行鉴别。

4.7.3 断口鉴别法

材料或零部件因受某些物理、化学或机械因素的影响而导致断裂所形成的自然表面称为断口。生产现场常根据断口的自然形态来判定材料的韧性、脆性,还可以据此判定相同热处理状态的材料含碳量的高低。若断口呈纤维状,无金属光泽,颜色发暗,无结晶颗粒,且断口边缘有明显的蛆性变形特征,则表明钢材具有良好的塑性和韧性,含碳量较低;若材料断口齐平,呈银灰色,具有明显的金属光泽和结晶颗粒,则表明材料属于脆性断裂;而过共析钢或合金钢经淬火及低温回火后,断口常呈亮灰色,具有绸缎光泽,类似于细瓷器断口。

4.7.4 音响鉴别法

生产现场有时也可采用敲击辨音来区分材料。例如,当原材料钢中混入铸铁材料时,由于铸铁的减振性较好,敲击时声音较低沉,而敲击钢材时则可发出较清脆的声音。所以,可根据敲击钢铁时声音的不同,对其进行初步鉴别,但有时准确性不高。而当钢材之间发生混淆时,因其声音比较接近,常需采用其他鉴别方法进行判别。

练习题

1. 选择题

(1)在下列三种钢中,(　　)的弹性最好,(　　)的硬度最高,(　　)的塑性最好。

A. T10　　B. 20 钢　　C. 65Mn

(2)选择制造下列零件的材料:冷冲压件(　　);齿轮(　　);小弹簧(　　)。

A. 08F　　B. 45 钢　　C. 65Mn

(3)选择制造下列工具的材料:凿子(　　);锉刀(　　);手工锯条(　　)。

A. T8　　B. T10　　C. T12

(4)合金渗碳钢渗碳后必须进行(　　)才能使用。

A. 淬火 + 低温回火　　B. 淬火 + 中温回火

C. 淬火 + 高温回火

(5)将下列合金钢牌号归类:合金结构钢有(　　);合金工具钢有(　　);特殊性能钢有(　　);合金弹簧钢有(　　);合金模具钢有(　　);不锈钢有(　　)。

A. 40Cr　　B. 60Si2Mn　　C. 15CrMo

D. Cr12Mo　　E. 3Cr2W8V　　F. 1Cr13

(6)铸铁中的碳以石墨形态析出的过程称为(　　)。

A. 石墨化　　B. 变质处理　　C. 球化处理

(7)将相应牌号填入括号内:硬铝(　　);防锈铝合金(　　);超硬铝合金(　　);铸造铝合金(　　);铅青铜(　　);黄铜(　　)。

A. HPb59 - 1　　B. ZCuPb30　　C. LF21

D. LY10　　E. ZL101　　F. LC4

(8)某一材料的牌号为 T4,它是(　　)。

A. 含碳量为 0.4% 的碳素工具钢　　B. 4 号工业纯铜

C. 4 号纯钛

(9)将相应牌号填入括号内:普通黄铜(　　);特殊黄铜(　　);锡青铜(　　);铝青铜(　　)。

A. H68　　B. QSn4 - 3　　C. QAl9 - 4　　D. ZH62　　E. HSn62 - 1

(10) YT15 硬质合金刀具常用于切削(　　)材料。

A. 不锈钢　　B. 耐热钢　　C. 铸铁　　D. 一般钢材

2. 填空题

(1)碳素钢中除铁、碳外,还常有________、________、________、________等元素。其中,________、________是有益元素,________、________是有害元素。

(2)45 钢按用途分类属于______钢,按质量分类属于______钢。

(3)合金元素在钢中最基本的作用是溶于________,形成合金________,阻碍________的晶粒长大,提高钢的________和________稳定性。

(4)60Si2Mn 是________钢,它的最终热处理方法是淬火 + ______。

(5)高速钢刀具,当其切削温度高达 600 ℃时,仍能保持其________和________。

(6)铸铁是含碳量__________的铁碳合金。根据铸铁中碳的存在形式,铸铁可分为__________铸铁、__________铸铁、可锻铸铁和__________铸铁四种。其中,应用最广泛的是______铸铁。

(7)灰铸铁中,石墨的存在降低了铸铁的______性能,但使铸铁获得了良好的______性、______性、______性、减振性及较好的缺口敏感性。

(8)球墨铸铁是在浇注前往铁水中加入适量的________剂和______剂,浇注后获得球状石墨的铸铁。

(9)普通黄铜是____________二元合金。在普通黄铜中再加入其他的元素可形成________黄铜。

(10)工业纯铝的主要性能是________小,________低,有良好的________性和导热性,在大气中具有良好的耐腐蚀性,强度较低,________不高,但______很好。

3. 判断题

(1)T10 钢的含碳量为 10%。 (　　)

(2)碳素工具钢都是优质或高级优质钢。 (　　)

(3)3Cr2W8V 的平均含碳量为 0.3%,所以它是合金结构钢。 (　　)

(4)Cr12Mo 钢是不锈钢。 (　　)

(5)40Cr 钢是最常用的合金调质钢。 (　　)

(6)厚铸铁件的表面硬度总比铸件内部高。 (　　)

(7)可锻铸铁一般适用于薄壁铸件。 (　　)

(8)工业纯铝中杂质含量越高,其导电性、耐腐蚀性及塑性越差。 (　　)

(9)黄铜中含锌量越高,其强度也越高。 (　　)

(10)特殊青铜是在锡青铜的基础上再加入其他元素的青铜。 (　　)

4. 综合题

(1)合金元素对钢的热处理过程有何影响?试从加热、冷却两个方面加以说明。

(2)用 9SiCr 钢制成圆板牙,其工艺流程为:锻造→球化退火→机械加工→淬火→低温回火→磨平面→开槽加工。试分析:

①球化退火、淬火及低温回火的目的;

②球化退火、淬火及低温回火的大致工艺参数。

(3)模具钢分几类?各采用何种最终热处理工艺?为什么?

(4)1Cr13、2Cr13、3Cr13、4Cr13 钢在成分、用途和热处理工艺上有什么不同?

(5)为什么当普通灰铸铁中的质量分数和硅的质量分数愈高时,其抗拉强度和硬度就愈低?

(6)试述石墨形态对铸铁性能的影响。

(7)不同的铝合金可通过哪些途径达到强化目的?

(8)解释下列现象:

①在相同含碳量的情况下,除含 Ni 和 Mn 的合金钢外,大多数合金钢的热处理加热温度都比碳钢高;

②在相同含碳量的情况下,含碳化物形成元素的合金钢比碳钢具有较好的回火稳定性;

③含碳量≥0.40%、含铬量为12%的铬钢属于过共析钢，而含碳量为1.5%、含铬量为12%的钢属于莱氏体钢；

④高速钢在热锻或热轧后，经空冷获得马氏体组织。

(9)实习车间的齿轮、轴、螺栓、手锯、榔头、游标卡尺是用什么材料制造出来的？

(10)Q235、45、T10A、9SiCr、16Mn、20Cr、50Si2Mn、W18Cr4V、QT600－02等材料牌号的意义是什么？

(11)为什么比较重要的大截面的结构零件，如重型运输机械和矿山机器的轴类、大型发电机转子等都必须用合金钢制造？与碳钢比较，合金钢有何优缺点？

(12)指出下列钢号的钢种、成分、主要用途和常用热处理：

16Mn、20CrMnTi、40Cr、60Si2Mn、GCr15、9SiCr、W18Cr4V、1Cr18Ni9Ti、1Cr13、12CrMoV、5CrNiMo

第2篇　热加工基础

模块5　铸造生产

【模块导入】

铸造是毛坯或零件成形的主要方法之一，本模块主要介绍铸造成形的基础理论知识，砂型铸造与常用特种铸造工艺方法、特点和应用，铸造工艺设计要点，铸件的结构等内容。

【技能要求】

理解合金的铸造性能及其对铸件质量的影响；掌握砂型铸造的工艺过程及要点，会画简单铸件的铸造工艺简图；初步具备合理选择典型铸件的铸造方法、分析铸件结构工艺性的能力，具有铸件质量与成本分析的能力。

5.1　铸造概述

铸造是将熔融金属液浇入铸型型腔中，待其凝固后获得具有一定形状、尺寸和性能的零件毛坯的成形方法。铸造生产适应性强、成本低廉，如机床中铸件占总重量的60%～80%，但铸件易产生铸造缺陷。

合金在铸造过程中所表现出来的工艺性能称为金属的铸造性能。金属的铸造性能主要是指流动性、收缩性、偏析、吸气性和氧化性等。铸造性能对铸件质量影响很大，其中流动性和收缩性对铸件的质量影响最大。

5.1.1　合金的流动性

5.1.1.1　流动性的概念

流动性是指金属液本身的流动能力，即液态合金充满型腔，形成轮廓清晰、形状和尺寸符合要求的优质铸件的能力。

流动性与金属的成分、温度和杂质含量等因素有关，直接影响到金属液的充型能力，对铸件质量有很大的影响。流动性好的金属，易于充满型腔，有利于气体和非金属夹杂物上浮和对铸件进行补缩。相反，流动性差的金属，则铸件易出现冷隔、浇不到、气孔和夹渣等缺陷。

5.1.1.2 影响流动性的因素

1. 合金成分

合金成分影响合金结晶温度的高低和结晶温度范围的大小。合金是在一定温度范围内结晶的，合金的结晶温度区间越大，流动性越差。不同的铸造合金具有不同的流动性，灰铸铁流动性最好，硅黄铜次之，而铸钢的流动性最差。

2. 浇注条件

1）浇注温度

在一定温度范围内，浇注温度越高，合金液的流动性越好。在生产中，广泛采取提高浇注温度来增强合金的流动性。如对于薄壁铸件及结晶温度范围大、流动性差的合金，均可采取这一措施。

2）充型压力

液态金属在流动方向所受压力越大，流动性就越好。为此，浇注时可以采用提高直浇道的高度或人工加压的方法，提高充型的压力，增强合金的流动性。

3）浇注系统的结构

浇注系统的结构越复杂，流动的阻力就越大，流动性就越差。

3. 铸型性质

铸型性质主要表现在铸型的导热能力、对金属液流动的阻力以及促使金属液流动的静压力。一般来说，砂型比金属型的流动性好，干型比湿型的流动性好，热型比冷型的流动性好。

4. 铸件结构

铸件壁厚过小、水平面较大等结构，都会制约金属液的流动性。

5.1.1.3 影响合金充型的条件

铸型的温度低、热容量大，则充型能力下降；铸型的发气量大、排气能力较低会使合金的充型能力下降；浇注系统和铸件的结构越复杂，合金在充型时的阻力越大，则充型能力下降；提高浇注速度、浇注温度和增加直浇道的高度会使合金的充型能力提高。

5.1.2 合金的凝固

液态金属浇入铸型以后，由于铸型的冷却作用，液态金属的温度将会下降。当其温度降低到液相线至固相线温度范围时，合金就从液态向固态转变，这种状态的变化称为铸件的凝固，这个过程叫做凝固过程。

铸造中许多常见的缺陷，如缩孔、缩松、热裂、气孔、偏析、非金属夹杂等，都是在凝固过程中产生的。

5.1.2.1 铸件的凝固原则

1. 顺序凝固原则

铸件的顺序凝固，就是在铸件上可能出现缩孔的厚大部位通过安放冒口等工艺措施，使铸件上远离冒口的部位先凝固（见图 5-1），之后是靠近冒口的部位凝固，最后才是冒口本身的凝固。按照这样的凝固顺序，先凝固部位的收缩由后凝固部位的金属液来补充，后凝固部位的收缩由冒口中的金属液来补充，从而使铸件各个部位的收缩均能得到补充，将缩孔转移到冒口之中。冒口为铸件的多余部分,在铸件清理时将其去除。因此,这个原则也叫定向凝固原则。

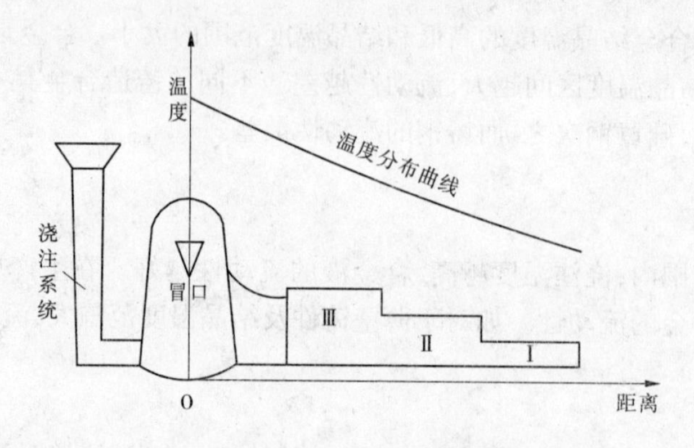

图 5-1　定向凝固示意图

2. 同时凝固的原则

同时凝固的原则是采取措施保证铸件结构上各部分同时凝固,各部分之间几乎没有温度差。凝固时铸件不容易产生热裂,凝固后也不容易引起应力和变形。

5.1.2.2　控制铸件凝固的方法

常用控制铸件凝固的方法有:① 正确布置浇注系统的引入位置,控制浇注温度、浇注速度和铸件凝固位置;② 采用冒口及冷铁;③ 改变铸件的结构;④ 采用具有不同蓄热系数的造型材料。

5.1.3　合金的收缩

液态合金在凝固和冷却过程中体积和尺寸减小的现象称为合金的收缩。收缩能使铸件产生缩孔、缩松、裂纹、变形和内应力等缺陷。

5.1.3.1　铸件的收缩

合金的收缩经历以下三个阶段,即液态收缩、凝固收缩和固态收缩,如图 5-2 所示。

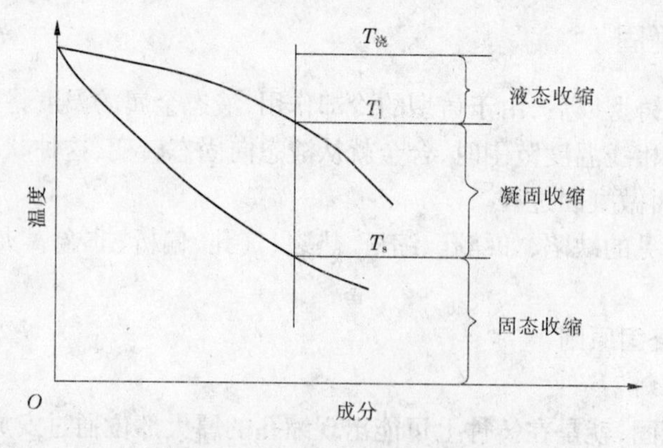

图 5-2　合金收缩的三个阶段

(1)液态收缩。从浇注温度($T_{浇}$)到凝固开始温度(即液相线温度 T_1)之间的收缩,称为液态收缩。即合金从浇注温度冷却到凝固开始温度之间的体积收缩。

(2)凝固收缩。从凝固开始温度(T_1)到凝固终止温度(即固相线温度 T_s)之间的收缩,称为凝固收缩。即合金从凝固开始温度冷却到凝固终止温度之间的体积收缩。

(3)固态收缩。从凝固终止温度(T_s)到室温之间的收缩,称为固态收缩。即合金从凝固终止温度冷却到室温之间的体积收缩。

5.1.3.2 **影响收缩的因素**

(1)化学成分。不同种类和不同成分的合金,其收缩率不同。铁碳合金中灰铸铁的收缩率小,铸钢的收缩率大。几种铸造碳钢的凝固收缩率见表 5-1。

表 5-1 铸造碳钢的凝固收缩率

含碳量(%)	0.10	0.25	0.35	0.45	0.70
凝固收缩率(%)	2.0	2.5	3.0	4.3	5.3

(2)浇注温度。浇注温度越高,液态收缩越大,因此浇注温度不宜过高。

(3)铸型的工艺特性。型腔形状越复杂,型芯的数量越多,铸型材料的退让性越差,对收缩的阻碍越大,产生的铸造收缩应力越大,越容易产生裂纹。

5.1.3.3 **缩孔和缩松的形成及防止**

由于合金的液态收缩和凝固收缩,在铸件凝固结束后常常在某些部位出现孔洞,大而集中的孔洞称为缩孔,细小而分散的孔洞称为缩松。缩孔和缩松可使铸件力学性能、物化性能和气密性大大降低,是极其有害的铸造缺陷之一。

1. 缩孔的形成

金属缩孔主要出现在恒温或很窄温度范围内结晶、铸件壁呈逐层凝固的条件下,其形成过程如图 5-3 所示。液态合金充满铸型型腔后(见图 5-3(a)),由于铸型的吸热,液态合金温度下降,靠近型腔表面的金属凝固成一层外壳,此时内浇道已凝固,壳中金属液的收缩因被外壳阻碍,不能得到补充,故其液面开始下降(见图 5-3(b))。温度继续下降,外壳加厚,内部剩余的液体由于液态收缩和补充凝固层的收缩,使体积缩减,液面继续下降(见图 5-3(c))。此过程一直延续到凝固终了,在铸件上部形成了缩孔(见图 5-3(d)),温度继续下降至室温,因固态收缩,铸件的外轮廓尺寸略有减小(见图 5-3(e))。

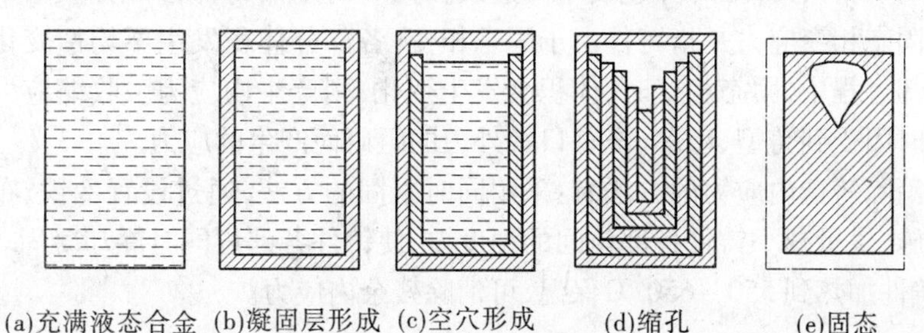

图 5-3 缩孔形成过程示意图

纯金属和共晶成分的合金易形成集中的缩孔。合金的液态收缩和凝固收缩越大,浇注温度越高,铸件的壁越厚,缩孔的容积就越大。

2. 缩松的形成

缩松是指铸件最后凝固的区域没有得到液态金属或合金的补缩而形成分散且细小的缩孔。其形成的基本原因与缩孔的相同,但是形成的条件却不同,它主要出现在结晶温度范围大的合金中。

缩松的形成过程如图 5-4 所示。当液态合金充满型腔后,由于温度下降,紧靠型腔壁的部位首先结壳,且在内部存在较宽的液 - 固两相共存区(见图 5-4(a))。温度继续下降,结壳加厚,两相共存区逐步推向中心,发达的树枝晶将中心部分的合金液分隔成许多独立的小液体区(见图 5-4(b))。这些独立的小液体区最后趋于同时凝固,因得不到液态金属的补充而形成缩松(见图 5-4(c))。

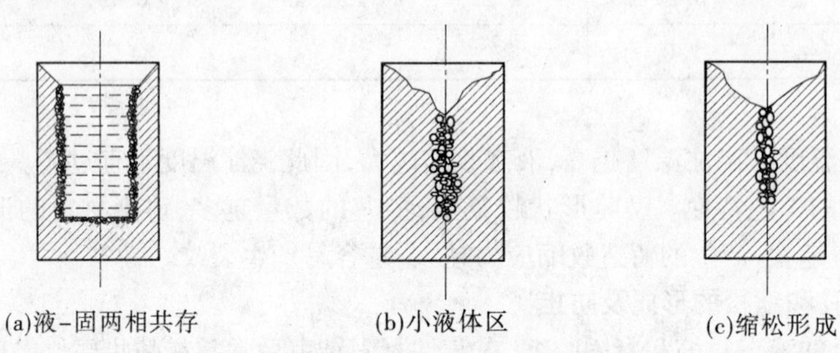

图 5-4　缩松形成过程示意图

3. 缩孔和缩松的防止

缩孔和缩松都使铸件的机械性能下降,缩松还导致铸件因渗漏而报废,因此必须根据技术要求,采取适当的工艺措施予以防止,如采用顺序凝固的方法。

5.1.3.4　铸造内应力、变形、裂纹及消除的方法

铸件在凝固之后的继续冷却过程中,若其固态收缩受到阻碍,铸件内部就会产生内应力,称为铸造内应力。它是铸件产生变形、裂纹等缺陷的主要原因。

1. 铸造内应力

按其产生原因,铸造内应力可分热应力、固态相变应力和收缩应力三种。热应力是指铸件厚度不均、铸件各部分冷却速度不同造成在同一时期内铸件各部分收缩不一致而产生的应力。固态相变应力是指铸件由于固态相变,各部分体积发生不均衡变化而引起的应力。如冷却过程中,固态相变时,体积会发生变化,则产生内应力。收缩应力是指铸件在固态收缩时因受到铸型、型芯、浇冒口等外力的阻碍而产生的应力。

减小和消除铸造内应力的方法有:采用同时凝固的方法,通过设置冷铁、布置浇口位置等工艺措施,尽量减小铸件各部位间的温度差,使铸件各部位同时冷却凝固。进行去应力退火,将铸件加热到 550 ~ 650 ℃保温,可消除残余内应力。

2. 变形

当铸件中存在内应力时,如内应力超过合金的屈服点,铸件常产生变形。

为防止变形,在铸件设计时,应力求壁厚均匀、形状简单而对称。对于细而长、大而薄等易变形铸件,可将模样制成与铸件变形方向相反的形状,待铸件冷却后,其变形正好与

制成的形状抵消(此方法称为反变形法)。箱体件反变形量方向如图5-5所示。

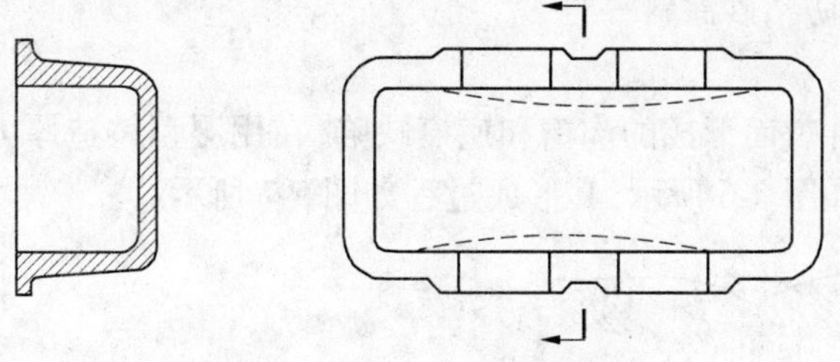

图5-5 箱体件反变形量方向

3. 裂纹

当铸件的内应力超过了合金的强度极限时,铸件便会产生裂纹。

防止裂纹的主要措施是:合理设计铸件结构;合理选用型砂和芯砂的黏结剂与添加剂,以改善其退让性;大的型芯可制成中空的或内部填以焦炭;严格限制钢和铸铁中硫、磷的含量;选用收缩率小的合金等。

5.1.4 合金的吸气性和氧化性

合金在熔炼和浇注时吸收气体的能力称为合金的吸气性。如果液态时吸收气体多,侵入的气体在凝固时来不及逸出,就会出现气孔、白点等缺陷。气孔是铸造过程中常见的缺陷,在废品中约占1/3。

为了减少合金的吸气性,可缩短熔炼时间,提高铸型和型芯的透气性,降低造型材料中的含水量和对铸型进行烘干等。

合金的氧化性是指合金液与空气接触,被空气中的氧气氧化,形成氧化物的能力。氧化物若不及时清除,则在铸件中就会出现夹渣缺陷。

5.1.5 铸件的常见缺陷及防止措施

砂型铸造铸件的缺陷有冷隔、浇不足、气孔、粘砂、夹砂、砂眼、胀砂等。

5.1.5.1 冷隔和浇不足

液态金属充型能力不足,或充型条件较差时,在型腔被填满之前,金属液便停止流动,将使铸件产生浇不足或冷隔缺陷。浇不足时,铸件不能获得完整的形状;冷隔时,铸件虽可获得完整的外形,但因存有未完全融合的接缝,铸件的力学性能严重受损。生产中可采用提高浇注温度、浇注速度的方式,防止浇不足和冷隔。

5.1.5.2 气孔

气孔是指气体在金属液结壳之前未及时逸出,在铸件内生成的孔洞类缺陷。铸件产生气孔后,将会减小其有效承载面积,在气孔周围会引起应力集中而降低铸件的抗冲击性和抗疲劳性。气孔对铸件的耐腐蚀性和耐热性也有不良的影响,还会降低铸件的致密性,致使某些要求承受水压试验的铸件报废。防止气孔的产生可采取降低金属液中的含气量、增大砂型的透气性、在型腔的最高处增设出气冒口等措施。

5.1.5.3 粘砂

铸件表面上黏附有一层难以清除的砂粒称为粘砂。粘砂既影响铸件外观,又增加铸件清理和切削加工的工作量，甚至会影响机器的寿命。防止粘砂的措施：在型砂中加入煤粉，在铸型表面涂刷防粘砂涂料等。

5.1.5.4　夹砂

夹砂是指在铸件表面形成的沟槽和疤痕缺陷，在用湿型铸造厚大平板类铸件时极易产生。夹砂的形式如图 5-6 所示，其形成过程如图 5-7 所示。

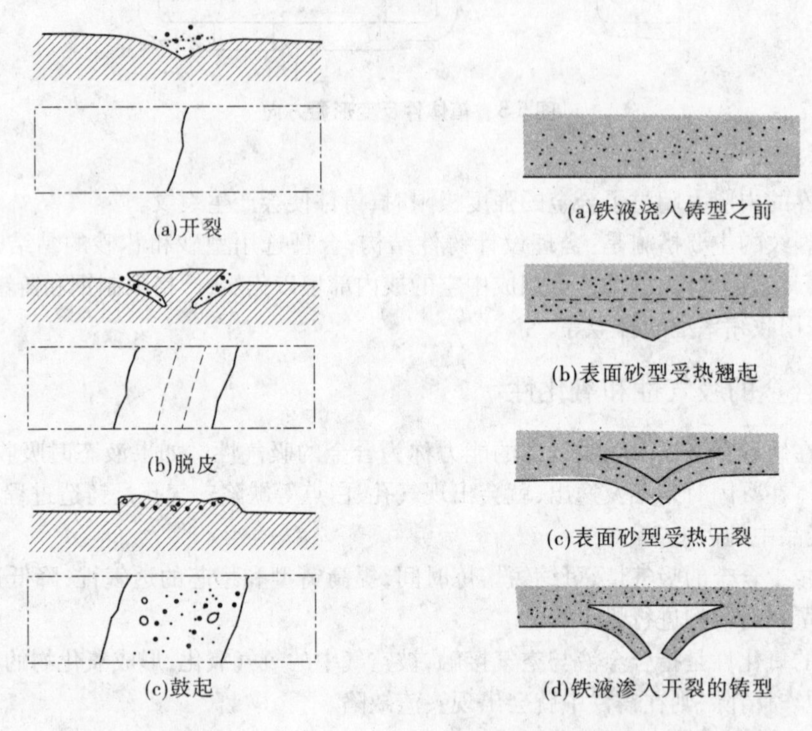

图 5-6　夹砂的形式　　图 5-7　夹砂的形成过程示意图

铸件中产生夹砂的部位大多是与砂型上表面相接触的地方。型腔上表面受金属液辐射热的作用，容易拱起和翘曲，当翘起的砂层受金属液流不断冲刷时可能断裂破碎，留在原处或被带入其他部位。铸件的上表面越大，型砂体积膨胀越大，形成夹砂的倾向性也越大。

5.1.5.5　砂眼

在铸件内部或表面充塞着型砂的孔洞类缺陷称为砂眼。

5.1.5.6　胀砂

浇注时在金属液的压力作用下，铸型型壁移动，铸件局部胀大形成的缺陷称为胀砂。

为了防止胀砂，应提高砂型强度、砂箱刚度，加大合箱时的压箱力或紧固力，并适当降低浇注温度，使金属液的表面提早结壳，以降低金属液对铸型的压力。

5.2　砂型铸造

砂型铸造是指在砂型中生产铸件的铸造方法。砂型铸造是实际生产中应用最广泛的一种铸造方法，其基本工艺流程如图 5-8 所示，主要工序为制造模样、制备造型材料、造型、造芯、合型、熔炼、浇注、落砂清理与检验等。

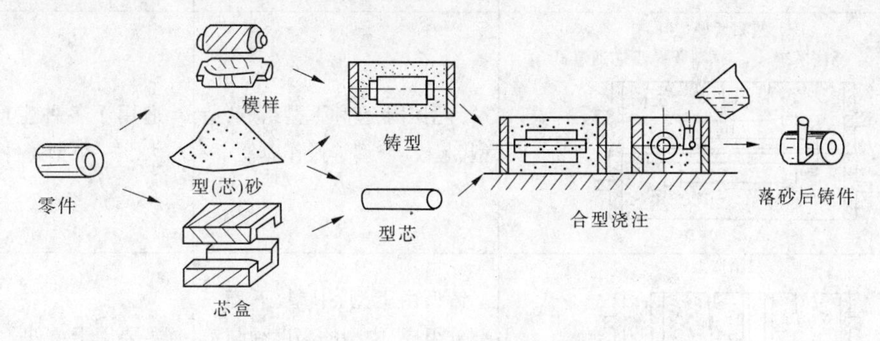

图 5-8　砂型铸造的基本工艺流程

5.2.1　制造模样

造型时需要模样和芯盒。模样是用来形成铸件外部轮廓的，芯盒是用来制造砂芯、形成铸件的内部轮廓的。制造模样和芯盒所用的材料，根据铸件和生产规模的大小而有所不同。产量少的铸件一般用木材制作模样和芯盒。产量大的铸件可用金属或塑料制作模样和芯盒。

在设计、制造模样和芯盒时，应考虑下列几个方面：

(1) 分型面的选择，分型面是两半铸型相互接触的表面，分型面选择要恰当；

(2) 起模斜度的确定，一般木模的起模斜度为 1°～3°，金属模的起模斜度为 0.5°～1°；

(3) 考虑到铸件冷却凝固过程中的体积收缩，模样的尺寸应比铸件的尺寸大一个收缩量；

(4) 铸件上需要机械加工的部分，应在模样上增加加工余量；

(5) 为了减少铸件出现裂纹的部位和造型、造芯方便，应将模样和芯盒的转角处做成圆角；

(6) 有型芯时，模样上要考虑设置芯座头，以安放型芯。

5.2.2　造型

制造砂型的工艺过程称为造型。它是砂型铸造最基本的工序，分为手工造型和机器造型两大类。

5.2.2.1　手工造型

全部用手工或手动工具完成的造型工序叫手工造型。手工造型操作灵活、造型成本低、生产准备时间短。但对工人技术水平要求较高，生产率低，劳动强度大。因此，主要用于简单、小批量生产。各种常用手工造型方法的特点及其适用范围见表 5-2。

5.2.2.2　机器造型

机器造型是将手工造型中的紧砂和起模工步实现了机械化的方法。其特点是生产率高、铸件精度和表面质量好。机器造型是现代化铸造生产的基本造型方法，适用于中、小

表 5-2　常用手工造型方法的特点及其适用范围

造型方法		主要特点	适用范围
按砂箱特征区分	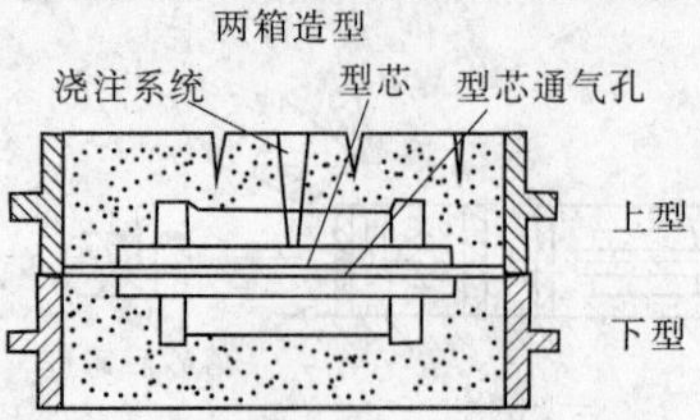 两箱造型 浇注系统 型芯 型芯通气孔 上型 下型	铸型由上型和下型组成,造型、起模、修型等操作方便	适用于各种生产批量的大、中、小型铸件
	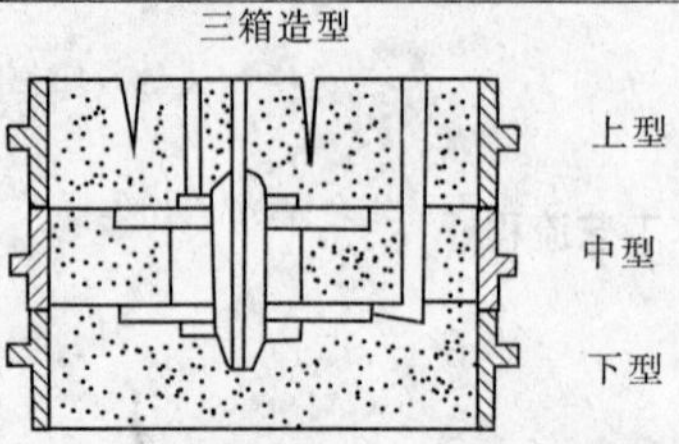 三箱造型 上型 中型 下型	铸型由上型、中型、下型三部分组成,中型的高度须与铸件两个分型面的间距相适应。三箱造型费工,应尽量避免使用	主要用于单件、小批量生产的具有两个分型面的铸件
	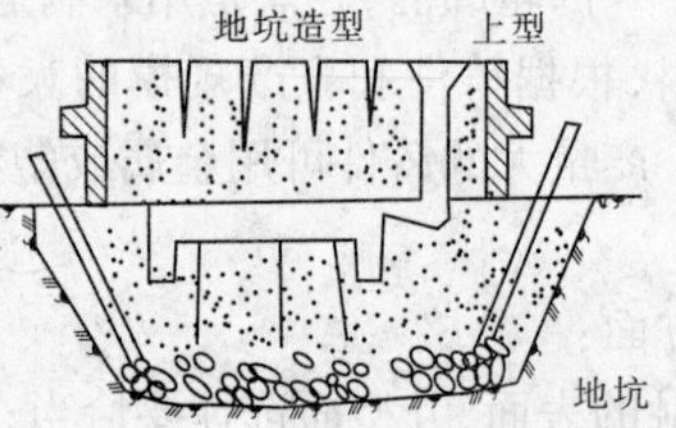 地坑造型 上型 地坑	在车间地坑内造型,用地坑代替下砂箱,只需要一个上砂箱,可减少砂箱的投资。但造型费工,而且要求操作者的技术水平较高	常用于砂箱数量不足、生产批量不大的大中型铸件
	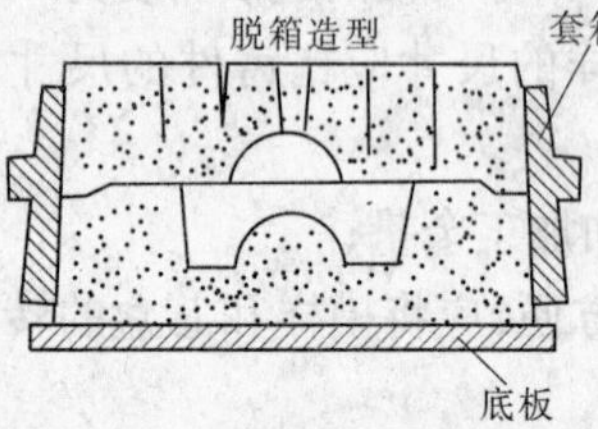 脱箱造型 套箱 底板	铸型合型后,将砂箱脱出,重新用于造型。浇注前,须用型砂将脱箱后的砂型周围填紧,也可在砂型上加套箱	主要用于生产小型铸件
按模样特征区分	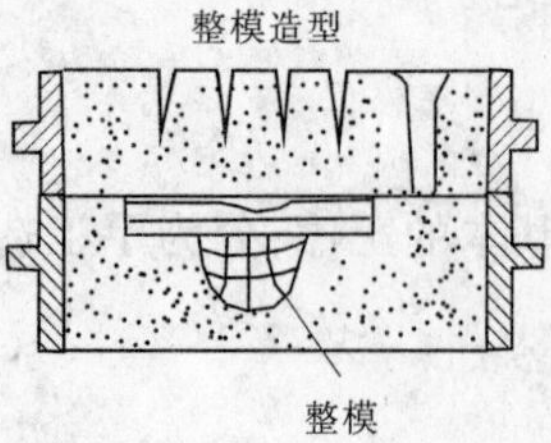 整模造型 整模	模样是整体的,多数情况下,型腔全部在下型内,上型无型腔。造型简单,铸件不会产生错型缺陷	适用于一端为最大截面,且为平面的铸件
	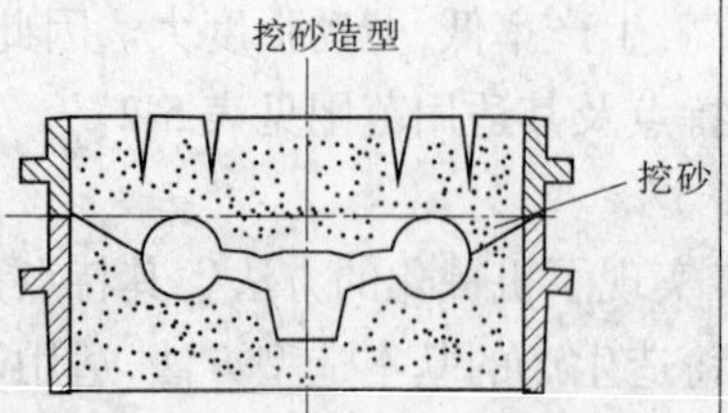 挖砂造型 挖砂	模样是整体的,但铸件的分型面是曲面。为了起模方便,造型时用手工挖去阻碍起模的型砂。每造一件,就挖砂一次,费工、生产率低	用于单件或小批量生产的、分型面不是平面的铸件

续表 5-2

	造型方法	主要特点	适用范围
按模样特征区分	假箱造型 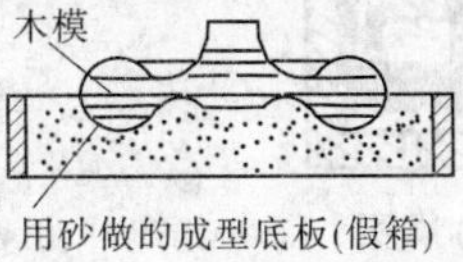 木模 用砂做的成型底板(假箱)	为了克服挖砂造型的缺点,先将模样放在一个预先做好的假箱上,然后放在假箱上造下型,省去挖砂操作。操作简便,分型面整齐	用于成批生产的、分型面不是平面的铸件
	分模造型 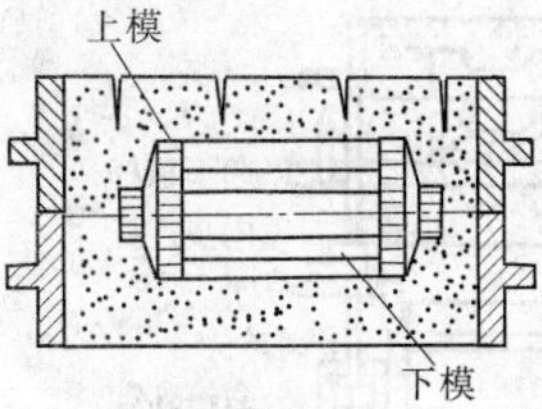 上模 下模	将模样沿最大截面处分为两半,型腔分别位于上、下两个半型内。造型简单,节省工时	常用于最大截面在中部的铸件
	活块造型 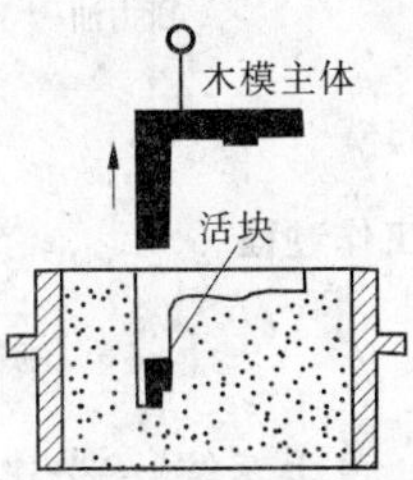 木模主体 活块	铸件上有妨碍起模的小凸台、肋条等。制模时将此部分制成活块,在主体模样起出后,从侧面取出活块。造型费工,要求操作者的技术水平较高	主要用于单件、小批量生产的、带有突出部分且难以起模的铸件
	刮板造型 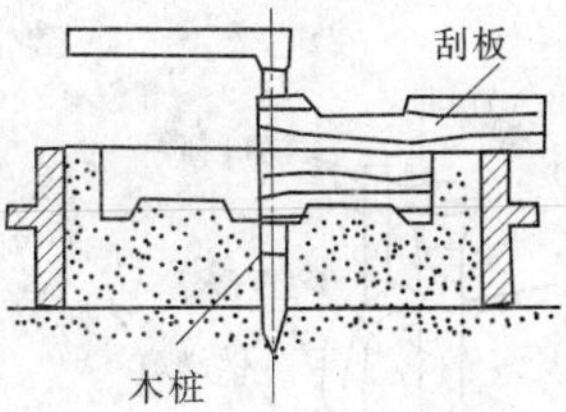 刮板 木桩	用刮板代替模样造型。可大大降低模样成本,节约木材,缩短生产周期。但生产率低,要求操作者的技术水平较高	主要用于有等截面或回转体的大、中型铸件的单件或小批量生产

铸件的批量生产。机器造型的工艺为:填砂→震击紧砂→辅助压实→起模。如图 5-9 所示为常用的顶杆起模式震压造型机的工作过程。

5.2.3 造芯

制作型芯的工艺过程称为造芯。当制作空心铸件,或铸件的外壁内凹,或铸件具有影响起模的外凸时,经常要用到型芯(见图 5-10)。造芯分为手工造芯和机器造芯。在大批量生产时采用机器造芯,在一般情况下用得最多的还是手工造芯。为了提高型芯的强度和透气性,一般型芯需烘干使用。

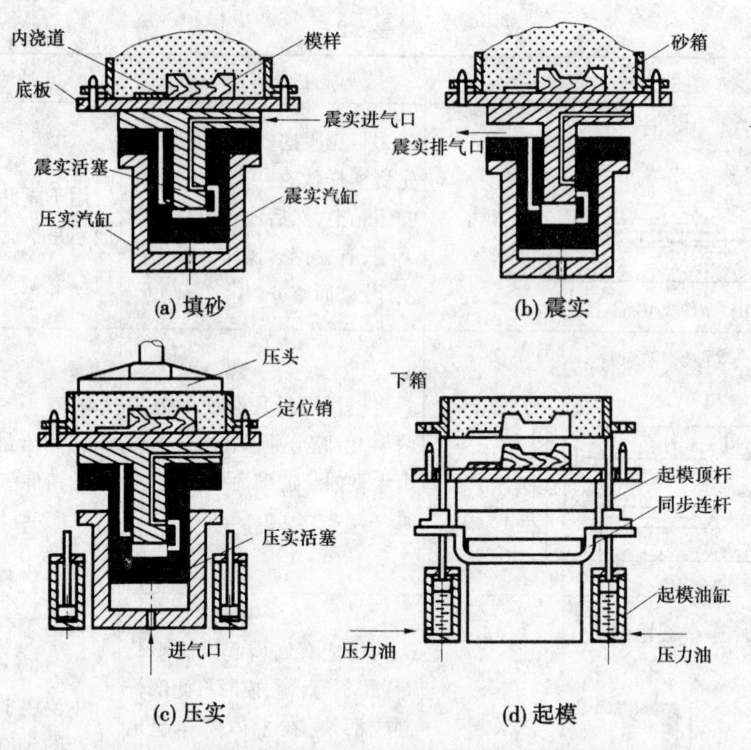

图 5-9　常用的顶杆起模式震压造型机的工作过程

5.2.4　浇注系统

浇注时,金属液流入铸型所经过的通道称为浇注系统。浇注系统一般包括浇口杯、直浇道、横浇道和内浇道(见图 5-11)。除导入液态金属外,浇注系统还起到挡渣、补缩与调节铸件的冷却顺序等作用。

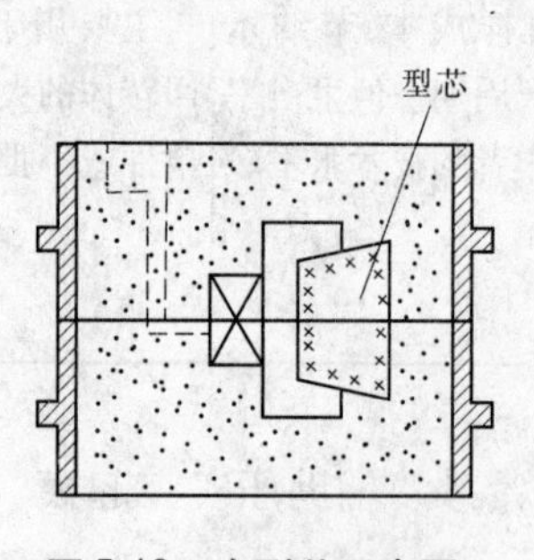

图 5-10　内型芯示意图

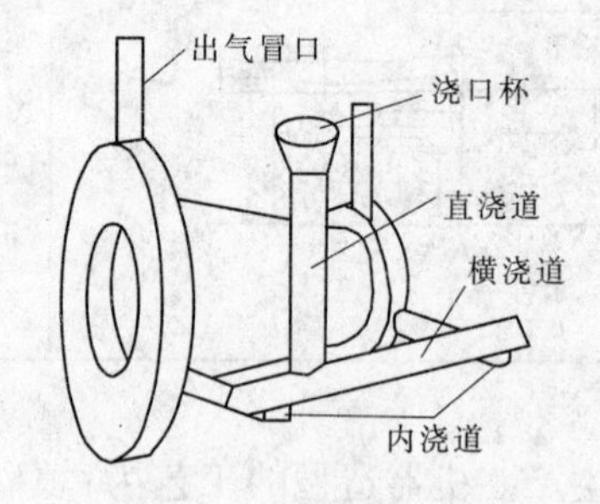

图 5-11　浇注系统示意图

5.2.5　砂型和砂芯的干燥及合箱

为了增加砂型和砂芯的强度、透气性,减少浇注时可能产生的气体,应对砂芯进行干燥处理。砂型一般不需要干燥,除非在不干燥就不能保证铸件质量的时候,才进行烘干。

将砂芯及上、下箱等装配在一起的操作过程称为合型。合型时,首先应检查砂型和砂芯是否完好、干净;然后将砂芯安装在芯座上;在确认砂芯位置正确后,盖上上箱,并将上、下箱扣紧,或在上箱上压上压铁,以免浇注时出现抬箱、跑火和错型等问题。

5.2.6 浇注

将熔融金属从浇包注入铸型的操作称为浇注,其工艺主要是掌握浇注温度与浇注速度。

5.2.6.1 浇注温度

金属液注入铸型时所测的温度称为浇注温度。浇注温度的高低对铸件的质量影响很大,温度高时,液态金属的流动性提高,可以防止铸件浇不到、冷隔、气孔、夹渣等铸造缺陷。但温度过高会增加金属的总收缩量、吸气量和出现氧化现象,使铸件容易产生缩孔、缩松、黏砂和气孔等缺陷。因此,在保证流动性足够的前提下,尽可能做到"高温出炉,低温浇注"。通常,形状简单的铸件选取较低的浇注温度,形状复杂或薄壁铸件则选取较高的浇注温度。

5.2.6.2 浇注速度

较高的浇注速度可使金属液更好地充满铸型,铸件各部位温差小,冷却均匀,不易产生氧化和吸气。但速度过高,会使铁液强烈冲刷铸型,产生冲砂缺陷。实际生产中,对薄壁件应快速浇注;厚壁件则应按"慢—快—慢"的原则浇注。

5.2.7 铸件的出砂清理

5.2.7.1 落砂

用手工或机械使铸件和型砂、砂箱分开的操作称为落砂。落砂时铸件的温度不得高于500 ℃,如果过早取出,则表面会产生硬化或发生变形、开裂等。

5.2.7.2 去除浇冒口

对脆性材料,可采用锤击的方法去除浇冒口。为防止损伤铸件,可在浇冒口根部先锯槽,然后击断。对于韧性材料,可用锯割、氧气割等方法去除浇冒口。

5.2.7.3 表面清理

铸件从铸型中取出后,还需要进一步清理表面的粘砂。手工清除时一般用钢刷或扁铲加工,机械清理主要是用震动机和喷砂、喷丸设备来清理表面。

5.3 特种铸造

特种铸造是指与砂型铸造不同的其他铸造方法。常用的有熔模铸造、金属型铸造、压力铸造、低压铸造和离心铸造等。

5.3.1 熔模铸造

熔模铸造是用蜡制成模型,然后用造型材料将其包住,经过硬化,将蜡模熔去,再经焙烧,便可得到无分型面的薄壳铸型。这种方法通常又称为失蜡铸造。熔模铸造的工艺过程包括制造压制蜡模的模具、制造蜡模、制造壳型、焙烧和浇注。由于熔模铸造的蜡模是熔化后流出的,其铸件不需要分型面,因而特别适合铸造一些外形复杂、精细的铸件。熔模铸造是精密铸造的主要方法之一,其铸件精度高、表面光洁。

5.3.1.1　熔模铸造的工艺过程

熔模铸造的工艺过程,简单地说就是用易熔材料(例如蜡或塑料)制成可熔性模型(简称熔模或模型),在其上涂覆若干层特制的耐火涂料,经过干燥和硬化形成一个整体型壳后,再用蒸气或热水从型壳中熔掉模型,然后把型壳置于砂箱中,在其四周填充干砂造型,最后将铸型放入焙烧炉中经过高温焙烧(如采用高强度型壳,可不必造型而将脱模后的型壳直接焙烧),铸型或型壳经焙烧后,在其内部浇注熔融金属即可得到铸件。

熔模铸造的工艺过程如图5-12所示。

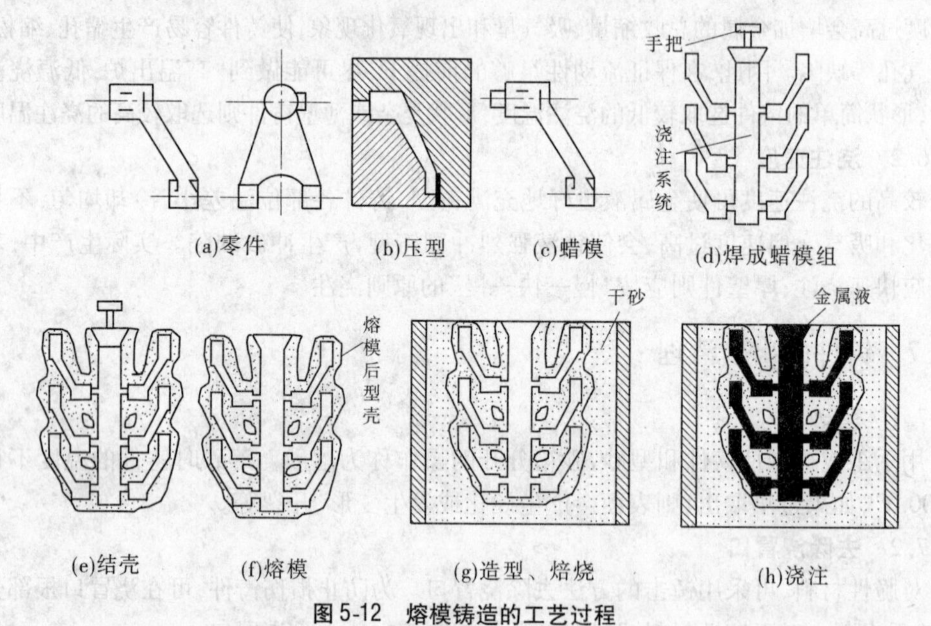

图5-12　熔模铸造的工艺过程

5.3.1.2　熔模铸造的适用范围

熔模铸造适用于生产各种中、小型合金的铸件,尤其是适用于熔点高、难切削的高合金铸钢件的制造,如耐热合金、不锈钢和磁钢等。

熔模铸造可铸出形状较复杂、不能分型的铸件。其最小壁厚可达0.3 mm,可铸出孔的最小孔径为0.5 mm。铸件的质量一般不超过25 kg。熔模铸造是实现少切削加工或无切削加工的重要方法。主要用于制造汽轮机、燃气轮机和涡轮发动机的叶片和叶轮,切削刀具,以及航空、汽车、拖拉机、机床的小零件等。

5.3.2　金属型铸造

铸造所用的铸型如果是用金属制成的就叫金属型铸造。金属型一般用铸铁制成,也可用铸钢制造。金属型的型腔是用机械加工方法制成的,其型芯简单的可用金属制成,复杂的则仍用砂芯。为了能取出铸件,金属型也有分型面。由于金属型能反复使用很多次,又叫永久型铸造。

5.3.2.1　金属型的结构

根据分型面位置的不同,金属型可分为垂直分型式、水平分型式和复合分型式三种结构。其中,垂直分型式金属型开设有浇注系统,且取出铸件比较方便,如图5-13所示。

图5-14所示为铸造铝合金活塞用的垂直分型式金属型,它由两个半型组成。上面的大金属芯由三部分组成,便于从铸件中取出。当铸件冷却后,首先取出中间的楔片及两个小金属芯,然后将两个半金属芯沿水平方向向中心靠拢,再向上拔出。

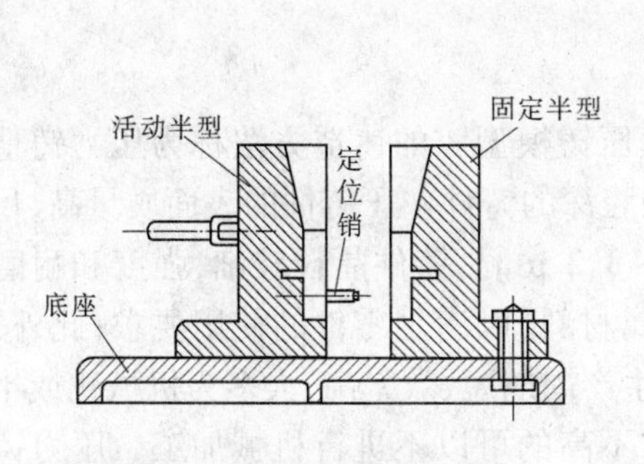

图5-13 垂直分型式金属型

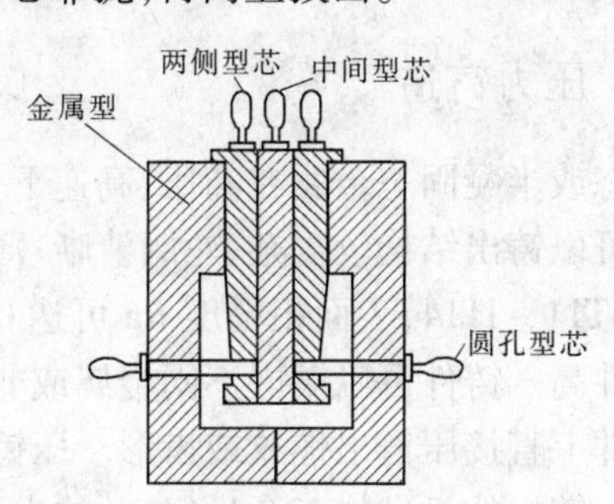

图5-14 铸造铝合金活塞用的垂直分型式金属型

5.3.2.2 金属型铸造型的工艺

金属型的导热速度快和无退让性,使铸件易产生浇不足、冷隔、裂纹及白口等缺陷。此外,金属型经受灼热金属液的反复冲刷,会降低产品的使用寿命,为此应采用以下辅助工艺措施。

1. 保持铸型合理的工作温度

浇注前预热金属型,可减缓铸型的冷却能力,有利于金属液的充型及铸铁的石墨化过程。生产铸铁件时预热至250~350 ℃;生产有色金属件时预热至100~250 ℃。

2. 刷涂料

为保护金属型和方便排气,通常在金属型表面喷刷耐火涂料层,以免金属型直接受金属液冲蚀和热作用。浇注不同的合金,应喷刷不同的涂料。如铸造铝合金件,应喷刷由氧化锌粉、滑石粉和水玻璃制成的涂料;灰铸铁件则应采用由石墨粉、滑石粉、耐火黏土粉、桃胶和水组成的涂料。

3. 控制浇注温度

采用金属铸型时,合金的浇注温度应比采用砂型时高出20~30 ℃,铸铁的一般为1 300~1 370 ℃,薄壁件取上限,厚壁件取下限。铸铁件的壁厚不小于15 mm,以防白口组织。

4. 控制开型时间

开型愈晚,铸件在金属型内收缩量愈大,铸件愈易产生大的内应力和裂纹。通常铸铁件的出型温度为700~950 ℃,开型时间为浇注后10~60 s。

5.3.2.3 金属型铸件的结构工艺性

(1)金属型铸件的结构斜度应较砂型铸件大。

(2)铸件壁厚要均匀,不能过薄。

(3)铸孔的孔径不能过小、过深,以便于金属型芯的安放和抽出。

5.3.2.4 金属型铸造的特点和应用范围

(1)可"一型多铸",节省了造型材料和造型工时。

(2)金属型对铸件的冷却能力强,使铸件的组织致密、机械性能高。

(3)铸件的尺寸精度高,公差等级为IT12~IT14;表面粗糙度较小,Ra为6.3 μm。

(4)金属型铸造不用砂或用砂少,改善了劳动条件。

但是,金属型的制造成本高、周期长、工艺要求严格,主要适用于有色合金铸件的大批量生产。

5.3.3 压力铸造

液态或半凝固态金属在高压、高速下充填压铸模型腔的铸造方法称为压力铸造。压力铸造可以铸出结构较复杂、轮廓清晰、薄壁、腔深的铸件。压铸件的表面质量高,尺寸精度可达 IT11 ~ IT14,表面粗糙度 Ra 可达 0.8 ~ 3.2 μm。铸件晶粒较细,强度和耐磨性比砂型铸件高。铸件可以镶嵌不同金属或非金属材料,以满足零件的使用要求;此外,还可以在铸件上直接压铸出螺纹或齿形。压铸件生产周期短、效率高,大多为机械化或半自动化操作。铸件的机械加工余量很小,技术要求不高的可以不进行机械加工。压力铸造的缺点是:金属液在高压下快速进入型腔,易形成气孔;不能压铸高熔点合金;不能压铸大、中型铸件。

5.3.4 低压铸造

低压铸造是将液体金属在低压(一般为 0.01 ~ 0.05 MPa)下压入铸型,并在一定压力下凝固,从而获得铸件的一种铸造方法。低压铸造的优点是:浇注和凝固时的压力可调,适合各种合金的铸造;铸型可以采用金属型、石膏型、石墨型或湿砂型;铸件可进行热处理;低压铸造充型速度低,型中气体能排出,可得到轮廓清晰的铸件,有利于铸造形状复杂的薄壁铸件;铸件在压力下结晶,容易实现机械化和自动化。低压铸造的主要缺点是:生产率低,其尺寸精度比压力铸造件低,表面粗糙度比压力铸造件高。低压铸造以铸造有色合金为主,可以生产中、小型铸件,一般常用来生产发动机汽缸盖、电器零件、箱体和小型曲轴等。

5.3.5 离心铸造

将液体金属浇入旋转着的铸型中,金属液在离心力的作用下充填铸型并结晶,从而获得铸件的方法称为离心铸造。当离心浇注时,在离心力的作用下金属液中的气体、熔渣等比重较小的物质都集中在内表面,铸件中无气孔、缩孔、渣孔等缺陷。金属呈方向性结晶,晶粒较细(铸型是金属的),铸件的机械性能较好。铸造内腔为圆柱形的铸件,不需要型芯,且铸件无需浇注系统,但铸件内表面质量差,有气孔、熔渣等,需要用机械加工方法将其切去。

离心铸造适用于铸造下水道管件、轴套、齿轮和涡轮圈等。离心铸造所用设备为离心铸造机,根据旋转空间位置不同,可分为立式离心铸造机和卧式离心铸造机两类。

5.4 铸造成形设计及铸件结构工艺性

5.4.1 浇注位置的选择

浇注位置是指浇注时铸件相对铸型分型面所处的位置。按照分型面位置不同,分为水平浇注、垂直浇注和倾斜浇注。浇注位置的正确与否，对铸件的质量影响很大，在选择时可根据以下原则考虑：

(1)铸件质量要求高的重要加工面，尽可能置于铸型的下部或处于侧立位置。

(2)将铸件的大平面朝下，以免在此面上出现气孔和夹砂等缺陷，如图 5-15 所示。

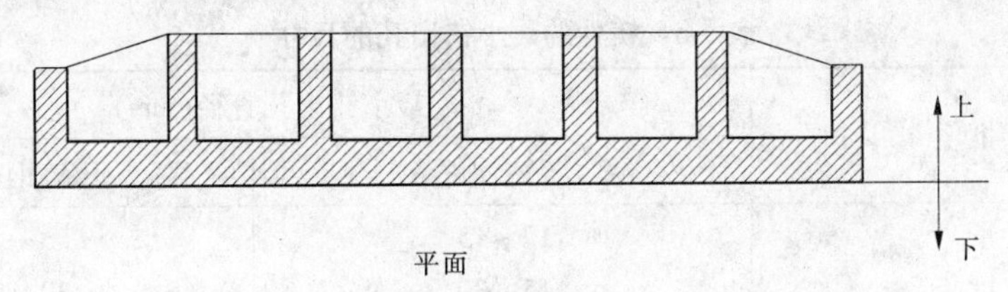

图 5-15 平板浇注位置

(3)具有大面积薄壁的铸件，应将薄壁部分放在铸型的下部或处于侧立位置，以免产生浇不足和冷隔等缺陷。

(4)把铸件上易产生缩孔的厚大部位置于铸型顶部或侧面，以便安放冒口进行补缩，防止铸件产生缩孔等缺陷。

5.4.2 铸型分型面的选择

分型面的选择对铸件质量，以及制模、造芯、合型、清理等工序有很大的影响。选择铸型分型面时，尽可能使铸件全部或主要部分置于同一砂箱中，以避免错型而造成尺寸偏差；尽可能使分型面为一平面；尽量减少分型面。

5.4.3 工艺参数的选择

5.4.3.1 机械加工余量

铸件的机械加工余量是指为进行机械加工而增大的尺寸。零件图上所有标注粗糙度符号的表面均需机械加工，均应标注机械加工余量。通常，由于铸钢件表面粗糙、变形较大，其加工余量应比铸铁件大；有色合金铸件表面较光洁、平整，其加工余量要小些；铸铁件中灰铸铁件的加工余量比可锻铸铁和球墨铸铁的要小。

5.4.3.2 收缩率

在制造模型或芯盒时，应根据铸造合金收缩率的大小，将模型或芯盒放大，以保证该合金的铸件冷却至室温时能符合尺寸要求。通常灰铸铁的收缩率为 0.7% ~1.0%，铸钢的为 1.5% ~2.0%，有色合金的为 1.0% ~1.5%。

5.4.3.3 起模斜度

在造型和制芯时，为了很方便地把模型从铸型中或芯子从芯盒中取出，需在模型或芯盒的起模方向上做出一定的斜度，称为起模斜度。一般起模斜度在 0.5° ~5°。起模斜度的大小取决于该垂直壁的高度，随垂直壁高度的增加，其起模斜度应减小。机器造型的起模斜度较手工造型的小；外壁的起模斜度也小于内壁的。

5.4.3.4 型芯头

型芯头主要用于定位和固定砂芯，使砂芯在铸型中有准确的位置。为便于铸型的装配，型芯头与铸型芯座之间应留有 1 ~ 4 mm 的间隙。

5.4.3.5 最小铸出孔和槽

为减少切削工时和节约金属材料，一般说来，零件中较大的孔和槽在铸造中完成。铸件上的孔和槽铸出与否，取决于铸造工艺的可行性。表 5-3 给出了铸件的最小铸出孔的尺寸。

表 5-3 铸件的最小铸出孔的尺寸

生产批量	最小铸出孔直径(mm)	
	灰铸铁件	铸钢件
大量	12 ~ 15	—
成批	15 ~ 30	30 ~ 50
单件、小批	30 ~ 50	50

5.4.4 合金铸造性能对铸件结构设计的要求

5.4.4.1 砂型铸造工艺对铸件结构设计的要求

铸件的外形必须力求简单、造型方便。铸件的内腔必须力求简单，尽量少用型芯。造型工艺对铸件结构设计的要求如表 5-4 所示。

表 5-4 造型工艺对铸件结构设计的要求

对铸件结构的要求	不好的铸件结构	较好的铸件结构
铸件应具有最少的分型面，从而避免多箱造型和不必要的型芯	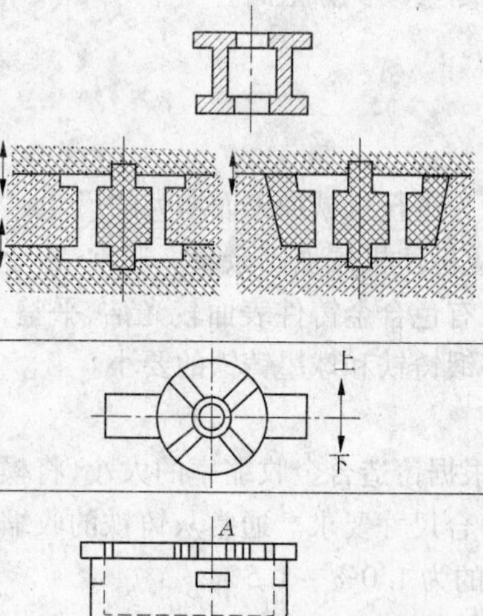	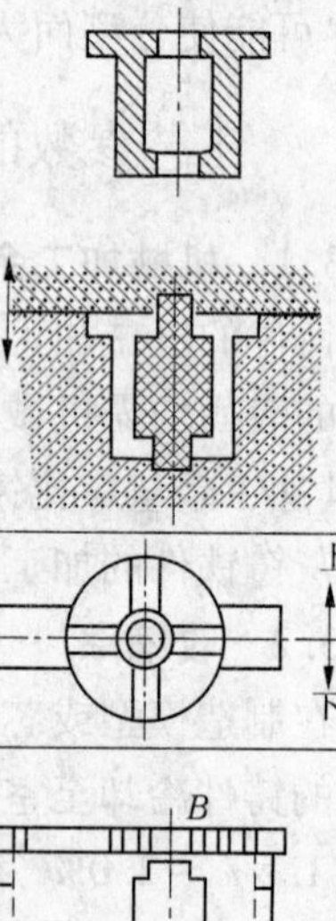
铸件加强肋的布置应有利于取模	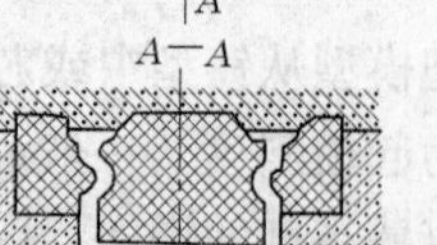 上 下	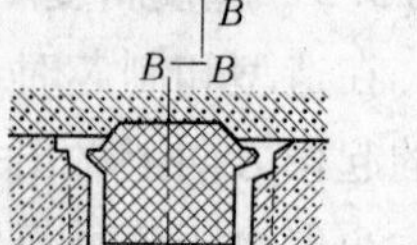 上 下
铸件侧面的凹槽、凸台的设计应有利于取模，尽量避免不必要的型芯和活块	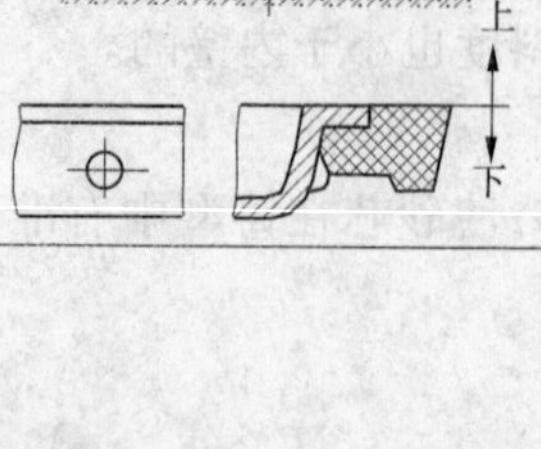 A A A—A 上 下	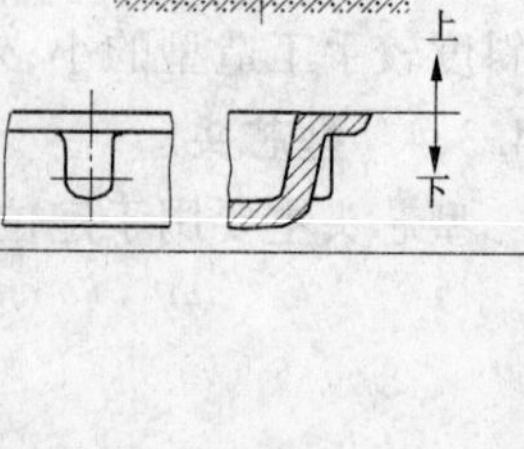 B B B—B 上 下

续表 5-4

对铸件结构的要求	不好的铸件结构	较好的铸件结构
铸件设计应注意避免不必要的曲线和圆角结构，否则会使制模、造型等工序复杂化	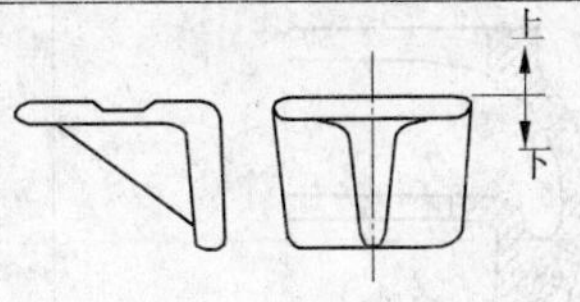 上 下	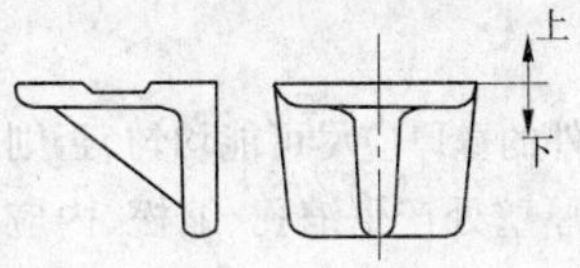 上 下
凡沿着起模方向的不加工表面，应给出结构斜度，其设计参数见表 5-5	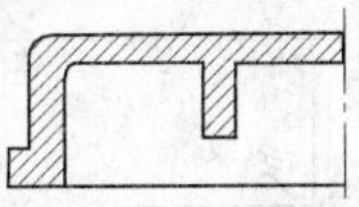	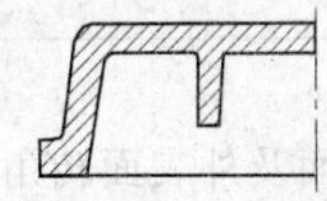
尽量少用或不用型芯	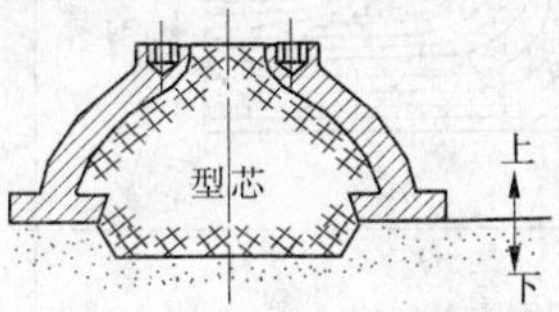 型芯 上 下	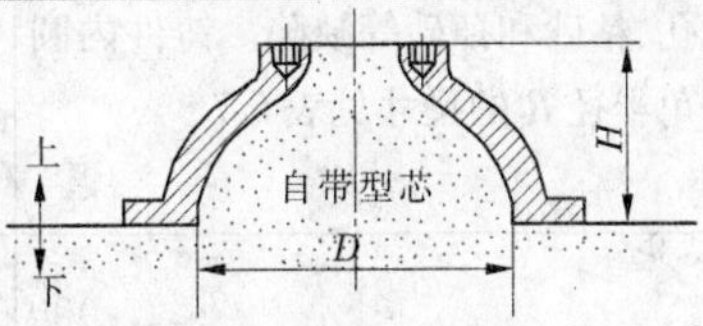 上 下 自带型芯 H D
型芯在铸型中必须支撑牢固，便于排气、固定、定位和清理（图中 A 处需放置型芯撑）	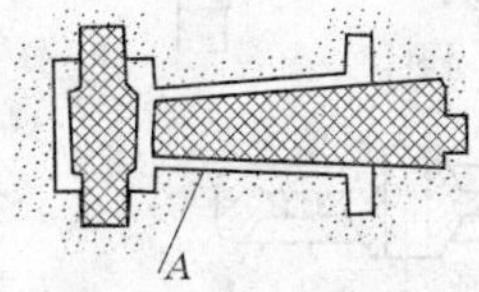 A	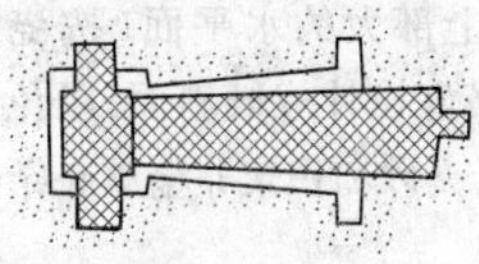
为了固定型芯，以及便于清理型芯，应增加型芯头或工艺孔	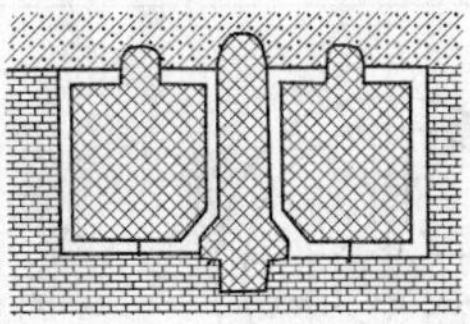	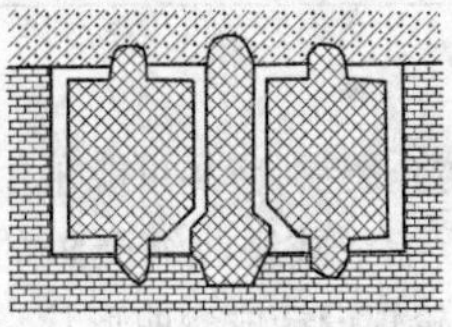

表 5-5　铸件的结构斜度

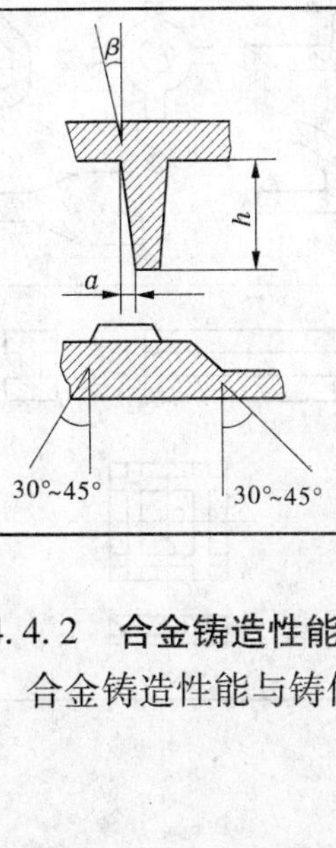

图示	斜度（a:h）	角度（β）	使用范围
β h a 30°~45° 30°~45°	1:5	11°30′	h < 25 mm，铸钢和铸铁件
	1:10	5°30′	h = 25 ~ 500 mm，铸钢和铸铁件
	1:20	3°	h = 25 ~ 500 mm，铸钢和铸铁件
	1:50	1°	h > 500 mm，铸钢和铸铁件
	1:100	30′	非铁合金铸件

5.4.4.2　合金铸造性能对铸件结构设计的要求

合金铸造性能与铸件结构之间的关系如表 5-6 所示。

表 5-6　合金铸造性能与铸件结构之间的关系

对铸件结构的要求	不好的铸件结构	较好的铸件结构
铸件的壁厚应尽可能均匀,否则易在厚壁处产生缩孔、缩松、内应力和裂纹	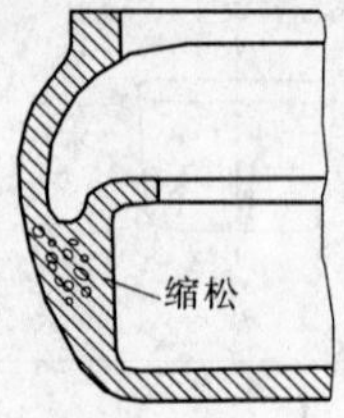 缩松	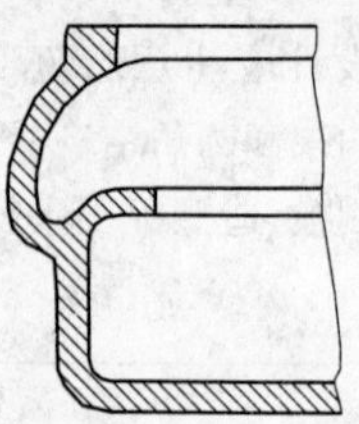
铸件内表面及外表面转角的连接处应为圆角,以免产生裂纹、缩孔、粘砂和掉砂等缺陷。铸件内圆角半径 R 的尺寸见表 5-7	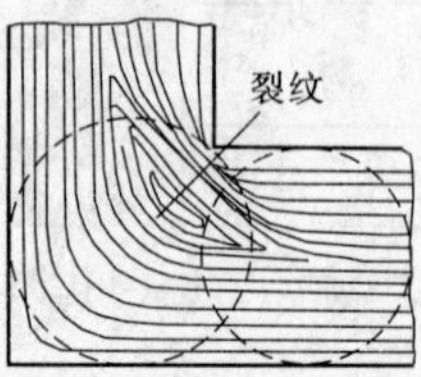 裂纹	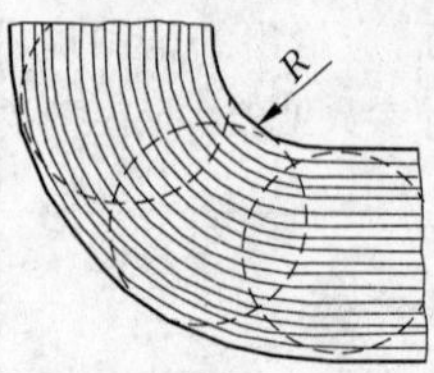 R
铸件上部大的水平面(按浇注位置)最好设计成倾斜面,以免产生气孔、夹砂和积聚非金属夹杂物	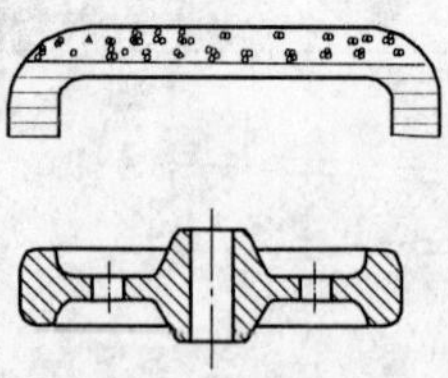	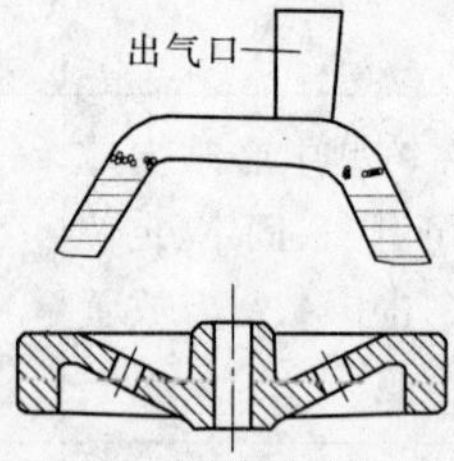 出气口
为了防止裂纹,应尽可能采用能够自由收缩或减缓收缩受阻的结构,如将轮辐设计成弯曲形状	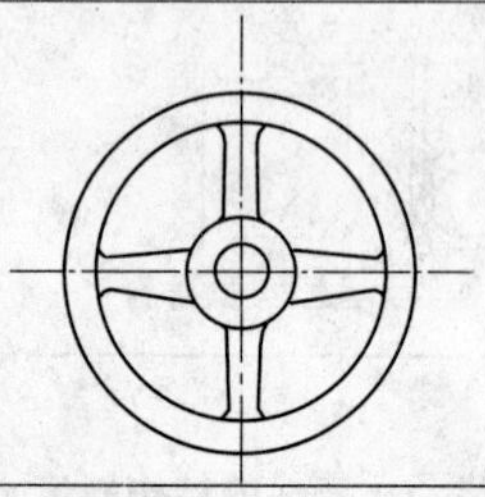	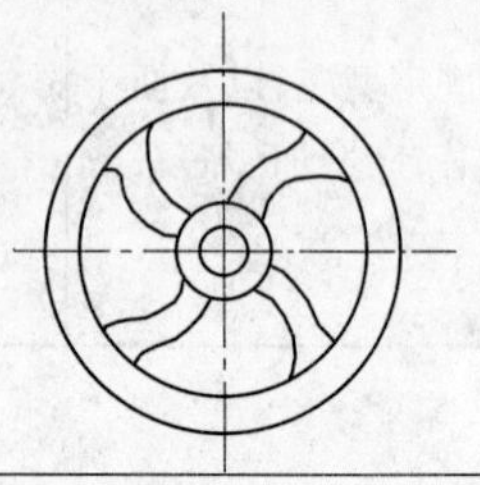
在铸件的连接或转弯处,应尽量避免金属的积聚和内应力的产生,厚壁与薄壁相连接处要逐步过渡,不能采用锐角连接,以防出现缩孔、缩松和裂纹。几种壁厚的过渡形式及尺寸见表 5-8	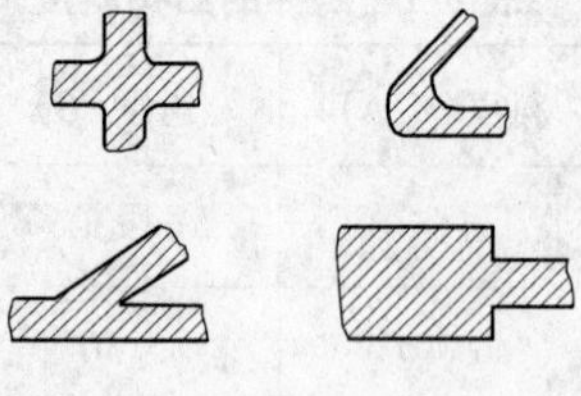	
对细长件或大而薄的平板件,为防止弯曲变形,应采用对称或加肋的结构。灰铸铁件壁厚及肋厚参考值见表 5-9	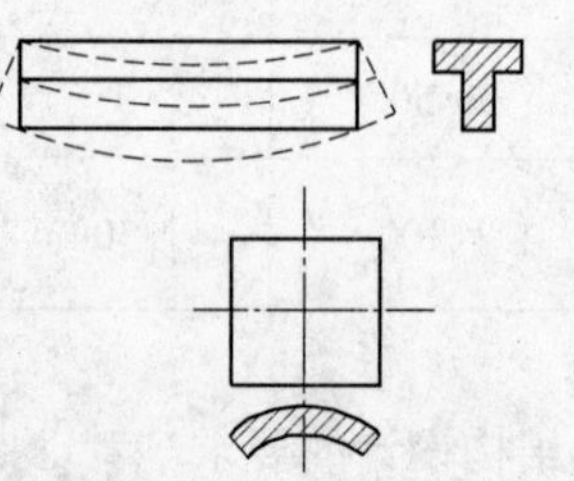	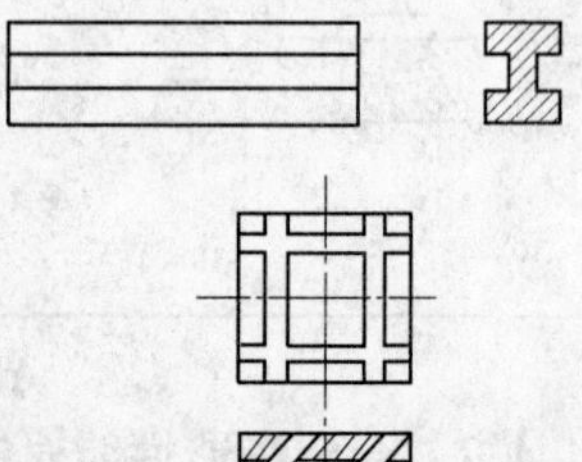

表 5-7　铸件的内圆角半径 R 值

	$(a+b)/2$	<8	8 ~ 12	12 ~ 16	16 ~ 20	20 ~ 27	27 ~ 35	35 ~ 45	45 ~ 60
R 值	铸铁	4	6	6	8	10	12	16	20
	铸钢	6	6	8	10	12	16	20	25

表 5-8　几种壁厚的过渡形式及尺寸

图　例	尺寸		
	$b \leqslant 2a$	铸铁	$R \geqslant (1/6 \sim 1/3)(a+b)/2$
		铸钢	$R \approx (a+b)/4$
	$b > 2a$	铸铁	$L > 4(b-a)$
		铸钢	$L > 5(b-a)$
	$b > 2a$	$R \geqslant (1/6 \sim 1/3)(a+b)/2$；$R_1 \geqslant R+(a+b)/2$ $c \approx 3(b-a)^{1/2}$，$h \geqslant (4 \sim 5)c$	

表 5-9　灰铸铁件壁厚及肋厚参考值

铸件质量（kg）	铸件最大尺寸（mm）	外壁厚度（mm）	内壁厚度（mm）	肋的厚度（mm）	零件举例
5	300	7	6	5	盖、拨叉、轴套、端盖
6 ~ 10	500	8	7	5	挡板、支架、箱体、闷盖
11 ~ 60	750	10	8	6	箱体、电动机支架、溜板箱、托架
61 ~ 100	1 250	12	10	8	箱体、液压缸缸体、溜板箱
101 ~ 500	1 700	14	12	8	油盘、带轮、镗模架
501 ~ 800	2 500	16	14	10	箱体、床身、盖、滑座
801 ~ 1 200	3 000	18	16	12	小立柱、床身、箱体、油盘

5.5 拓展提高——铸造新技术发展趋势

面对全球信息、技术的飞速发展，机械制造业尤其是装备制造业的现代化水平高速提升，中国铸造业应当清醒认识自己的历史重任和与发达国家的现实差距，大胆利用现代科学技术及管理的最新成果，认清“只有实现高新技术化才能跟上时代步伐”的道理，把握现代铸造技术的发展趋势，采用先进实用技术，实施可持续发展战略，立足现实、高瞻远瞩，以振兴和发展中国铸造业来奠定中国现代工业文明进程的坚实基础。

5.5.1 发达国家铸造技术的发展现状

发达国家总体上铸造技术先进、产品质量好、生产效率高、环境污染少，原辅材料已形成系列化供应，如在欧洲已建立跨国服务系统，生产普遍实现机械化、自动化和智能化。

铸铁熔炼使用大型、高效、除尘、微机测控、外热送风无炉衬水冷连续作业冲天炉，普遍使用铸造焦（熔铁的燃料）、冲天炉或电炉与冲天炉双联熔炼，采用氮气连续脱硫或摇包脱硫使铁液中 S 的含量达 0.01% 以下；熔炼合金钢精炼多用 AOD（氩氧脱碳）、VOD（真空氩氧脱碳）等设备，使钢液中 H、O、N 达到几个或几十个 10^{-6} 的水平。

在重要铸件生产中，对材质要求高，如球墨铸铁要求 P 的含量小于 0.04%、S 的含量小于 0.02%，铸钢要求 P、S 的含量均小于 0.025%；采用热分析技术，及时准确控制 C、S 的含量，用直读光谱仪 2 ~ 3 min 分析出十几种元素的含量且精度高；采用先进的无损检测技术有效控制铸件质量。

普遍采用液态金属过滤技术，过滤器可适应高温下诸如钴基、镍基合金及不锈钢液的过滤。过滤后的钢铸件射线探伤 A 级合格率提高 13 个百分点，铝镁合金经过滤，其铸件抗拉强度提高 50%、伸长率提高 100% 以上。

采用热风冲天炉、两排大间距冲天炉和富氧送风，电炉方面则采用炉料预热、降低熔化温度、提高炉子运转率、减少炉盖开启时间，加强保温和实行微机控制优化熔炼工艺。在球墨铸铁件生产中广泛采用小冒口和无冒口铸造。铸钢件采用保温冒口、保温补贴，工艺出品率由 60% 提高到 80%。考虑人工成本高和生产条件差等因素而大量使用机器人。

在大批量中、小铸件的生产中，大多采用微机控制的高密度静压、射压或气冲造型及机械化、自动化高效流水线湿型砂造型工艺，砂处理采用高效连续混砂机、人工智能型砂在线控制专家系统，制芯工艺普遍采用树脂砂热、温芯盒法和冷芯盒法。熔模铸造普遍用硅溶胶和硅酸乙酯作为黏结剂的制壳工艺。

用自动化压铸机生产铸铝缸体、缸盖，已经建成多条铁基合金低压铸造生产线。用差压铸造生产特种铸钢件。所生产的各种口径的离心球墨铸铁管占铸铁管总量的 95% 以上，球铁管占球铁年产量的 30% ~ 50%。

采用 EPC 技术大批量生产汽车的缸体、缸盖等复杂铸件，生产率达 180 型/h。在工艺设计、模具加工中，采用 CAD/CAM/RPM 技术；在铸造机械的专业化、成套化制备中，开始采用 CIMS 技术。

铸造生产全过程主动、从严执行技术标准，铸件废品率仅为 2% ~ 5%，标准更新快，普遍进行 ISO 9000、ISO 14000 等认证。

5.5.2 我国铸造技术的发展现状

我国铸造行业整体技术水平落后，铸件质量低，材料、能源消耗高，经济效益差，劳动条件恶劣，污染严重。

具体表现在：仍以手工或简单机械进行模具加工；铸造原辅材料生产供应的社会化、专业化、商品化差距大，在品种质量等方面远不能满足新工艺、新技术发展的需要；铸造合金材料的生产水平、质量低；生产管理落后；工艺设计多凭个人经验，计算机技术应用少；铸造技术装备等基础条件差；生产过程手工操作比例高，现场工人技术素质低；仅少数大型汽车、内燃机集团铸造厂采用先进的造型制芯工艺，大多铸造企业仍用震压造型机甚至手工造型，制芯以桐油、合脂和黏土等黏结剂砂为主。大多熔模铸造厂以水玻璃制壳为主；低压铸造只能生产非铁或铸铁中小件，不能生产铸钢件；用 EPC 技术稳定投入生产的仅限于排气管、壳体等铸件，生产率在 30 型/h 以下，铸件尺寸精度和表面粗糙度水平低；虽然建成了较完整的铸造行业标准体系，但多数企业被动执行标准，企业标准低，有的企业废品率高达 30%；质量和市场意识不强，仅少数专业化铸造企业通过了 ISO 9000 认证。

近年开发推广了一些先进熔炼设备，提高了金属液温度和综合质量，如外热式热风冲天炉开始应用，但为数少，使用铸造焦的仅占 1%。一些铸造非铁合金厂仍使用燃油、焦炭坩埚炉等落后熔炼技术。冲天炉－电炉双联工艺仅在少数批量生产的流水线上得以应用。少数大、中型电弧炉采用超高功率(600～700 kVA/t)技术。

开始引进 AOD、VOD 等精炼设备和技术，提高了高级合金铸钢的内在质量。重要工程用的超低碳高强韧马氏体不锈钢，采用精炼技术提高钢液纯净度，改善性能。0Cr16Ni5Mo、04Cr13Ni5Mo 铸造马氏体不锈钢在保持原有韧性的基础上，屈强比由 0.70～0.75提高到 0.85～0.90，强度提高 30%～60%，硬度提高 20%～50%。

广泛应用国内富有稀土资源，如稀土镁处理的球墨铸铁在汽车、柴油机等产品上得到应用，稀土中碳低合金铸钢、稀土耐热钢在机械和冶金设备中得到应用，初步形成国产系列孕育剂、球化剂和蠕化剂，推动了铸铁件质量提高。

高强度、高弹性模量灰铸铁用于机床铸件，高强度薄壁灰铸铁件铸造技术的应用使最薄壁厚达 4～16 mm 的缸体、缸盖铸件本体断面硬度差小于 30 HBS，组织均匀致密。灰铸铁表面激光强化技术用于生产。人工智能技术在灰铸铁性能预测中得到应用。蠕墨铸铁已在汽车排气管和大马力柴油机缸盖上得到应用，汽车排气管使用寿命提高 4～5 倍。钒钛耐磨铸铁在机床导轨、缸套和活塞环上得到应用，寿命延长 1～2 倍。高、中、低铬耐磨铸铁在磨球、衬板、杂质泵、双金属复合轧辊上得到使用，延长寿命。应用过滤技术于缸体、缸盖等较高强度薄壁铸件流水线生产中，减少了夹渣、气孔等缺陷，改善了铸件内在质量。

国产水平连铸生产线投入市场，可生产直径为 30～250 mm 的圆形及相应尺寸的方形、矩形或异形截面的灰铸铁及球墨铸铁型材。与砂型相比，产品性能提高 1～2 个牌号，铁液利用率提高到 95% 以上，节能 30%，节材 30%～50%，毛坯加工合格率达 95% 以上。

某些重点行业的骨干铸造厂采用了直读光谱仪和热分析仪，炉前有效控制了金属液成分,采用超声波等检测方法控制铸件质量。

练习题

1. 选择题

(1)合金的铸造性能主要包括( )。

A. 充型能力和流动性　　B. 充型能力和收缩

C. 流动性和缩孔倾向　　D. 充型能力和偏析倾向

(2)消除铸件中残余应力的方法是( )。

A. 时效处理　　B. 及时落砂　　C. 同时凝固　　D. 减缓冷却速度

(3)下面( )因素不会影响砂型铸件的加工余量的选择。

A. 合金种类　　B. 造型方法　　C. 铸件尺寸　　D. 生产批量

(4)形状复杂的零件的毛坯,尤其是具有复杂内腔的,最适合采用( )生产。

A. 铸造　　B. 锻造　　C. 焊接　　D. 热压

(5)浇注系统不包括( )。

A. 直浇道　　B. 浇口杯　　C. 冒口　　D. 内浇道

2. 填空题

(1)砂型铸造的造型方法一般分为________________两类。

(2)将熔融金属从浇包注入铸型的操作称为浇注,其工艺主要是掌握________。

(3)铸造工艺设计时需确定的工艺参数有(至少列出3个)________________。

(4)常用的特种铸造有________________________。

(5)砂型铸造铸件缺陷有冷隔、________________________等。

3. 判断题

(1)为防止铸件产生裂纹,在设计零件时力求壁厚均匀。( )

(2)选择分型面的第一条原则是保证能够起模。( )

(3)起模斜度是为便于起模而设置的,并非零件结构所需要。( )

(4)采用型芯可获得铸件内腔,不论是砂型铸造还是金属型铸造、离心铸造均需要使用型芯。( )

(5)铸造圆角主要起到美观的作用。( )

4. 综合题

(1)什么叫凝固?铸件在凝固过程中产生哪些缺陷?

(2)什么是铸造应力?铸造应力有哪几种?

(3)浇注系统由哪几部分组成?

(4)如何保证金属型铸件的结构工艺性?

(5)为什么要规定铸件的最小允许壁厚？不同铸造合金的最小允许壁厚是否一致？为什么？

(6)请修改如图 5-16 所示铸件的结构，并说明理由。

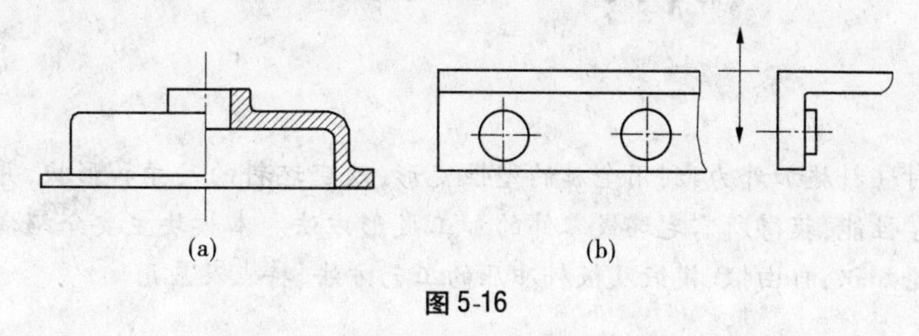

图 5-16

(7)什么是熔模铸造？试简述其工艺过程及特点。

(8)举例说明生产生活设施中用离心铸造的产品或零件。

模块6 压力加工

【模块导入】

锻压是对坯料施加外力，利用金属的塑性变形，改变坯料的尺寸和形状，并改善其内部组织和力学性能，获得所需毛坯或零件的加工成形方法。本模块主要介绍金属塑性变形的基础理论知识，自由锻、模锻及板料冲压的工艺方法、特点及应用。

【技能要求】

学习锻压的分类、特点，理解合金的锻造性能、塑性变形对金属组织与性能的影响、常用的锻压方法，掌握锻件图的绘制、坯料尺寸的确定计算，具备锻压工艺规程的制定能力、锻压工序的确定能力，能进行锻件结构工艺分析。

6.1 锻压概述

锻压是锻造与冲压的总称。它是对坯料施加外力，使其产生塑性变形，改变坯料的尺寸和形状，改善性能，用以制造机械零件、工件或毛坯的加工成形方法，属于金属塑性加工范畴。与其他加工方法比，锻压成形有以下特点：工件组织致密，力学性能高；除自由锻外，其余锻压加工生产率较高；节约金属材料。

6.1.1 金属的塑性变形

6.1.1.1 金属的塑性变形的产生

金属在外力作用下首先要产生弹性变形，当外力增大到内应力超过材料的屈服点时，就会产生塑性变形。

6.1.1.2 冷塑性变形对金属组织与性能的影响

(1)冷塑性变形后的组织变化。金属在常温下经塑性变形，其显微组织出现晶粒伸长、破碎、扭曲等特征，并伴随着内应力的产生。

(2)冷变形强化。金属在塑性变形过程中，随着变形程度的增加，强度和硬度提高而塑性和韧性下降的现象称为冷变形强化(也称加工硬化)。

(3)回复与再结晶。冷变形强化是一种不稳定状态，具有恢复到稳定状态的趋势。当金属温度提高到一定程度，原子热运动加剧，使原子不规则排列变为规则排列，消除晶格扭曲，内应力大大下降，但晶粒的形状、大小和金属的强度、塑性变化不大，这种现象称为回复。当温度继续升高，金属原子活动具有足够热运动力时，则开始以碎晶或杂质为核心结晶出新的晶粒，从而消除了冷变形强化现象，这个过程称为再结晶。

6.1.1.3 金属的冷变形和热变形

金属在再结晶温度以下进行的变形加工称为冷变形。冷变形过程中只有冷变形强化而无回复与再结晶现象。

金属在再结晶温度以上进行的变形加工称为热变形。在热变形过程中,冷变形强化现象被同时发生的再结晶过程消除。变形后,金属具有再结晶组织而无冷变形强化现象。在一般情况下,压力加工主要采用热变形方式,如轧制、锻造等。而冷变形则多用于已经热变形后的再加工,如冷轧、冷拉和板料的冲压等。

6.1.2 锻造流线和锻造比

6.1.2.1 锻造流线

铸锭内存有不溶于基体金属的非金属化合物,在压力加工过程中,脆性杂质被破碎,沿金属主要伸长方向呈碎粒状或链状分布,塑性杂质沿晶粒伸长方向呈带状分布。这种具有方向性的组织称为锻造流线,它使金属性能呈各向异性。

6.1.2.2 锻造比

在锻造生产中,金属的变形程度用锻造比 Y 表示。则

$$Y = A_0/A = L_1/L_0 \tag{6-1}$$

式中 A_0、A——坯料拔长前、后的横截面面积;

L_1、L_0——坯料拔长前、后的长度。

锻造比对锻件的力学性能有较大影响。以钢锭为坯料锻造时,碳素结构钢锻造比取 2~3,合金结构钢取 3~4;以钢材为坯料锻造时,锻造比一般取 1.1~1.3。

6.1.3 合金的锻造性能及其影响

合金的锻造性能是指材料在锻压加工时的难易程度。材料塑性好,锻造性能则好;反之,锻造性能则差。合金的锻造性能主要取决于材料的本质及其变形条件。

6.1.3.1 材料的本质

(1)化学成分。纯金属比合金的锻造性能好;合金元素的含量越高,锻造性能越差;低碳钢比高碳钢的锻造性能好;相同含碳量的碳钢比合金钢的锻造性能好;低合金钢比高合金钢的锻造性能好。

(2)组织结构。金属的晶粒越细,组织越均匀,塑性越好,但变形抗力越大。

6.1.3.2 变形条件

(1)变形温度。提高金属的变形温度,可提高其塑性,降低其变形抗力。但变形温度过高,会发生“过热”现象。金属及合金的锻造温度应控制在一定的范围内。

(2)变形速度。即单位时间内的变形量。塑性较差的材料,宜采用较低的变形速度成形。在生产上常用高速锤锻造高强度、低塑性的合金。

(3)变形方式。变形方式不同,变形金属的内应力状态也不同。拉拔时金属塑性较差,挤压时金属呈现良好的塑性状态。

6.2 自由锻造

自由锻造(简称自由锻)是指利用冲击力或压力,使金属在上、下砧铁之间产生塑性变形而获得所需形状、尺寸以及内部质量的锻件的一种加工方法。自由锻造时,除与上、

下砧铁接触的部分金属受到约束外,金属坯料朝其他各个方向均能自由变形、流动,不受外部的限制,故无法精确控制变形的发展。

自由锻的特点:工具简单,通用性强,加工范围大,生产准备周期短。例如,水轮机主轴、多拐曲轴、大型连杆、重要的齿轮等零件在工作时都承受很大的载荷,要求具有较高的力学性能,常采用自由锻方法生产毛坯。

自由锻分为手工锻造和机器锻造两种。手工锻造只能生产小型锻件,生产率较低。机器锻造是自由锻的主要方法。

6.2.1 自由锻工序

自由锻工序分为基本工序、辅助工序和修整工序。

6.2.1.1 基本工序

基本工序是锻件成形过程中必需的变形工序,如镦粗、拔长、弯曲、冲孔、切割、扭转和错移等,其中以前三种应用最多。

1. 镦粗

沿工件轴向进行锻打,使其长度减小、横截面面积增大的操作过程称为镦粗。常用来锻造齿轮坯、凸缘、圆盘等零件。

镦粗可分为完全镦粗和局部镦粗两种形式,图 6-1(a)所示为完全镦粗,图 6-1(b)所示为局部镦粗。

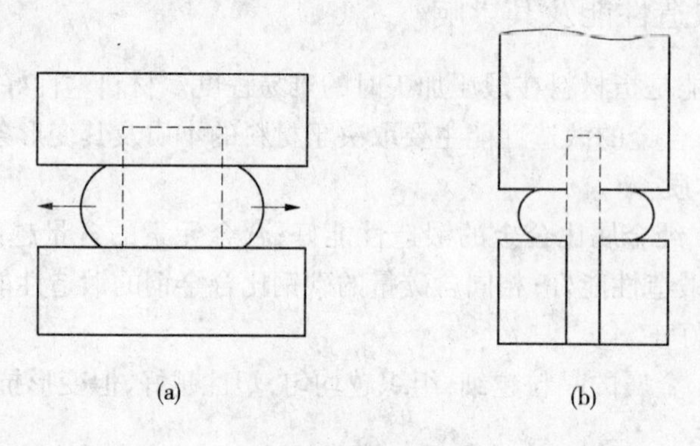

图 6-1 镦粗

2. 拔长

拔长是指沿垂直于工件的轴向进行锻打,使其截面面积减小、长度增加的操作过程,如图 6-2 所示。常用于锻造轴类和杆类等零件。

对于圆形坯料,一般先锻打成方形后再进行拔长,最后锻成所需形状,或使用 V 型砧铁进行拔长,如图 6-3 所示。在锻造过程中要将坯料绕轴线不断翻转。

3. 冲孔

利用冲头在工件上冲出通孔或盲孔的操作过程称为冲孔。常用于锻造齿轮、套筒和圆环等空心锻件,对于直径小于 25 mm 的孔一般不锻出,而是采用钻削的方法进行加工。

根据冲孔所用冲子形状的不同,冲孔分实心冲子冲孔和空心冲子冲孔。实心冲子冲孔分单面冲孔和双面冲孔。在薄坯料上冲通孔时,可用冲头一次冲出。若坯料较厚,可先

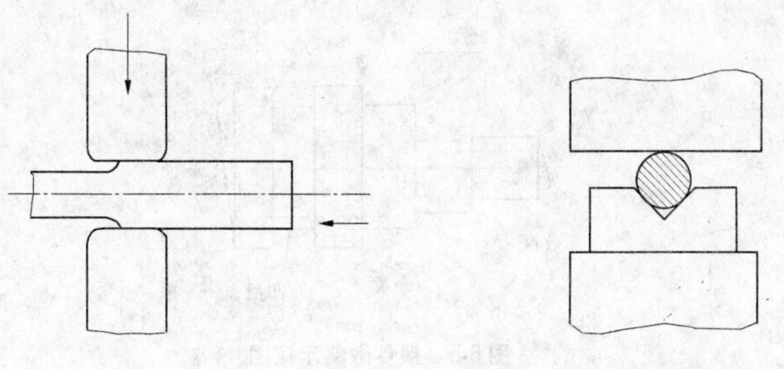

图 6-2　拔长　　　　图 6-3　使用 V 型砧铁拔长圆坯料

在坯料的一边冲到孔深的 2/3 深度后，拔出冲头，翻转工件，从反面冲通，以避免在孔的周围冲出毛刺，如图 6-4 所示。

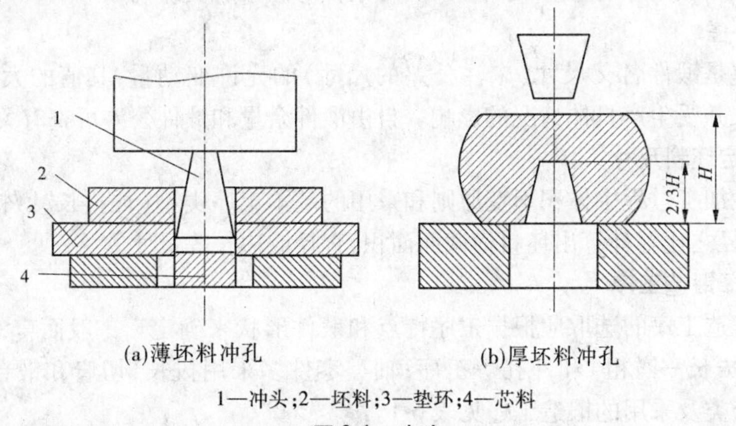

(a)薄坯料冲孔　　(b)厚坯料冲孔

1—冲头；2—坯料；3—垫环；4—芯料

图 6-4　冲孔

6.2.1.2　辅助工序

为使基本工序操作方便而进行的预变形工序称为辅助工序（如压钳口、切肩等）。

6.2.1.3　修整工序

用以减少锻件表面缺陷而进行的工序称为修整工序（如校正、滚圆、平整等）。

6.2.2　自由锻工艺规程的制定

自由锻工艺规程的制定主要包括根据零件图绘制锻件图、计算坯料的质量与尺寸、确定锻造工序、选择锻造设备、确定坯料加热规范和填写工艺卡片等。

6.2.2.1　绘制自由锻件图

以零件图为基础，结合自由锻工艺特点绘制锻件图。锻件图必须准确而全面地反映锻件的特殊内容，如圆角、斜度等，以及对产品的技术要求，如性能、组织等。绘制时主要考虑以下几个因素。

1. 敷料

对键槽、齿槽、退刀槽、小孔、盲孔、台阶等难以用自由锻方式锻出的结构，必须暂时添加一部分金属以简化锻件的形状。为了简化锻件形状以便于进行自由锻造而增加的这一部分金属称为敷料，如图 6-5 所示。

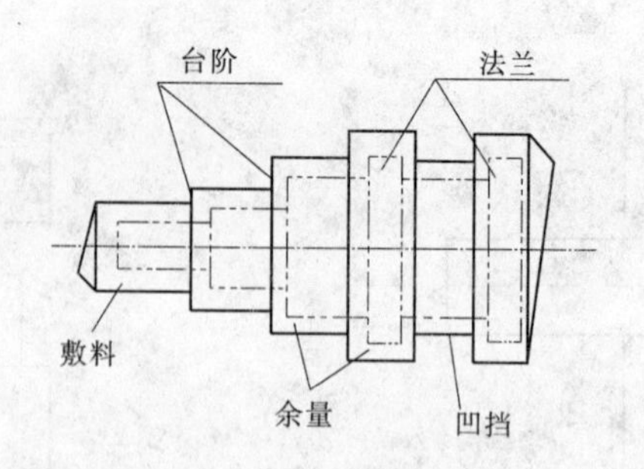

图6-5　锻件敷料示意图

2. 锻件余量

在零件的加工表面上增加的供切削加工用的余量称为锻件余量。锻件余量的多少与零件的材料、形状、尺寸、批量大小、生产实际条件等因素有关。

3. 锻件公差

锻件公差是锻件名义尺寸(未注公差的尺寸)的允许变动量,其值的大小与锻件形状、尺寸有关,并受生产具体情况的影响。自由锻件余量和锻件公差可查有关手册。

6.2.2.2　确定坯料尺寸

根据塑性加工过程中体积不变原则和采用的基本工序类型(如拔长、镦粗等)的锻造比、高度与直径之比等计算出坯料横截面面积、直径或边长等尺寸。

6.2.2.3　选择锻造工序

自由锻锻造工序的选取应根据工序特点和锻件形状来确定。一般而言,盘类零件多采用镦粗(或拔长—镦粗)和冲孔等工序;轴类零件多采用拔长、切肩和锻台阶等工序。一般锻件的分类及采用的锻造工序见表6-1。

表6-1　锻件分类及采用的锻造工序

锻件类别	图例	锻造工序
盘类零件		镦粗(或拔长—镦粗),冲孔等
轴类零件		拔长(或镦粗—拔长),切肩,锻台阶等
筒类零件		镦粗(或拔长—镦粗),冲孔,在芯轴上拔长等
环类零件		镦粗(或拔长—镦粗),冲孔,在芯轴上扩孔等
弯曲类零件		拔长,弯曲等

6.2.3 自由锻的设备

根据作用在坯料上力的性质，自由锻设备分为锻锤和液压机两大类。锻锤产生冲击力使金属坯料变形，锻锤的吨位是以落下部分的质量来表示的，生产中常使用的锻锤是空气锤和蒸汽－空气锤。空气锤的结构简图如图 6-6 所示，工作原理是利用电动机带动活塞产生压缩空气，使锤头上下往复运动进行锤击。空气锤的特点是结构简单、操作方便、维护容易，但吨位较小，只能用来锻造 100 kg 以下的小型锻件。蒸汽－空气锤采用蒸汽和压缩空气作为动力，其吨位稍大，可用来生产质量小于 1 500 kg 的锻件。

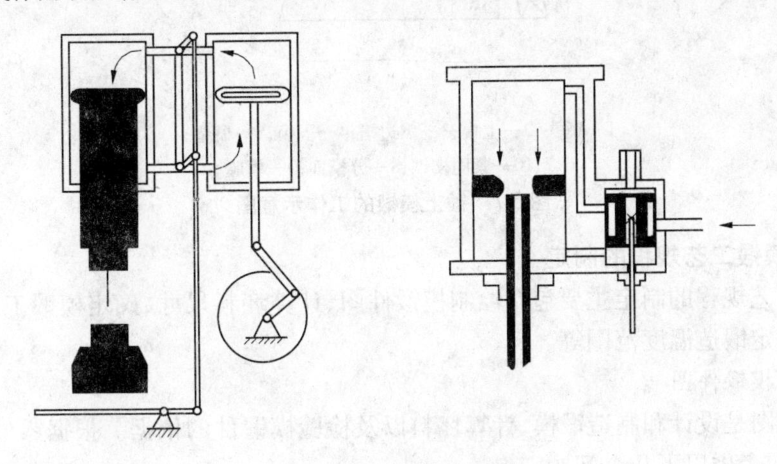

图 6-6 空气锤的结构简图

6.3 模 锻

在模锻设备上，利用高强度锻模，使金属坯料在模膛内受压产生塑性变形而获得所需形状、尺寸以及内部质量锻件的加工方法称为模锻。模锻按使用的设备不同，可分为锤上模锻、压力机上模锻、胎模锻。与自由锻相比，模锻具有如下特点：

(1) 生产效率较高，能锻造形状复杂的锻件；

(2) 模锻件的尺寸较精确，表面质量较好，加工余量较小；

(3) 节省金属材料，减少切削加工的工作量；

(4) 模锻操作简单，劳动强度低。

但受模锻设备吨位的限制，仅适合于小型锻件的大批量生产，不适合单件小批量生产以及中、大型锻件的生产。

6.3.1 锤上模锻

锤上模锻是将上模固定在锤头上，下模紧固在模垫上，通过随锤头作上下往复运动的上模，对置于下模中的金属坯料施以直接锻击来获取锻件的锻造方法。锤上模锻的工作示意图如图 6-7 所示。

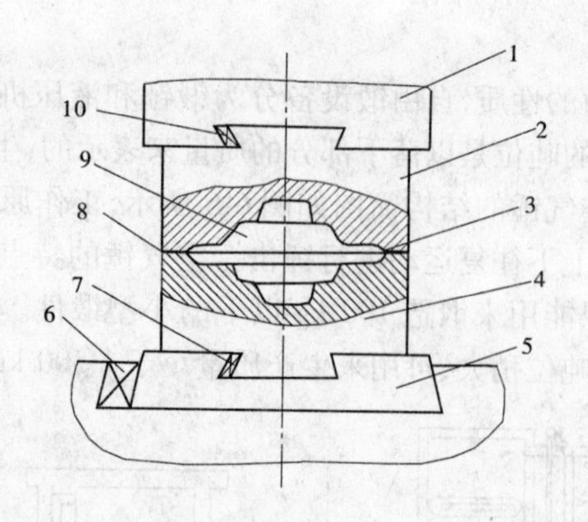

1—锤头；2—上模；3—飞边槽；4—下模；5—模垫；

6、7、10—紧固楔铁；8—分模面；9—模膛

图 6-7　锤上模锻的工作示意图

6.3.1.1　模锻工艺规程的制定

模锻工艺规程的制定主要包括绘制模锻件图、计算坯料尺寸、确定模锻工序、选择锻造设备和确定锻造温度范围等。

1. 绘制模锻件图

模锻件图是设计和制造锻模、计算坯料以及检验模锻件的依据。根据零件图绘制模锻件图时，应考虑以下几个问题。

1）分模面

一般分模面应选在模锻件最大水平投影尺寸的截面上。如图 6-8 所示，若选 *a*—*a* 面为分模面，则无法从模膛中取出锻件。若将 *b*—*b* 面选作分模面，零件中间的孔不能锻出，其敷料最多。分模面选在能使模膛深度最浅处，这样可使金属很容易充满模膛，便于取出锻件，选取如图 6-8 所示的 *d*—*d* 面为分模面最合理。

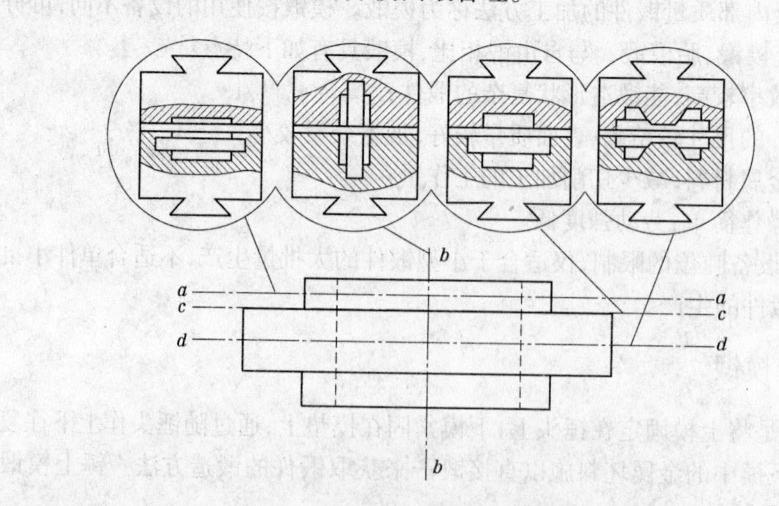

图 6-8　分模面的比较图

2)加工余量和锻件公差

模锻的加工余量和锻件公差比自由锻的小得多。常用的锤上模锻件水平方向的尺寸公差见表6-2。模锻件内、外表面的加工余量见表6-3。

表6-2　锤上模锻件水平方向的尺寸公差　　（单位:mm）

模锻件长(宽)度	<50	50~120	120~260	260~500	500~800	800~1 200
公差	+1.0	+1.5	+2.0	+2.5	+3.0	+3.5
	-0.5	-0.7	-1.0	-1.5	-2.0	-2.5

表6-3　模锻件内、外表面的加工余量 Z_1(单面)　　（单位:mm）

加工表面最大宽度或直径		加工表面的最大长度或最大高度					
		≤63	63~160	160~250	250~400	400~1 000	1 000~2 500
大于	至	加工余量 Z_1					
—	25	1.5	1.5	1.5	1.5	2.0	2.5
25	40	1.5	1.5	1.5	1.5	2.0	2.5
40	63	1.5	1.5	1.5	2.0	2.5	3.0
63	100	1.5	1.5	2.0	2.5	3.0	3.5

3)模锻斜度

为便于从模膛中取出锻件,模锻件上平行于锤击方向的表面必须具有斜度,称为模锻斜度,一般为5°~15°。生产中常用的金属锻件的模锻斜度范围见表6-4。

表6-4　各种金属锻件常用的模锻斜度

锻件材料	外壁斜度	内壁斜度
铝、镁合金	3°~5°	5°~7°
钢、钛、耐热合金	5°~7°	7°、10°、12°

4)模锻圆角半径

模锻件上所有两平面转接处均需圆弧过渡,称为模锻件的圆角。如图6-9所示为模锻圆角半径。钢的模锻件外圆角半径 r 一般取1.5~12 mm,内圆角半径 R 比外圆角半径大2~3倍。模膛深度越深,圆角半径值越大。

5)冲孔连皮

由于锤上模锻时不能靠上、下模的突起部分把金属完全排挤掉,因此不能锻出通孔,终锻后孔内留有金属薄层,称之为冲孔连皮,如图6-10所示。冲孔连皮可利用压力机上的切边模将其去除。

各参数确定后,绘制锻件图。如图6-11所示为齿轮坯模锻件图,图中双点画线为零件轮廓外形,分模面选在锻件高度方向的中部。由于零件轮辐部分不加工,故无加工余

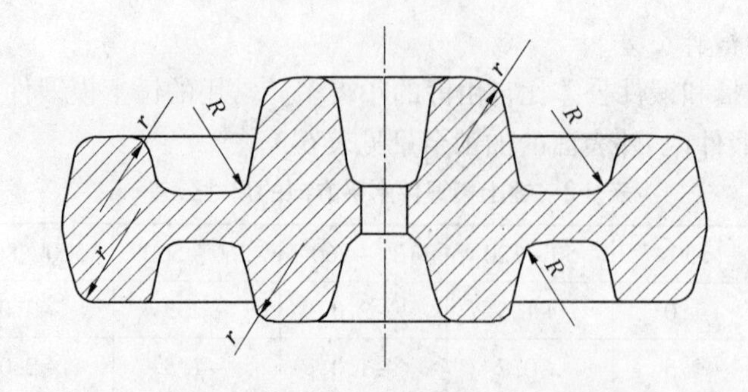

图 6-9　模锻圆角半径

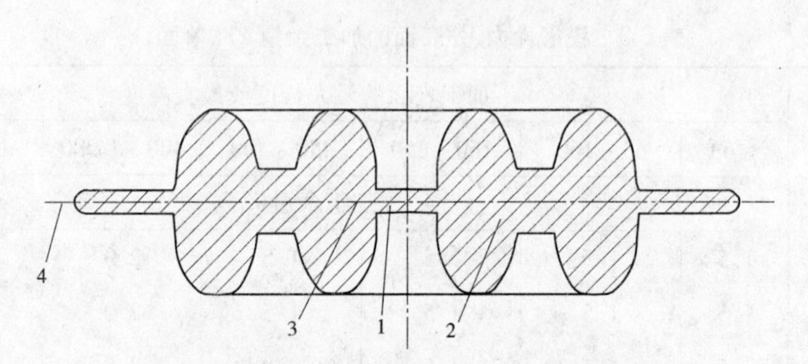

1—冲孔连皮；2—锻件；3—飞边；4—分模面

图 6-10　带有飞边槽与冲孔连皮的模锻件

量。图中内孔中部的两条直线为冲孔连皮切掉后的痕迹。

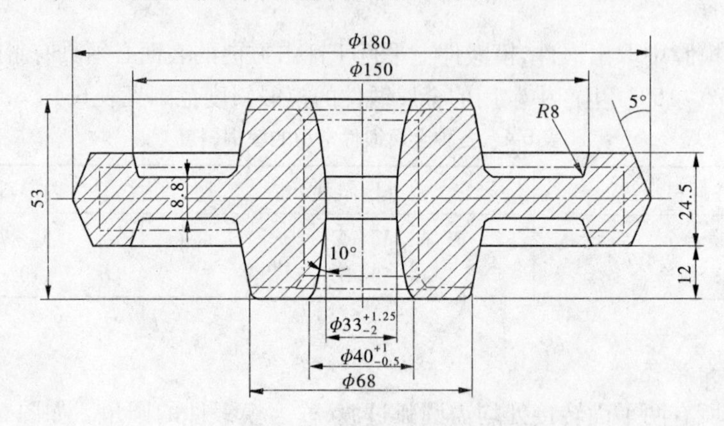

图 6-11　齿轮坯模锻件图

2. 计算坯料尺寸

坯料质量包括锻件、飞边、连皮、钳口料头以及氧化皮等的质量。

3. 确定模锻工序

根据锻件的形状与尺寸来确定模锻工序，并设计出制坯模膛、预锻模膛及终锻模膛。

6.3.1.2　**模锻件的结构工艺性**

(1)模锻零件应具有合理的分模面，敷料最少，锻模容易制造。

(2)除零件的配合表面外，均应设计为非加工表面。非加工表面之间，应设计模锻圆角;与分模面垂直的非加工表面,应设计出模锻斜度。

(3)零件的外形应力求简单、平直、对称,避免零件截面间差别过大。如图 6-12(a)所示的零件的凸缘太薄、太高,中间下凹太深,金属不易充型。如图 6-12(b)所示的零件过于扁薄,薄壁部分在金属模锻时容易冷却,不易锻出。如图 6-12(c)所示的零件有一个高而薄的凸缘,不合理,改成如图 6-12(d)所示的形状,则较易锻造成形。

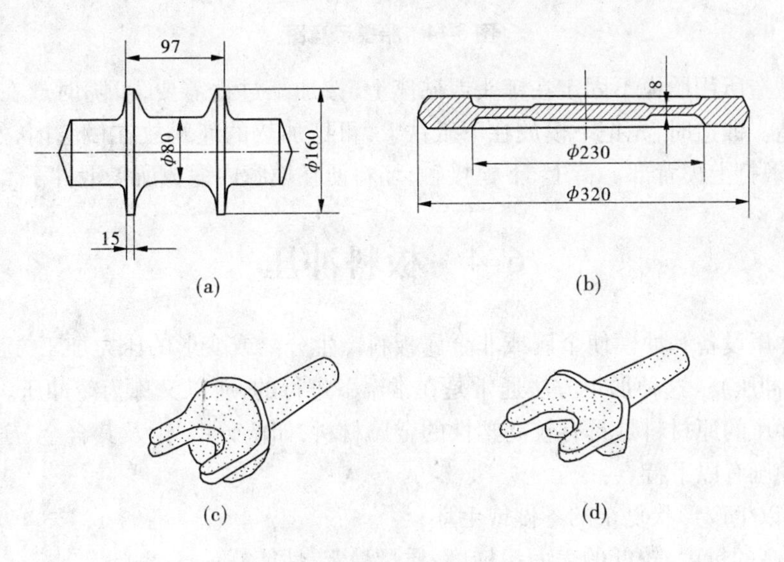

图 6-12　模锻件结构工艺性

(4)在零件结构允许的条件下,应尽量避免有深孔或多孔结构。图 6-13 所示的齿轮零件,常采用模锻方法生产,但上面的 4 个 $\phi 20$ mm 的孔不方便锻造,只能采用机加工成形。

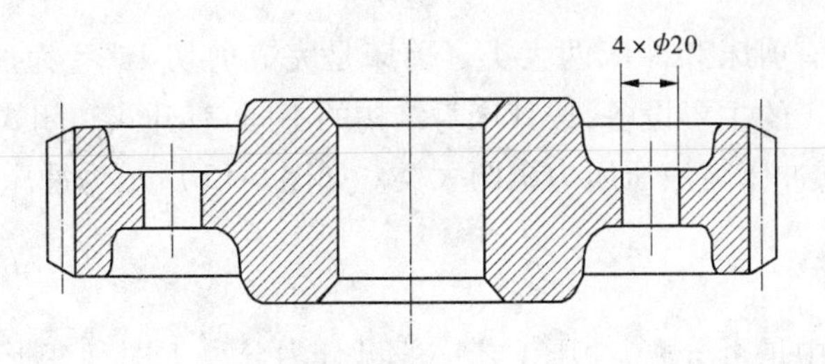

图 6-13　模锻齿轮零件

(5)对复杂锻件,为减少敷料、简化模锻工艺,在可能的条件下,应采用锻造—焊接或锻造—机械连接组合工艺。

6.3.2　胎模锻

胎模是一种不固定在锻造设备上的模具,结构较简单,制造容易,如图 6-14 所示。胎模锻是在自由锻设备上用胎模生产模锻件的工艺方法。因此,胎模锻兼有自由锻和模锻的特点。胎模锻适合于中、小批量生产的多品种的小型锻件,特别适合于没有模锻设备的工厂。

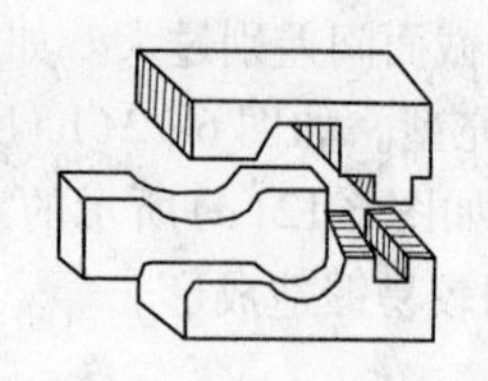
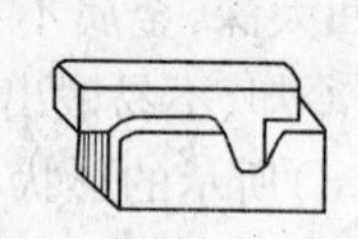
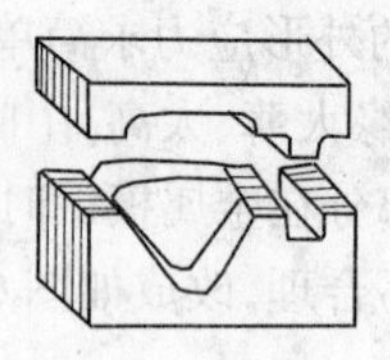

图 6-14　胎模示意图

胎模锻造所用胎模不固定在锤头或砧座上，按加工过程需要，可随时放在上、下砥铁上进行锻造。锻造时，先把下模放在下砥铁上，再把加热的坯料放在模膛内，然后合上上模，用锻锤锻打上模背部。待上、下模接触，坯料便在模膛内锻成所需锻件了。

6.4　板料冲压

利用冲压设备和冲模使金属或非金属板料产生分离或变形的压力加工方法称为板料冲压（简称冲压）。这种加工方法通常是在常温下进行的，所以又称为冷冲压。

板料冲压的原材料是具有较高塑性的金属材料，如低碳钢、铜及其合金、镁合金等。

板料冲压有以下特点：

(1)可以生产形状复杂的零件或毛坯；

(2)较高的精度、较低的表面粗糙度，质量稳定、性能好；

(3)材料消耗少、重量轻、强度高和刚度好；

(4)操作简单、生产率高，易于实现机械化和自动化，适合于大批量生产。

6.4.1　冲压设备

冲压设备主要有剪床和冲床两大类。剪床是完成剪切工序，为冲压生产准备原料。冲床是进行冲压加工的主要设备，按其床身结构的不同，有开式和闭式两类。按其传动方式的不同，有机械式冲床与液压压力机两大类。如图 6-15 所示为冲床传动示意图。

6.4.2　冲压工序

按板料在加工中是否分离，冲压工艺一般可分为分离工序和变形工序两大类。分离工序是使冲压件与坯料在冲压过程中沿一定的轮廓线互相分离；而变形工序是使冲压坯料在不破坏的条件下发生塑性变形，并转化成所要求的成品形状。

在分离工序中，剪裁主要是在剪床上完成的。落料和冲孔统称为冲裁，如图 6-16 所示。冲裁一般是在冲床上完成的。

在变形工序中，还可按加工要求和特点的不同，分为弯曲（见图 6-17）、拉深（又称拉延，见图 6-18）和成形等类。其中，弯曲工序除在冲床上完成外，还可以在折弯机（如电气箱体加工）、滚弯机（如自行车轮圈制造等）上进行。弯曲的坯料除板材外，还可以是管子或其他型材。变形工序又可分为缩口、翻边（见图 6-19）、扩口、卷边、胀形和压印等。

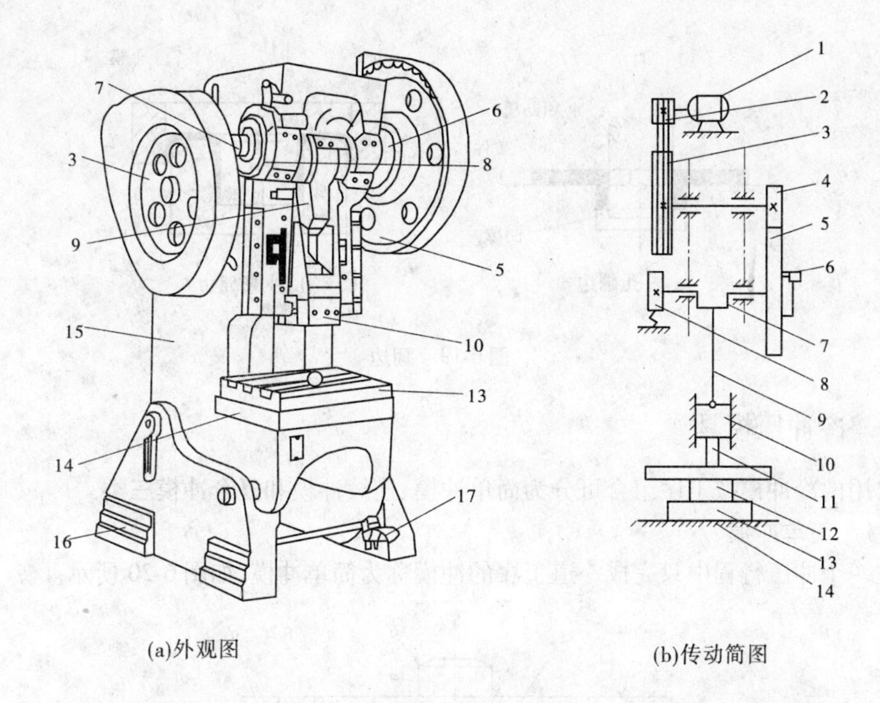

1—电动机;2—小带轮;3—大带轮;4—小齿轮;5—大齿轮;6—离合器;7—曲轴;8—制动器;
9—连杆;10—滑块;11—上模;12—下模;13—垫板;14—工作台;15—床身;16—底座;17—脚踏板

图 6-15　冲床

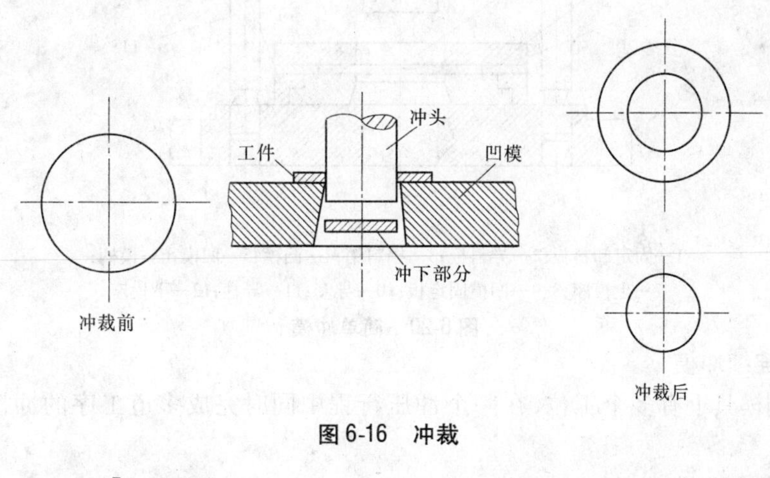

图 6-16　冲裁

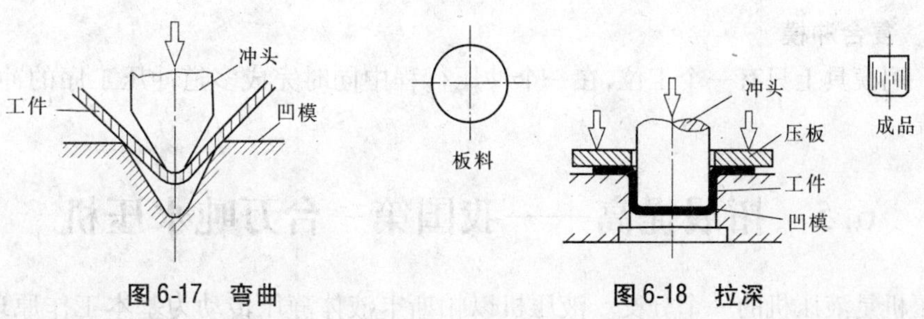

图 6-17　弯曲　　图 6-18　拉深

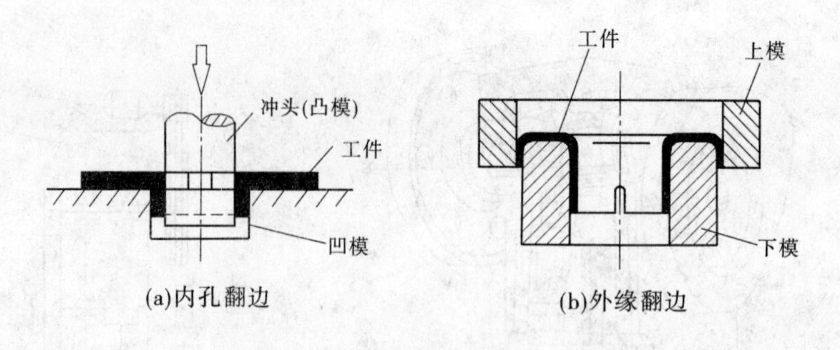

(a)内孔翻边　　(b)外缘翻边

图 6-19　翻边

6.4.3　冷冲压模具

常用的冷冲模按工序组合可分为简单冲模、连续冲模和复合冲模三类。

6.4.3.1　简单冲模

在一个冲压行程中只完成一道工序的冲模称为简单冲模，如图 6-20 所示。

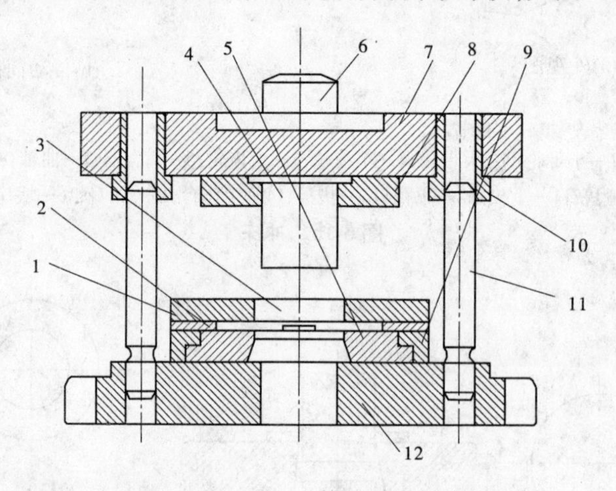

1—固定卸料板；2—导料板；3—挡料销；4—凸模；5—凹模；6—模柄；
7—上模座；8、9—凹模固定板；10—导套；11—导柱；12—下模座

图 6-20　简单冲模

6.4.3.2　连续冲模

在一副模具上有多个工位，在一个冲压行程中同时完成多道工序的冲模称为连续冲模。

6.4.3.3　复合冲模

在一副模具上只有一个工位，在一个冲压行程中同时完成多道冲压工序的冲模称为复合冲模。

6.5　拓展提高——我国第一台万吨水压机

水压机是液压机的一个分支。液压机以帕斯卡液体静压传动为基本工作原理，用乳

化液、水或矿物油为工作介质，可分为水压机和油压机两大类。水压机又可分为自由锻造水压机和模锻水压机。其中，自由锻造水压机主要用自由锻方式来锻造大型高强度部件，如船用曲轴、重达百吨的合金钢轧辊等。模锻水压机则用坯料在近似封闭模具中锻压成形的方式，来制造一些强度高、形状复杂、尺寸精度高的零件，如飞机起落架、发动机叶片等航空零件。就像蒸馒头要揉面一样，锻造液压机不仅是金属成形的一种方法，同时也是锻合金属内部缺陷、改变金属内部流线、提高金属机械性能的重要手段。

20 世纪五六十年代，一个重型机器厂的规模和能力，通常就以水压机的吨位作标志。一个国家是否拥有万吨级重型机器厂，在某种程度上标志着这个国家重型机器制造业的发展水平。万吨水压机作为国家重工业的基础设备，在军工、航天以及大型轮船、发电机等方面有着不可替代的作用。

新中国成立初期，由于经济建设发展迅速，电力、冶金、重型机械和国防工业都需要大型锻件，但当时国内只有几台中小型水压机，根本无法锻造大型锻件，所需的大型锻件只得依赖进口。

1958 年 5 月，在中共八届二中全会上，煤炭工业部副部长沈鸿给中共中央主席毛泽东写了一封信，建议利用上海的技术力量，自力更生，设计、制造中国自己的万吨水压机，彻底改变大型锻件依赖进口的局面。沈鸿的建议得到了毛泽东的支持。毛泽东批准了万吨水压机的制造，很快就把建造万吨水压机的任务下达到上海，周恩来还亲自主持召开了动员大会。周恩来说："万吨水压机，看起来是个庞然大物，可怕得很。你们在战略上藐视它，不要怕它。用毛主席一分为二的方法，把它一分为二，一分为二……。"他当时讲了很多很多"一分为二"。他说："还不就是那么几个问题。"中共上海市委明确表示：要厂有厂，要人有人，要材料有材料，一定要把万吨水压机搞出来！经过中央有关部门的研究，决定由沈鸿任总设计师、林宗棠任副总设计师，组成设计班子。万吨水压机安装在上海闵行的重型机器厂内，由江南造船厂承担建造任务。

1959 年 2 月，江南造船厂成立万吨水压机工作大队，从而拉开了打一场加工制造硬仗的序幕。在总设计师沈鸿的带领下，技术人员和工人们运用了"以大拼小，银丝转昆仑"等方法闯过了一关又一关。

1961 年 12 月 13 日，万吨水压机开始总体安装，只用了 2 个月时间完成安装。在上海交通大学和第一机械工业部所属的机械科学研究院等单位的协助下，对这个身高 20 余米、体重千余吨的"巨人"进行详细的"体检"——应力测定试验。"体检"用了三四个月，然后开始进行超负荷试验，强攻"水"关。1962 年 6 月 22 日，上海江南造船厂经过 4 年努力制造的 1.2 万 t 自由锻造水压机（见图 6-21），在上海重型机器厂试车成功，并投入试生产，能够锻造几十吨重的高级合金钢

图 6-21　中国第一台万吨水压机

锭和300 t重的普通钢锭。它的成功标志着我国重型机械的制造进入了一个新的历史阶段。

万吨水压机的成功制造大大提高了我国重工业的生产水平，并在我国许多的大型工业项目中发挥着巨大的作用。1965年1月22日，人民日报发表文章——《万吨水压机是怎样制造出来的》，向全世界宣布：标志一个国家工业水平的万吨水压机在我国制造安装成功。

当年，万吨水压机制造成功是件大事，举国欢腾，犹如今天的“神九”上天一样。只见各大报纸纷纷刊登照片，大版大版的社论、报道，加之中央人民广播电台的电波传送，可以说，没有人不知道我国有了万吨水压机，尽管有好多人当时并不知道它的真正用途。

上海重型机械厂的万吨水压机自1962年投产以来，在上海重型机器厂水压机车间服役了近半个世纪。由于部件老化，1990年9月开始对它进行一次大修改造，至1992年7月2日正式完工。对40余台超大型主辅机部件进行了维修改造，用去修补焊条十余吨，更换了活动横梁，恢复了万吨水压机的原设计能力。2003年锻件年产量超过了1万t，并承担起锻压船用曲轴的任务。

新世纪、新机遇给中华民族工业的强盛提供了肥沃的土壤，赋予无数智者以不尽的升腾之力、创新之力。我们有理由迎着朝阳期待着装备制造业春天的到来，我们有信心让民族工业的旗帜在世界工业之林高高飘扬，我们有决心并将身体力行，伴着我们古老而崭新的中华民族壮歌一曲，实现伟大的复兴！

练习题

1. 选择题

(1)锻造时过热的钢料用(　　)方法可以挽救。

A. 正火　　B. 回火　　C. 淬火

(2)与铸造相比锻造的主要特点是(　　)。

A. 生产率高、成本低　　B. 操作简单，易生产大型零件

C. 锻件力学性能较高

(3)锻造合金钢锻件，一般要求冷却(　　)。

A. 快点　　B. 慢点　　C. 快点慢点都一样

(4)镦粗时，坯料的高度与直径之比应小于(　　)。

A. 2 ~2.5　　B. 2.5 ~3　　C. 3 ~3.5

2. 填空题

(1)锻件的材料是45钢，它的________是1 200 ℃，________是800 ℃。

(2)锻件坯料加热的目的是提高________、降低________，以利于金属的变形。

(3)某工厂使用的空气锤的规格是65 kg，它是指空气锤________为65 kg。

(4)锻件坯料在加热过程中可能产生的缺陷是过热、________。

(5)截面为圆形的棒料拔长时,应先把坯料锻成__________再拔长;截面是方形的坯料镦粗时,应先把坯料锻成______再镦粗。

3.判断题

(1)油压机的吨位越大,对锻压生产越有利。 ( )

(2)越贵的材料做成的模具使用寿命越长。 ( )

(3)我国第一台万吨水压机的诞生地是沈阳。 ( )

(4)常用的冷冲模按工序组合可分为简单冲模、连续冲模和复合冲模三类。 ( )

(5)模锻斜度不影响零件质量,因此可以不用考虑。 ( )

(6)空气锤是用压缩空气作为动力的。 ( )

4.综合题

(1)什么叫自由锻?

(2)空气锤由哪几部分组成?

(3)什么叫镦粗?什么叫完全镦粗?

(4)冲床的组成及各部分的作用是什么?

(5)冲模通常包括哪几种?

(6)何谓模锻斜度?锻件为何必须在转角处设置圆角?如何选择模锻斜度和圆角?何谓冲孔连皮?模锻为何不能锻出通孔?

(7)采用胎模锻能否锻造出形状复杂的零件?为什么?

(8)如图6-22所示为一冲压件的冲压工艺过程,请说明具体加工工序名称,应采用哪种冲模加工?为什么?

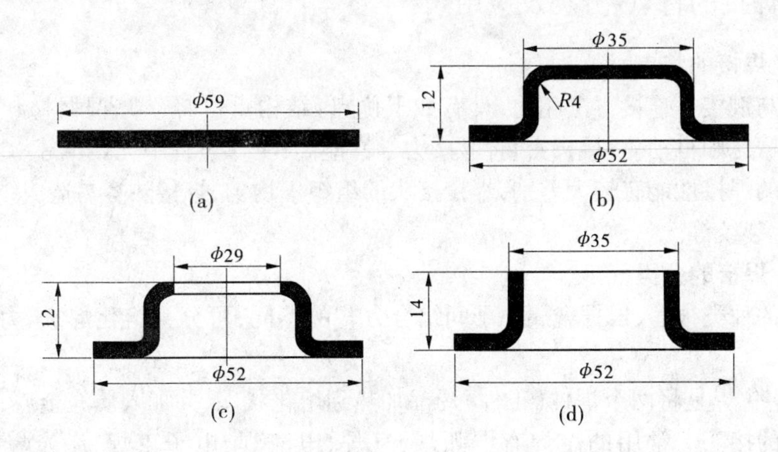

图6-22

模块7 焊接成形

【模块导入】

统计表明,钢产量的45%要经过焊接加工。现代焊接技术已成为机器制造、锅炉、金属结构、车辆制造、石油化工、航空、航天、原子能、电力、海洋开发和电子等工业部门的重要技术方法。本模块主要介绍焊接的基本原理和常用方法、常用金属材料的焊接性能以及焊接结构的工艺性。

【技能要求】

学习焊接冶金过程的特点,了解焊接新工艺、新方法及其发展趋势;掌握手工电弧焊与气焊的基本操作技能;初步具备合理选用焊接方法,对焊件结构的工艺性、焊件成本与质量进行分析的能力。同时加强这些基本技能的实际训练,达到中级电焊工应具备的知识技能水平。

7.1 焊接概述

焊接是通过局部加热或加压等手段,使分离的两部分材料形成永久性连接的工艺方法。其实质是通过一定的物理-化学过程,使两个零件表面的原子互相接近达到晶格距离(0.3~0.5 nm),形成结合键,从而使两工件连为一体。

7.1.1 焊接的特点、分类及应用

7.1.1.1 焊接的特点

焊接与铆接等连接方法相比,具有如下优点:结构重量轻(节省材料);生产效率高,易实现机械化和自动化;接头密封性好,力学性能高;工作过程中无噪声等。不足之处是:不同方法的焊接性能有较大差别,焊接接头的组织不均匀,焊接热容易造成结构应力和变形,并产生裂纹等。

7.1.1.2 焊接的分类

焊接的种类很多,根据金属原子间结合方式的不同,可分为熔化焊、压力焊和钎焊三大类。

(1)熔化焊是将两个焊件(工件)局部加热到熔化状态,并加入填充金属,冷却凝固后形成牢固的接头。常用的熔焊有电弧焊、气焊、电渣焊、电子束焊、激光焊和等离子弧焊等。

(2)压力焊是在焊接时对焊件施加一定的压力,使两者结合面紧密接触并产生一定的塑性变形,从而将两焊件焊接在一起。常用的压力焊有电阻焊、摩擦焊、扩散焊、爆炸焊、冷压焊和超声波焊等。

(3)钎焊是采用比焊件熔点低的钎料和焊件一起加热,使钎料熔化、焊件不熔化,熔

化的钎料填充到焊件之间的缝隙中，钎料凝固后将两焊件连接成整体的方法。常用的钎焊有锡焊、铜焊等。主要焊接方法分类如图7-1所示。

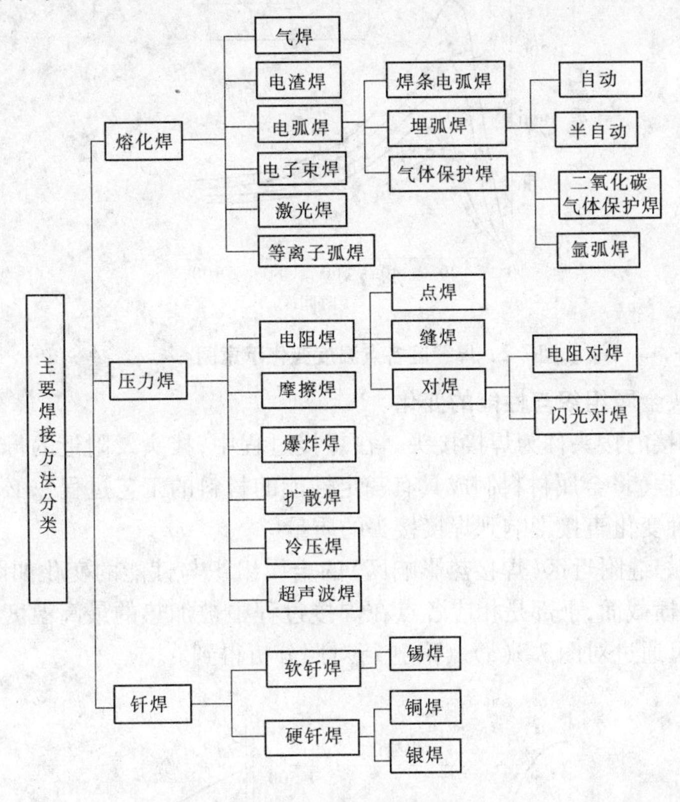

图7-1 主要焊接方法分类

7.1.1.3 焊接在工业生产中的应用

(1)制造金属构件。焊接方法广泛应用于各种金属结构的制造。如：桥梁、船舶、压力容器、化工设备、机动车辆、矿山机械、发电设备及飞行器等。

(2)制造机器零件和工具。焊接件具有刚性好、改型快、周期短、成本低的优点，适合于单件或小批量生产各类机器零件和工具。如：机床机架和床身、大型齿轮和飞轮、各种切削工具等。

(3)修复。采用焊接方法修复某些有缺陷、失去精度或有特殊要求的工件，可延长其使用寿命，提高使用性能。

7.1.2 焊接接头的组织与性能

7.1.2.1 焊接区域温度的变化

在焊接过程中，焊缝区的金属都是由常温状态开始被加热到较高的温度，然后再逐渐冷却到常温。图7-2所示是焊接时焊件横截面上不同点的温度变化情况，由于各点与焊缝中心间距离不同，导致各点的最高温度不同。同时，热的传导需要时间，所以各点达到最高温度所用的时间也不相同。

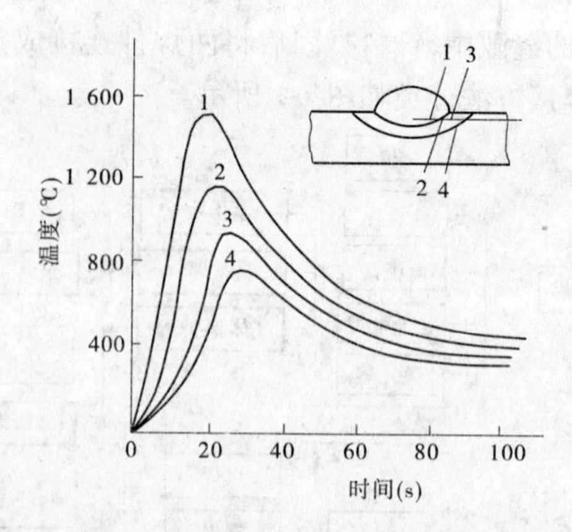

图 7-2　焊缝区各点温度变化示意图

7.1.2.2　焊接接头金属组织与性能的变化

用焊接方法连接的接头称为焊接接头。在焊接过程中，接头及附近的母材进行的是一次复杂的冶金过程（将金属材料制成具有一定性能的材料的工艺过程），必然发生组织与性能的变化，这种变化直接影响到焊接接头的质量。

低碳钢焊缝和焊缝附近区（焊接热影响区）的金属组织与性能的变化如图 7-3 所示，左侧下部是焊件的横截面，上部是相应各点在焊接过程中被加热的最高温度曲线。金属组织性能的变化，可通过对图 7-3(a)、(b)进行对照分析得到。

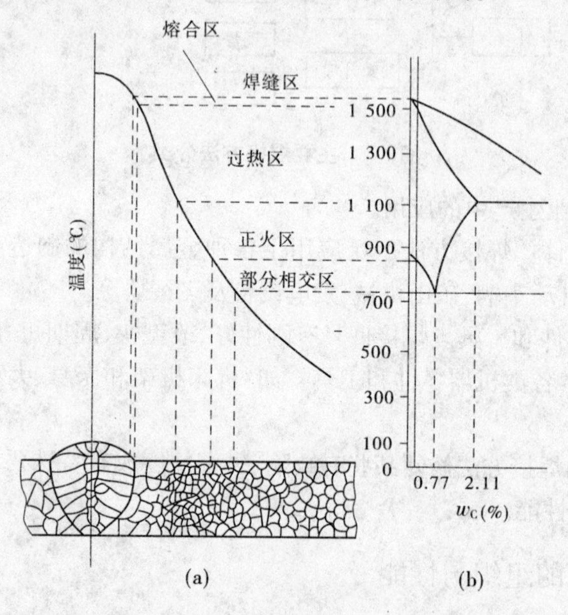

图 7-3　低碳钢焊接热影响区的金属组织与性能的变化示意图

焊接接头由焊缝区、热影响区组成。焊缝两侧因焊接热而导致母材的组织和性能发生变化的区域称为热影响区。

1. 焊缝的组织与性能

焊缝组织是熔池金属结晶得到的柱状铸态组织，由铁素体和少量珠光体组成。铸态组织晶粒粗大，组织不致密，但由于焊接熔池体积小、冷却速度快，同时焊条药皮、焊剂或焊丝在焊接过程中的冶金作用，焊缝金属中锰、硅等有益合金元素含量可能高于母材。所以，焊缝金属的力学性能不低于母材。

2. 热影响区的组织与性能

由于焊缝附近各点受热情况不同，热影响区可分为熔合区、过热区、正火区和部分相变区等，如图7-3(b)所示。

1)熔合区

熔合区是焊缝和母材金属的交界区，相当于加热到固相线和液相线之间，该区域的母材部分熔化，所以也称之为半熔化区。熔化的金属凝固形成铸态组织，未熔化的金属因加热温度过高导致金属组织晶粒粗大，所以该区域的力学性能是整个接头中最差的，而且在很大程度上决定着焊接接头的性能。

2)过热区

加热到1 100 ℃至固相线的温度区间，称为过热区。奥氏体晶粒急剧长大，冷却后产生晶粒粗大的过热组织。因而该区域塑性及韧性很低，容易产生焊接裂纹。

3)正火区

加热到Ac_3至1 100 ℃的温度区间，称为正火区。金属发生重结晶，冷却后得到均匀而细小的铁素体和珠光体组织，该区域机械性能优于母材。

4)部分相变区

加热到Ac_1至Ac_3的温度区间，称为部分相变区。部分铁素体来不及转变，只有部分组织发生转变，故称为部分相变区，该区冷却后晶粒大小不匀，力学性能较差。

综上所述，熔合区和过热区的性能最差，产生裂缝和局部破坏的倾向最大，是焊接接头中比较薄弱的部分，对焊缝质量影响最大，因此在焊接过程中应尽可能减小这两个区域的宽度。

7.2 手工电弧焊

手工电弧焊是利用焊条和焊件间产生的电弧热量熔化焊条和部分工件，凝固后形成焊接接头的一种焊接方法。其特点是：所需设备简单、操作灵活，可以对不同焊接位置、不同接头形式的焊缝方便地进行焊接，是目前应用最广泛的焊接方法。

手工电弧焊按电极材料的不同可分为熔化极手工电弧焊和非熔化极手工电弧焊。熔化极手工电弧焊是以金属焊条作电极，电弧在焊条端部和母材表面间燃烧，形成熔池，冷却后成为焊缝的焊接方法。非熔化极手工电弧焊主要是手工钨极气体保护焊。

7.2.1 手工电弧焊工作原理

图7-4是手工电弧焊示意图，电路以弧焊电源为起点，通过焊接电缆、焊钳、焊条、工件、接地电缆形成回路。焊接时，工件和焊条间有电弧存在而形成闭合回路。焊条和工件既作为焊接材料，也作为导体。焊接开始后，电弧的高热使焊条端部和母材瞬间熔化，共同形成熔池，随着电弧向前移动，新的熔池不断形成，原来的熔池则逐渐降温而凝固，从而

形成连续的焊缝。

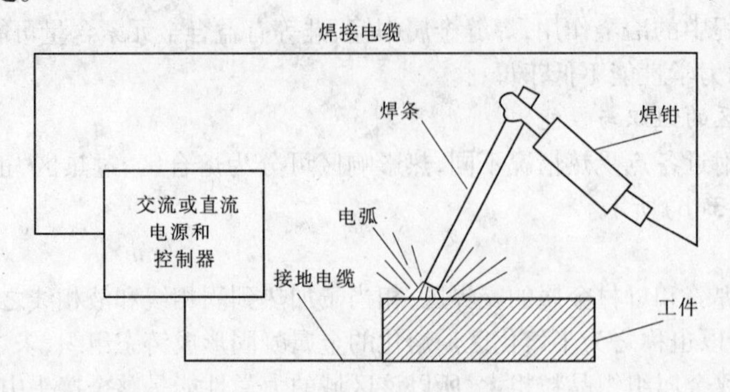

图 7-4　手工电弧焊示意图

手工电弧焊的操作过程:焊接时先将焊条夹在焊钳上,把工件同电焊机相连接,使焊条与工件接触,发生短路,产生电流,随即提起焊条 2 ~ 4 mm,在焊条端部和工件之间即可引燃电弧进行焊接。

7.2.2　手工电弧焊设备

手工电弧焊的主要设备是电焊机,实际上是一种弧焊电源。按产生电流种类的不同,分为直流弧焊机和交流弧焊机。

7.2.2.1　直流弧焊机

直流弧焊机分为焊接发电机和弧焊整流器两种。

1. 焊接发电机

焊接发电机由交流电动机和直流电焊发电机组成。采用焊接发电机焊接时电弧稳定,能适应各种焊条的焊接,但结构较复杂、噪声大、成本高,主要用于小电流焊接。

2. 弧焊整流器

弧焊整流器是一种将交流电通过整流转换为直流电的弧焊机。与焊接发电机相比,弧焊整流器没有旋转部分,结构简单、维修容易、噪声小,使用比较普遍。

用直流弧焊机焊接时,由于正极和负极上分配的热量不同,有正接和反接两种接线方法,如图 7-5 所示。把工件接在阳极上、焊条接在阴极上的方法称为正接法,此时电弧热量大部分集中在工件(阳极)上,使工件更易于熔化,正接法适于厚板的焊接。反之,称之为反接法,适于薄板和有色金属的焊接。但在使用碱性焊条时,均采用直流反接法。

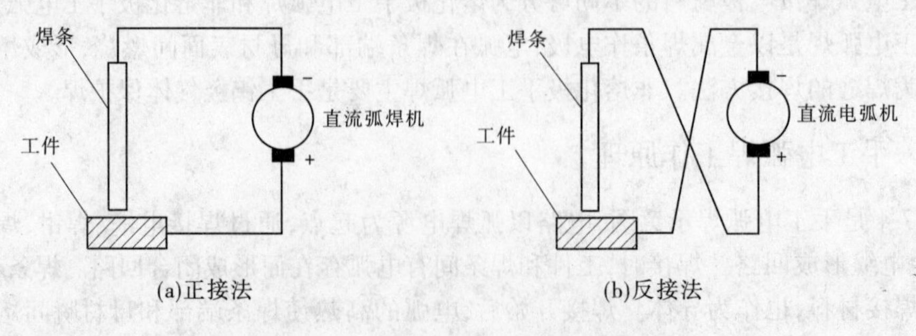

图 7-5　采用直流弧焊机的极性接法

7.2.2.2 交流弧焊机

交流弧焊机又称弧焊变压器,实际上是一种特殊的降压变压器。它将220 V或380 V的电压降到60~80 V(即焊机的空载电压),以满足引弧的需要。焊接时,电压会自动下降到电弧正常工作时所需要的电压(20~30 V)。交流弧焊机是常用的焊条电弧焊设备,其结构简单、制造方便、价格便宜、节省电能、维修方便,不存在正反接问题,但电弧稳定性较差。

使用酸性焊条焊接低碳钢构件时,应优先考虑选用价格低廉、维修方便的交流弧焊机;使用碱性焊条焊接高压容器、高压管道等重要钢结构,或焊接合金钢、有色金属、铸铁时,则应选用直流弧焊机。

7.2.2.3 焊钳和面罩

焊钳是用来夹持焊条和传递电流的工具。面罩是用来保护眼睛和面部,以避免弧光的伤害的设备。其结构如图7-6所示。

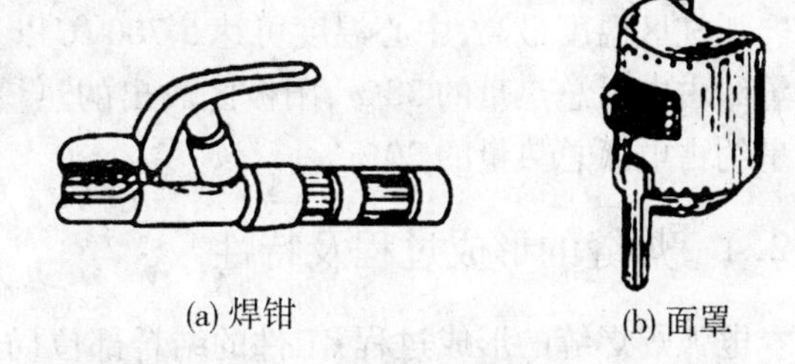

图7-6 焊钳和面罩

7.2.3 焊接电弧

焊接电弧指的是在电极与工件之间发生的强烈、持久的气体放电现象。

7.2.3.1 电弧的引燃

常态下的空气由中性分子或原子组成,不含带电粒子。要使空气导电,首先要使其产生带电粒子,即发生电离。焊接是通过引弧使空气电离的,先将电极(焊条)和焊件接触形成短路,如图7-7(a)所示。此时,在接触点上产生很大的短路电流,温度迅速升高,为电子的逸出和气体的电离提供能量,然后将电极提起一定距离,如图7-7(b)所示。在电场力的作用下,被加热的阴极有电子高速逸出,撞击空气中的中性分子和原子,使空气电离成阳离子、阴离子和自由电子。这些带电粒子在外电场作用下运动,阳离子奔向阴极,阴离子和自由电子奔向阳极。在运动过程中,各种粒子不断互相碰撞和复合,产生大量的光和热,形成焊接电弧,如图7-7(c)所示。

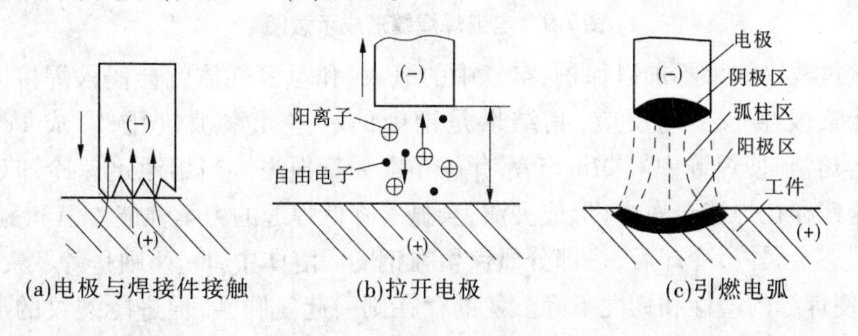

图7-7 电弧的引燃

7.2.3.2 电弧的组成

焊接电弧由阴极区、阳极区和弧柱区三部分组成,如图7-8所示。

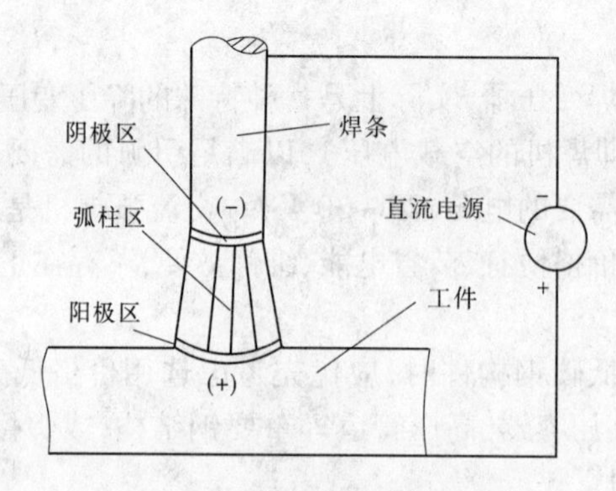

图 7-8　焊接电弧的组成

弧柱区温度最高,中心温度可达 5 700 ℃以上。使用直流电源焊接时,阴极区放出的热量约占电弧总热量的 38%,阳极区放出的热量约占电弧总热量的 42%,弧柱区放出的热量约占电弧总热量的 20%。

7.2.4　焊缝的形成过程及特性

电弧焊焊缝的形成过程:工件的结合部位局部加热熔化,产生共同熔池,再经凝固结晶成为焊缝,如图 7-9 所示。该过程类似一种特殊的冶金过程,各种元素处于高温熔融状态,并与空气接触,导致部分金属元素烧损或形成有害杂质,从而产生气孔和夹渣等缺陷。

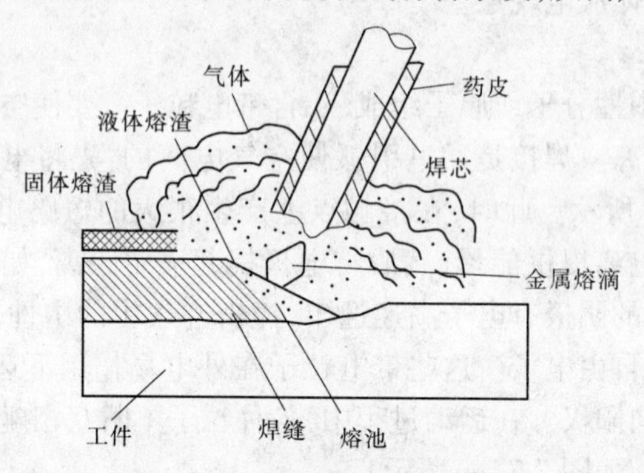

图 7-9　电弧焊焊缝形成示意图

在焊接过程中如果不加以保护,空气中的氧、氮和氢等气体就会侵入焊接区,在高温下与金属元素发生一系列反应,其结果是钢中的一些元素被氧化,形成 $FeO \cdot SiO_2$、$Mn \cdot SiO_2$ 等熔渣,使焊缝中 C、Mn、Si 等有益元素大量损失。当熔池迅速冷却后,一部分氧化物熔渣残存在焊缝金属中,形成夹渣,会显著降低焊缝的力学性能。氢和氮在高温时能溶解于液态金属内,冷却后,一部分氮保留在钢的固溶体中,Fe_4N 则呈片状夹杂物留存在焊缝中,使焊缝的塑性和韧性下降。氢的存在则引起氢脆性,促进冷裂纹的形成,并且易造成气孔。

为了保证焊缝质量,焊接过程中可以采取的工艺措施如下:形成保护气氛,限制有害气体进入焊缝区;适当补充烧损的合金元素;清除进入熔池的有害元素。

7.2.5 焊条

焊条是手工电弧焊用的、涂有药皮的熔化电极。它直接影响焊接电弧的稳定性,以及焊缝金属的化学成分和力学性能。

7.2.5.1 焊条的组成和作用

焊条的组成示意图如图 7-10 所示。

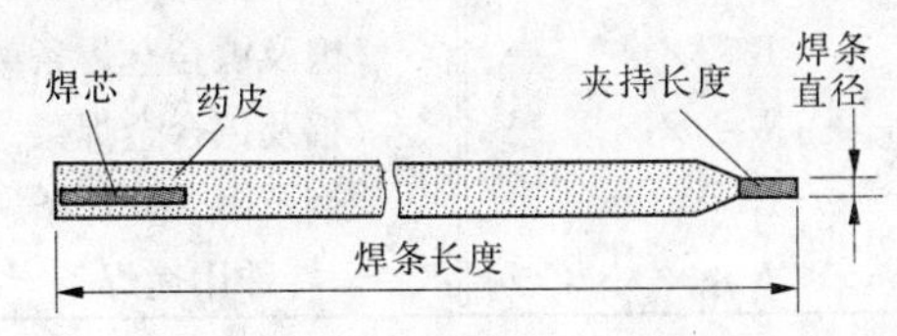

图 7-10 焊条的组成示意图

1. 焊芯

焊芯的是焊条中被药皮包覆的金属芯,主要作用是导电,产生电弧,并作为填充金属,与熔化的母材一起形成焊缝。由于焊芯的化学成分和杂质直接影响焊缝的质量,因此焊芯都是专门用于冶炼的钢丝。碳、硅含量较低,硫、磷含量极少,直径为 3.2 ~ 5.0 mm 的焊芯应用最广。

2. 药皮

药皮是压涂在焊芯表面的涂料层,由矿石粉和铁合金粉等原料按一定比例配制而成。它的作用:改善焊接工艺性,使电弧易于引燃和保持稳定燃烧;药皮中有机物燃烧产生的气体能够保护熔池内金属不被氧化,对焊缝金属起保护作用;药皮中含有脱氧剂、合金剂、稀渣剂等,使熔化的金属顺利进行脱氧、脱硫、去氢等冶金化学反应,并补充被烧损的合金元素,保证焊缝金属具有良好的力学性能。

7.2.5.2 焊条的分类

焊条按用途不同分为结构钢焊条、不锈钢焊条、铸铁焊条等,其中结构钢焊条应用最广。

结构钢焊条按药皮性质可分为酸性焊条和碱性焊条两种。酸性焊条的药皮中含有大量酸性氧化物(如 SiO_2、MnO_2 等),碱性焊条的药皮中含有大量碱性氧化物(如 CaO、CaF_2 等)。

7.2.5.3 焊条的型号与牌号

焊条型号是国家标准中规定的焊条代号。根据国家标准(GB/T 5117—1995、GB/T 5118—1995)规定,碳钢焊条和低合金钢焊条型号用“E + 四位数字”表示:E 表示焊条,前两位数字表示熔敷金属抗拉强度的最小值,第三位数字表示焊接位置,0、1 表示全位置焊接(平、立、仰、横),2 表示平焊及平角焊,4 表示向下立焊,第三位和第四位数字组合表示焊接电流种类及药皮类型。如 E4301 的含义为:E 代表焊条;43 代表熔敷金属抗拉强度不低于 430 MPa;0 代表焊条适于全位置焊接;第三位和第四位数字组合 01 代表钛铁矿型药皮。

焊条牌号是焊条生产行业统一的焊条代号。一般用相应的大写拼音字母(或汉字)

和三位数字表示（见表7-1），如J422、J507等。拼音字母（或汉字）表示焊条类别，如J表示结构钢焊条，前两位数字表示焊缝金属抗拉强度的最小值，第三位数字表示药皮类型和电源种类。

表7-1 焊条牌号表示方法

名称	焊条牌号	名称	焊条牌号
结构钢焊条	J×××	铸铁焊条	Z×××
钼及铬钼耐热钢焊条	R×××	镍及镍合金焊条	N×××
低温钢焊条	W×××	铝及铝合金焊条	L×××
不锈钢焊条	G×××	铜及铜合金焊条	T×××
堆焊焊条	A×××	特殊用途焊条	TS×××

7.2.5.4 焊条的选用

焊条的选择应在保证焊接质量的前提下，尽可能地提高劳动生产率和降低成本。一般应从以下几个方面考虑：

（1）等强度原则。焊接低碳钢和低合金钢时，一般应使焊缝金属与母材等强度，即根据母材强度选用焊条。

（2）同成分原则。焊接耐热钢、不锈钢等金属材料时，应使焊缝金属的化学成分与母材的化学成分相同或相近，即按母材的化学成分选用焊条。

（3）抗裂缝原则。焊接刚度大、形状复杂、要承受动载荷的结构时，应选用抗裂性好的碱性焊条，以免在焊接和使用过程中接头产生裂纹。

（4）抗气孔原则。受焊接工艺条件的限制，如果对焊件接头部位的油污、铁锈等清理不便，应选用抗气孔能力强的酸性焊条，以免焊接过程中气体滞留于焊缝中形成气孔。

（5）低成本原则。在满足使用要求的前提下，尽量选用工艺性能好、成本低和效率高的焊条。

7.2.6 手工电弧焊工艺

7.2.6.1 接头形式

焊接碳钢和低合金钢的基本接头形式有对接接头、角接接头、T形接头和搭接接头等（见图7-11）。一般根据结构的形状、厚度、强度及焊接工艺等来选择接头形式。

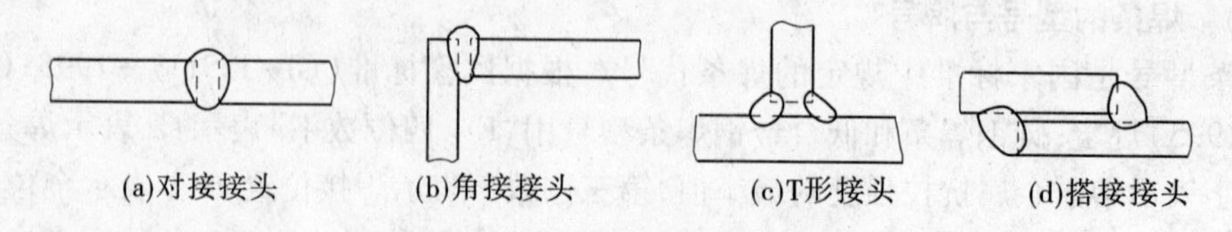

(a)对接接头　(b)角接接头　(c)T形接头　(d)搭接接头

图7-11 常用焊接接头的形式

7.2.6.2 坡口形式

坡口形式主要根据板厚选择，在保证焊透的同时又能提高生产率。板厚在6 mm以下时一般不开坡口，只需在接口处留有一定间隙，以保证焊透。对于较厚的工件，为了使焊条能深入到接头底部起弧，保证焊透，焊前应把接头处加工成所需要的坡口形状。为了防止烧穿坡口的根部，一般要留 2 ~ 3 mm 的直边，称钝边。常见的坡口形式如图 7-12 所示。

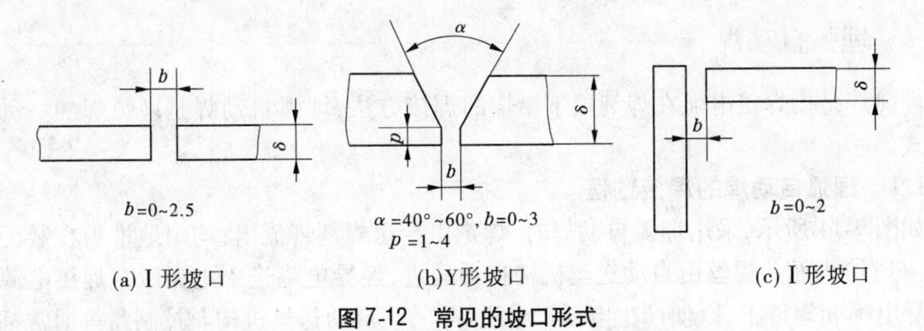

图 7-12　常见的坡口形式

7.2.6.3　焊缝的空间位置

焊接时，根据焊缝在空间所处位置的不同，可分为平焊、立焊、横焊和仰焊四种，如图 7-13 所示。

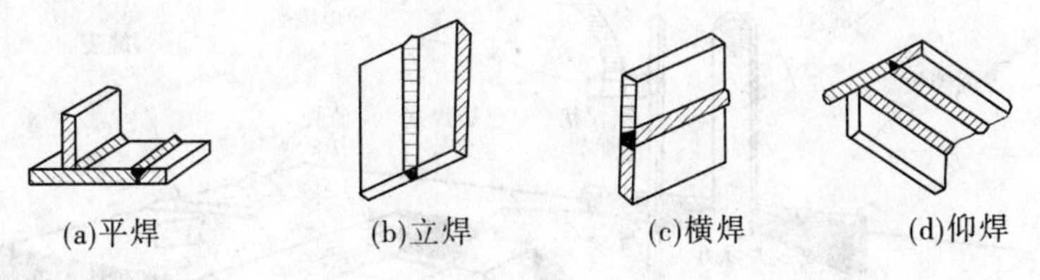

图 7-13　焊缝的空间位置

平焊时，操作方便，易保证焊接质量，生产率高；立焊时，焊缝形成较困难，不易操作；横焊时，易产生咬边、焊瘤及未焊透等缺陷；仰焊时，焊缝形成困难，最不易操作。所以，立焊、横焊、仰焊尽可能避免。如果必须采用这些焊缝，应选择直径较小的焊条，较小的电流，短弧操作等工艺措施。

7.2.6.4　焊接参数

选择合适的焊接参数可以保证焊接质量和提高劳动生产率。手工电弧焊的焊接参数包括焊条直径、焊接电流、焊接电压、焊接速度和电弧长度等，其中焊条直径和焊接电流为主要参数。

1. 焊条直径

焊条直径主要取决于被焊工件的厚度。原则上工件越厚，所选用的焊条直径越大。在多层焊接时，为了防止根部未焊透，第一层焊接应采用直径较小的焊条，以后各层可根据被焊工件的厚度，选用直径较大的焊条。此外，焊接接头形式不同，焊条的直径也有所不同，一般为提高生产率，应尽量选用较大直径的焊条。

2. 焊接电流

焊接电流的大小是影响焊缝质量和生产率的主要因素。增大焊接电流，可提高生产率。但电流过大，易造成焊缝咬边、烧穿等缺陷；电流过小，会使电弧不稳定，易造成未焊透、夹渣等缺陷。

7.3 其他焊接方法

7.3.1 埋弧自动焊

埋弧焊是指焊接电弧在焊剂层下燃烧的焊接方法,埋弧自动焊是埋弧焊的一种自动化形式。

7.3.1.1 埋弧自动焊的焊接过程

如图 7-14 所示,采用埋弧自动焊时,焊剂由给送焊剂管流出,均匀地堆敷在装配好的焊件(母材)表面。焊丝由自动送丝机构自动送进,经导电嘴进入电弧区。焊接电源分别接在导电嘴和焊件上,以便产生电弧。给送焊剂管、自动送丝机构及控制盘等通常都装在一台电动小车上。小车可以按设定的速度沿着焊缝自动行走。

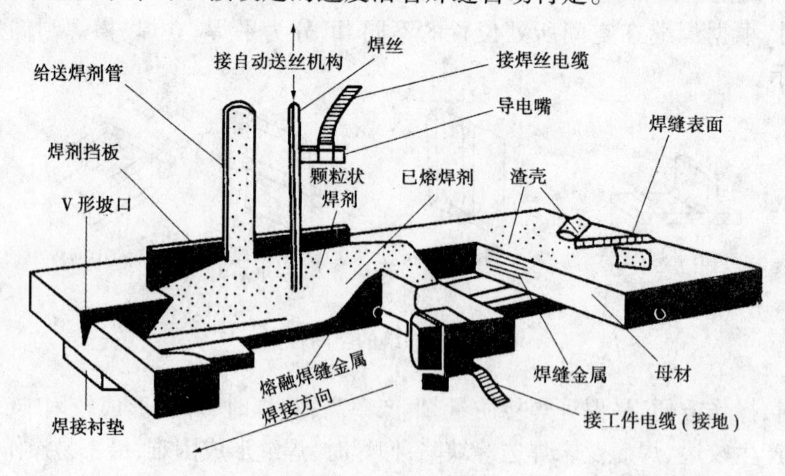

图 7-14 埋弧自动焊

埋弧自动焊的焊缝形成过程如图 7-15 所示。将颗粒状焊剂(代替焊条药皮)堆积在焊道上,插至焊剂层下的焊丝末端与母材之间产生电弧,电弧热使邻近的母材、焊丝和焊剂熔化,并有部分被蒸发。焊剂蒸气将熔化的焊剂(熔渣)排开,形成一个封闭空间,隔绝了空气与电弧、熔池的接触,而且阻挡了电弧光的辐射。熔化的焊丝呈滴状进入熔池,与熔化的母材金属和焊剂中的合金元素混合。熔融金属沉在熔池下部,冷却结晶形成焊缝,熔化的焊剂成为熔渣浮在熔池上面保护熔池,冷却凝固后形成渣壳。随着电弧向前移动,焊丝不断地被补充,同时不断地添加焊剂,即可形成连续的焊缝,未熔化的焊剂经回收处理后可再次使用。

7.3.1.2 埋弧自动焊的特点及应用

埋弧自动焊与焊条电弧焊相比,具有如下特点:①生产率高、成本低;②焊接质量高而稳定,焊剂保护效果好,冶金过程完善,对操作者技术要求低,焊缝美观;③改善劳动条件,没有弧光,烟雾少,劳动强度低;④适应性差,只适合平焊中的直缝和环缝,不能焊空间焊缝和不规则焊缝;⑤设备结构复杂,投资大,准备工作量大;⑥焊接过程看不到电弧,不能

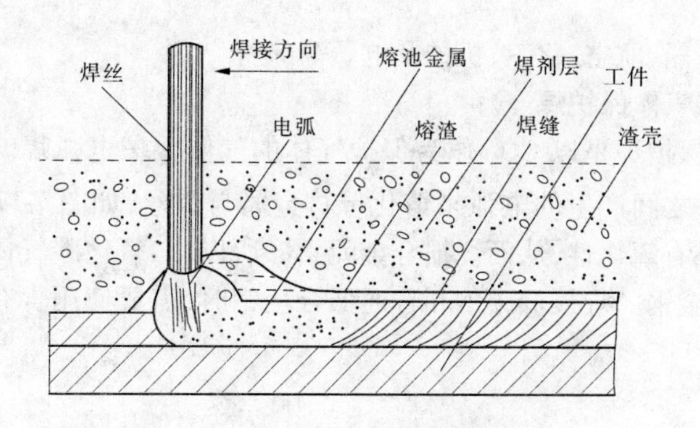

图 7-15　埋弧自动焊的焊缝形成过程

及时发现问题;⑦对坡口的加工、清理和装配质量要求较高。

埋弧自动焊常用于工件厚度为 6 ~ 60 mm 的长直水平焊缝及较大直径环形焊缝的成批形成,在桥梁、造船、锅炉、压力容器、冶金机械制造等领域中应用广泛。

7.3.2　气体保护电弧焊

气体保护电弧焊是用外加气体作为介质,起保护电弧和焊接区的作用,简称气体保护焊。常用的有氩弧焊和二氧化碳气体保护焊两种。

7.3.2.1　氩弧焊

氩弧焊是以氩气作为保护气体的气体保护电弧焊。氩气是一种惰性气体,在高温下不与金属和其他任何元素起化学反应,也不熔于金属,因此保护效果良好,焊接质量较高。

按照电极不同,氩弧焊可分为熔化极(金属极)和非熔化极(钨极)两种,如图 7-16 所示。采用熔化极氩弧焊焊接时,以连续送进的焊丝作为电极,与埋弧自动焊相似;采用非熔化极氩弧焊焊接时,电极不熔化,只起导电和产生电弧的作用。

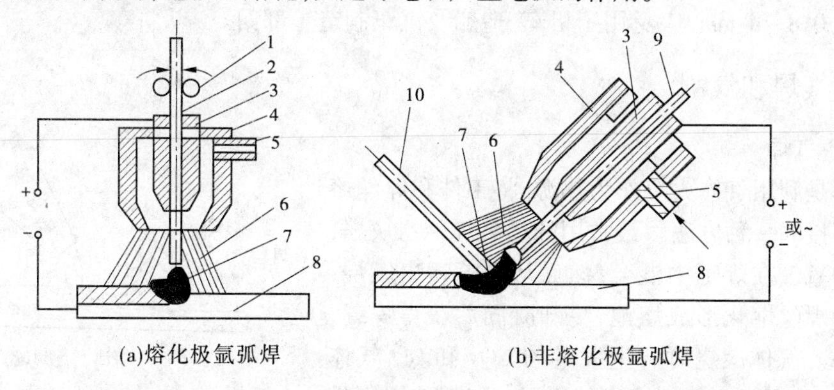

(a)熔化极氩弧焊　　(b)非熔化极氩弧焊

1—送丝轮;2—焊丝;3—导电嘴;4—喷嘴;5—进气管;6—氩气流;7—电弧;
8—工件;9—钨极;10—填充焊丝

图 7-16　氩弧焊示意图

氩弧焊的优点是:焊接质量优良;焊接变形小;焊接电弧稳定,飞溅少;能进行全位置焊接。其缺点是:设备和控制系统较复杂,焊接成本高。

氩弧焊主要用于焊接化学性质活泼的金属材料、不锈钢、耐热钢、低合金钢和某些稀有金属，广泛用于造船、航空、化工、机械及电子等部门。

7.3.2.2 二氧化碳气体保护焊

二氧化碳气体保护焊是以 CO_2 作为保护气体的气体保护电弧焊。它用焊丝作为电极，依靠焊丝与工件之间产生的电弧来熔化母材金属与焊丝，如图 7-17 所示。CO_2 在电弧高温下会分解，具有氧化性，从而烧损合金元素。所以，二氧化碳气体保护焊不能用来焊接有色金属和合金钢。焊接低碳钢和普通低合金钢时，需要使用含有合金元素的焊丝来脱氧和冶金。

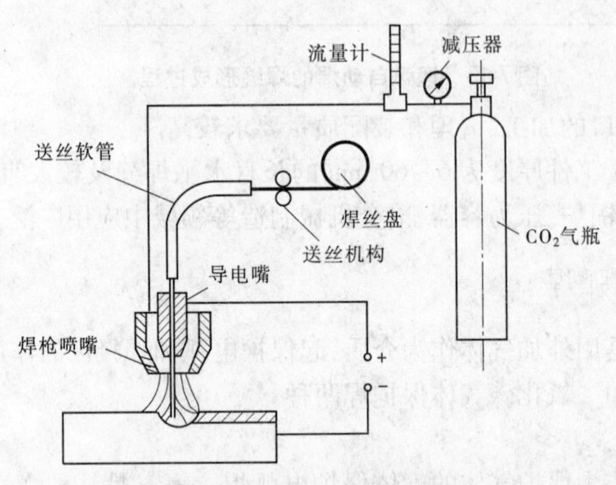

图 7-17 二氧化碳气体保护焊示意图

二氧化碳气体保护焊的优点是：焊接质量高、生产效率高、操作性能好、焊接成本低。其缺点是：使用大电流焊接时，电弧飞溅大，焊缝成形不美观，焊接设备比较复杂。

二氧化碳气体保护焊主要用于焊接低碳钢和强度等级不高的低合金结构钢，焊接厚度一般在 0.8 ~4 mm，广泛用于机车、造船及汽车制造等部门。

7.3.3 气焊和气割

7.3.3.1 气焊

气焊是利用气体火焰作为热源，将工件和焊丝熔化进行焊接的一种方法。最常用的是氧气－乙炔焰，用乙炔和氧气在焊炬中混合，然后从焊嘴喷出燃烧，使工件和焊丝熔化形成熔池，冷却凝固后获得焊缝，见图 7-18。气体燃烧时产生大量的 CO_2 和 CO 气体笼罩熔池，从而起到保护熔池的作用。气焊使用不带药皮的光焊丝作填充金属，可以进行各种空间位置的焊接，其接头形式也有对接、搭接、角接和 T 形接等。在气焊前，必须彻底清除焊丝和焊件接头表面的油污、油漆、铁锈以及水分等，否则不能进行焊接。

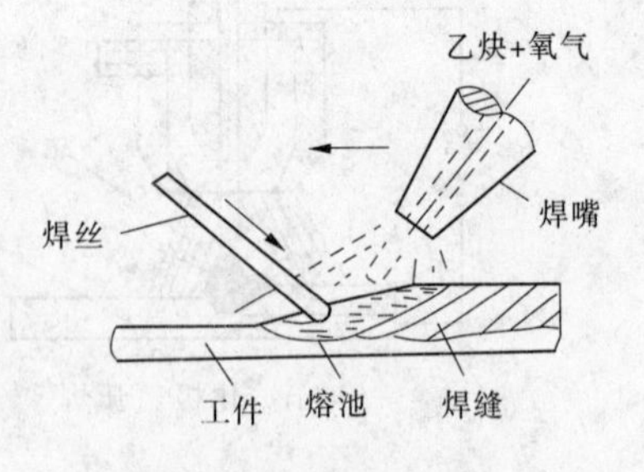

图 7-18 气焊示意图

气焊设备简单、操作灵活方便、不需电源，但气焊火焰温度较低（最高约 3 150 ℃），且热量较分散、生产率低、工件变形大，所以应用不如电弧焊广泛。主要用于焊接厚度在 3 mm 以下的薄钢板、有色金属及其合金、低熔点材料以及铸铁焊补、钎焊刀具等。气焊设备由氧气瓶、乙炔瓶、减压阀、回火防止器及焊炬等组成,如图 7-19、图 7-20 所示。

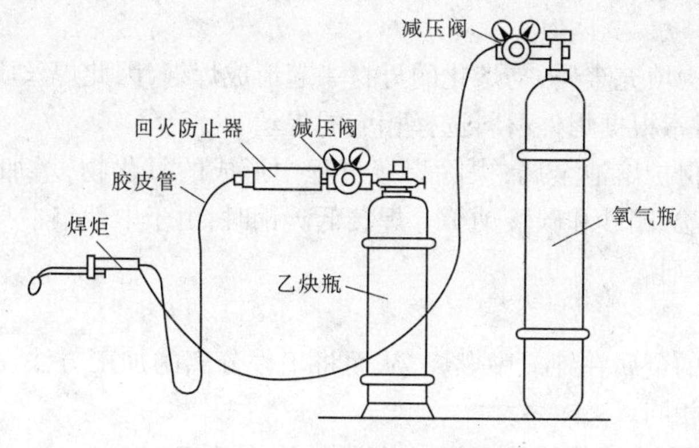

图 7-19 气焊设备及连接

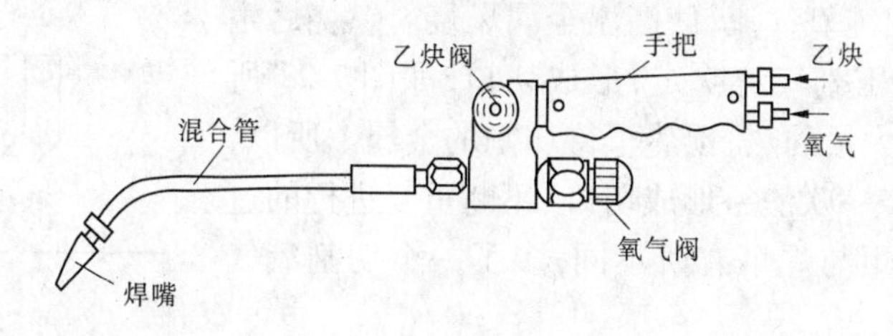

图 7-20 焊炬

1. 气焊火焰的种类及应用

气焊时通过调节氧气阀和乙炔阀,可以改变氧气和乙炔的混合比例,从而得到三种不同的气焊火焰:中性焰、碳化焰和氧化焰,如图 7-21 所示。

1) 中性焰

当氧气和乙炔混合比为 1.1 ~1.2 时,燃烧获得中性焰,又称正常焰。中性焰由焰心、内焰和外焰三部分组成。焰心温度约 900 ℃,内焰温度最高约 3 150 ℃,焊接时应使熔池和焊丝末端处于内焰。中性焰在生产上应用最广,适用于低碳钢、中碳钢、低合金钢、不锈钢、纯铜和铝合金等材料的焊接。

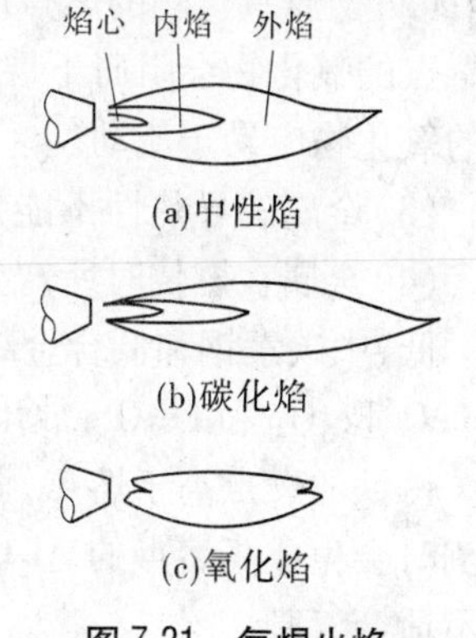

(a)中性焰

(b)碳化焰

(c)氧化焰

图 7-21 气焊火焰

2) 碳化焰

当氧气和乙炔的混合比小于 1.1 时,燃烧获得碳化焰。整个火焰长而柔软,最高温度可达 2 700 ~3 000 ℃。由于氧气比较少,燃烧不充分,因而火焰中含有过剩乙炔并分离成游离状态的碳和氢,从而导致焊缝产生气孔和裂纹。这种火焰适用于含碳量较高的高碳钢、铸铁、硬质合金及高速钢的焊接。

3) 氧化焰

当氧气和乙炔混合比大于 1.2 时,燃烧获得氧化焰。内焰和外焰层次不清,燃烧时有噪声,最高温度可达 3 100 ~3 300 ℃。由于氧化焰中有过量的氧气存在,因而对熔池有氧化作用,从而影响焊缝质量。这种火焰应用较少,只在焊接黄铜和锡青铜时才采用,生成一层氧化物膜覆盖在熔池上,以防止锌、锡在高温下蒸发。

2. 焊丝与焊剂

气焊的焊丝作为填充金属,与熔化的母材一起形成焊缝,因此焊丝质量对焊件性能有很大的影响,焊接时常根据焊件材料选择相应的焊丝。

焊剂的作用是保护熔池金属,去除焊接过程中形成的氧化物,增加液态金属的流动性。焊剂主要有硼酸、硼砂和碳酸钠等。焊接低碳钢时,由于中性焰本身具有一定的保护作用,可以不使用焊剂。

7.3.3.2 气割

气割是使高温的金属在纯氧中燃烧,从而将工件分离的加工方法。气割使用的气体和供气装置与气焊相同。

气割时,先用氧气－乙炔焰将金属加热到燃点,然后打开切割氧阀门,放出纯氧气流,使高温金属燃烧。燃烧后生成的液体熔渣被高压氧气流吹走,形成切口,如图 7-22 所示。金属燃烧放出大量的热,预热了待切割的金属。所以,气割是“预热→燃烧→吹渣→形成切口”不断重复进行的过程。气割所用的割炬与焊炬有所不同,多了一个切割氧气管和切割氧阀门。

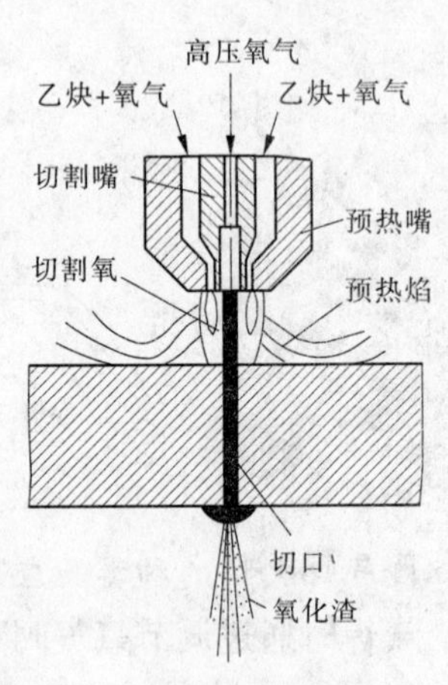

图 7-22 气割

气割并非适用于一切金属材料,只有符合下列条件的金属才能进行气割:

(1)金属的燃点应低于本身的熔点,否则变为熔割,使切割质量降低,甚至不能切割。

(2)金属氧化物的熔点应低于金属本身的熔点。否则,高熔点的氧化物会阻碍下层金属与氧气流接触,使气割无法继续进行。另外,气割时所产生的氧化物应易于流动。

(3)金属的导热性不能太高,否则使气割处的热量不足,造成气割困难。

(4)金属在燃烧时所产生的大量热能应能维持气割的进行。

低、中碳素钢和低合金结构钢具有很好的气割性能,因其主要成分为铁,其燃烧时生成 FeO、Fe_3O_4 和 Fe_2O_3,放出大量的热,并且熔点低,流动性好,故切口光洁整齐,且质量好。铸铁的燃点高于熔点,而且渣中大量的黏稠的 SiO_2 会妨碍切割进行,铝和不锈钢在气割时会生成高熔点的 Al_2O_3 和 Cr_2O_3 膜,所以高碳钢、铸铁、高合金钢和铜铝等有色金属不适合气割。

7.3.4 电渣焊

电渣焊是利用电流通过液态熔渣时所产生的电阻热,熔化母材和填充金属进行焊接的方法。它与电弧焊不同,除引弧外,焊接过程中不产生电弧。

电渣焊一般在立焊位置进行,焊前将边缘经过清理、侧面经过加工的焊件装配成相距 20 ~ 40 mm 的接头,如图 7-23 所示。

焊件与填充焊丝接电源两极,在接头底部焊有引弧板,顶部装有引出板。在接头两侧还装有强制成形装置及冷却滑块(一般用铜板制成,并通水冷却),使熔池冷却结晶。焊接时将焊剂装在引弧板、冷却滑块围成的盒状空间里。送丝机构送入焊丝,同引弧板接触后引燃电弧。电弧高温使焊剂熔化,形成液态熔渣池。当熔渣池液面升高淹没焊丝末端后,电弧自行熄灭,电流通过熔渣,进入电渣焊过程。由于液态熔渣具有较大电阻,电流通过时产生的电阻热将使熔渣温度升高达 1 700 ~ 2 000 ℃,使与之接触的焊件边缘及焊丝末端熔化。熔化的金属在下沉过程中同熔渣发生一系列冶金反应,最后沉集于熔渣池底部,形成金属熔池。随着焊丝不断送进与熔化,金属熔池不断升高并将熔渣池上推,冷却滑块也同步上移,熔渣池底部则逐渐冷却凝固成焊缝,将两焊件连接起来。比重轻的熔渣池浮在上面既作为热源,又隔离空气,保护金属熔池不受侵害。电渣焊焊接过程如图 7-24 所示。

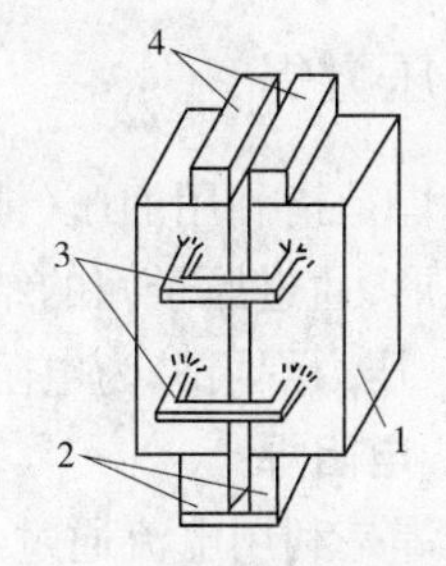

1—工件;2—引弧板;3—门形板;4—引出板

图 7-23　电渣焊工件装配图

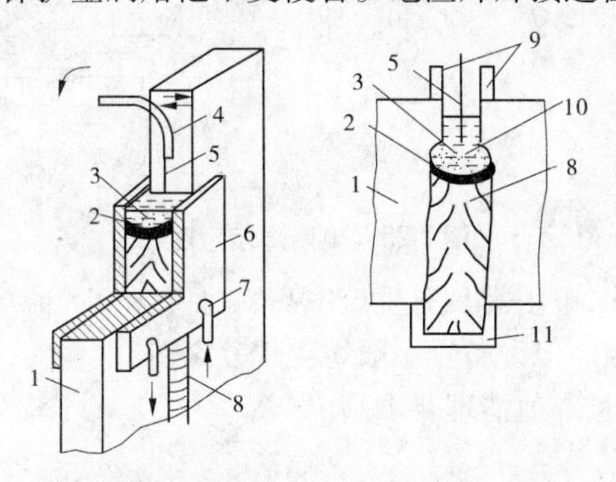

1—工件;2—金属熔池;3—熔渣;4—导丝管;5—焊丝;6—强制成形装置;
7—冷却水管;8—焊缝;9—引出板;10—金属熔滴;11—引弧板

图 7-24　电渣焊焊接过程示意图

电渣焊有以下特点:

(1)对于厚大截面的焊件可一次焊成,生产率高。工件不开坡口,焊接同等厚度的工件时,焊剂消耗量只是埋弧自动焊的 1/50 ~ 1/20,电能消耗量是埋弧焊的 1/3 ~ 1/2、手工电弧焊的 1/2,因此电渣焊的经济效益好,成本低。

(2)由于熔渣对熔池保护严密,避免了空气对金属熔池的有害影响,而且熔池金属长时间保持液态,有利于冶金反应和气体杂质上浮排除,焊缝化学成分均匀,因此焊缝比较纯净,质量较好。

(3)焊接速度慢,焊件冷却慢,因此焊接应力小。但焊接热影响区却比其他焊接方法的宽,造成接头晶粒粗大,力学性能下降,所以电渣焊后,焊件要进行正火处理,以细化晶粒。

电渣焊主要用于焊接厚度大于 30 mm 的厚大工件,不仅适合于低碳钢的焊接,还适合于中碳钢和合金结构钢的焊接。目前,电渣焊是制造大型铸 - 焊、锻 - 焊复合结构,如水压机、水轮机和轧钢机上大型零件的重要工艺方法。

7.3.5 压力焊

压力焊是指利用加压(或同时加热)的方法使两工件的结合面紧密接触,并产生一定的塑性变形,通过原子间的结合力将两者牢固地连接起来的焊接方法。根据加热加压方式的不同,压力焊可分为电阻焊、摩擦焊、超声波焊、扩散焊和爆炸焊等。

7.3.5.1 电阻焊

电阻焊是利用电流通过焊件及其接触面产生的电阻热作为热源,将焊件局部加热到塑性或熔融状态,然后在压力下形成焊接接头的一种焊接方法。电阻焊分为点焊、缝焊、对焊三种形式,如图 7-25 所示。

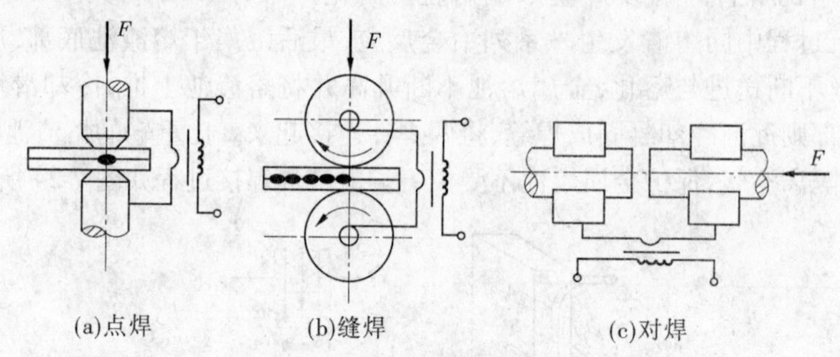

图 7-25 电阻焊示意图

与其他焊接方法相比,电阻焊具有生产率高、焊件变形小、劳动条件好、不需填充材料和易于实现自动化等特点。但设备较一般熔化焊复杂、耗电量大,适用的接头形式和可焊工件厚度受到一定限制,且焊前清理要求高。

1. 点焊

如图 7-25(a)所示,点焊是利用柱状电极在两块搭接工件接触面之间形成焊点而将工件焊在一起的方法。点焊的焊接过程分预压、通电加热和断电冷却等几个阶段。

(1)预压。将表面已清理好的工件叠合起来,置于两电极之间预压夹紧,使工件欲焊处紧密接触。

(2)通电加热。热量主要集中在两工件接触处,将该处金属迅速加热到熔融状态形成熔核,熔核周围的金属被加热到塑性状态,在压力作用下发生较大的塑性变形。

(3)断电冷却。当塑性变形量达到一定程度后,切断电源,并保持压力一段时间,使熔核在压力作用下冷却结晶,形成焊点。

焊完一点后,移动工件焊第二点,这时候有一部分电流流经已焊好的焊点,这种现象称为分流。分流会使第二点处电流减小,影响焊接质量,因而两点间应有一定距离。被焊材料的导电性越好,工件厚度越大,分流现象越严重,因此两点间的距离就应该越大。

点焊主要用于薄板结构,板厚一般在 4 mm 以下,特殊情况下可达 10 mm。这种焊接方法广泛用于制造汽车车厢、飞机外壳等轻型结构。

2. 缝焊

缝焊焊缝是由许多焊点依次重叠而形成的连续焊缝,缝焊过程与点焊基本相似。由于缝焊机的电极是两个可以旋转的盘状电极,所以缝焊又称滚焊,如图 7-25(b)所示。当两工件的搭接处被两个圆盘电极以一定的压力夹紧并反向转动时，自动开关按一定的时间间隔闭合、断开，从而实现断续送电，两工件接触面间就形成了许多连续而彼此重叠的焊点，这样就获得了缝焊焊缝，焊点相互重叠率在50%以上。缝焊在焊接过程中分流现象严重，因此缝焊只适于焊接3 mm以下的薄板焊件。

缝焊焊缝表面光滑美观，气密性好，因此缝焊广泛应用于家用电器（如电冰箱壳体），交通运输（如汽车、拖拉机油箱）及航空航天（如火箭燃料储箱）等工业部门中要求密封的焊件。

3. 对焊

对焊是利用电阻热将两工件端部对接起来的一种压力焊方法，如图7-25（c）所示。根据焊接过程的不同，对焊又可分为电阻对焊和闪光对焊，如图7-26所示。

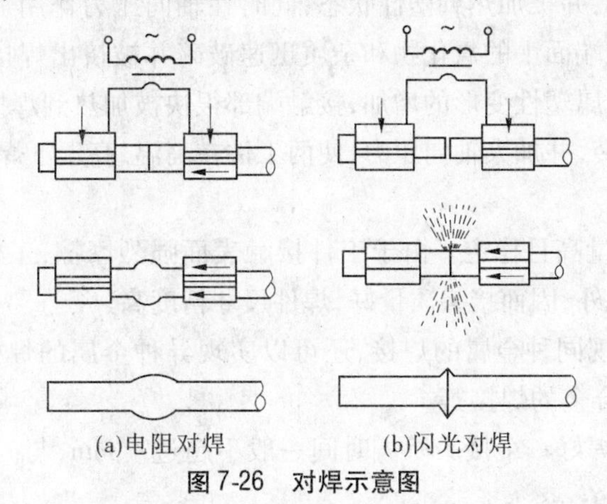

(a)电阻对焊　　(b)闪光对焊

图7-26　对焊示意图

1）电阻对焊

把工件装在对焊机的两个电极夹头上对正、夹紧，并施加预压力使两工件的端面挤紧，然后通电。由于两工件接触处实际接触面积较小，因而电阻较大，当电流通过时，就会在接触面产生大量的电阻热，使接触面附近金属迅速加热到塑性状态，然后增大压力，切断电源，接触处产生一定的塑性变形而形成接头。

电阻对焊具有接头光滑、毛刺小、焊接过程简单等优点，但接头的机械性能较差。焊前必须对工件端面进行除锈、修整，否则焊接质量难以保证。电阻对焊主要用于截面尺寸小且截面形状简单（如圆形、方形等）的金属型材的焊接。

2）闪光对焊

闪光对焊时，将工件在电极夹头上夹紧，先接通电源，然后逐渐靠拢。由于接头端面比较粗糙，开始只有少数几个点接触，当强大的电流通过接触面积很小的几点时，就会产生大量的电阻热，使接触点处的金属迅速熔化甚至汽化，熔化金属在电磁力和气体爆炸力的作用下连同表面的氧化物一起向四周喷射，产生火花四溅的闪光现象。继续推进工件，闪光现象便在新的接触点处产生。待两工件的整个接触端面都有一薄层金属熔化时，迅速加压并断电，两工件便在压力作用下冷却凝固而焊接在一起。

闪光对焊对工件端面的平整度要求不高，接头质量也较电阻对焊的好，但操作比较复杂，对环境也会造成一定污染。

7.3.5.2 摩擦焊

摩擦焊是利用两工件焊接端面之间相互摩擦产生的热量将工件端面加热到塑性状态,在压力作用下使它们连接起来的一种压力焊方法。

1. 摩擦焊的工作过程

如图 7-27 所示,将工件Ⅰ、Ⅱ分别夹持在焊机的旋转夹头和移动夹头上,加上预压力使两工件紧密接触。然后使工件Ⅰ高速旋转,工件Ⅱ在一定的轴向压力作用下不断向工件Ⅰ方向缓缓移动。于是两工件接触端面因强烈摩擦而发出大量的热,并被加热到塑性状态,同时在轴向压力作用下逐步发生塑性变形。变形的结果使覆盖在端面上的氧化物和杂质迅速破碎并被挤出焊接区,露出纯净的金属表面。随着焊接区金属塑性变形的增加,接触端部很快被加热到焊接温度。这时,立即刹车,停止工件Ⅰ的旋转,并加大轴向压力,使两工件在高温、高压下焊接在一起。

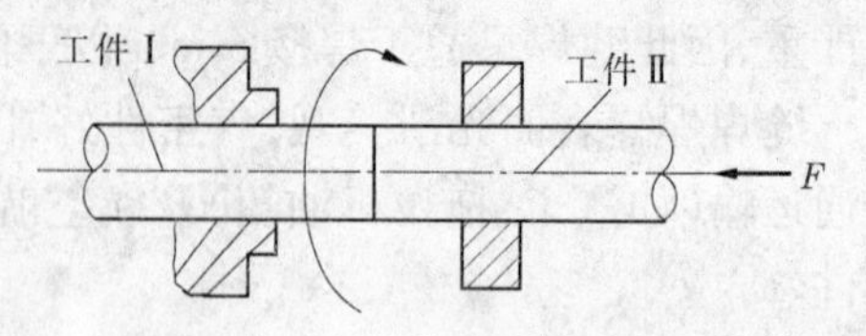

图 7-27 摩擦焊工作原理

2. 摩擦焊的特点

(1)焊接接头质量高且稳定。由于工件接触表面强烈摩擦,工件接触表面的氧化膜和杂质被挤出焊缝之外,因而接头质量好,焊件尺寸精度高。

(2)不仅可以实现同种金属的焊接,还可以实现异种金属的焊接,如高速钢与 45 钢的焊接、铜合金与铝合金的焊接等。

(3)生产率高。焊好一个接头所需时间一般不超过 1 min,与闪光焊相比,生产率可提高几倍甚至几十倍。

(4)摩擦焊操作技术简单,容易实现自动控制,且没有火花和弧光,工作条件好。

(5)焊机所需功率小、省电。与闪光焊相比,可节约电能 50% 以上。

随着研究的深入和生产的发展,摩擦焊将会得到更广泛的应用。目前,我国已能焊接直径达 168 mm 的大型石油钻杆,并对摩擦焊机实现了微机控制。

7.3.6 钎焊

钎焊是将熔点低的金属材料作为钎料,与工件共同加热到高于钎料熔点的温度,在工件不熔化的情况下,使钎料熔化后填满被焊工件连接处的间隙,冷却后形成接头的焊接方法。

钎焊按钎料熔点的不同,分为硬钎焊和软钎焊。硬钎焊钎料熔点高于 450 ℃,有铜基、铝基和银基钎料等,适用于焊接工作温度较高、受力较大的工件,如受力较大的钢铁和铜合金构件,以及车刀上硬质合金刀头与刀杆的焊接;软钎焊钎料熔点低于 450 ℃,有锡铅钎料等,主要用于焊接工作温度较低、受力较小的工件,如电子线路的焊接。

钎焊与熔焊相比,优点是:加热温度低,接头组织和力学性能变化小,工件变形小;能焊接同种金属或不同种金属;焊接过程简单,生产效率高,易实现自动化;钎焊接头强度低,常用搭接接头来提高承载能力。因此,钎焊主要用于精密仪表、电气零部件、异种金属构件、复杂薄板构件及硬质合金刀具的焊接。

7.4　常用金属材料的焊接

7.4.1　金属材料的焊接性

7.4.1.1　焊接性的概念

焊接性是指金属材料在一定焊接工艺条件下，获得优质焊接接头的难易程度，包括焊接接头的工艺性能和使用性能两方面的内容。工艺性能是指在一定的焊接工艺条件下形成焊接缺陷的敏感性，尤其是出现裂纹的可能性；使用性能是指在一定的焊接工艺条件下焊接接头的可靠性，包括力学性能以及耐热、耐蚀等特殊性能。

金属材料的焊接性是一个相对概念，不仅取决于金属材料的化学成分，还与焊接方法、焊接材料、焊接工艺条件、焊件结构及使用条件有着密切的关系。

7.4.1.2　常用金属材料的焊接

1. 低碳钢的焊接

低碳钢塑性好，淬硬倾向不明显，焊接性优良。一般情况下，不需要焊前预热和焊后热处理等特殊的工艺措施，采用任意一种焊接方法，都能得到优质焊接接头。低碳钢常用的焊接方法有焊条电弧焊、埋弧自动焊、二氧化碳气体保护焊和电阻点焊等。

2. 低合金高强度结构钢的焊接

低合金高强度结构钢因其化学成分差异很大，所以焊接性也不同。焊接时增大焊接电流、减慢焊接速度、选用低氢型焊条可以减少冷裂纹，焊后需要及时进行去应力退火，以消除应力。低合金高强度结构钢常用的焊接方法有焊条电弧焊、埋弧自动焊、气体保护焊等。

3. 奥氏体不锈钢的焊接

奥氏体不锈钢虽然 Cr、Ni 含量较高，但 C 含量低，具有良好的焊接性。焊接时一般不需要采取特殊的工艺措施。常用的焊接方法有焊条电弧焊、埋弧焊和氩弧焊等。焊接时采用小电流、快速焊，焊条不作横向摆动，运条要稳，收弧时注意填满弧坑，焊接电流比焊低碳钢时要降低 20% 左右。

4. 有色金属的焊接

1）铝及铝合金的焊接

铝及铝合金的焊接性较差，主要表现在：铝极易氧化，易使焊缝产生夹渣；液态铝能吸收大量的氢，易产生气孔；铝及铝合金熔化时颜色无明显变化而不易被察觉，所以焊接时易烧穿，造成焊接困难；易产生焊接应力和变形，导致裂纹等。所以，进行铝及铝合金的焊接时，必须采取特殊工艺措施，才能保证焊接质量。铝及铝合金常用的焊接方法有氩弧焊、气焊、焊条电弧焊和钎焊等，其中氩弧焊是应用最普遍的方法。

2）铜及铜合金的焊接

铜及铜合金的焊接性较差，焊接时易产生焊接应力与变形、未焊透、不熔合、夹渣、热裂、气孔等缺陷。焊接时需采用大功率热源，焊前预热，焊后需进行热处理，以减小应力，防止变形。铜及铜合金常用的焊接方法有氩弧焊、气焊、焊条电弧焊、钎焊等，其中氩弧焊的接头质量最好。

5. 铸铁的焊补

铸铁中 C、Si、Mn、S、P 的含量比碳钢高，焊接性能差，不能作为焊接结构件，但对铸铁件的局部缺陷进行焊补很有经济价值。铸铁焊补的主要问题有两个：一个是焊接接头易生成白口组织，难以机加工；另一个是焊接接头易出现裂纹。

根据焊前预热温度，将铸铁焊补分为不预热焊法和热焊法两种。

1）不预热焊法

焊前工件不预热（或局部预热至 300 ~ 400 ℃，称半热焊），先将裂纹处清理干净，并在裂纹两端钻止裂孔，防止裂纹扩展。焊接时采用与焊条种类相适应的工艺，焊后采用缓冷和锤击焊缝等方法，防止白口组织生成，减小焊接应力。

铸铁焊补的焊条有多种，如镍基铸铁焊条、纯铁芯和低碳钢芯铸铁焊条、铁基铸铁焊条等。镍基铸铁焊条的焊缝金属有良好的抗裂性和加工性，但价格较贵，主要用于重要铸铁件，如机床导轨面的不预热焊法。纯铁芯和低碳钢芯铸铁焊条、铁基铸铁焊条的熔合区和焊缝区易出现白口组织和裂纹，适于非加工面或刚度小的小型薄壁件的焊补。

不预热焊法生产率高，劳动条件好，工件焊补成本低。

2）热焊法

焊前把工件预热至 600 ~ 700 ℃，并在此温度下施焊，焊后缓冷或在 600 ~ 700 ℃ 保温以消除应力。常用的焊补方法是焊条电弧焊和气焊。焊条电弧焊适于中等厚度以上（大于 10 mm）的铸铁件，选用铁基铸铁焊条或低碳钢芯铸铁焊条。对于 10 mm 以下薄件，为防止烧穿，采用气焊，用气焊火焰预热和缓冷焊件，选用铁基铸铁焊丝并配合焊剂使用。

热焊法劳动条件差，一般用于焊补后还需机械加工的复杂、重要铸铁件，如汽车的缸体、缸盖和机床导轨等。

7.4.2 焊接质量分析

7.4.2.1 焊接缺陷

在焊接过程中，焊接接头区域有时会产生不符合设计或工艺文件要求的各种焊接缺陷。焊接缺陷的存在，不但降低承载能力，更严重的是可能导致脆性断裂，从而影响焊接结构的使用安全。所以，焊接时应尽量避免焊接缺陷的产生，或将焊接缺陷控制在允许范围内。

常见的焊接缺陷有以下几种。

1. 未焊透与未熔合

未焊透是指焊接时接头根部未完全熔透的现象。未熔合是指熔焊时焊道与母材之间或焊道与焊道之间未完全熔化结合的现象，如图 7-28 所示。产生的主要原因：焊接电流过小；焊接速度过快；未开坡口或坡口角度太小；钝边太厚，间隙过窄；焊条直径选择不当，焊条角度不对等。

2. 气孔与夹渣

气孔是指焊接时熔池中的气泡在凝固时没能逸出而残留下来所形成的空穴。夹渣是指焊后残留在焊缝中的焊渣，如图 7-29 所示。产生的主要原因：被焊工件焊前清理不干净；焊接材料的化学成分不当；焊接速度过快、电流过小；操作不当等。

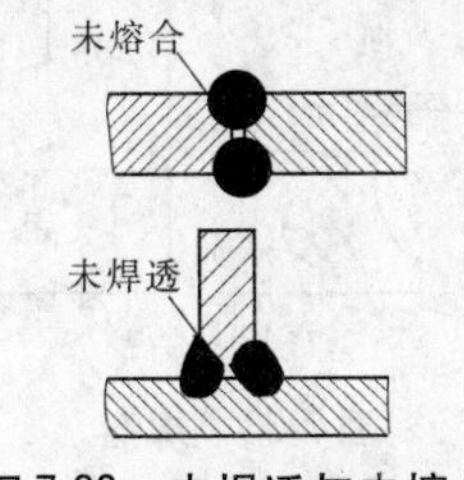

图 7-28　未焊透与未熔合

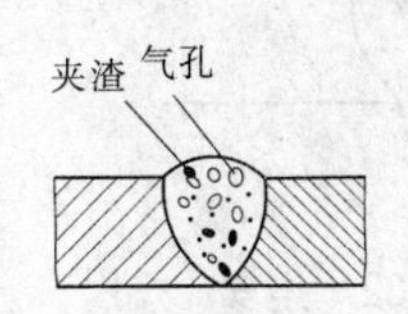

图 7-29　气孔与夹渣

3. 咬边

咬边是指沿焊缝的母材部位产生的沟槽或凹陷，如图 7-30 所示。咬边减弱了母材的有效承载截面，并且在咬边处形成应力集中。产生原因：焊接电流过大；焊接速度太快；运条方法不当；焊条角度不对；电弧长度不适当等。

4. 裂纹

焊接裂纹是危害最大的缺陷，如图 7-31 所示，分为热裂纹和冷裂纹。热裂纹是指焊接接头冷却到固相线附近在高温时产生的裂纹，裂纹有氧化色泽，一般发生在焊缝处，有时也发生在紧临焊缝的热影响区。冷裂纹是指在焊接接头冷却到 300 ℃以下的较低温度时形成的裂纹。焊接裂纹产生的原因：焊接材料的化学成分不当，工件中碳、硫、磷含量较高；焊接措施和顺序不正确；熔化金属冷却速度过快；被焊工件设计不合理，焊缝过于集中，焊接应力过大等。

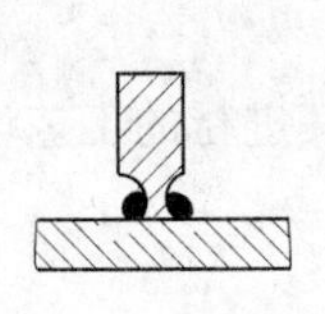

图 7-30　咬边

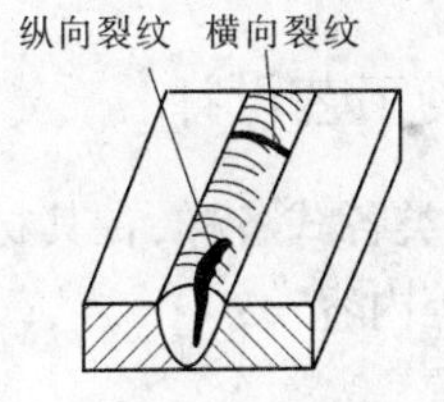

图 7-31　裂纹

5. 烧穿

烧穿是指焊接过程中熔化金属自坡口背面流出而形成穿孔的缺陷，如图 7-32 所示。产生原因：焊接电流过大；电弧在焊缝某处停留时间过长；焊接速度过慢；被焊工件间隙大；操作不当等。

6. 焊瘤

焊瘤是指焊接过程中熔化金属流淌到焊缝之外未熔化的母材上所形成的金属瘤，如图 7-33 所示。产生原因：电弧过长；操作不熟练，运条不当；立焊时，焊接电流过大等。

7.4.2.2　焊接质量分析

1. 焊接结构的影响

焊接结构尽可能选用工字钢、槽钢等各种型材，以减少焊缝数量和简化焊接工艺，同时也能提高结构的强度和刚性，从而降低成本。

2. 工件材料的影响

不同金属材料的焊接性存在着一定差异，其焊接工艺也不相同，因而导致了焊接时难

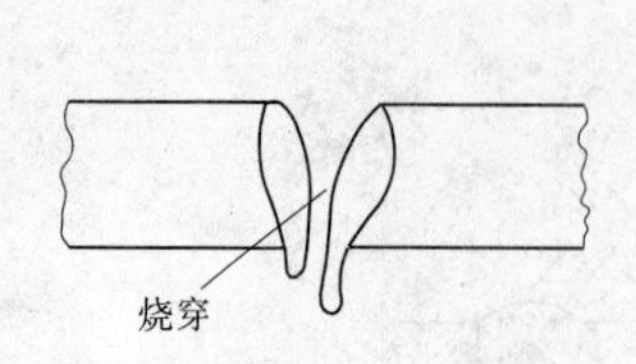

图 7-32　烧穿

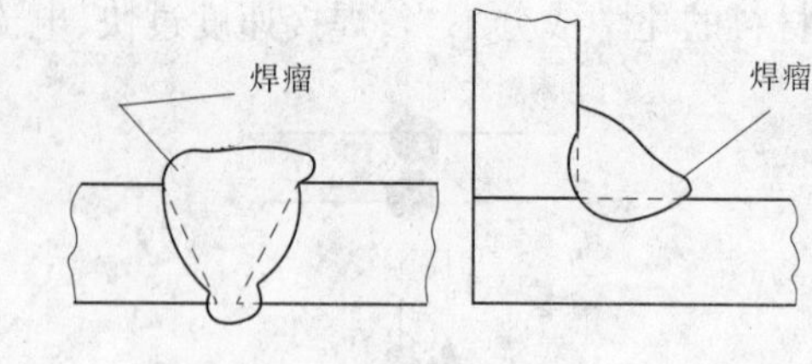

图 7-33　焊瘤

易程度的不同。因此，在满足使用性能的前提下，应尽量选择焊接性好的金属材料来制造焊接结构。

一般低碳钢和强度级别低的低合金结构钢具有良好的焊接性，可优先选用；碳的质量分数大于 0.5% 的碳钢和碳当量大于 0.4% 的合金钢焊接性较差，不宜采用。焊接性差的材料，焊后易产生焊接缺陷，焊接时需采用价格较高的低氢型焊条，还需焊前预热和焊后热处理，增加了焊接成本。

3. 选用焊条的影响

一般应尽可能选用价格较低的酸性焊条，以降低成本。对于特殊情况，如焊接受冲击载荷或动载荷影响的工件，可采用碱性焊条。尽可能选用低强度等级的焊条。

4. 焊接方法的影响

焊接方法影响焊接质量和成本。应根据焊接现场的设备条件、工艺可能性、金属的焊接性、焊接方法的特点和结构要求等来选择焊接方法。

7.4.3　焊接结构工艺设计

焊接结构件种类各式各样，在其材料确定以后，对其进行的工艺设计主要包括焊缝布置、焊接接头设计等内容。

7.4.3.1　焊缝布置

焊缝布置是否合理直接影响结构件的焊接质量和生产率。因此，设计焊缝位置时应考虑下列原则。

1. 焊缝应尽量处于平焊位置

各种位置的焊缝，其操作难度不同。以焊条电弧焊焊缝为例，其中平焊位置的操作最方便，易于保证焊接质量，是焊缝位置设计中的首选方案，立焊、横焊位置次之，仰焊位置施焊难度最大，不易保证焊接质量。

2. 焊缝要布置在便于施焊的位置

采用焊条电弧焊时，焊条要能伸到焊缝位置，如图 7-34 所示。点焊、缝焊时，电极要能伸到待焊位置，如图 7-35 所示。埋弧焊时，要考虑焊缝所处的位置能否存放焊剂。

3. 焊缝布置要有利于减小焊接应力与变形

1）尽量减少焊缝数量及长度，缩小不必要的焊缝截面尺寸

设计焊件结构时，可通过选取不同形状的型材、冲压件来减少焊缝数量。如图 7-36 所示的箱式结构，若用平板拼焊需四条焊缝，若改用槽钢拼焊需两条焊缝。焊缝数量的下降，既可减小焊接应力和变形，又可提高生产率。

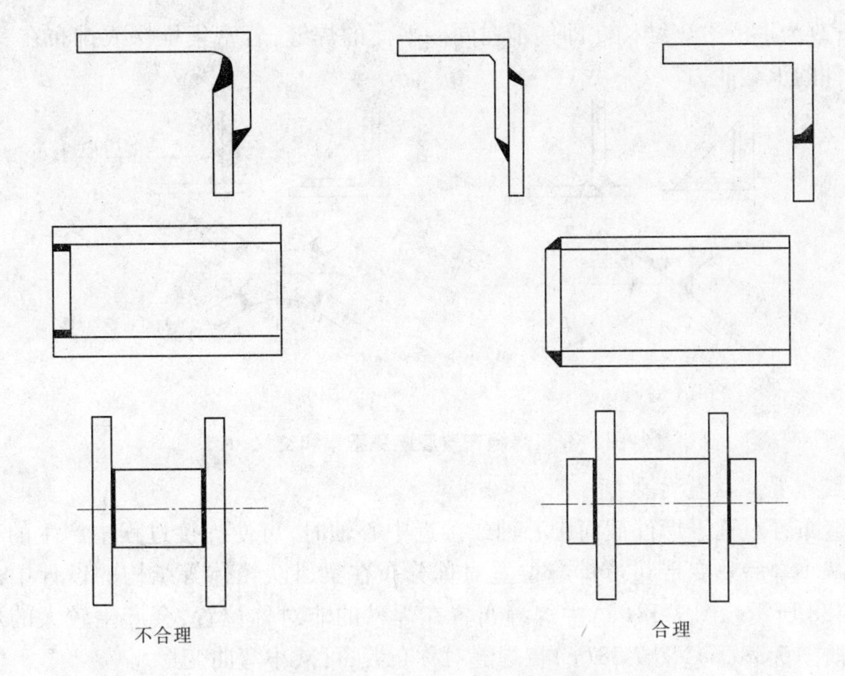

图 7-34　焊条电弧焊的焊缝位置

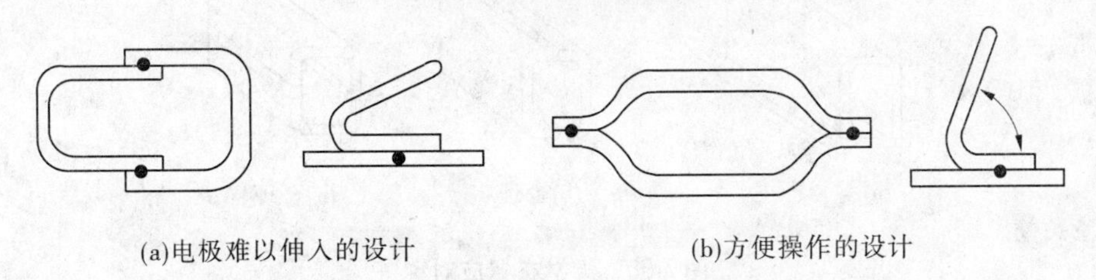

(a)电极难以伸入的设计　　(b)方便操作的设计

图 7-35　点焊、缝焊的焊缝位置

焊缝截面尺寸的增大会使焊接变形量随之加大，但过小的焊缝截面尺寸又可能降低焊件的结构强度，且截面过小，焊缝冷速过快，易产生缺陷，因此在满足焊件使用性能的前提下，应尽量减小不必要的焊缝截面尺寸。

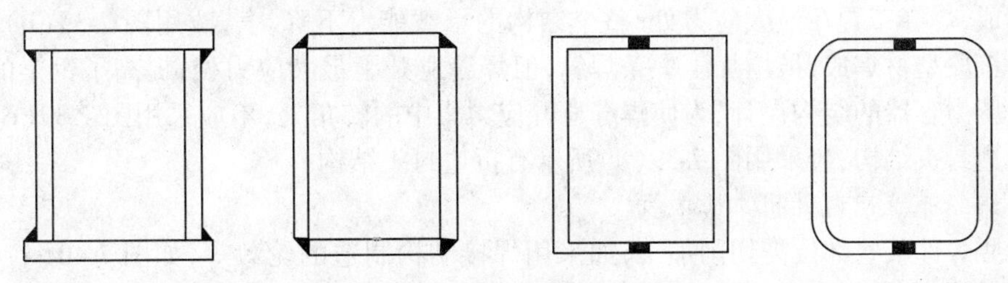

图 7-36　减少焊缝数量示例

2）焊缝布置应避免密集或交叉

焊缝密集或交叉会使接头处严重过热，导致焊接应力与变形增大，甚至开裂。因此，两条焊缝之间应隔开一定距离，一般要求大于 3 倍的板材厚度，且不小于 100 mm，如图 7-37所示。处于同一平面的焊缝转角的尖角处相当于焊缝交叉，易产生应力集中，应尽量避免,改为平滑过渡结构。即使不在同一平面的焊缝,若密集堆垛或排布在一列,都会降低焊件的承载能力。

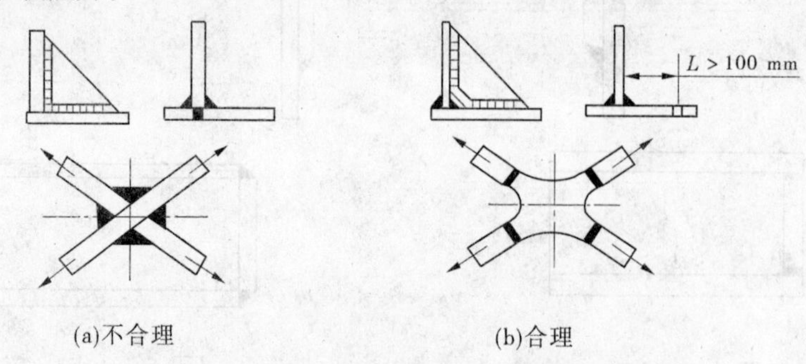

(a)不合理　　(b)合理

图 7-37　焊缝布置应避免密集和交叉

3)焊缝布置应尽量对称

当焊缝布置对称于焊件截面中心轴或接近中心轴时,可使焊接过程中产生的变形相互抵消而减小焊后总变形量。焊缝位置对称分布在梁、柱、箱体等结构的设计中尤其重要,如图 7-38 所示。图 7-38(a)中焊缝布置在焊件的非对称位置,会产生较大的弯曲变形,不合理,图 7-38(b)、图 7-38(c)将焊缝对称布置,可减小弯曲变形。

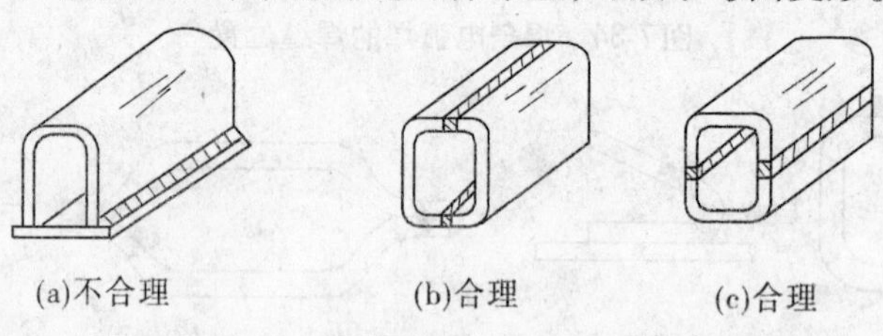

(a)不合理　　(b)合理　　(c)合理

图 7-38　焊缝布置应对称

4)焊缝布置应尽量避开最大应力位置或应力集中位置

尽管优质的焊接接头可与母材等强度,但焊接时难免出现程度不同的焊接缺陷,使结构的承载能力下降。所以,设计受力的焊接结构时,在最大应力和应力集中的位置不应布置焊缝。在图 7-39(a)中,大跨度钢梁的最大应力处在钢梁中间,若整个钢梁结构由两段型材焊成,焊缝布置在最大应力处,整个结构的承载能力下降。若改用图 7-39(b)结构,钢梁由三段型材焊成,虽增加了一条焊缝,但焊缝避开了最大应力处,提高了钢梁的承载能力。压力容器的结构设计,为使焊缝避开应力集中的转角处,不应采用图 7-39(c)所示的无折边封头结构,应采用图 7-39(d)所示有折边封头结构。

5)焊缝布置应避开机加工表面

有些焊件某些部位需切削加工,如采用焊接结构制造的轮毂等,如图 7-40(a)所示。为加工方便,先车削内孔后焊接轮辐。为避免内孔加工精度受焊接变形影响,必须采用图 7-40(b)所示的结构,焊缝布置离加工面远些。对机加工表面质量要求高的零件,由于焊后接头处的硬化组织会影响加工质量,所以焊缝布置应避开机加工表面,如图 7-40(d)所示的结构比图 7-40(c)所示的结构合理。

7.4.3.2　焊接接头设计

焊接接头设计包括焊接接头形式设计和坡口形式设计。设计接头形式主要考虑焊件

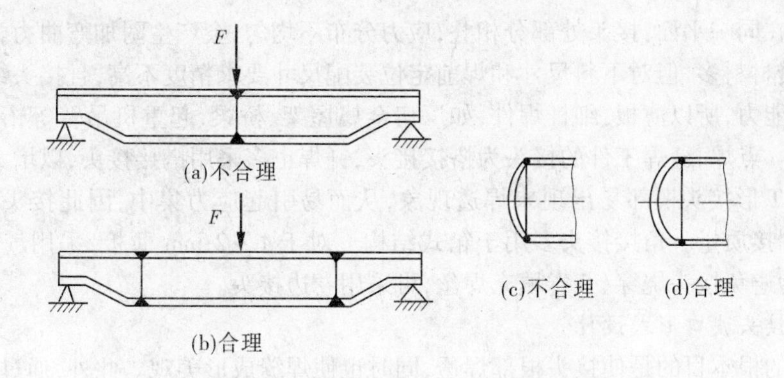

图 7-39　焊缝应避开应力集中处的布置

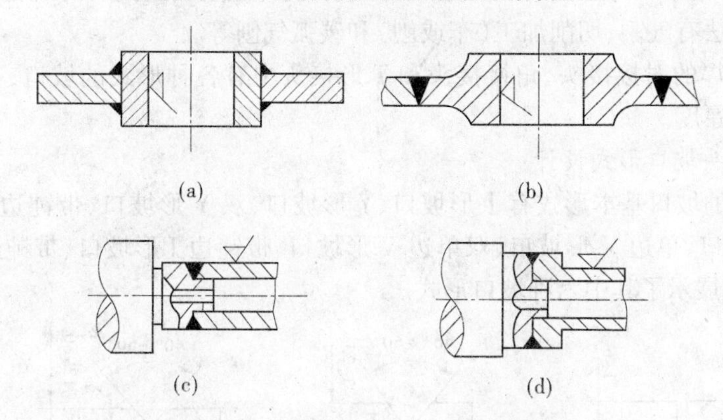

图 7-40　焊缝布置应避开机加工表面

的结构形状和板厚、接头使用性能要求等因素。设计坡口形式主要考虑焊缝能否焊透、坡口加工难易程度、生产率、焊条消耗量、焊后变形大小等因素。

1. 焊接接头形式设计

焊接接头按其结合形式分为对接接头、盖板接头、搭接接头、T 形接头、十字形接头、角接接头和卷边接头等，如图 7-41 所示。其中，常见的焊接接头形式有对接接头、搭接接头、角接接头和 T 形接头。

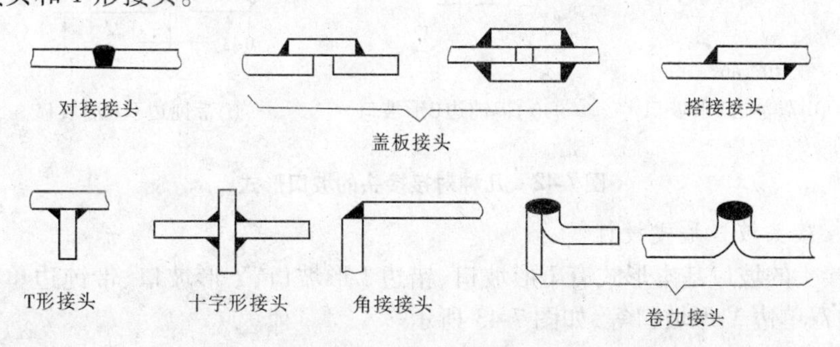

图 7-41　焊接接头形式

对接接头应力分布均匀，节省材料，易于保证质量，是焊接结构中应用较多的一种，但对下料尺寸和焊前定位装配尺寸要求精度高。锅炉、压力容器等焊件常采用对接接头。

搭接接头不在同一平面,接头处部分相叠,应力分布不均匀,会产生附加弯曲力,降低了疲劳强度,耗费材料多,但对下料尺寸和焊前定位装配尺寸要求精度不高,且接头结合面大,增加了承载能力,所以薄板、细杆焊件,如厂房金属屋架、桥梁、起重机吊臂等桁架结构常用搭接接头。点焊、缝焊工件的接头为搭接接头,钎焊也多采用搭接接头,以增大结合面。角接接头和T形接头根部易出现未焊透现象,从而易引起应力集中,因此接头处常开坡口,以保证焊接质量。角接接头多用于箱式结构。对于1~2 mm薄板,采用气焊或钨极氩弧焊时,为避免接头烧穿、节省填充焊丝,可采用卷边接头。

2. 焊接接头坡口形式设计

开坡口的根本目的是使接头根部焊透,同时也使焊缝成形美观。此外,通过控制坡口大小,能调节焊缝中母材金属与填充金属的比例,使焊缝金属达到所需的化学成分。坡口的常用加工方法有气割、切削加工(车或刨)和碳弧气刨等。

焊条电弧焊的对接接头、角接接头和T形接头中有各种形式的坡口,其选择主要取决于焊件板材厚度。

1)对接接头坡口形式设计

对接接头的坡口基本形式有I形坡口、Y形坡口、双Y形坡口、带钝边U形坡口、带钝边双U形坡口、单边V形坡口、双单边V形坡口、带钝边J形坡口、带钝边双J形坡口等。图7-42中展示了其中六种坡口形式。

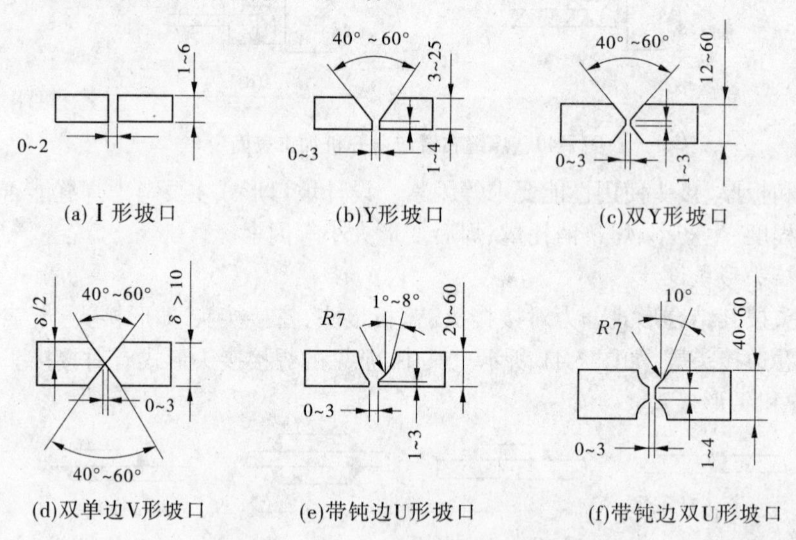

图7-42 几种对接接头的坡口形式

2)角接接头坡口形式设计

角接接头的坡口基本形式有I形坡口、错边I形坡口、Y形坡口、带钝边单边V形坡口、带钝边双单边V形坡口等,如图7-43所示。

3)T形接头坡口形式设计

T形接头的坡口基本形式有I形坡口、带钝边单边V形坡口、带钝边双单边V形坡口等,如图7-44所示。

采用焊条电弧焊时,若板厚小于6 mm,一般采用I形坡口;但板厚大于3 mm的重要

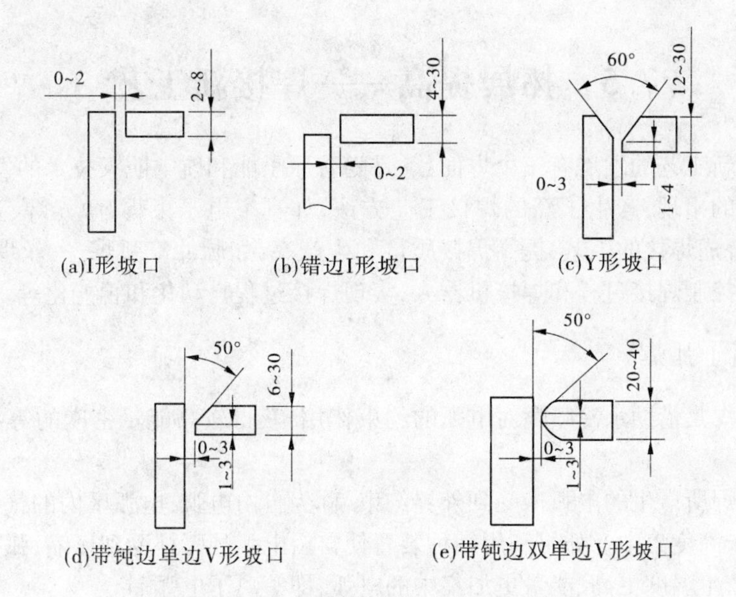

图 7-43　几种角接接头的坡口形式

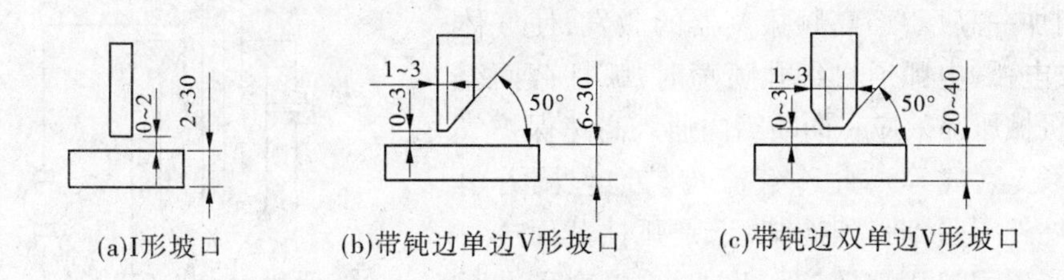

图 7-44　三种 T 形接头的坡口形式

结构件就需开坡口,以保证焊接质量。板厚在 6 ~ 26 mm,可采用 Y 形坡口,这种坡口加工简单,但焊后角变形大。板厚在 12 ~ 60 mm,可采用双 Y 形坡口。同等板厚情况下,双 Y 形坡口比 Y 形坡口需要的填充金属量约少 1/2,且焊后角变形小,但需双面焊。

带钝边 U 形坡口比 Y 形坡口省焊条、省焊接工时,但坡口加工麻烦,需切削加工。埋弧焊焊接较厚板采用 I 形坡口时,为使焊剂与焊件贴合,接缝处可留一定间隙。坡口形式的选择既取决于板材厚度,也要考虑加工方法和焊接工艺性。对于要求焊透的受力焊缝,能双面焊尽量采用双面焊,以保证接头焊透、变形小,但生产率下降,若不能双面焊,才开单面坡口焊接。

对于不同厚度的板材,为保证焊接接头两侧加热均匀,接头两侧板厚、截面应尽量相同或相近,如图 7-45 所示。

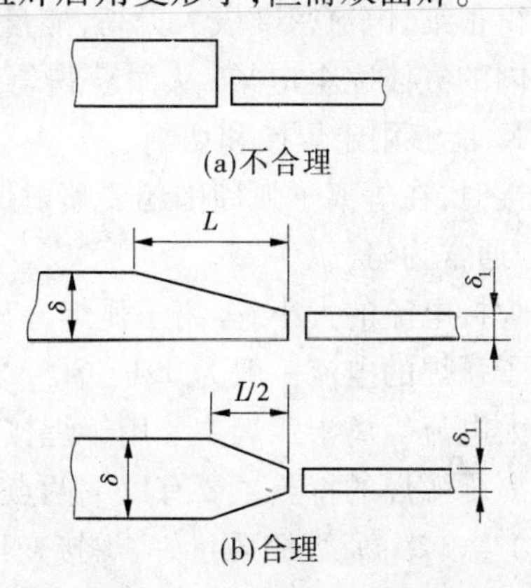

图 7-45　不同板厚对接

7.5　拓展提高——焊接新工艺

当前焊接新工艺的发展有三个方面:一是随着原子能和航空航天技术的发展、新的焊接材料和结构的出现,产生了新的焊接工艺方法,如真空电子束焊、激光焊、真空扩散焊等;二是改进普通焊接的工艺,提高焊接质量和生产率,如脉冲氩弧焊、三丝埋弧焊等;三是采用计算机控制焊接过程和焊接机器人,实现焊接过程自动化和智能化等。

7.5.1　等离子弧焊

等离子弧焊是借助水冷喷嘴对电弧的约束作用,获得较高能量密度的等离子弧进行焊接的方法。

一般电弧焊所产生的电弧未受到外界约束,称为自由电弧,电弧区内的气体尚未完全电离,能量也未高度集中。如果利用某种装置使自由电弧的弧柱受到压缩,弧柱中气体完全电离,则可产生温度更高、能量更加集中的电弧,即等离子电弧。

等离子弧的产生原理如图7-46所示。电极与工件之间加一高压,经高频振荡器的激发,使气体电离形成电弧,电弧通过细孔喷嘴时,弧柱截面缩小,产生机械压缩效应。向喷嘴内通入高速保护气流(如氩气、氮气等),此冷气流均匀地包围着电弧,使弧柱外围受到强烈冷却,于是弧柱截面进一步缩小,产生了热压缩效应。此外,带电离子在弧柱中的运动可看成是无数根平行的通电"导体",其自身磁场所产生的电磁力使这些"导体"互相吸引靠拢,电弧受到进一步压缩,这种作用称为电磁压缩效应。这三种压缩效应作用在弧柱上,使弧柱被压缩得很细,电流密度极大提高,能量高度集中,弧柱区内的气体完全电离,从而获得等离子弧。这种等离子弧的温度可高达15 000~16 000 K,能够用于焊接和切割。

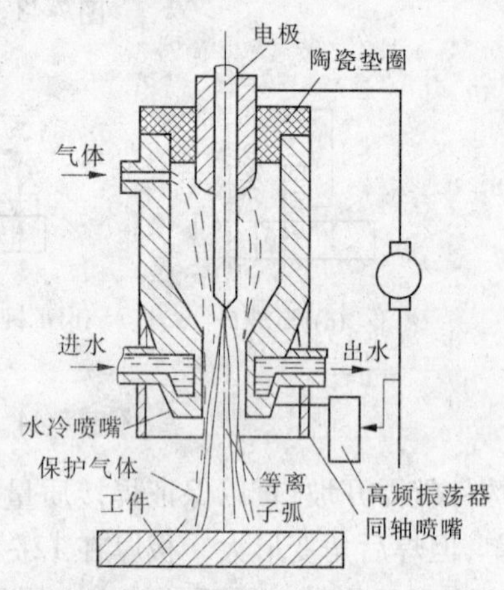

图7-46　等离子弧焊的产生原理

焊接时,在等离子弧周围还要喷射保护气体,以保护熔池。一般保护气体和等离子气体相同,通常为氩气。

按焊接电流的大小,等离子弧焊分为微束等离子弧焊和大电流等离子弧焊两种。微束等离子弧焊的电流一般为0.1~30 A,可用于厚度为0.025~2.5 mm的箔材和薄板的焊接。大电流等离子弧焊主要用于焊接厚度大于2.5 mm的焊件。

等离子弧焊的特点主要有以下两点:

(1)生产率高、焊缝质量好、焊接变形小。等离子弧能量密度大,弧柱温度高,穿透能力强。厚度为12 mm的焊件可不开坡口,因此生产率高,同时焊接速度快,热影响区小,焊接变形小,焊缝质量好。

(2)可焊超薄焊件。当焊接电流小到0.1 A时,等离子弧仍能保持稳定燃烧,因此等离子弧焊可焊超薄板(0.1～2 mm),如箔材、热电偶等。

等离子弧焊的主要不足是设备复杂、昂贵,气体消耗大,而且只适于室内焊接。

7.5.2 真空电子束焊

在原子能和航空航天领域,大量应用了锆、钛、铌、钽、钼、镍等合金,针对这些稀有的难熔活性金属,用一般的焊接技术难以得到满意的效果。直到1956年,真空电子束焊技术研制成功,才为这些金属的焊接开辟了一条有效途径。

7.5.2.1 真空电子束焊的焊接原理

在真空中,电子枪的阳极被通电加热至高温,发射出大量电子,这些热发射电子在强电场的阴极和阳极之间受高电压作用而达到很高速度。高速运动的电子经过聚束装置、阳极和聚焦线圈形成高能量密度的电子束。电子束以极大速度(约16 000 km/s)射向焊件,电子的动能转化为热能,使焊件轰击部位迅速熔化,即可进行焊接。图7-47是目前应用最广泛的高真空电子束焊。

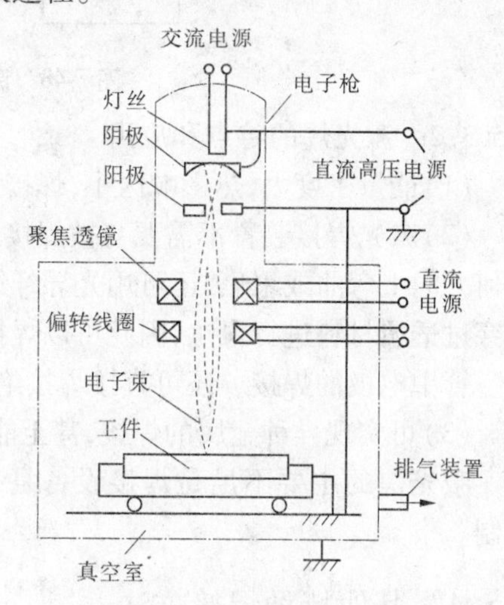

图7-47 高真空电子束焊

7.5.2.2 真空电子束焊的特点和应用

(1)在真空环境中施焊,保护效果极佳,焊接质量好。焊缝金属不会氧化、氮化,且无金属电极玷污。没有弧坑或其他表面缺陷,内部熔合好,无气孔夹渣。特别适合于焊接化学活泼性强、纯度高和极易被大气污染的金属。

(2)焊接变形小。可进行装配焊接,如齿轮组合件等。由于焊接时热量高度集中,焊接热影响区小。

(3)焊接适应性强。真空电子束焊工艺参数可在较广的范围内进行调节,且控制灵活,因此既可焊接0.1 mm的薄板,又可焊200～300 mm的厚板,还能焊接一般焊接方法难以施焊的复杂形状的工件。可焊普通的合金钢,也可焊难熔金属、活性金属以及复合材料、异种金属,如铜－镍、铜－钨等。

真空电子束焊的主要不足是设备复杂,造价高,焊件尺寸受真空室限制。

7.5.3 激光焊

7.5.3.1 激光焊的焊接原理

激光焊是以聚集的激光束轰击焊件,利用产生的热量进行焊接的方法。激光焊的工作过程如图7-48所示。激光是利用原子受激辐射原理,使物质受激而产生波长均一、方向一致和强度非常高的光束。激光具有单色性好、方向性强、能量密度高的特点,在极短时间内,激光能转变成热能,其温度可达万摄氏度以上。采用激光焊时,激光器受激产生激光束,通过聚焦系统聚焦成十分微小的焦点,能量进一步集中。当把激光束调焦到工件的接缝处时,光能被工件材料吸收后转换成热能,在焦点附件产生高温使金属瞬间熔化,冷凝后形成焊接接头。

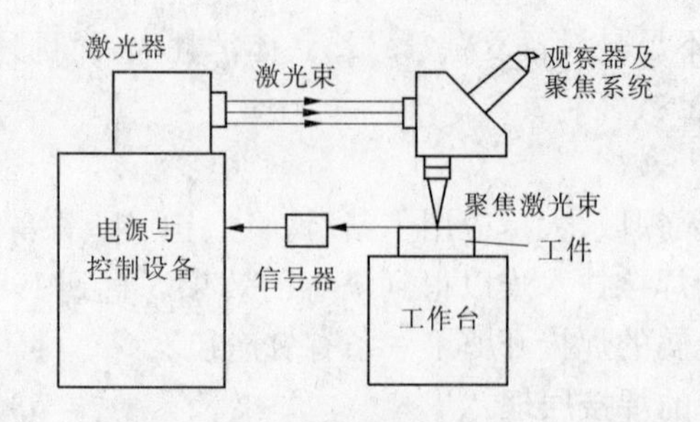

图 7-48　激光焊的工作过程

7.5.3.2　**激光焊的特点和应用**

(1)能量密度大,热影响区小,焊接变形小,焊件尺寸精度高。

(2)激光焊接装置不需要与被焊接工件接触。激光束可用反射镜或偏转棱镜将其在任何方向上弯曲或聚焦,还可用光导纤维将其引到难以接近的部位进行焊接。激光还可以穿过透明材料进行聚焦,因此可以焊接一般方法难以接近的接头或无法安置的接点,如真空管中电极的焊接。还可直接焊接绝缘材料。

(3)可实现异种金属的焊接,甚至能实现金属与非金属的焊接。

激光焊的主要不足是焊接设备复杂,价格昂贵,焊机功率较小,焊件厚度受到一定限制。

7.5.4　其他特种焊接方法

超声波焊是利用超声波的高频振荡能量对工件接头进行局部加热和表面清理,然后施加压力实现焊接的一种方法。它可以焊接一般方法难以或无法焊接的工件和材料,如铝、铜、镍、金等薄件,主要用于无线电、仪表、精密机械及航空等部门。

扩散焊是将工件在高温下加压,但不产生可见变形和相对移动的固态焊接方法。它能焊接同种和异种金属材料,可以焊接结构复杂、薄厚悬殊、材料各异的焊接工件,焊接质量较好,还可用于金属与非金属间的焊接,能用小件拼成力学性能均一、形状复杂的大件,以代替整体锻造和机械加工。扩散焊在航空、航天、电子工业等领域得到了广泛的应用。

练习题

1. 选择题

(1)二氧化碳气体保护焊电弧热量集中,热影响区较小,且 CO_2 价格便宜,主要适用于焊接(　　)。

A. 低碳钢与低合金结构钢　　B. 高强钢　　C. 有色金属及其合金

(2)电焊条由焊芯和药皮组成,(　　)主要起填充焊缝金属和传导电流的作用。

A. 电焊条　　B. 焊芯　　C. 药皮

(3)直流弧焊机采用(　　)时,电弧热量主要集中在焊件(阳极)上,有利于加快焊件熔化,保证了足够的熔池深度,适用于焊接厚钢板。

A. 正接　　B. 反接　　C. 极性接法

(4)属于熔化焊的焊接方法是(　　)。

A. 点焊　　B. 气焊　　C. 钎焊

(5)电弧焊属于(　　),电阻焊属于(　　),铜焊属于(　　)。

A. 钎焊　　B. 熔化焊　　C. 压力焊

2. 填空题

(1)根据焊接过程的特点,焊接方法可分为______、______和______三大类。

(2)在手工电弧焊中,焊条直径主要与焊件的______有关,焊接电流主要根据______来选取。

(3)焊接接头形式有______、______、______和______四种。焊接时开坡口的原因是______。

(4)焊接性是指金属在一定条件下,获得优质焊接接头的难易程度,它包括______和______两个方面内容。

(5)钢的焊接性随着含碳量的增加而______。

3. 判断题

(1)中碳钢的可焊性比低合金高强度钢的好。(　　)

(2)焊接是通过加热或者加压使分离的母材成为不可拆卸的整体的一种加工方法。(　　)

(3)铸铁是一种焊接性最好的金属材料。(　　)

(4)交流、直流弧焊机都有正、反接法,使用时要注意极性。(　　)

(5)电渣焊主要用于焊接厚度大于30 mm的厚大工件,焊后要进行正火处理。(　　)

4. 综合题

(1)焊接电弧是如何产生的?电弧由哪些区域组成?各区的特性怎样?用直流或交流电焊接效果一样吗?

(2)焊接时为什么要进行保护?说明各电弧焊方法中的保护方式和保护效果的不同之处。

(3)焊芯的作用是什么?其化学成分有何特点?焊条药皮有哪些作用?

(4)何谓焊接热影响区?低碳钢焊接时有哪些区段?各区段组织性能变化如何?对接头性能有何影响?

(5)焊接的实质是什么?熔焊、压力焊、钎焊三者的主要区别是什么?哪种最常用?

(6)你所了解的其他焊接方法有哪些?各有什么特点?

(7)铝、铜及其合金焊接常采用哪些方法?优先采用哪一种?为什么?

第3篇　钳工基础

模块8　钳工基本知识

【模块导入】

随着科学技术的发展,钳工在现代机械制造工业中显示出了越来越重要的作用,尤其在机械加工不能或不便加工的领域。因而,对于机械制造行业的高级技术应用型人才,掌握钳工的基本知识和技能就显得极为重要。本模块主要讲述钳工概述、钳工常用的量具和钳工设备等。

【技能要求】

掌握钳工的概念、钳工的分类;学习钳工常用工具的种类、规格和用途,并掌握其使用方法;学习钳工常用量具的种类、规格和原理,能够正确选用并掌握其使用方法。

8.1　钳工概述

钳工是指操作人员借助于手持工具对工件进行金属切削加工的一种方法。钳工是技术要求高、实践能力强、操作复杂的一种工种。其基本操作有划线、錾削、锯削、锉削、钻孔、扩孔、铰孔、攻螺纹、套螺纹、刮削、研磨及装配、拆卸和修理等。

随着生产技术的发展,钳工逐步由制造简单的制品和各种手持工具,发展到制造机器工件和装配机器,钳工已成为工业生产中一门独立的、不可缺少的重要工种。

8.1.1　钳工的工作范围

钳工的工作范围很广,主要有划线、零件加工、装配、设备维修和创新技术。

(1)划线。根据图样在毛坯或半成品工件上划出加工界线的操作,即为划线。

(2)零件加工。对不太适宜或不能采用机械方法加工的零件,各种工具、夹具、量具,各种专用设备的制造等,都要通过钳工来完成。

(3)装配。将机械加工好的零件按机械的各项技术精度要求,进行组件、部件装配和总装配,使之成为一台完整的机械设备。

(4)设备维修。对在机械设备的使用过程中出现损坏、产生故障或长期使用后失去使用精度的零件,要通过钳工进行维护和修理。

(5)创新技术。为了提高劳动生产率和产品质量,不断进行技术革新、改进工具和工艺也是钳工的重要任务。

8.1.2 钳工的分类

钳工按工作内容来分,主要有以下三类:

(1)装配钳工。即使用钳工工具,按技术要求对工件进行加工、维修和装配的人员,也称普通钳工。

(2)机修钳工。即使用工具、量具及辅助设备,对各类设备机械部分进行维护和修理的人员。

(3)工具钳工。即使用钳工工具、钻床等设备,对刃具、量具、模具、夹具、索具等工件进行加工、修整、组合装配、调试与维修的人员。

8.1.3 钳工特点

钳工是一种比较复杂、工艺要求较高的工作。目前,虽然有各种先进的加工方法,但由于钳工所用工具简单、加工多样灵活、操作方便、适应面广等,故有很多工作仍需要由钳工来完成。因此,钳工在机械制造及机械维修中有着特殊的、不可取代的作用。

(1)加工灵活。在不适于机械加工的场合,尤其是在机械设备的维修工作中,钳工加工可获得满意的效果。

(2)可加工形状复杂和高精度的零件。技术熟练的钳工可加工出比现代化机床加工的零件更加精密和粗糙度更小的零件,可以加工出连现代化机床也无法加工的、形状非常复杂的零件,如高精度量具、样板、复杂的模具等。

(3)投资小。钳工加工所用的工具和设备价格低廉,携带方便。

(4)加工质量不稳定。加工质量的高低受工人技术熟练程度的影响,生产效率低,劳动强度大。

8.2 钳工常用工具、量具和设备

8.2.1 钳工常用工具

钳工常用工具有划线工具、錾子、锤子、手锯、锉刀、刮刀、钻头、螺纹加工工具、螺钉旋具、扳手和电动工具,现主要介绍螺钉旋具和扳手类工具。

8.2.1.1 **螺钉旋具**

螺钉旋具(又称螺丝刀、改锥)由木柄和工作部分组成,按结构分类有一字槽螺钉旋具和十字槽螺钉旋具两种,如图 8-1 所示。

1. 一字槽螺钉旋具

一字槽螺钉旋具见图 8-1(a),用来旋紧或松开头部带有一字形沟槽的螺钉。其规格以工作部分的长度表示,常用规格有 100 mm、150 mm、200 mm、300 mm 和 400 mm 等几种。应根据螺钉头部槽的宽度来选择相适应的旋具。使用时,左手扶住已放入一字槽内的旋具头部,右手握紧木柄,垂直用力并旋转,直至拧紧或松开。

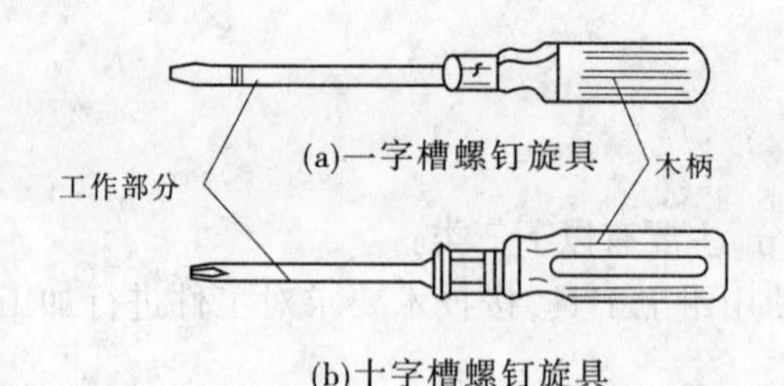

图 8-1　螺钉旋具

2. 十字槽螺钉旋具

十字槽螺钉旋具见图 8-1(b),用来拧紧或松开头部带有十字槽的螺钉。其规格有 2 ~ 3.5 mm、3 ~ 5 mm、5.5 ~ 8 mm、10 ~ 12 mm 四种。十字槽螺钉旋具因较大的拧紧力而不易从螺钉槽中滑出,使用可靠、工作效率高,其使用方法与一字槽螺钉旋具相同。

8.2.1.2　**扳手类工具**

扳手类工具是装拆各种形式的螺栓、螺母和管件的工具,一般用工具钢、合金钢制成。常用的有活扳手、呆扳手、成套套筒扳手、钩形扳手、内六角扳手和管子钳等。

1. 活扳手

活扳手由扳手体、活动钳口和固定钳口等主要部分组成,见图 8-2,主要用来拆装六角头螺栓、方头螺栓和螺母。其规格以扳手长度和最大开口宽度表示,如 150 mm × 19 mm、250 mm × 30 mm 等。活扳手的开口宽度可以调节,每一种规格能扳动一定尺寸范围内的六角头或方头的螺栓和螺母。

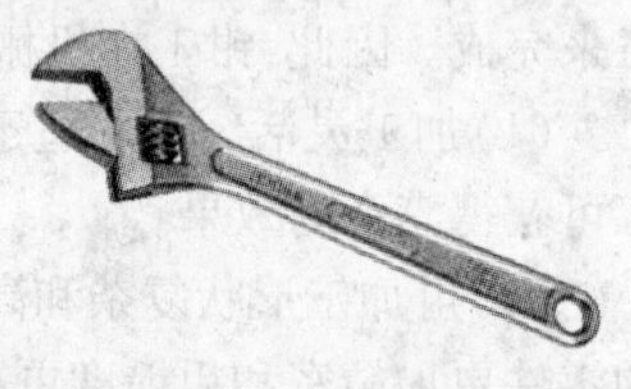

图 8-2　活扳手

使用扳手时,要注意旋转方向,无论是紧固、拆卸螺栓或螺母,应按图 8-3 所示的正确方法操作。活扳手调节的开口宽度应使钳口紧贴在六角头或方头的对称平面上,以防旋转时脱落。扳手手柄不可任意接长,以免拧紧力矩太大,而损坏扳手或螺母、螺栓。

2. 呆扳手

呆扳手按其结构特点分为单头和双头两种,见图 8-4。其规格以其开口宽度而定,如 13 mm、12 mm、14 mm 等,主要用于紧固或拆卸螺母、螺栓。双头呆扳手由于两端开口宽度的不同,每把双头呆扳手只可适用于两种尺寸的六角头或方头的螺栓和螺母。

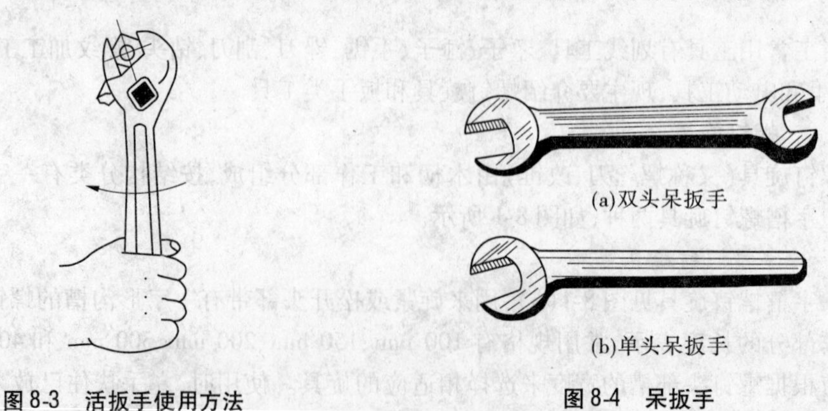

图 8-3　活扳手使用方法　　　　图 8-4　呆扳手

3. 成套套筒扳手

成套套筒扳手由一套尺寸不同的梅花套筒或内六角套筒组成,如图 8-5 所示。使用时将弓形手柄或棘轮手柄方榫插入套筒的方孔中,连续转动即可装拆六角头或方头的螺栓和螺母。成套套筒扳手使用方便、操作简单、工作效率高。

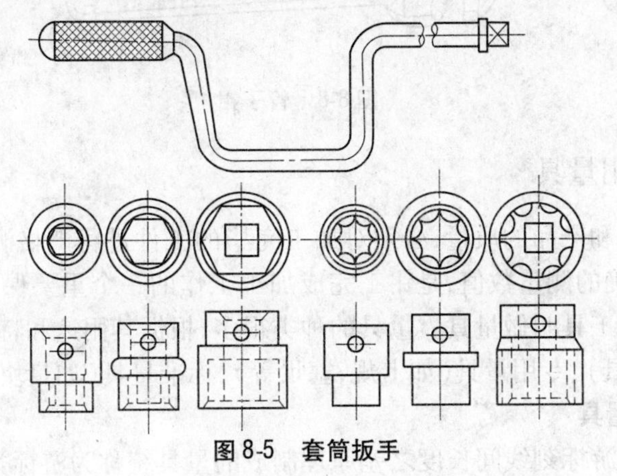

图 8-5　套筒扳手

4. 钩形扳手

钩形扳手有多种形式,专门用来装拆各种结构的圆螺母,如图 8-6 所示。使用时应根据不同结构的圆螺母,选择对应形式的钩形扳手,将其钩头或圆销插入圆螺母的长槽或圆孔中,左手压住扳手的钩头或圆销,右手用力沿顺时针或逆时针方向扳动手柄,即可锁紧或松开圆螺母。

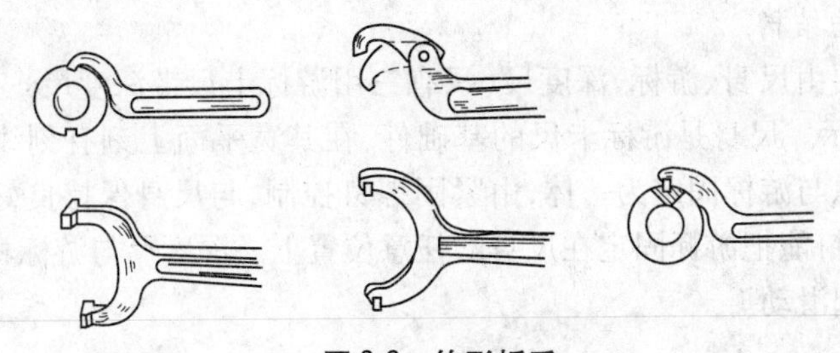

图 8-6　钩形扳手

5. 内六角扳手

内六角扳手主要用于装拆内六角螺钉,见图 8-7。其规格以扳手头部对边尺寸表示,常用规格为 3 mm、4 mm、5 mm、6 mm、8 mm 等。可供装拆 M4 ~ M30 的内六角头螺钉。

6. 管子钳

管子钳由钳身、活动钳口和调整螺母组成,见图 8-8。其规格以手柄长度和夹持管子最大外径表示,如 200 mm × 25 mm、300 mm × 10 mm 等。主要用于装拆金属管子或其他圆形工件,是管路安装和修理工作中常用的工具。使用时,活动钳口在上,左手压住活动钳口,右手握紧钳身并向下压,使其旋转到一定位置,取下管子钳,重复上述操作直至旋紧或拆卸完毕。

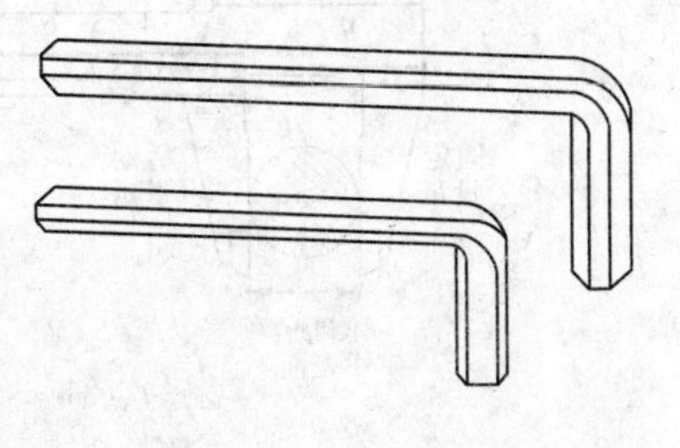

图 8-7　内六角扳手

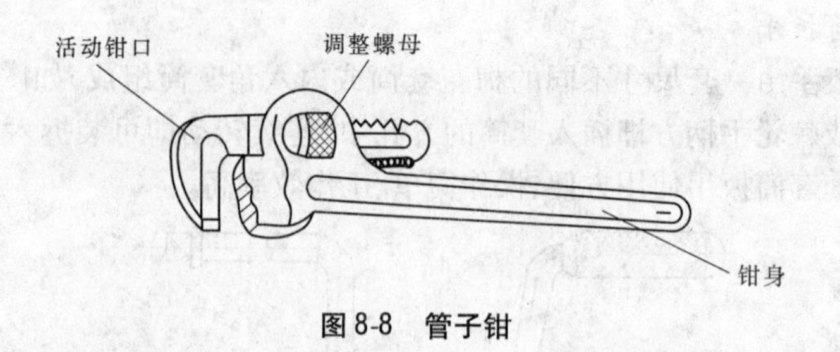

图 8-8　管子钳

8.2.2　钳工常用量具

为了确保工件和产品的质量,必须对加工完毕的工件进行严格测量。掌握正确的测量方法,并读取正确的测量数值,是钳工完成加工工作的一个重要保障。用来测量、检验工件尺寸和形状的工具叫做量具。量具的种类很多,根据其用途和特点不同,可分为万能量具(如游标类量具)、专用量具(如卡规,塞尺等)、标准量具(如量块等)。

8.2.2.1　游标类量具

凡利用尺身和游标刻线间长度之差原理制成的量具统称为游标类量具。游标类量具是一种中等精度的量具,可直接测量出工件的外径、孔径、长度、深度、孔距和角度等尺寸。常用的游标类量具有游标卡尺、游标高度尺、齿厚游标卡尺和万能角度尺等。

1. 游标卡尺

游标卡尺是一种适合测量中等精度尺寸的量具,可以直接量出工件的外尺寸、内尺寸和深度尺寸。

1)游标卡尺的结构

游标卡尺主要由尺身、游标、深度尺(只有三用游标卡尺带深度尺)、锁紧装置等部分组成,如图 8-9 所示。尺身是游标卡尺的基础件,在其宽平面上刻有刻线,活动的刀口内测量爪和外测量爪与游标固定为一体,由紧固螺钉控制,与尺身保持良好接触,并沿尺身平稳滑动,紧固螺钉能把游标固定在尺身的任意位置上。深度尺与游标相连,在尺身背面的槽中随游标一起滑动。

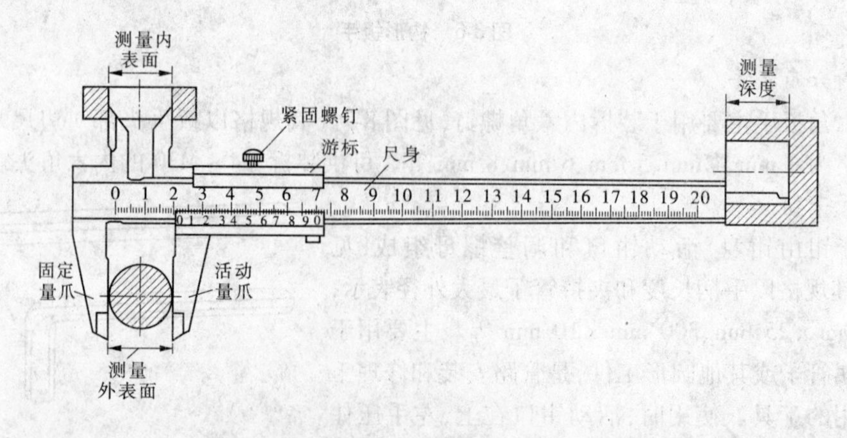

图 8-9　三用游标卡尺

2)游标卡尺的工作原理

游标卡尺按其测量分度值分为 0.1 mm、0.05 mm、0.02 mm 三种。现以 0.02 mm 的游标卡尺为例简述其工作原理,游标卡尺的尺身上刻线每格的间距为 1 mm,0.02 mm 的游标卡尺的游标上有 50 格刻线,当活动量爪与固定量爪合拢时,游标上第 50 格刚好与尺身上的第 49 格对正。因此,游标刻线每小格为 49 mm/50 = 0.98 mm,尺身与游标每格之差为 1 mm - 0.98 mm = 0.02 mm,见图 8-10(a)。根据上述原理,在图 8-10(b)中,尺身与游标刻线对齐的 5 格之差则为 0.02 ×5 = 0.1 (mm)。

0.1 mm、0.05 mm 游标卡尺的工作原理与 0.02 mm 游标卡尺的工作原理相同,只是游标的刻线值不同,见图 8-11。其刻线原理请读者自行分析。

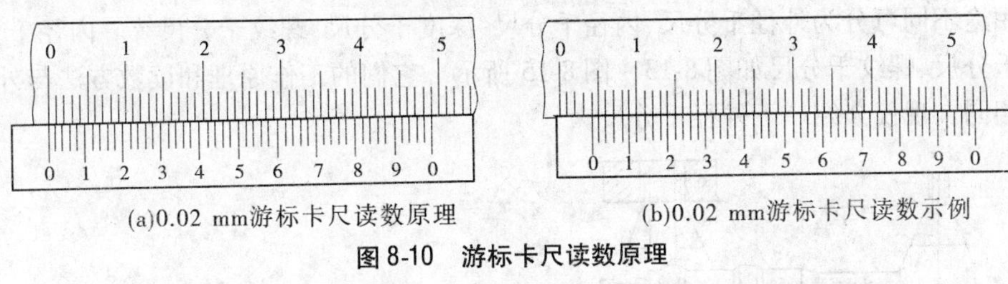

(a)0.02 mm游标卡尺读数原理　　(b)0.02 mm游标卡尺读数示例

图 8-10　游标卡尺读数原理

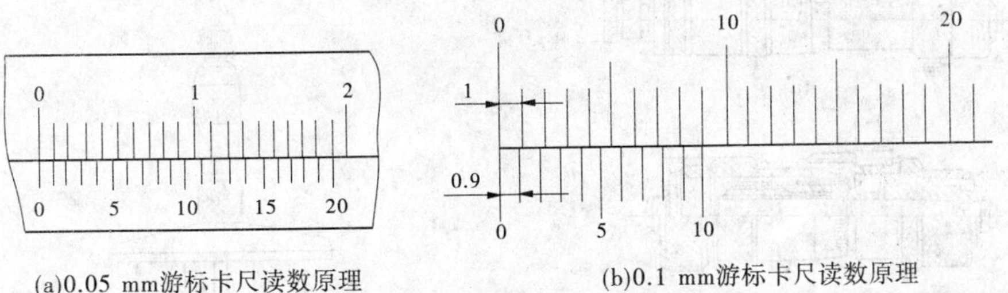

(a)0.05 mm游标卡尺读数原理　　(b)0.1 mm游标卡尺读数原理

图 8-11　游标卡尺读数原理

3)游标卡尺的读数方法

根据游标卡尺的工作原理,用游标卡尺进行测量时,从尺身上读出尺寸的毫米的整数数值,从游标上读出毫米的小数数值,这两个数值的和即为工件的尺寸数值。如图 8-12 所示,其具体读数方法可分为以下三个步骤:

(1)读出游标零线左边与尺身相邻的第一条线的整毫米数,即为测得尺寸的整数值。

(2)读出游标上与尺身刻线对齐的那一条刻线所表示的数值,即为测量值的小数。

(3)把从尺身上读得的毫米整数和从游标上读得的毫米小数加起来即为测得的尺寸数值。

2. 其他游标尺

其他游标卡尺有游标深度尺、游标高度尺、齿厚游标卡尺等。游标深度尺主要用来测量台阶长度和孔、槽的深度。游标高度尺主要用来测量零件的高度和进行精密划线。齿厚游标卡尺主要用来测量齿轮和蜗杆的弦齿厚。它们的工作原理和读数方法与普通游标卡尺相同。

8.2.2.2　千分尺

千分尺是一种精密量具,它的测量精度比游标卡尺高,对于加工尺寸精度要求较高的

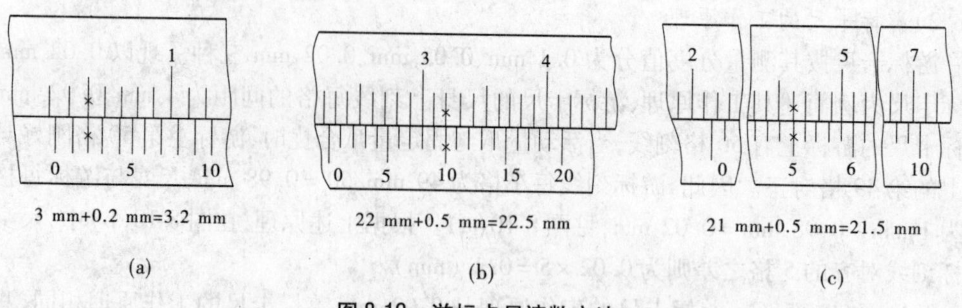

图 8-12　游标卡尺读数方法

工件，一般常采用千分尺进行测量，而且千分尺使用方便、调整简单。千分尺的种类很多，按其用途不同可分为外径千分尺、内径千分尺、深度千分尺、螺纹千分尺等。内径千分尺、深度千分尺、螺纹千分尺如图 8-13～图 8-15 所示。它们的工作原理和读数方法与外径千分尺相同。现仅介绍一下外径千分尺。

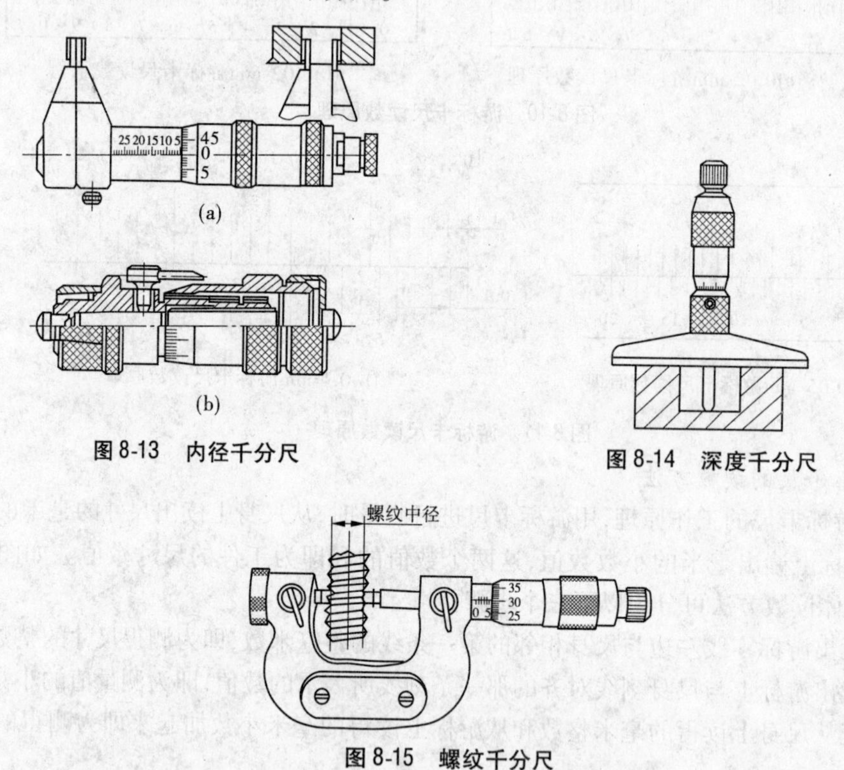

图 8-13　内径千分尺

图 8-14　深度千分尺

图 8-15　螺纹千分尺

1. 外径千分尺的结构

如图 8-16 所示，外径千分尺主要由尺架 1、测微螺杆 3、微分筒 6、测力装置 10 和锁紧螺钉 11 等部分组成。尺架为一弓形零件，是外径千分尺的基础件，其他各组成部分都装在它的上面。零件 3、4、5、6 等组成测微装置，当转动微分筒 6 时，测微螺杆 3 向左移动直至与所测零件贴合。转动测力装置 10 可控制测微螺杆 3 对工件所施加的测量力，并保持恒定，以免由于测量力不同而产生测量误差。必要时，可扳动锁紧螺钉 11 将测微螺杆 3 锁紧在任一位置。

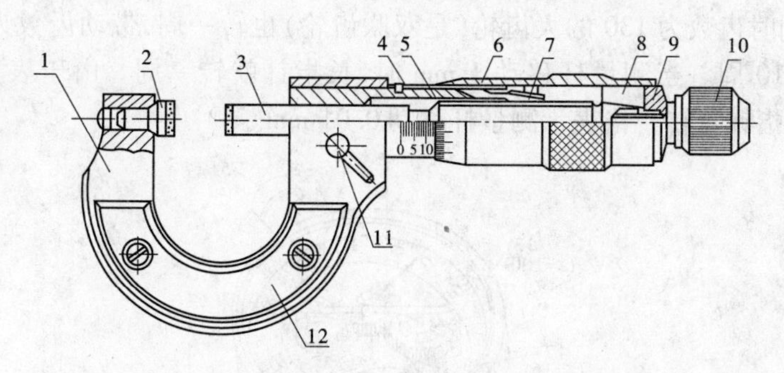

1—尺架;2—固定测砧;3—测微螺杆;4—螺纹轴套;5—固定刻度套筒;6—微分筒;
7—调节螺母;8—接头;9—垫片;10—测力装置;11—锁紧螺钉;12—绝热板

图 8-16　0 ~ 25 mm 外径千分尺

2. 外径千分尺的工作原理

外径千分尺测微螺杆的螺距为 0.5 mm。当微分筒每转一圈时,测微螺杆便沿轴线移动 0.5 mm。微分筒的外锥面上分为 50 格,所以当微分筒每转过一小格时,测微螺杆便沿轴线移动 0.5 mm/50 = 0.01 mm。在外径千分尺的固定套筒上刻有轴向中线,作为微分筒的读数基准线,基准线上下各刻有一排刻线,刻线相互错开 0.5 mm。上面一排刻线标出的数字,表示毫米整数值。下面一排刻线未标数字,表示对应于上面刻线的半毫米值。

3. 外径千分尺的读数方法

用外径千分尺测量工件时,读数方法可分为以下三个步骤:

(1)读出微分筒边缘以左在固定套筒上所显露的刻线数值,即被测尺寸的毫米数和半毫米数,如图 8-17 所示,读数为 8.5 mm。

(2)读出微分筒上与固定套筒的基准线对齐的那条刻线的数值,即不足半毫米部分的测量值,如图 8-17 所示,读数为 0.39 mm。

(3)把两个读数加起来即为测得的实际尺寸数值,图 8-17 中的测量值为 8.5 mm + 0.39 mm = 8.89 mm。

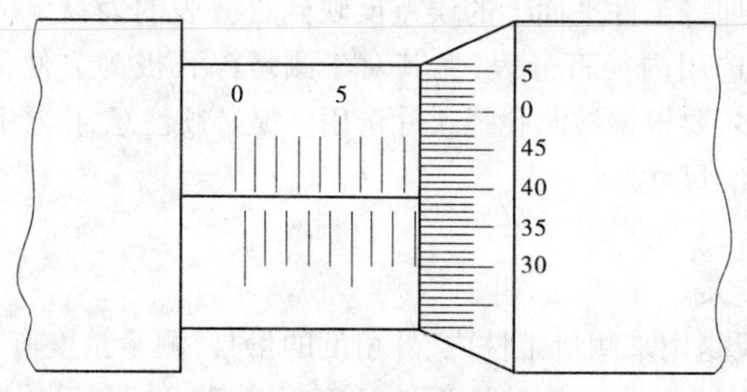

图 8-17　外径千分尺读数方法

8.2.2.3　百分表类

1. 普通百分表

百分表是应用很广的万能量具,它可以检验机床精度和测量工件的尺寸、形状和位置误差。百分表的传动机构原理图如图 8-18 所示。百分表内齿条和齿轮的齿距是 0.5 mm,当测量杆上升 10 mm,齿条正好上升 20 齿,即 0.5 mm × 20 = 10 mm,带动 20 齿的小齿轮转一周,同时齿数为 130 的大齿轮(是双联齿轮)也转一周,带动齿数为 13 齿的小齿轮和长指针转 10 周。当测量杆移动 1 mm 时,长指针就转一周。由于表盘圆周等分为 100 格,所以长指针每转一格表示测量杆移动 0.01 mm。

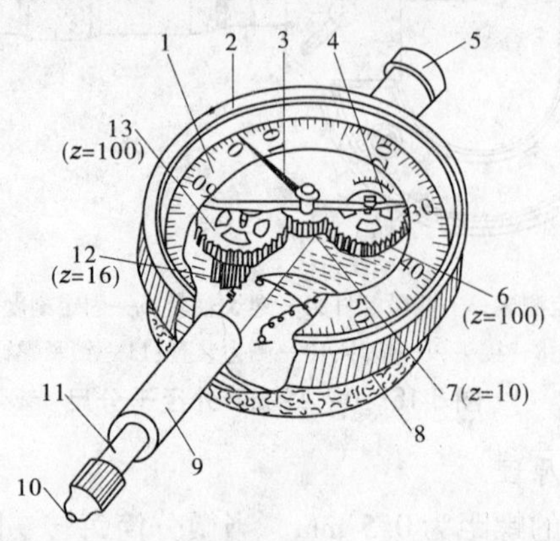

1—表盘;2—表圈;3—主指针;4—转数指针;5—挡帽;8—表体;9—轴管;
10—测量头;11—测量杆;6、7、12、13—齿轮

图 8-18 百分表传动机构原理图

百分表在使用时要装夹在专用的表架上,使用前,用手轻轻提起挡帽,检查测量杆在套筒内移动的灵活性,不得有卡滞现象,并且在每次放松后,指针应回复到原来的刻度位置。测量平面时,百分表的测量杆轴线应与被测平面垂直。测量圆柱形工件时,测量杆轴线要与工件轴线垂直,否则百分表测量头移动不灵活,测量结果不准确。测量时,测量头触及被测表面后,应使测量杆有 0.3 mm 左右的压缩量,不能太大,也不能为零,以减小由于自身间隙而产生的测量误差。用百分表测量机床和工件的误差时,应在多个位置上进行,测得的最大读数与最小读数之差即为测量误差。

2. 其他百分表

在不便使用普通百分表测量的地方(如沟槽等),可以选用杠杆百分表,如图 8-19(a)所示,它利用杠杆原理将工件平面上的误差反映到百分表的表盘上。当测量孔径尺寸和孔的形状误差时,应选用内径百分表,尤其对于测量深孔极为方便,如图 8-19(b)所示。内径百分表规格较多,要根据被测孔径尺寸选用。但必须注意,内径百分表的显示值误差较大,测量前必须校准尺寸。

8.2.2.4 其他量具

1. 游标万能角度尺

游标万能角度尺是用来测量工件内、外角度的量具,测量精度有 2′和 5′两种,测量范围为 0°~320°。现以精度为 2′的游标万能角度尺为例,说明其结构、原理和使用方法。游标万能角度尺的结构如图 8-20 所示。万能角度尺的尺身刻线每格为 1°。分度值为 2′的万能角度尺的游标共 30 格等分 29°,游标每格为 29°/30 = 58′,尺身一格和游标一格之差为 1° − 58′ = 2′,所以根据游标读数原理可以测量准确度为 2′的测量值。

万能角度尺的读数方法和游标卡尺相似,先从尺身上读出游标零线前的整度数,再从游标上读出角度"分"的数值,两者相加就是被测件的角度数值。

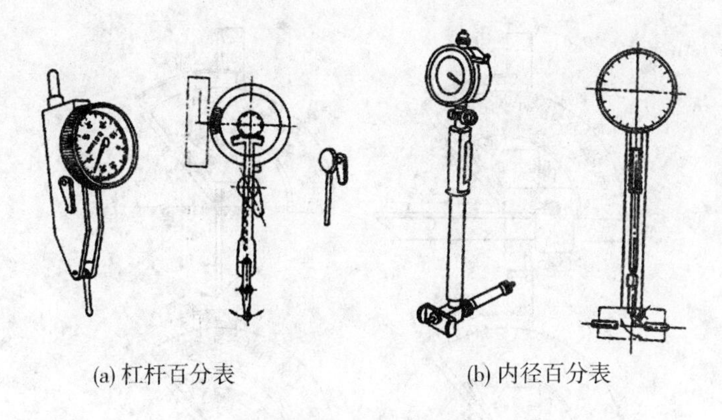

(a) 杠杆百分表　　　　(b) 内径百分表

图 8-19　其他百分表

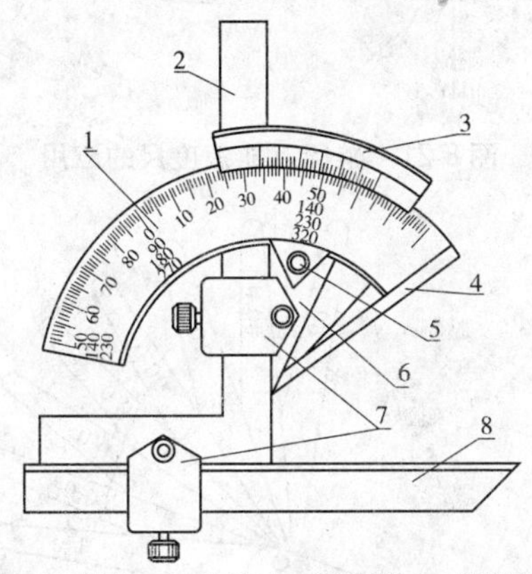

1—主尺;2—90°角尺;3—游标;4—基尺;5—制动器;6—扇形板;7—支架;8—直尺

图 8-20　游标万能角度尺的结构示意图

游标万能角度尺的 90°角尺和直尺可以移动或拆卸,因此它可以测量 0° ~ 320°的任何角度,使用方法见图 8-21。使用时要注意:游标万能角度尺的主尺上的刻线只有 0° ~ 90°。所以,当测量角度大于 90°时,读数应加上 90°;大于 180°时应加上 180°;大于 270°时应加上 270°。

2. 塞尺

塞尺是用来检验结合面之间间隙大小的片状量规。它由不同厚度的金属薄片组成,每个薄片有两个相互平行的测量平面,其厚度尺寸较准确,塞尺长度有 50 mm、100 mm、200 mm 三种,由若干厚度为 0. 02 ~ 1 mm(中间每片相隔 0. 01 mm)或厚度为 0. 1 ~ 1 mm(中间每片相隔 0. 05 mm)的金属薄片组成一套(组),叠合在夹板里,如图 8-22 所示。

使用塞尺测量时,根据间隙的大小,可以用一片或数片重叠在一起插入间隙内,插入深度应在 20 mm 左右。例如,用 0. 2 mm 的塞尺刚好能插入两工件的缝隙中,而 0. 3 mm 的塞尺片插不进,说明两工件的结合间隙为 0. 2 mm。由于塞尺很薄,很容易弯曲或折断,测量时不能用力太大,并应在结合面的全长上多处检查,取其最大值,即为两结合面的最大间隙量。使用后要擦净塞尺的测量面,及时合到夹板中去。

8. 2. 2. 5　量具的维护和保养

对量具只使用而不进行维护和保养,就必然导致量具的精度过早丧失,甚至造成量具

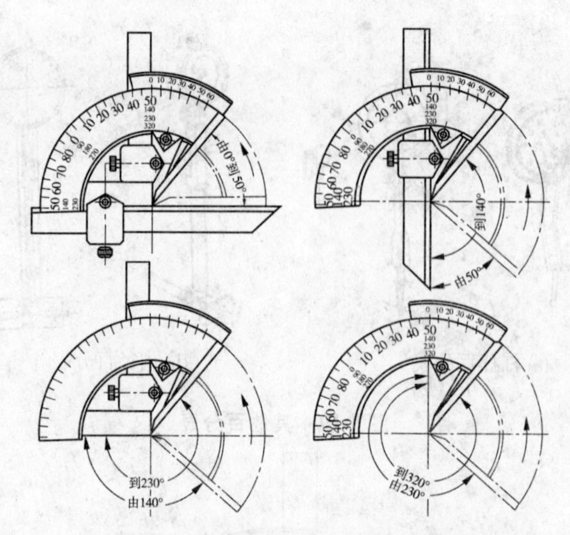

图 8-21　游标万能角度尺的应用

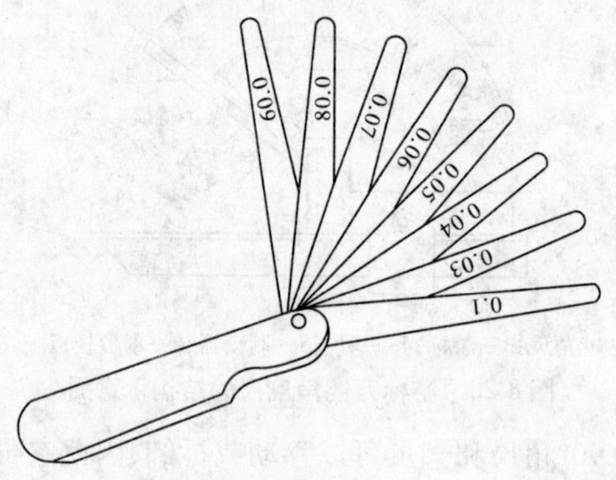

图 8-22　塞尺

的损坏，所以在使用时应注意做到以下几点：

(1)量具必须坚持定期检查(指有规定检定周期的量具)，以使其能获得及时的调整和维护。

(2)在量具使用的过程中和使用后，要始终保持量具的整洁，易丢掉的小螺钉要补齐，不能在缺件的情况下工作。

(3)量具不能放在热源附近和有较高温度的机床变速箱上。

(4)不允许量具和其他工具、刀具混放在一起，要放置在平整的地方，上面不能压放其他东西，以免量具变形。

(5)量具不允许放在有振动的物体上和磁性工作台上。

(6)运动着的工件未停稳时，绝不能用量具测量工件，以防损坏量具。

(7)量具使用后，擦净后涂油，放入量具盒内。

8.2.3　钳工常用设备

钳工工作场地是供一组工人工作的固定地点。在工作场地内安装的主要设备有钳桌、台虎钳、砂轮机、台式钻床和摇臂钻床等。

8.2.3.1 钳桌

钳桌用来安装台虎钳和放置工具、量具和工件等，用木料或钢材制成，如图 8-23 所示。其高度为 800 ~ 900 mm，长度和宽度可随工作需要而定，在操作者的对面有防护网，防止工作时发生意外事故。

图 8-23 钳桌

8.2.3.2 台虎钳

台虎钳是用来夹持各种工件的通用夹具，它具有固定式和回转式两种，如图 8-24 所示。其规格以钳口的宽度表示，有 100 mm、125 mm、150 mm 等。

在使用台虎钳时，应注意以下几点：

(1)在台虎钳上夹持工件时，只允许依靠手臂的力量来扳动手柄，决不允许用锤子敲击，不允许用管子或其他工具随意接长手柄夹紧，以防螺母或其他连接件因过载而损坏。

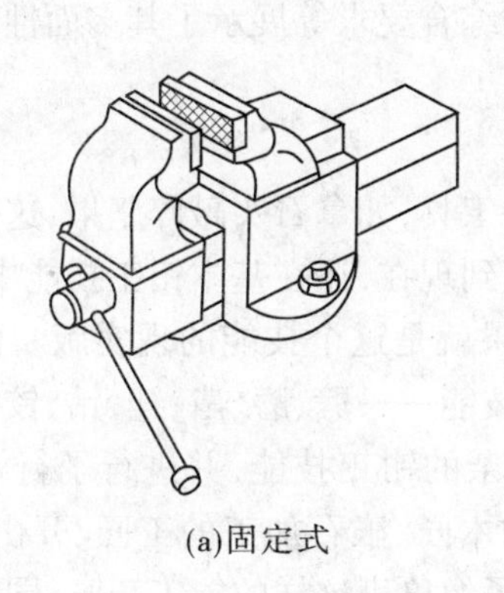

(a)固定式　　(b)回转式

1—固定部分；2—活动部分；3—螺母；4—夹紧手柄杆；5—夹紧盘；6—转盘座；7—锁紧手柄；8—丝杠

图 8-24 台虎钳

(2)在台虎钳上进行强力作业时，应使较强的作用力朝向固定钳身，否则将额外增加螺杆和螺母的载荷，以致螺纹损坏。

(3)不要在活动钳身的工作面上进行敲击作业，以免损坏或降低它与固定钳身的配合性能。

(4)螺杆、螺母和其他配合表面都要经常保持清洁，并加油润滑，使操作省力，防止生锈。

8.2.3.3 砂轮机

砂轮机用来刃磨錾子、钻头、刀具及其他工具，也可用来磨去工件或材料上的毛刺、锐边等，其结构如图 8-25所示。

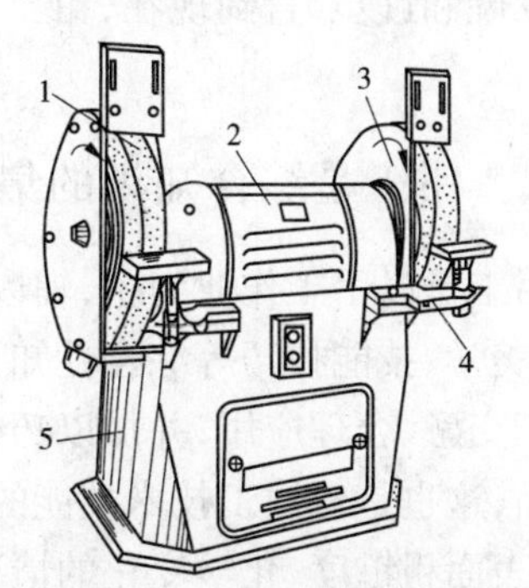

1—砂轮；2—电动机；3—防护罩；
4—托架；5—砂轮机座

图 8-25 砂轮机

使用砂轮机时，应严格遵守以下安全操作规程：

(1)磨削时,人要站在砂轮的侧面。

(2)砂轮启动后,应等到砂轮转速正常后再开始磨削。

(3)磨削时,刀具或工件对砂轮施加的压力不能过大,并严禁刀具或工件对砂轮产生猛烈的冲击,以免砂轮破碎。

(4)砂轮外圆误差较大时,应及时修整。

(5)砂轮的旋转方向应正确,要与砂轮罩上的箭头方向一致,使磨屑向下方飞离砂轮。

(6)砂轮机架和砂轮之间的距离应保持在 3 mm 以内,以防工件磨削时扎人造成事故。

8.3 拓展提高——技能多面手之钳工

钳工是一门有着悠久历史的技术工种,是一项应用综合性知识的技能,贯穿整个人类生活的社会技术。从远古石器时代的石刀、石斧、石箭等简单制作,到现代利用先进技术设备加工精密复杂的零件都展示了钳工的无穷魅力。在长久的生活中,钳工展示了人类无穷的智慧,以及推动了整个社会技术的发展。钳工以其悠久的历史、对社会生活的全面影响、对人类智慧的综合体现、对知识和技能的综合要求等展示了其多面性的特征。

8.3.1 钳工对人类生活的影响

钳工的历史可以追溯到人类使用的第一件工具,如拿石头敲碎坚果,这一伟大动作开启了人类的文明,同时也是钳工技能的开始,直到现在,还在基本钳工技能中应用,用榔头敲击工具或者工件,使其达到我们所要求的效果就是这个技能的现实版。而在石器时代出现的石刀、石斧就更能体现现代钳工的基本技能——劈、磨、凿、锉、钻、铰等。随着人类智慧的增长和技术技能的进步,出现了更加复杂的钳工技能,并进行了行业的细化和丰富,出现了专业的钳工种类,如从事木材制作的木匠、玉石加工的玉匠、开山劈石的石匠、铁器制作的铁匠,等等。长久的人类生活造就了像鲁班这样的能工巧匠,同时也催生出指南车、活字印刷机、织布机、犁铧等一系列影响我们生产生活的设备。也正是这些技术技能推动着社会的不断进步和人类文明的发展。因此,可以说钳工时刻伴随着我们人类社会的发展和进步,直到现在,钳工依然保持着其他工种无法替代的功能而影响着我们的生活。

8.3.2 钳工是综合知识的集成

钳工是以手工作业为主,辅以设备加工制作相应形状要求的工件,是对材料学、力学、化学、美学、技能技巧等综合性知识大融合的一种工种。在制作工件时,要求各个学科知识相互交融、合理应用,并加以巧妙精密的技能技巧,才能完成每一个工件,并使之成为艺术孤品,这也是对钳工技术技能的良好展现。具体来说,在钳工制作过程中,在不同形状、强度、表面粗糙度、化学变化的情况下,选择的材料、工具、加工方法、特殊处理方法也将不同。以一把榔头的制作过程为例,首先是要确定结构形状、尺寸大小,这将应用到力学、结构学、绘图、美学等方面的知识;其次是材料的选取,因制作的榔头用途不同,选择的材料也就不相同,可选择的材料有橡胶、金属、木头、高分子材料等;之后是确定加工方法,综合榔头的结构形状、尺寸大小、使用用途、选取材料，而采取不同加工方法、工具和设备，从而制作出合理的加工工艺和流程；最后是榔头的特殊要求处理，如局部硬化、防腐蚀、美观、标牌等，再加上送检、包装，一个榔头就制造完成了。而整个过程就是钳工基本工作的良好展示，也是对综合知识的充分应用。一名优秀的钳工操作者就应该是一名掌握全面知识的多面手。

8.3.3 现代钳工的特点

随着科学技术的进步，出现了很多先进的设备、仪器和技术，从而减轻了传统钳工的劳动强度并提高了加工精度，如电火花、线切割、特种焊接、综合维修等技术技能。近年，我国高速发展的模具钳工，过去无法加工出的满足设计精度要求的工件，通过这些技术应用得到了良好的解决。特别是现代四新技术（新技术、新工艺、新材料和新设备）在钳工中的广泛应用，更使钳工如虎添翼。在高技术、高科技快速发展的今天，技术信息化在钳工中也有着很好的展现，如计算机辅助设计、数控加工、智能检测等，大大提高了工件的可靠性和精确性，也延伸了钳工的技术技能，从而使钳工发展更加广大。

钳工作为一项影响人类生活和推动社会进步的工种，有其悠久的历史和现代文明的展示，在展现其知识综合性、技能多面性的同时，必将更快、更好地推动人类社会的快速发展。

练习题

1. 选择题

(1) 钳工加工所用工具和设备(　　)。

A. 价格昂贵，携带不便　　B. 价格低廉，携带方便　　C. 价格低廉，携带不便

(2) 十字槽螺钉旋具因(　　)的拧紧力而不易从螺钉槽中滑出，使用可靠。

A. 较大　　B. 较小　　C. 一般

(3) 用来测量、检验工件尺寸和形状的工具叫做(　　)。

A. 模具　　B. 工具　　C. 量具

(4) 游标类量具是一种(　　)精度的量具。

A. 低等　　B. 高等　　C. 中等

(5) 塞尺是用来检验结合面之间间隙大小的片状(　　)。

A. 环规　　B. 量规　　C. 卡规

2. 填空题

(1) 钳工是指操作人员借助于____________对工件进行金属切削加工的一种方法。

(2) 钩形扳手有多种形式，专门用来装拆各种结构的________________。

(3) 钳工基本操作有划线、錾削、______________________________。

(4) 螺钉旋具由木柄和工作部分组成，按结构分类有____________________两种。

(5) 现代四新技术是指______、______、______和______。

3. 判断题

(1) 台虎钳是用来夹持各种工件的通用夹具,它具有固定式和回转式两种。 (   )

(2) 游标万能角度尺是用来测量工件角度的量具,测量精度达到1°。 (   )

(3) 百分表头小针转一个格表示1 mm。 (   )

(4) 百分表头大针转一个格表示1 mm。 (   )

(5) 活扳手主要用来折装六角头螺栓、方头螺栓和螺母。 (   )

4. 综合题

(1) 钳工常用工具有哪些?

(2) 普通游标卡尺可以测量工件的哪些尺寸?

(3) 简述读数精度为0.05 mm的游标卡尺的工作原理。

(4) 千分尺测量工件时应怎样读数?

(5) 根据图8-26所示的千分尺,写出千分尺的尺寸读数?

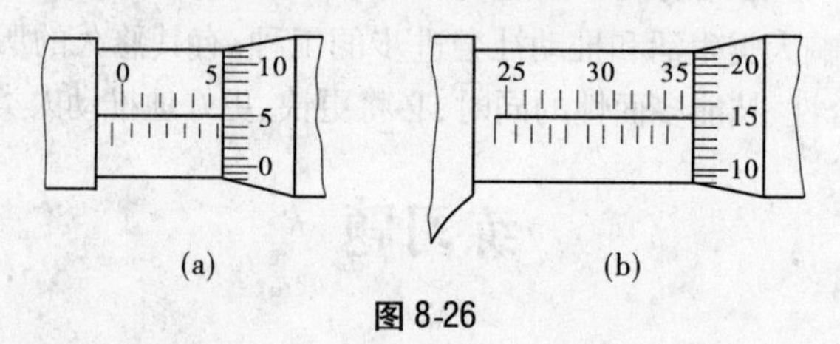

图8-26

(6) 简述量具使用的注意事项。

(7) 简述台虎钳的使用方法。

(8) 简述砂轮机的操作规程。

模块9　钳工操作技能

【模块导入】

本模块重点阐述了划线的方法、种类,锯削的方法及不同材料的锯削方法,锉刀及不同材料、不同形状的锉削方法。简要介绍錾削、刮削及螺纹加工的方法。

【技能要求】

掌握划线的基本方法、步骤,不同形状的材料的正确锯削方法,锉削平面、曲面的方法及检测方法。了解錾削、刮削及螺纹加工的基本方法步骤及相关注意事项。同时加强这些基本技能的实际训练,能根据具体条件加工出合格的零件,达到中级钳工应具备的知识技能。

9.1　划　线

零件一般都是由毛坯经切削加工后制成的。毛坯的尺寸余量大、表面粗糙,不能达到零件所需的尺寸精度要求,因此需要钳工进行划线,以提高毛坯的合格率。根据图样要求,准确地在毛坯或半成品上划出加工界线的操作称为划线。

划线分为平面划线和立体划线。平面划线是指在工件的一个表面(即工件的二维坐标体系内)上划线就能表示出加工界线的划线,例如在板料上划线,在盘状工件端面上划线等,见图9-1(a)。而立体划线是指在工件的几个不同表面(即工件的三维坐标体系内)上划线才能明确表示出加工界线的划线,例如在支架、箱体、曲轴等工件上的划线,见图9-1(b)。

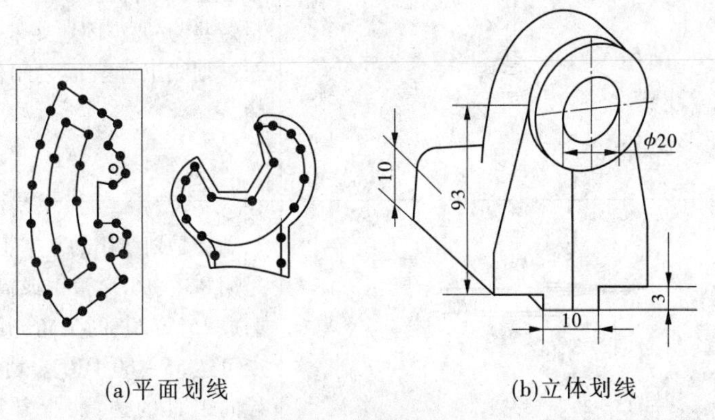

(a)平面划线　　(b)立体划线

图9-1　划线种类

划线工作可以在毛坯上进行,也可以在已加工面上进行,其作用如下:

(1)确定工件的加工余量,明确尺寸的加工界线;

(2)在板料上按划线下料,可以正确排料,合理使用材料;

(3)复杂工件在机床上装夹时,可按划线位置找正、定位和夹紧;

(4)通过划线能及时地发现和处理不合格的毛坯,避免加工后造成损失;

(5)采用借料划线可以使误差不大的毛坯得到补救,加工后零件仍能达到要求。

划线精度不高,一般可达到的尺寸精度为0.25 ~ 0.5 mm。因此,不能依据划线的位置来确定加工后的尺寸精度,必须在加工过程中,通过测量来保证尺寸的加工精度。

9.1.1 划线工具和涂料

9.1.1.1 **划线工具**

常用的划线工具及用途见表9-1。

在金属材料上划线时要用工具钢、高速钢或弹簧钢制成的划针,针尖淬火磨成15° ~ 20°使用。在淬硬工件上划线用黄铜划针,划线时,黄铜磨损显出线条;在管子外表面划线可用铅笔。

表9-1 划线工具及用途

工具名称	型式	用途
平板		用铸铁制成,表面经过精刨或刮削加工。它的工作表面是划线和检测的基准
划线盘		划线盘常用来在工件上划线或找正工件的位置。划针的直头一端(焊有高速钢或硬质合金)用来划线,而弯头一端用来找正工件位置。划线时,划针应尽量处于水平位置,不要倾斜太大,划针伸出部分应尽量短些,并要牢固地夹紧。操作时,划针应与被划线工件表面之间保持40° ~ 60°夹角
划针	15°~20° (a) 15°~20°　45°~75° (b)	划针是划线用的基本工具。常用的划针是用ϕ3 ~ ϕ6 弹簧钢或高速钢制成,尖端磨成15° ~ 20°的尖角,并经过热处理,硬度可达55 ~ 60 HRC。划线时针尖要靠紧导向工具的边缘,上部向外倾斜15° ~ 20°,向划线方向倾斜45° ~ 75°。划线时要做到一次划成,不要重复地划同一根线条。力度适当,才能使划出的线条既清晰又准确,否则线条变粗,反而模糊不清

续表 9-1

工具名称	型式	用途
划规	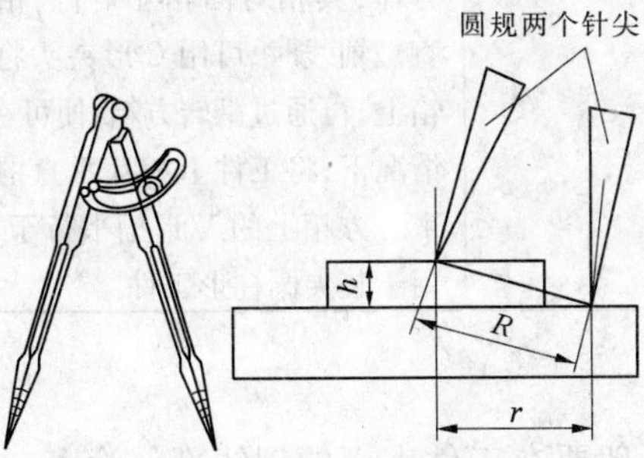 圆规两个针尖 h R r (a) (b)	划规用来划圆、圆弧、等分线段、等分角度以及量取尺寸等。划规用中碳钢或工具钢制成，硬度可达 48 ~ 53 HRC。有的划规在两脚端部焊有一段硬质合金，使用时耐磨性更好。常用划规有普通划规（见左图(a)）、扇形划规、弹簧划规三种。 使用划规划圆有时两尖角不在同一平面上（见左图(b)），即所划线中心高于（或低于）所划圆周平面，则两尖角的距离就不是所划圆的半径，此时应把划规两尖角的距离调整为 $R = \sqrt{r^2 + h^2}$
单脚划规	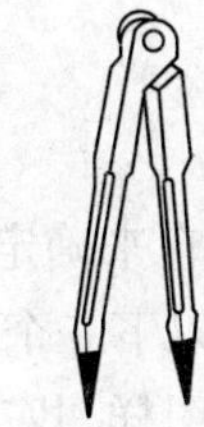	单脚划规是用碳素工具钢制成的，划线尖端焊有高速钢。单脚划规可用来求圆形工件中心，操作比较方便。也可沿加工好的直面划平行线
游标高度尺	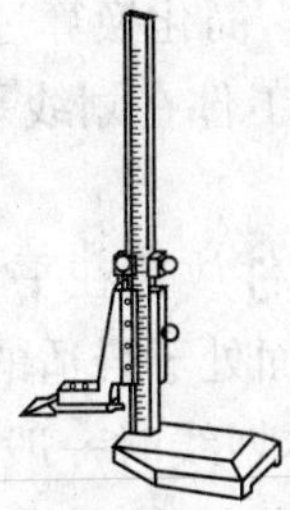	这是一种精密的、划线与测量相结合的工具，使用时要注意保护划刀刃
样冲	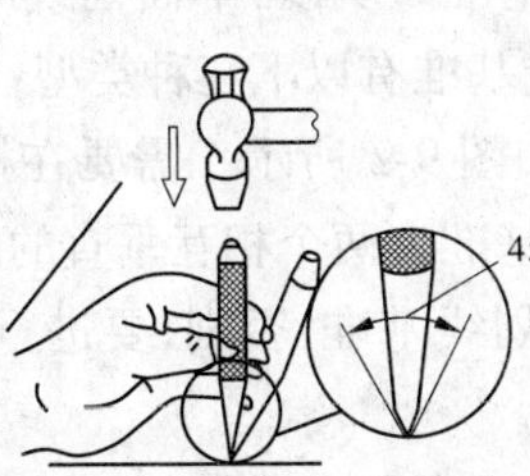 45°~60°	样冲是用工具钢制成的，经热处理后，硬度可达 55 ~ 60 HRC，其尖角磨成 45° ~ 60°。使用样冲时应先向外倾斜，以便于样冲尖对准线条，对准后再直立，用锤子锤击
直角尺	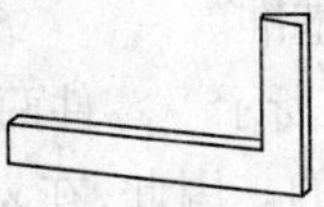	在划线时常用作划平行线或垂直线的导向工具，也可用来找正工件在划线平台上的垂直位置

续表 9-1

工具名称	型式	用途
方箱		方箱是用灰铸铁制成的空心立方体或长方体，其相对面相互平行、相邻面相互垂直。划线时，可用 C 形夹头将工件夹在方箱上，再通过翻转方箱，便可在一次安装的情况下，将工件上相互垂直的线全部划出来。方箱上的 V 形槽平行于相应的平面，用于装夹圆柱形工件

9.1.1.2 划线用涂料

为使工件表面上的划线清晰可见，一般要在工件表面的划线部位涂上一层薄而均匀的涂料。在铸、锻件的毛坯面上，常用石灰水加少量水溶胶混合成的溶液作涂料；在已加工表面上，用紫色酒精或硫酸铜溶液作涂料。

9.1.2 划线基准

9.1.2.1 常用的划线基准

划线时，要选择工件上某个点、线或面作为依据，用它来确定工件上其他的点、线、面的尺寸和位置，这个依据称为划线基准。划线基准包括以下三个基准。

(1)尺寸基准。在选择划线尺寸基准时，应先分析图样，找正设计基准，使划线的尺寸基准与设计基准一致，从而能够直接量取划线尺寸，简化换算过程。

(2)放置基准。划线尺寸基准选好后，就要考虑工件在划线平板或方箱、V 形铁上的放置位置，即找出工件最合理的放置基准。

(3)校正基准。选择校正基准，主要是指毛坯工件放置在平台后，校正某个面(或点和线)的问题。通过校正基准，能使工件上有关的表面处于合适的位置。

平面划线时一般要划两个互相垂直的线条，立体划线时一般要划三个相互垂直的线条。因为每划一个方向的线条，就必须确定一个基准。所以，平面划线时要确定两个基准，而立体划线时则要确定三个基准。常用的划线基准有以下三种类型：

(1)以两个相互垂直的平面(或线)为基准，如图 9-2 所示。需要在样板上划出外形高度、宽度和孔加工线。从图样上可看出，其设计基准为两个相互垂直的底平面和右侧平面。因此，划各加工线时，应以底平面和右平面为划线基准，否则，要进行尺寸换算，加工尺寸也难以控制。

(2)以一个平面和另一个平面的中心线为基准，如图 9-3 所示。零件高度方向的尺寸是以底平面为依据，宽度方向的尺寸对称于中心线。因此，在划高度尺寸线时，应以底平面为尺寸基准，划宽度尺寸线时应以中心线为尺寸基准。

(3)以两条相互垂直的中心线为基准，如图 9-4 所示。零件两个方向尺寸与其中心线具有对称性，并且其他尺寸也是从中心线开始标注的。因此，在划线时，应选择中心十字线为尺寸基准。

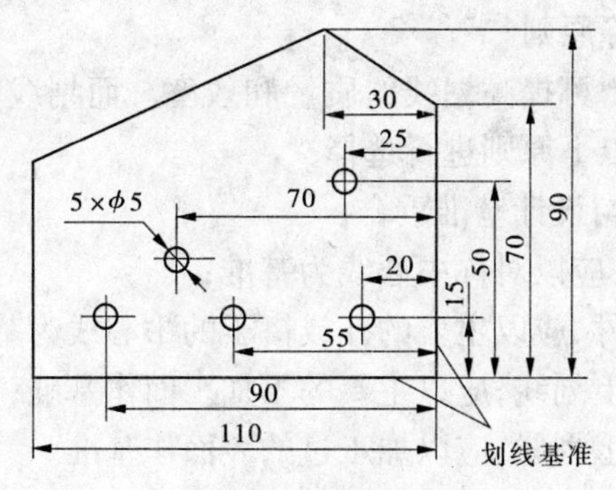

图 9-2　以两个互相垂直的平面为基准

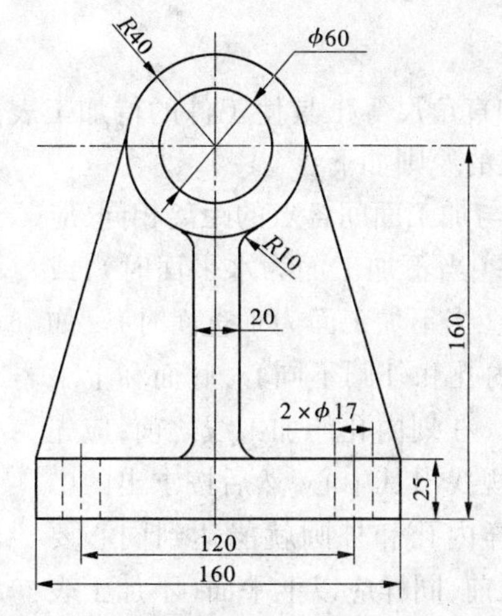

图 9-3　以一个平面和另一个平面的中心线为基准

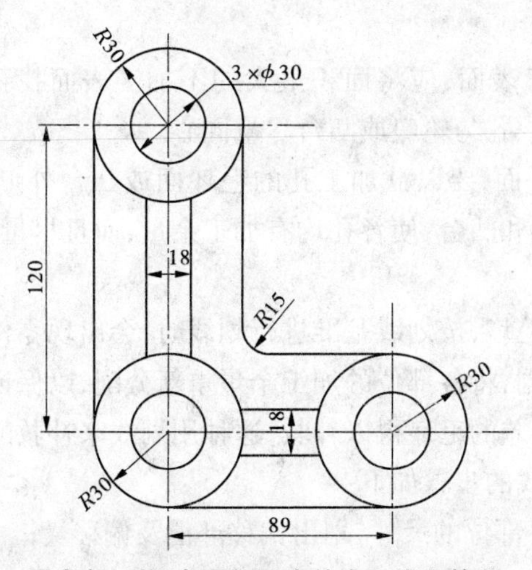

图 9-4　以两条互相垂直的中心线为基准

以上情况均以设计基准作为划线基准，是用于平面划线的。对于工艺复杂的工件，为了保证加工质量，需要分几次划线，才能完成整个划线工作。

9.1.2.2 划线基准的选择原则

划线基准选择得恰当,可提高划线的质量和效率。而划线基准本身的精度也直接影响划线的质量,一般应按以下原则进行选择:

(1)划线基准应尽量与设计基准重合;

(2)对称形状的工件,应以对称中心线为基准;

(3)有孔或搭子的工件,应以主要的孔或搭子的中心线为基准;

(4)在未加工的毛坯上划线,应以主要的不加工面作基准;

(5)在加工过的工件上划线,应以加工过的表面作基准。

9.1.3 划线前的找正与借料

9.1.3.1 找正

找正就是利用划线盘和直角尺等工具使工件的待加工表面相对与基准(不加工面)处于适当的位置。毛坯找正的原则如下:

(1)为了保证不加工面与加工面间各点的距离相同,应将不加工面用划线盘找水平(当不加工面为水平面时),或把不加工面用直角尺找垂直(当不加工面为垂直面时)。如图9-5所示的轴承架毛坯,内孔和外圆不同心,底面和上平面 A 不平行,划线前应找正。在划内孔的加工线之前,应先以外圆为找正依据,用单脚规找出其中心,然后按求出的中心划出内孔的加工线。这样内孔和外圆就能达到同心要求。在划轴承座的加工线之前,同样应以上平面(不加工表面 A)为依据,用划线盘找正成水平位置,然后划出底面加工线,这样,底座各处的厚度就比较均匀了。

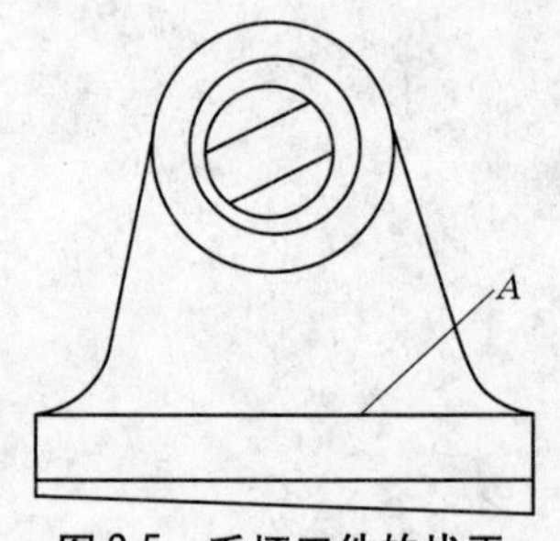

图9-5 毛坯工件的找正

(2)如有几个不加工表面,应将面积最大的不加工表面找正,并照顾其他不加工表面,使各处壁厚尽量均匀、孔与轮毂或凸台尽量同心。

(3)如没有不加工平面,要以欲加工孔的毛坯面或凸台外形来找正。对于有很多孔的箱体,要照顾各孔毛坯和凸台,使各孔均有加工余量,而且尽量与凸台同心。

9.1.3.2 借料

对有些铸件或锻件毛坯,按划线基准进行划线时,会出现零件毛坯某些部位的加工余量不够。通过调整和试划,将各部位的加工余量重新分配,以保证各部位的加工表面均有足够的加工余量,使有误差的毛坯得以补救,这种用划线来补救的方法称为借料。

对毛坯零件借料划线的步骤如下:

(1)测量毛坯件的各部位的尺寸,划出偏移部位及偏移量;

(2)根据毛坯偏移量对照各表面的加工余量,分析在毛坯上是否划得出划线,如确定划得出,则应确定借料的方向及尺寸,划出基准线;

(3)按图样要求,以基准线为依据,划出其余所有的线;

(4)复查各表面的加工余量是否合理,如发现有的表面加工余量还不够,则应继续借料并重新划线,直至各表面都有合适的加工余量。

图 9-6(a)所示圆环是一个锻造毛坯,其内外圆都要加工。如果毛坯形状比较准确,就可以按图样尺寸进行划线,此时划线工作很简单,如图 9-6(b)所示。当圆环的内外圆偏心较大时,划线就不是那样简单了。若按外圆找正划内孔加工线,则内孔有个别部位的加工余量不够,见图 9-7(a);若按内圆找正划外圆加工线,则外圆个别部分的加工余量不够,见图 9-7(b)。只有在内孔和外圆同时兼顾的情况下,适当地将圆心选在锻件内孔和外圆圆心之间的一个适当的位置上划线,才能使内孔和外圆都有足够的加工余量,见图 9-7(c)。这说明通过划线借料,误差较小的毛坯仍能很好地被利用。

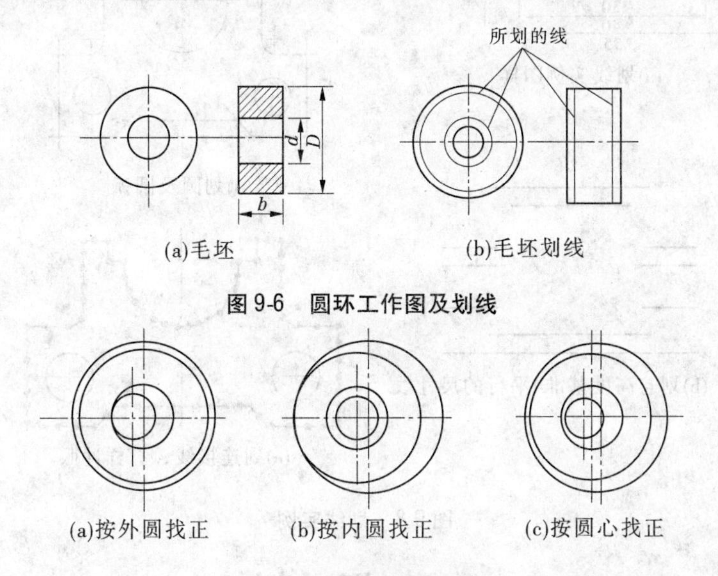

(a)毛坯　(b)毛坯划线

图 9-6　圆环工作图及划线

(a)按外圆找正　(b)按内圆找正　(c)按圆心找正

图 9-7　圆环划线的借料

9.1.4　划线举例

下面以图 9-8 所示的零件为例,介绍其划线的步骤:

(1)在划线前,应对待划工件的表面进行清理,并涂上涂料。

(2)检查待划工件是否有足够的加工余量。

(3)分析图样,根据工艺要求,明确划线位置,确定基准(高度方向基准为底平面 A,宽度方向基准为对称中心线 B),见图 9-8(a)。

(4)确定待划图样位置,划出高度基准的位置线,见图 9-8(b),并相继划出其他要素的高度位置线。

(5)划出宽度基准的位置线,同时划出其他要素的宽度位置线,见图 9-8(c)。

(6)用样冲打出各圆心的冲孔,并划出各圆和圆弧,见图 9-8(d)。

(7)划出各处的连接线,完成工件的划线工作。

(8)检查图样各方向划线基准的合理性、各部尺寸的正确性。线条要清晰、无遗漏、无错误。

(9)打样冲眼,显示各部分尺寸及轮廓,见图 9-8(e),工件划线结束。

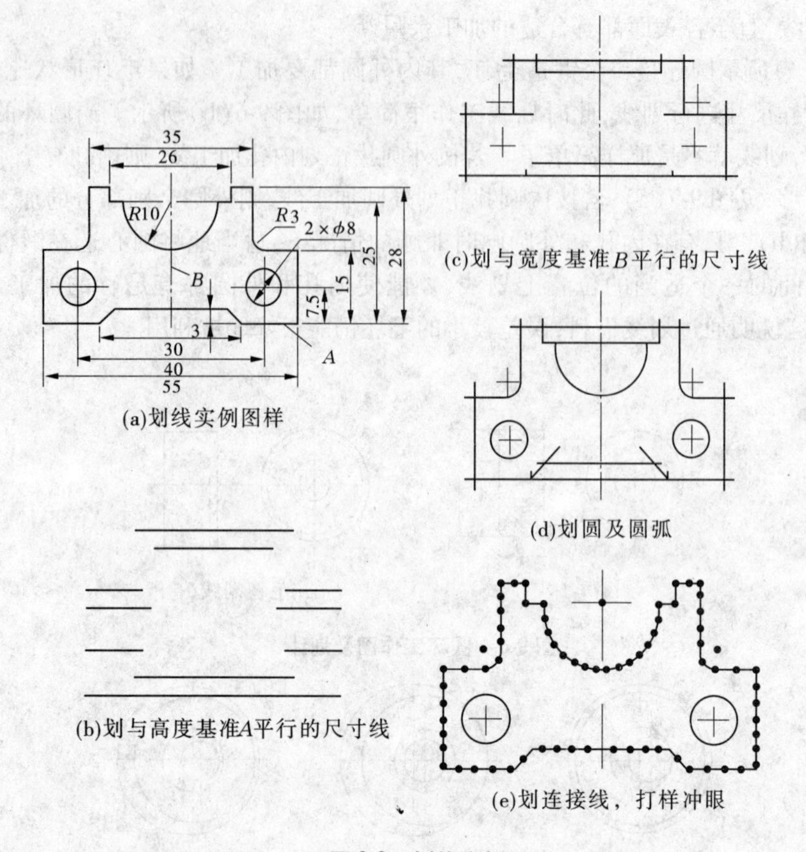

图 9-8　划线实例

9.2　锯　削

锯削主要是指用手锯对材料或工件进行分割或锯槽的一种加工方法。锯削工件的精度较低,需要进一步加工,它适用于较小型材料或工件的加工。手锯的主要工作范围如图 9-9所示。锯削大型材料或工件时,可采用机械锯削。

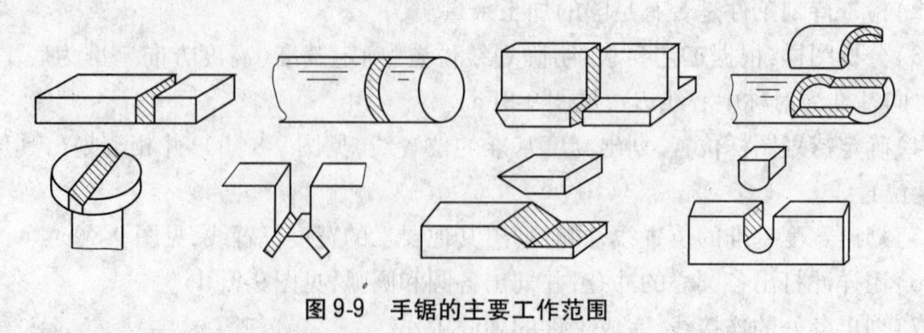

图 9-9　手锯的主要工作范围

9.2.1　手锯

手锯是钳工使用的主要锯削工具,由锯弓和锯条组成。

9.2.1.1 锯弓

锯弓是用来安装锯条的，分为固定式和可调式两种，见图9-10。前者只能安装一种长度的锯条；后者锯弓的长度可调，能安装不同长度的锯条，较为常用。锯弓两端都有夹头，夹头上的销子插入锯条的安装孔后，可通过旋转蝶形螺母来调节锯条的张紧程度。

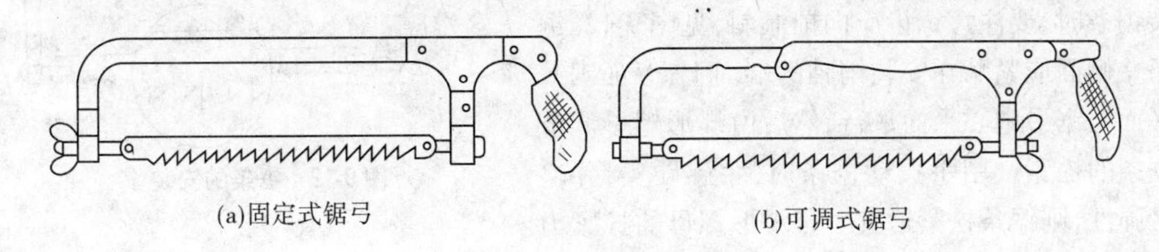

(a)固定式锯弓　　(b)可调式锯弓

图9-10　锯弓种类

9.2.1.2 锯条

锯条是用来直接锯削材料或工件的刃具。锯条一般用渗碳钢冷轧而成，也可用碳素工具钢或合金钢制造，并经过热处理淬硬后使用。

锯条的规格是以两端安装孔的中心距来表示的。钳工常用的锯条规格是300 mm，宽度为13 mm，厚度为6 mm。按齿距的大小，锯条可分为粗齿、中齿和细齿三种。

粗齿锯条的齿距约为1.6 mm(每25 mm长度内的齿数为14～16个)，用于锯割低碳钢，铜、铝等有色金属，塑料以及断面尺寸较大的工件。细齿锯条的齿距约为0.8 mm(每25 mm长度内的齿数为32个)，用于锯割硬材料、薄板和管子等。中齿锯条的齿距约为1.2 mm(每25 mm长度内的齿数为22个)，用于加工普通钢材、铸铁以及中等厚度的工件。

在制造锯条时，全部锯齿按一定的规则左右错开，排成一定的形状，称为锯路。锯路有交叉形和波浪形两种，如图9-11所示。锯路能使锯缝宽度大于锯条背的厚度，使锯条在锯削时不会被锯缝夹住，以减小锯条和锯缝间的摩擦，便于排屑，减轻锯条的发热与磨损，延长锯条的使用寿命，提高锯削效率。

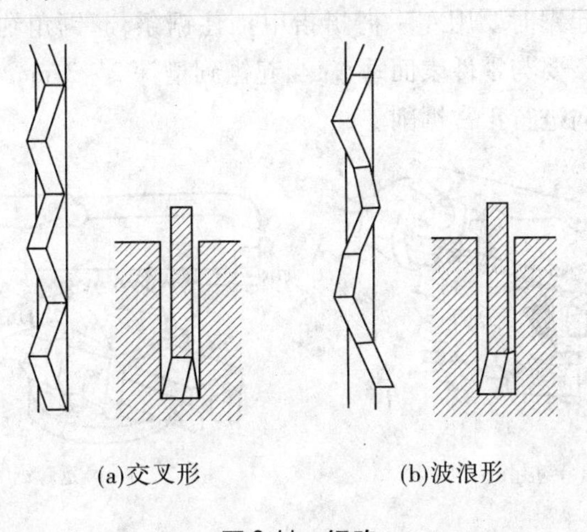

(a)交叉形　　(b)波浪形

图9-11　锯路

9.2.2 锯削方法

9.2.2.1 锯条的安装

锯削时,手锯向前推进为切削运动,所以安装锯条时,要注意锯齿应向前倾斜,见图 9-12。锯条一侧面应紧贴在安装销轴的端面上,保证锯条平面与锯弓中心平面平行,然后由蝶形螺母调节锯条的松紧。用手拨动锯条时,手感硬实,并略带弹性,则锯条松紧适宜。若蝶形螺母的拧紧力过大,锯条崩得太紧,锯削时,切削阻力略有增加,锯条就会崩断;拧紧力过小,锯条太松,锯削时,锯条容易扭曲而折断,同时,锯缝也容易歪斜。

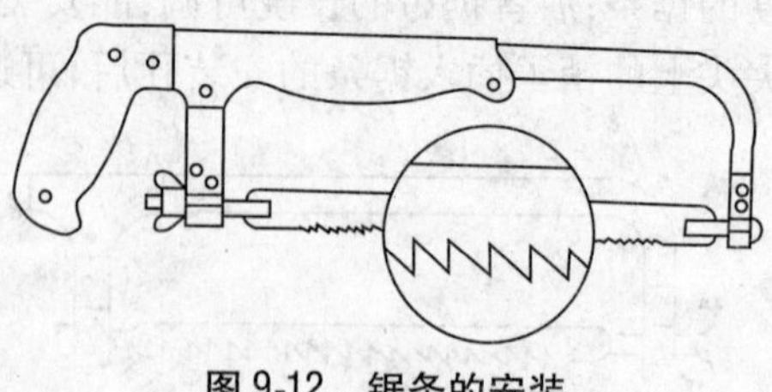

图 9-12 锯条的安装

9.2.2.2 握锯及锯削操作要领

一般的握锯方法是右手握稳锯柄,左手轻扶弓架前端。锯削时站立位置如图 9-13 所示。锯削时推力和压力由右手控制,左手压力不要过大,主要配合右手扶正锯弓,锯弓向前推出时施加压力,回程时锯齿不参与切削,不需施加压力。锯削往复运动速度应控制在 40 次/min 左右,对于硬度高的材料,锯削时速度低一些,对于软的材料,锯削时速度可稍快一些。锯削时,最好使锯条全部长度参加切削,一般锯弓的往返长度不应小于锯条长度的 2/3。

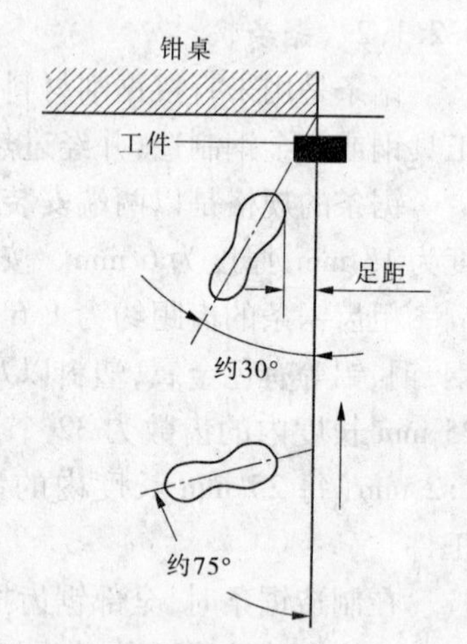

图 9-13 锯削时站立位置

9.2.2.3 起锯方法

锯条开始切入零件称为起锯,起锯有近起锯和远起锯两种方式,见图 9-14。远起锯起锯方便,起锯角容易掌握,锯齿能逐步切入工件中,是常用的一种起锯方法。起锯时要用左手拇指指甲挡住锯条,起锯角约为 15°。锯弓往复行程要短,压力要轻,锯条要与零件表面垂直,当起锯到槽深 2 ~ 3 mm 时,起锯可结束,应逐渐将锯弓改至水平方向进行正常锯削。

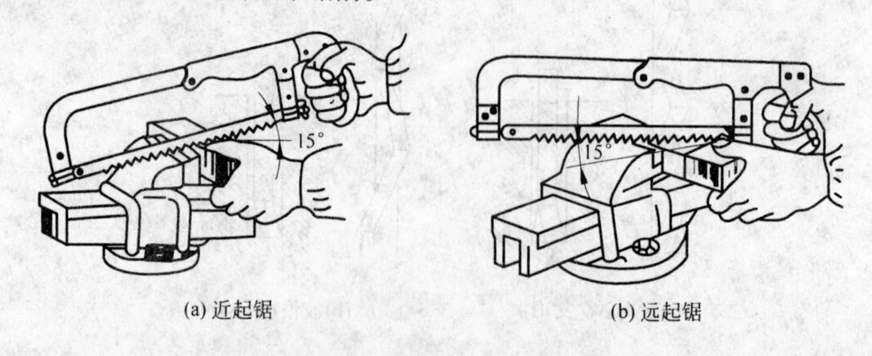

图 9-14 起锯方法

9.2.3 锯削实例

9.2.3.1 管子的锯削

锯削管子时必须把管子夹正。对于薄壁管子和精加工过的管子,应夹在有V形槽的两个木衬垫之间,以防将管子夹扁或夹坏表面,见图9-15(a)。锯削时,应先在划线处起锯,锯至管子内壁后,退出手锯,将管子沿推锯的方向转过一定角度,然后沿锯缝继续锯削至管内壁,如此进行几次,直到锯断,见图9-15(b)。

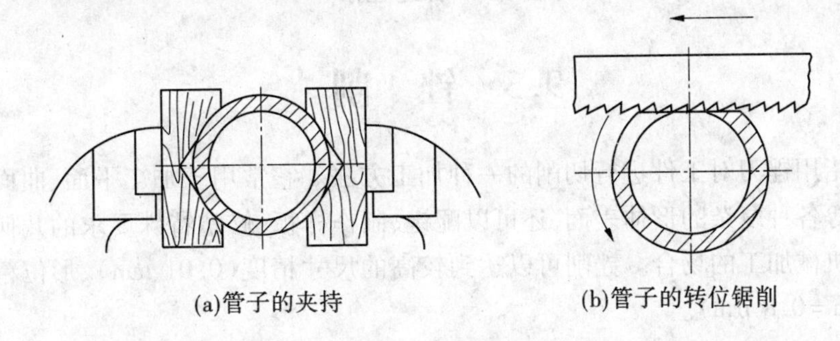

(a)管子的夹持　　(b)管子的转位锯削

图9-15　管材锯削

9.2.3.2 板料的锯削

锯削薄板料时,板材容易产生颤动、变形或将锯齿钩住等现象。因此,一般采用图9-16(a)中的方法,将板材夹在台虎钳中,手锯靠近钳口,用斜推锯法进行锯削,使锯条与薄板接触的齿数多一些,避免钩齿现象产生。也可将薄板夹在两木板之间,再将其夹入台虎钳中,同时锯削木板和薄板,这样增加了薄板的刚性,不易产生颤动或钩齿,见图9-16(b)。

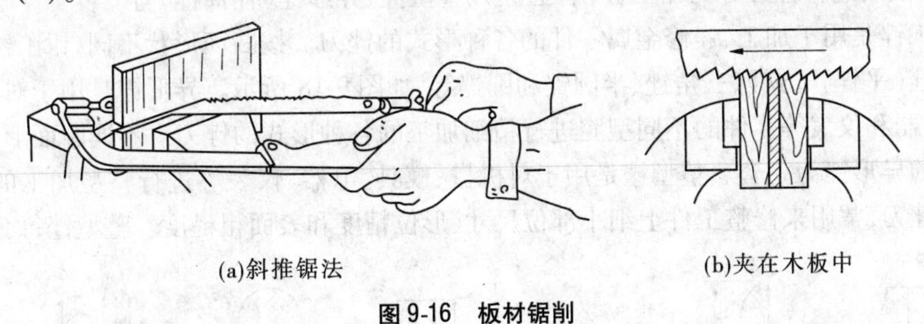

(a)斜推锯法　　(b)夹在木板中

图9-16　板材锯削

9.2.3.3 棒料的锯削

棒料的锯削断面如果要求比较平整,应从起锯开始连续锯到结束为止。若所锯削的断面要求不高,可改变几次锯削的方向,使棒料转过一定角度再锯,这样,由于锯削面变小而容易锯削,可提高工作效率。

9.2.3.4 深缝锯削

深缝锯削经常出现锯缝深度大于锯弓高度的情况,见图9-17(a)。此时,可将锯条转过90°再重新安装,使锯弓在工件的外侧,见图9-17(b)。也可将锯弓转过180°,锯弓放置在工件的底部,然后再安装锯条,继续进行锯削,见图9-17(c)。

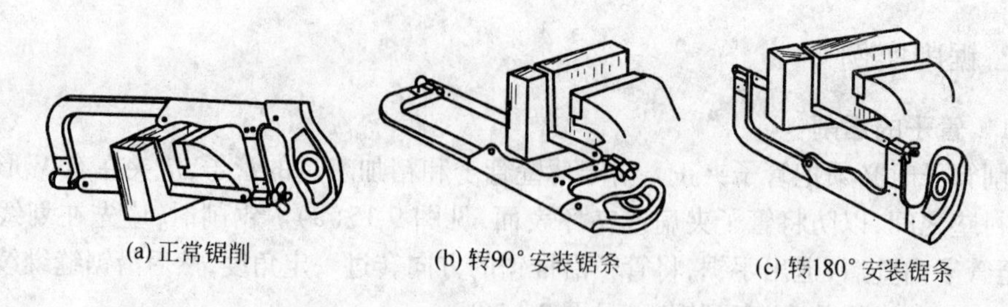

(a) 正常锯削　(b) 转90°安装锯条　(c) 转180°安装锯条

图 9-17　深缝锯削

9.3　锉　削

锉削是指用锉刀对工件进行切削的一种加工方法。它常用于加工平面、曲面、孔、内外角和沟槽等各种复杂的形体表面，还可以配键、制作样板、修整特殊要求的几何形体或用于不便于机械加工的场合。锉削可以达到较高的尺寸精度（0.01 mm）、形位精度和表面粗糙度（$Ra=0.8\ \mu m$）。

9.3.1　锉刀

锉刀是锉削的主要工具，它是用碳素工具钢 T12 或 T13 制成，并经热处理淬硬至 62 ~ 67 HRC。

9.3.1.1　锉刀的分类

由于用途和特点不同，机械行业常用的锉刀有以下几种分类：

（1）按用途将锉刀分为钳工锉（普通锉）、整型锉、异形锉（什锦锉）等。

钳工锉是用于加工、锉修金属零件的各种形式的锉刀。按断面形状不同，钳工锉又可分为扁锉（平锉）、方锉、三角锉、半圆锉和圆锉等，如图 9-18 所示。异形锉是用于对机械、模具、电器和仪表等零件的不同型腔进行精细加工的各种形式的锉刀。不同断面形状、相同长度的异形锉为一套。整型锉是用于对机械、模具、电器、仪表等进行整型加工的各种形式的锉刀，常用来修整工件上细小部位尺寸、形位精度和表面粗糙度。整型锉每套由不

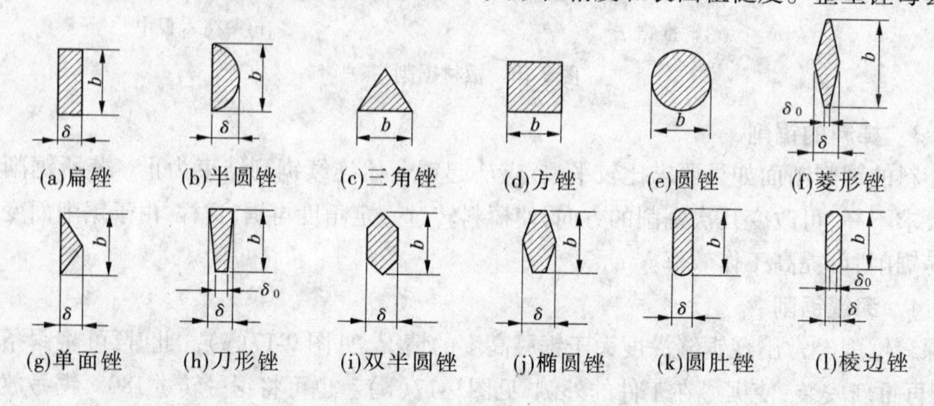

(a)扁锉　(b)半圆锉　(c)三角锉　(d)方锉　(e)圆锉　(f)菱形锉

(g)单面锉　(h)刀形锉　(i)双半圆锉　(j)椭圆锉　(k)圆肚锉　(l)棱边锉

图 9-18　锉刀断面形状

同长度和断面形状的 5 ~ 12 把整型锉刀组成。

(2)按锉齿的粗细(齿距大小)可分粗齿锉、中齿锉、细齿锉和油光锉等。

(3)按齿纹分为单齿纹锉和双齿纹锉,其齿纹如图 9-19 所示。单齿纹锉刀的齿纹只有一个方向,与锉刀中心线成 70°,一般用于锉削软金属,如铜、锡、铅等。双齿纹锉刀的齿纹有两个相互交错的排列方向,先剁上去的齿纹称底齿纹,后剁上去的齿纹称面齿纹。底齿纹与锉刀中心线成 45°,齿纹间距较疏;面齿纹与锉刀中心线成 65°,齿纹间距较密。由于底齿纹和面齿纹的角度不同、间距疏密不同,所以锉削时锉痕不重叠,锉出来的表面平整而且光滑。

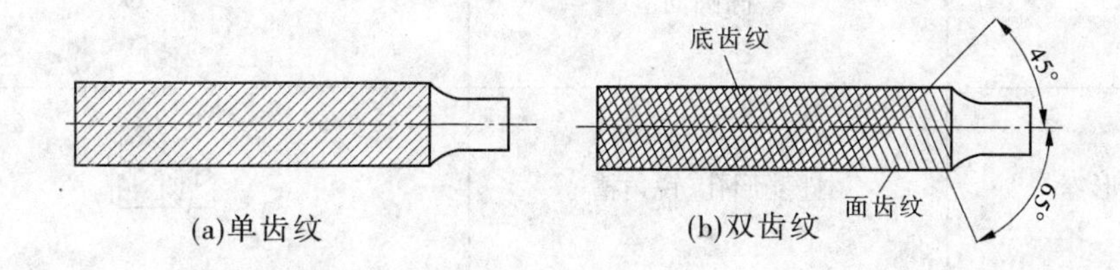

图 9-19　锉刀的齿纹

9.3.1.2　锉刀的规格

钳工锉的规格以锉身长度表示,有 100 ~ 150 mm、200 ~ 300 mm、350 ~ 450 mm 等几种规格。而异形锉和整型锉的规格用全长尺寸表示。

9.3.1.3　锉刀的选用

每种锉刀都有一定的使用范围,如果选择不当,就不能充分发挥它的效能或过早丧失它的切削能力。所以,必须正确选用锉刀。

1. 锉刀断面形状的选用

锉刀断面形状的选择一般取决于工件加工表面的形状,如表 9-2 所示。

表 9-2　锉刀形状的选用

锉刀类别	用途	示例
扁锉	锉平面、外圆面、凸弧面	
半圆锉	锉凹弧面、平面	
三角锉	锉内角、三角孔、平面	

续表 9-2

锉刀类别	用途	示例
方锉	锉方孔、长方孔	
圆锉	锉圆孔、半径较小的凹弧面、椭圆面	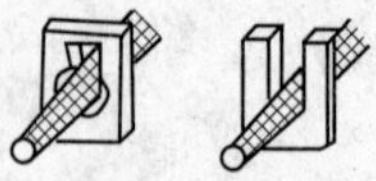
菱形锉	锉菱形孔、锐角槽	
刀形锉	锉内角、窄槽、楔形槽,锉方孔、三角孔、长方孔的平面	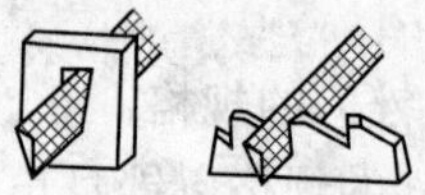

2. 锉刀锉纹粗细的选用

锉刀锉纹粗细的选用主要取决于工件的锉削余量、尺寸精度和表面粗糙度要求,如表 9-3所示。

表 9-3　锉刀齿纹的粗细规格选用

锉刀类别	使用场合		
	锉削余量(mm)	尺寸精度(mm)	表面粗糙度 Ra(μm)
粗齿锉刀	0.5 ~ 1	0.2 ~ 0.5	50 ~ 12.5
中齿锉刀	0.2 ~ 0.5	0.05 ~ 0.20	6.3 ~ 3.2
细齿锉刀	0.1 ~ 0.3	0.02 ~ 0.05	6.3 ~ 1.6
双细齿锉刀	0.1 ~ 0.2	0.01 ~ 0.02	3.2 ~ 0.8
油光锉刀	0.1 以下	0.01	0.8 ~ 0.4

9.3.2　锉削方法

9.3.2.1　锉刀的握法

锉刀的种类很多,规格、大小不一,使用场合也不同,故锉刀握法也应随之改变。图 9-20(a)所示为大锉刀的握法,图 9-20(b)所示为中、小锉刀的握法。

9.3.2.2　锉削姿势

锉削时人的站立位置与锯削相似,锉削姿势如图 9-21 所示,身体重心放在左脚,右膝要伸直,双脚始终站稳不移动,靠左膝的屈伸而作往复运动。开始时,身体向前倾斜 10°左右,右肘尽可能向后收缩,如图 9-21(a)所示。在最初的三分之一行程时,身体逐渐前倾至 15°左右,左膝稍弯曲,如图 9-21(b)所示。在其后的三分之一行程时,右肘向前推进,同时身体也逐渐前倾到 18°左右,如图 9-21(c)所示。在最后的三分之一行程时,右手腕将锉刀推进,身体随锉刀向前推的同时自然后退到 15°左右的位置上,如图 9-21(d)所示。锉削行程结束后,把锉刀略提起一些,身体姿势恢复到起始位置。

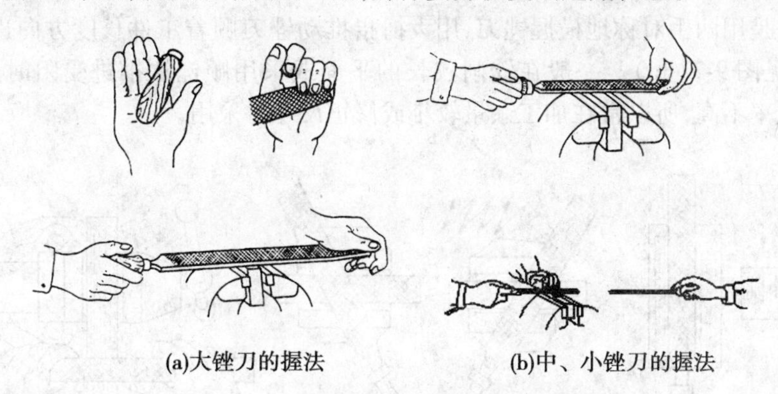

(a)大锉刀的握法　　(b)中、小锉刀的握法

图 9-20　锉刀握法

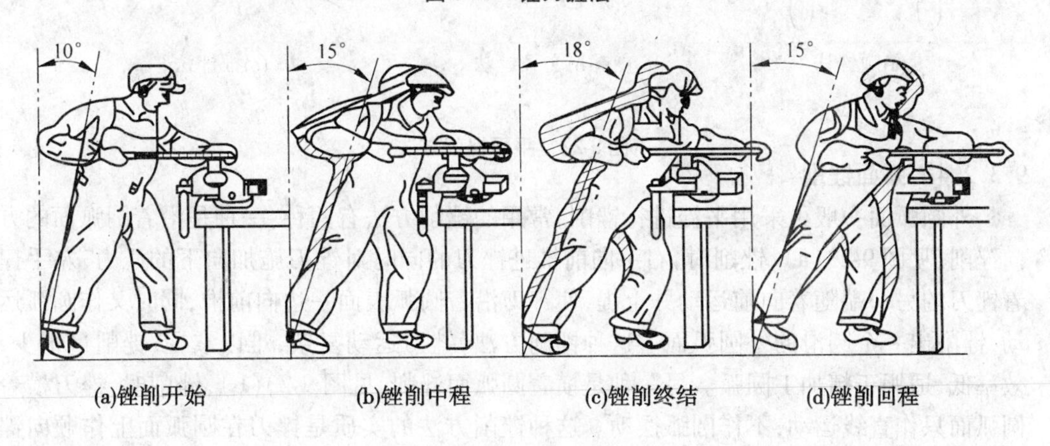

(a)锉削开始　　(b)锉削中程　　(c)锉削终结　　(d)锉削回程

图 9-21　锉削姿势

锉削过程中,两手用力的大小时刻在变化。开始时,左手压力大、推力小,右手压力小、推力大。随着推锉过程,左手压力逐渐减小,右手压力逐渐增大。锉刀回程时不加压力,以减少锉齿的磨损。锉刀往复运动速度一般为 30 ~ 40 次/min,推出时慢些,回程时可快些。

9.3.2.3　平面锉削

锉削平面最常用的方法有以下三种。

1. 顺锉法

顺锉法是锉刀运动方向与工件夹持方向始终一致,在每锉完一次返回时,将锉刀横向作适当移动,再作下一次锉削,如图 9-22(a)所示。这种锉削方法,锉纹均匀、美观,是一种最基本的锉削方法,适用于锉削不大的平面和最后的锉光。

2. 交叉锉法

交叉锉法是锉刀从两个交叉方向对工件表面进行锉削的方法，锉刀运动方向与工件夹持方向成30°~40°夹角，见图9-22(b)。其特点是锉刀与工件的接触面积大，锉刀容易掌握平稳，锉削时还可以从锉痕上判断出锉削面高低情况，表面容易锉平，但锉痕不正直，适用于粗锉。

3. 推锉法

推锉法是用两手对称地横握锉刀，用大拇指推动锉刀顺着工件长度方向进行锉削的一种方法，见图9-22(c)。一般在锉削狭长的平面或采用顺锉法推进受阻时用推锉法。此法切削效率不高，所以常在加工余量较小或修正尺寸时采用。

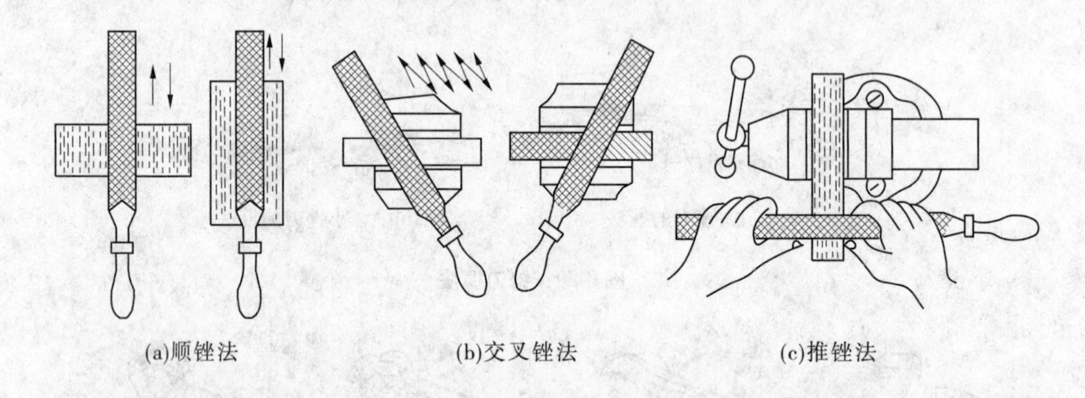

图9-22　平面锉削方法

9.3.2.4　弧面锉削

外圆弧面一般可采用平锉进行锉削，常用的锉削方法有两种：一种是沿着圆弧面的方向锉削，见图9-23(a)，锉削时，右手向前推进锉刀的同时对锉刀施加向下的压力，左手捏着锉刀的另一端随着向前运动并上提，使锉刀沿着圆弧表面一边向前推，同时又作圆弧运动，锉削出一个圆滑的外圆弧面。这种锉削方法，锉刀运动复杂，难以掌握，锉削量很少，效率低，适用于精加工圆弧。另一种是横着圆弧面锉削，见图9-23(b)，锉削时，锉刀横着圆弧面只作直线运动，不作圆弧摆动。这种锉削方法的实质是锉刀在圆弧面上作顺向锉削，加工出一个多棱形的近似圆弧面。这种锉削方法效率高，比较容易掌握，适用于圆弧的粗加工。

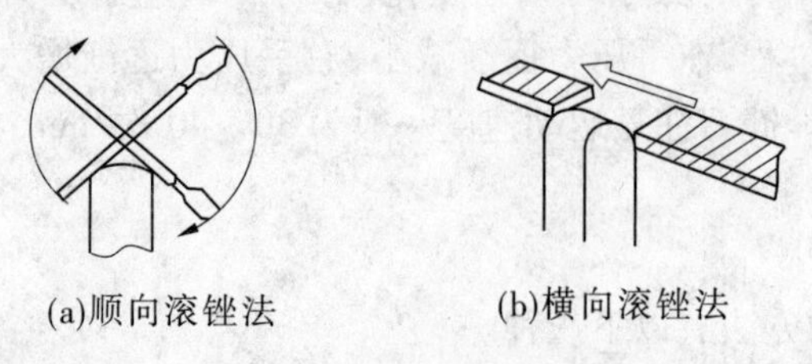

图9-23　外圆弧面的锉削方法

9.3.2.5　检验工具及使用

检验工具有刀口形直尺、直角尺、游标角度尺等。刀口形直尺、直角尺可检验零件的直线度、平面度及垂直度。下面介绍用刀口形直尺检验零件平面度的方法。

(1)将刀口形直尺垂直紧靠在零件表面,并沿纵向、横向和对角线方向逐次检查,如图9-24(a)所示。

(2)检验时,如果刀口形直尺与零件平面间透光微弱而均匀,则该零件平面度合格;如果透光强弱不一,则说明该零件平面凹凸不平。可在刀口形直尺与零件紧靠处用塞尺插入,根据塞尺的厚度即可确定平面度的误差,如图9-24(b)所示。

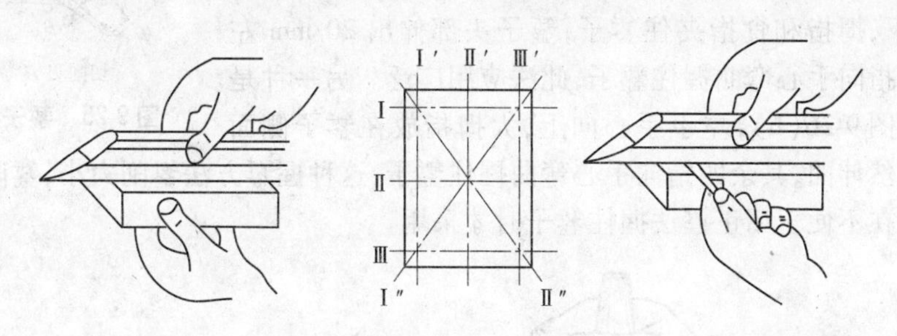

(a)用刀口形直尺检验平面度　　(b)用塞尺测量平面度的误差

图9-24　锉削平面的检验方法

9.4　其他操作方法

钳工其他的操作方法主要有錾削、刮削、矫正、弯曲、钻削、铰削、攻螺纹、套螺纹、光整加工、装配与调整等。钻削、铰削、矫正、弯曲、装配与调整等基本操作可参见其他相关书籍,这里仅介绍錾削、刮削、攻螺纹、套螺纹等几种基本操作方法。

9.4.1　錾削

錾削是指用手锤敲击錾子对工件进行切削的一种加工方法。錾削主要用于不便于机械加工的场合,它的工作范围包括去除凸缘、毛刺,分割材料,錾油槽等。

9.4.1.1　**錾子的种类及用途**

錾子的种类及用途见表9-4。

表9-4　錾子的种类及用途

名称	简图	特点及用途
扁錾		切削部分扁平、切削刃略带弧度,常用于錾切平面,去除凸缘、毛边和分割材料
窄錾		切削刃较短,切削部分的两个侧面从切削刃起向柄部逐渐变窄,主要用于錾槽和分割曲线形板料
油槽錾		切削刃短,并呈圆弧形或菱形,切削部分常做成弯曲形状,主要用来錾削润滑油槽

錾子是用碳素工具钢(T7A 或 T8A)锻造而成的,经过热处理及刃磨后方可使用。錾子由錾身和切削部分组成,见图 9-25。它的切削部分呈楔形,由前刀面、后刀面及切削刃组成。

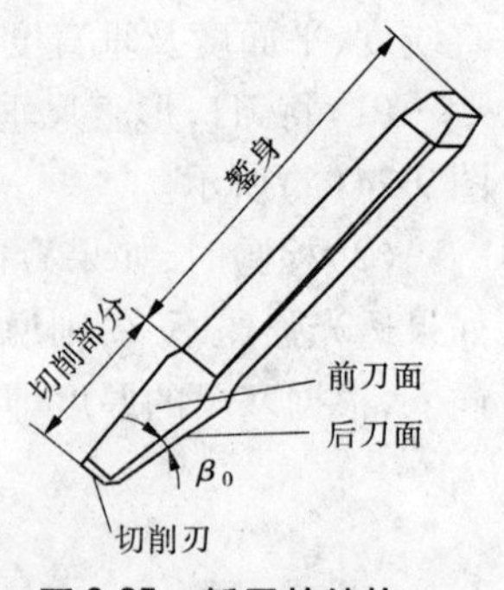

图 9-25　錾子的结构

9.4.1.2　錾削方法

1. 錾子的握法

握錾子的方法有两种,一种是正握法,见图 9-26(a),左手手心向下,拇指和食指夹住錾子,錾子头部伸出 20 mm 左右,其余三指向手心弯曲握住錾子,此法应用广泛。另一种是反握法,见图 9-26(b),左手手心向上,大拇指放在錾子侧面略偏上,自然伸曲,其余四指向手心弯曲握住錾子,这种握錾方法錾削力小,錾削方向不易掌握,一般在不便于用正握法握住錾子时才采用。

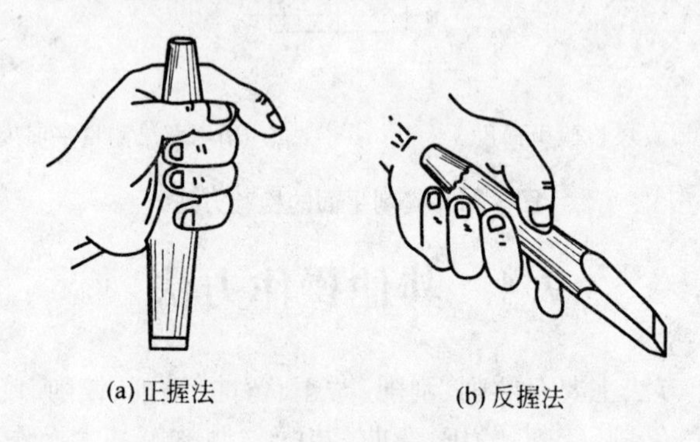

(a) 正握法　　(b) 反握法

图 9-26　錾子握法

2. 锤击要求

錾削时的锤击动作要稳、准、狠,并要一下一下地、有节奏地进行,一般速度在 40 次/min 左右。

3. 平面的錾削

起錾时,应将錾子握平或錾柄稍向下倾,见图 9-27,以便錾刃切入工件。切入后应保持錾平,见图 9-28,当錾削靠近工件尽头约 15 mm 时,则必须调转工件从另一端錾掉剩余部分,这样可避免工件棱角损坏。

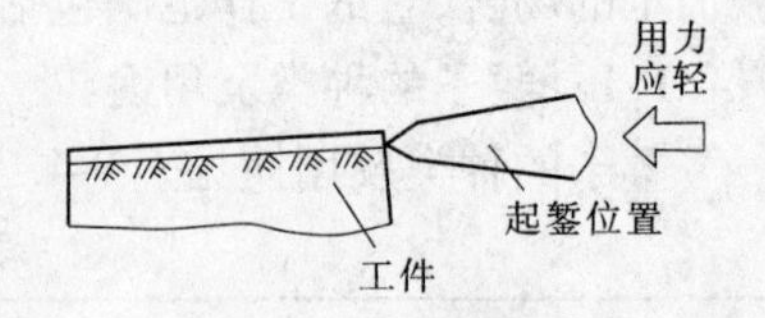

图 9-27　起錾

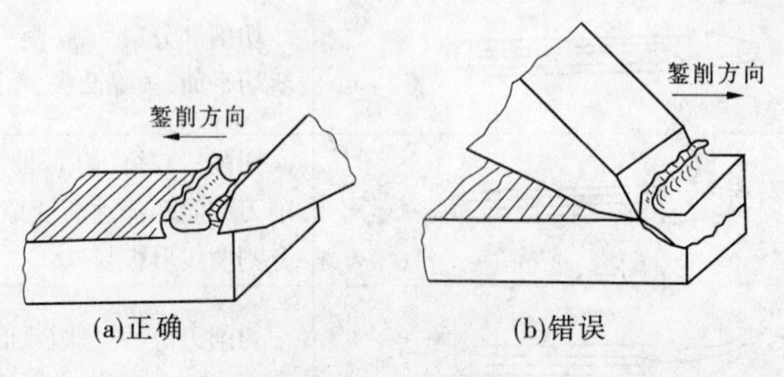

(a)正确　　(b)错误

图 9-28　錾削结尾

4. 錾切板料

錾切小尺寸的薄板料(厚度在 2 mm 以下)时，可将板材按划线位置夹持在台虎钳钳口内,并与钳口平齐,然后,使扁錾沿着钳口斜对着板料(约 45°)自右向左依次錾削,见图 9-29。

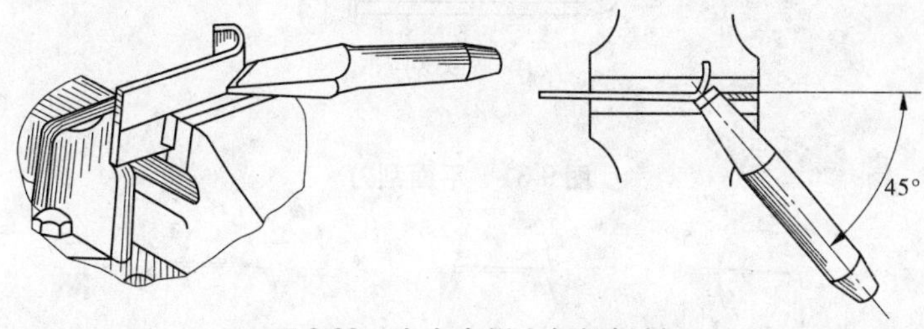

图 9-29 在台虎钳上錾切板料

錾切大尺寸的薄板料或曲线板料时,可用软铁垫在铁砧或平板上进行,见图 9-30。厚度大、形状较复杂的工件,可按轮廓线钻出密集的排孔,再用尖錾逐步切成。

9.4.1.3 **錾削注意事项**

(1)錾子要保持刃部锋利,錾子头部击出的毛边要及时磨掉,避免因碎裂或击偏而伤手;

(2)錾削的工件要夹持牢固、可靠,保证錾削时的安全;

(3)錾削时要带防护眼镜,錾削方向要偏离人体或加防护网;

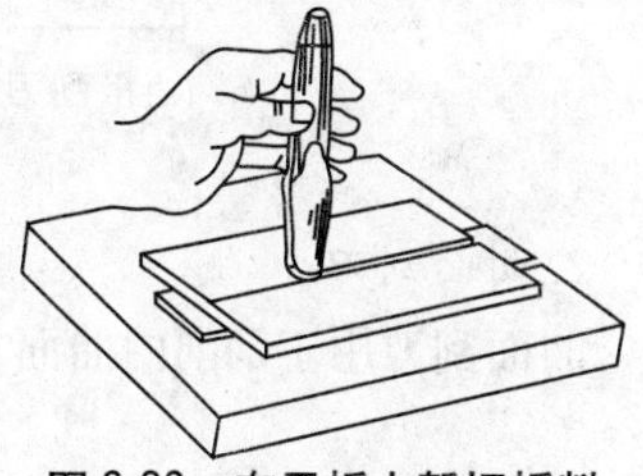

图 9-30 在平板上錾切板料

(4)錾削时,要目视錾子切削刃,锤子要沿錾子的轴线方向锤击錾子中央。

9.4.2 刮削

用刮刀刮除工件表面很薄的一层金属的方法称为刮削。

9.4.2.1 **刮削的特点和作用**

刮削具有切削量少、切削力小和装夹变形小等特点。刮削加工能达到很高的尺寸精度、形位精度以及较小的表面粗糙度。

刮削过程中,工件表面受刮刀的推挤和压光使表面组织变得细密。而且刮研表面形成了比较均匀的微浅凹坑,每个凹坑有良好的存油条件,自然也就改善了相对运动零件之间的润滑。因此,对于要求精度较高的接触面(如机床滑动导轨面、重要零部件的固定结合面和量仪的接触面),要采用平面刮削,滑动轴承的内圆柱、圆锥面要采用曲面刮削。

9.4.2.2 **刮刀**

刮刀是刮削的主要工具。刮削时,由于工件的形状不同,要求刮刀有不同的形式。一般刮刀可分为平面刮刀和曲面刮刀两类。

1. 平面刮刀

平面刮刀用于刮削平面和刮花,一般采用 T12A 钢制成。当工件表面较硬时,也可用焊接高速钢或硬质合金作为刀头。常用的平面刮刀有直头刮刀和弯头刮刀两种,如图 9-31所示。刮刀头部的形状和角度,如图 9-32 所示。

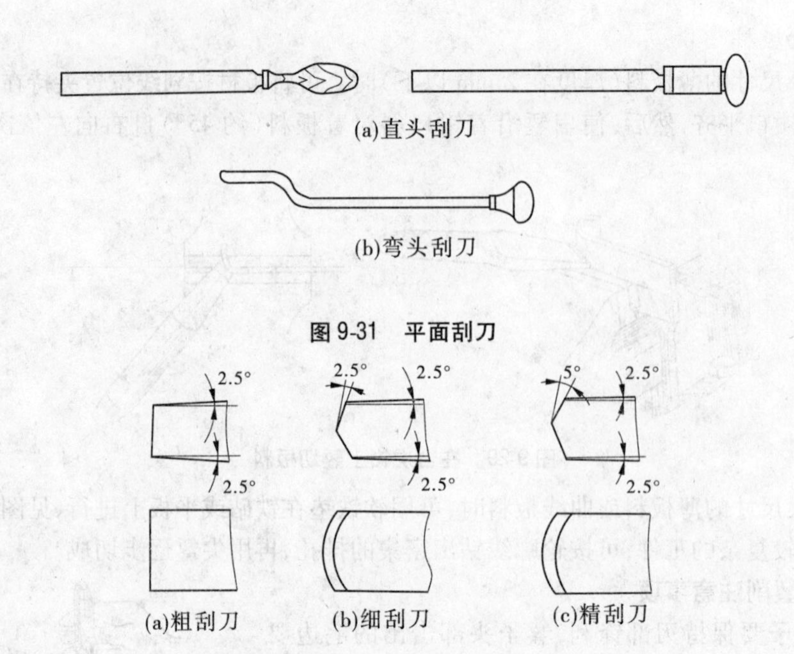

图 9-31 平面刮刀

图 9-32 刮刀头部的形状和角度

2. 曲面刮刀

曲面刮刀用于刮削内曲面,常用的有三角刮刀、蛇头刮刀和柳叶刮刀,如图 9-33 所示。

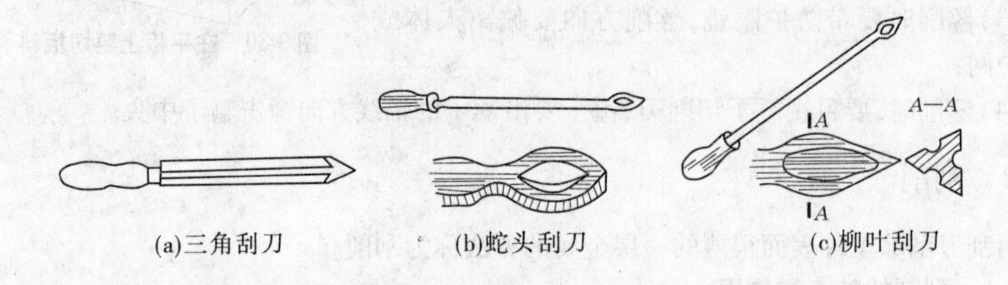

图 9-33 曲面刮刀

9.4.2.3 刮削方法及准备工作

1. 刮削准备工作

刮削是繁重的体力劳动,而每次所刮去的金属层极薄,所以要求工件刮削前机械加工的形状精度要高、表面粗糙度要小,给刮削创造条件。刮削面积大则留的余量大,一般为 0.2 ~ 0.3 mm。

刮削前应去除工件刮削面的毛刺,锐边要倒棱,擦净刮削面的油污。工件安放要平稳,不能由于刮削而晃动,安放的高度要适于操作者的操作。

2. 挺刮法

挺刮法如图 9-34 所示,将刮刀柄放在小腹右下侧肌肉处,双手并拢握在刮刀前部距刀刃约 80 mm 处,左手在前,右手在后,刮削时刮刀对准研点,左手下压,利用腿部和臀部的力量,使刮刀向前推挤,在推动的瞬间,同时用双手将刮刀提起,完成一次刮点。

采用挺刮法时,每刀切削量较大,适合于大余量的刮削,工作效率较高。

3. 手刮法

手刮法如图9-35所示，右手握刀柄，左手握住刮刀头部约50 mm处。刮削时右臂利用上身摆动向前推，左手下压，并引导刮刀的方向。手刮法推、压和提起的动作，都是依靠两手臂的力量来完成的。它与挺刮法相比，要求臂力较大。当挺刮不便或不能挺刮时，则采用手刮法刮削。

图9-34　挺刮法

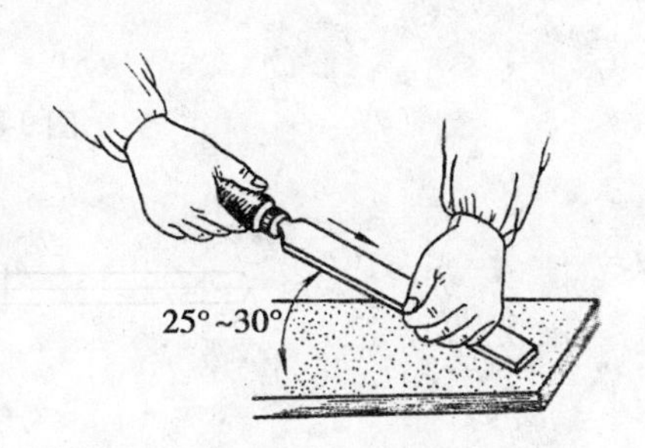

图9-35　手刮法

9.4.3　攻螺纹

用丝锥加工工件内螺纹的方法称为攻螺纹。

9.4.3.1　丝锥和铰杠

1. 丝锥

丝锥是加工小直径内螺纹的成形工具，如图9-36所示。它由工作部分（切削部分 L_1、校准部分 L_2）和柄部组成。切削部分磨出锥角，以便将切削负荷分配在几个刀齿上，校准部分有完整的齿形，用于校准已切出的螺纹，并引导丝锥沿轴向运动。柄部有方榫（sǔn），便于装在铰杠内传递扭矩。丝锥切削部分和校准部分一般沿轴向开有3~4条容屑槽，以容纳切屑，并形成切削刃的前角 γ_0，切削部分的锥面上铲磨出后角 α_0，为了减少丝锥的校准部分对零件材料的摩擦和挤压，它的外、中径均有倒锥度。

2. 铰杠

铰杠是扳转丝锥的工具。常用的手用铰杠有固定式和可调式两种，如图9-37所示。

9.4.3.2　攻螺纹的方法

（1）攻螺纹前的孔径 d（钻头直径）略大于螺纹底径。其选用丝锥的尺寸可查表获得，也可按经验公式计算：

加工塑性材料时

$$d = D - p \tag{9-1}$$

加工脆性材料时

$$d = D - 1.1p \tag{9-2}$$

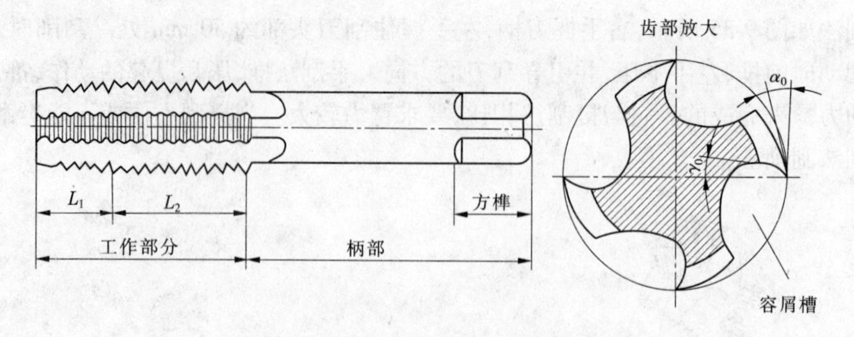

图 9-36　丝锥的结构

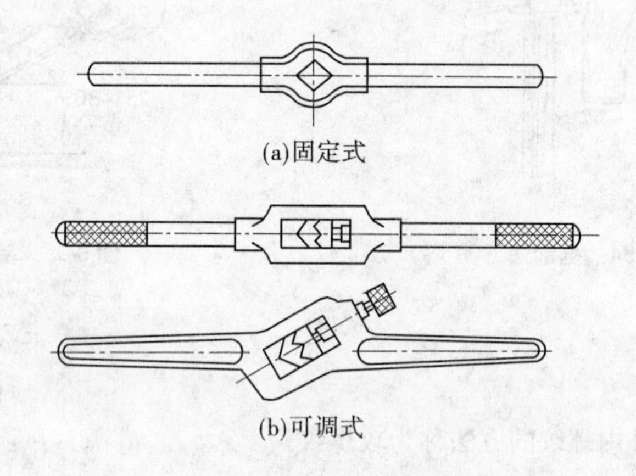

图 9-37　常用的手用铰杠

式中　D——螺纹的公称直径；

p——螺距。

若为盲孔，由于丝锥不能钻到底，所以钻孔深度要大于螺纹长度，其尺寸按下式计算：

$$孔的深度 = 螺纹长度 + 0.7D \tag{9-3}$$

(2)手工攻螺纹的方法如图 9-38 所示。双手转动铰手，并沿轴向施加压力，当丝锥切入零件 1～2 牙时，用直角尺检查丝锥是否歪斜，如丝锥歪斜，要纠正后再往下攻。当丝锥位置与螺纹底孔端面垂直后，轴向就不再加压力。两手均匀用力，为避免切屑堵塞，要经常倒转 1/4 圈～1/2 圈，以达到断屑。头锥、二锥应依次攻入。攻铸铁材料螺纹时，加煤油，而不加切削液；攻钢件材料时，加切削液，以保证铰孔表面的粗糙度要求。

9.4.4　套螺纹

用板牙在圆杆上加工出外螺纹的方法称为套螺纹。

9.4.4.1　板牙和板牙架

1. 板牙

板牙是加工外螺纹的工具。圆板牙如图 9-39 所示，就像一个圆螺母上面钻有几个屑孔，并形成切削刃。板牙两端带 2ϕ 的锥角部分是切削部分，它是铲磨出来的阿基米德螺

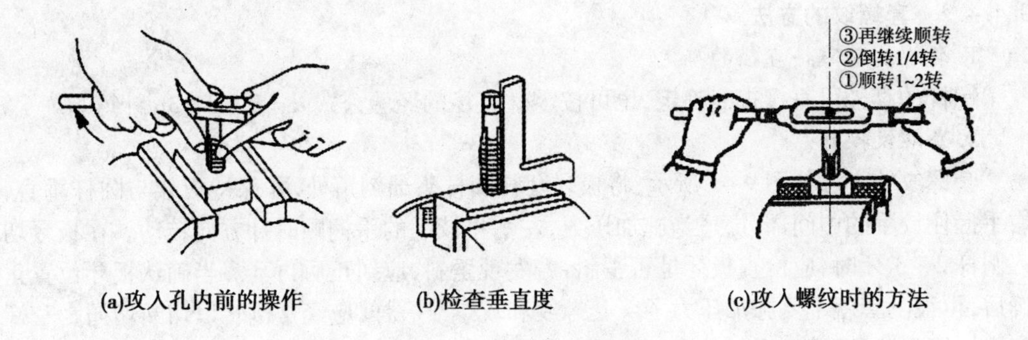

图 9-38　手工攻螺纹的方法

旋面,有一定的后角。中间一段是校准部分,也是套螺纹时的导向部分。板牙一端的切削部分磨损后可调头使用。

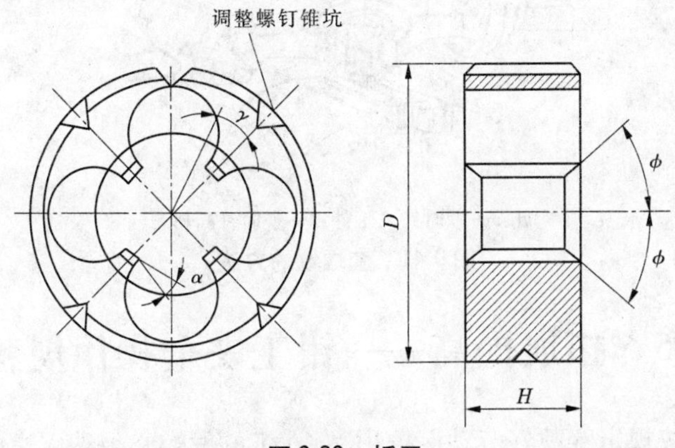

图 9-39　板牙

用圆板牙套螺纹的精度比较低,可用它加工 8h 级、表面粗糙度 Ra 为 6.3 ~ 3.2 μm 的螺纹。圆板牙一般用合金工具钢 9SiCr 或高速钢 W18Cr4V 制造。

2. 板牙架

板牙架是装夹板牙的工具,图 9-40 是常用的圆板牙架。

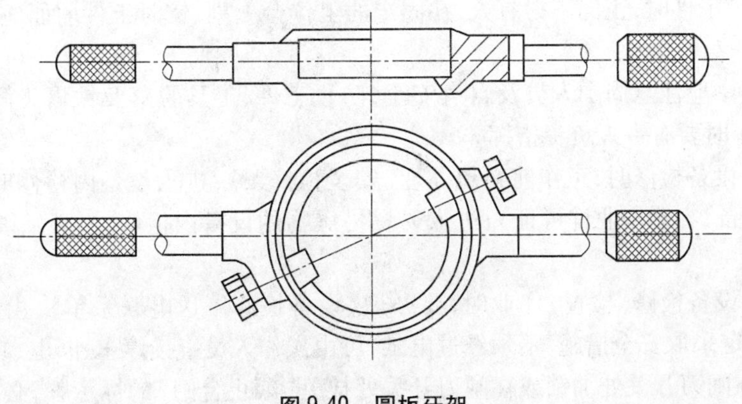

图 9-40　圆板牙架

9.4.4.2 套螺纹的方法

1. 套螺纹前零件直径的确定

螺杆的直径可直接查表确定，也可按零件直径的经验公式 $d = D - 0.13p$ 计算。

2. 套螺纹操作

套螺纹的方法如图9-41所示，将板牙套在圆杆头部倒角处，并保持板牙与圆杆垂直，右手握住铰手的中间部分，适当施加压力，左手将铰手的手柄顺时针方向转动。在板牙切入圆杆2～3牙时，应检查板牙是否歪斜，若发现歪斜，应纠正后再套。当确认板牙位置正确后，再往下套就不要施加压力了。套螺纹和攻螺纹一样，应经常倒转以切断切屑。套螺纹应加切削液，以满足螺纹的表面粗糙度要求。

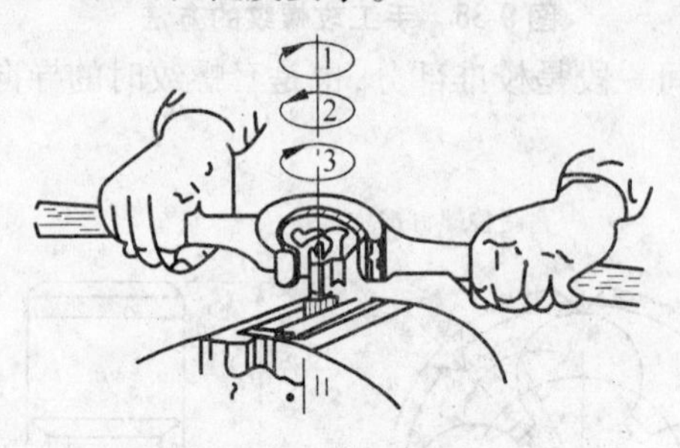

1、3—顺时针入工件；2—逆时针断屑

图9-41　套螺纹的方法

9.5　拓展提高——钳工安全操作规程

(1)操作前应按规定穿戴好劳动保护用品，女工的发辫必须纳入帽内，如使用电动设备工具，按规定检查接地线，并采取绝缘措施。

(2)禁止使用有裂纹、带毛刺、手柄松动等不合要求的工具，并严格遵守常用工具安全操作规程。

(3)钻孔、打锤不准戴手套，使用钻床钻孔时，必须遵守《钻床安全操作规程》。

(4)清除铁屑时必须采用工具，禁止用手拿及用嘴吹。

(5)剔、铲工件时，正面不得有人，在固定的工作台上剔、铲时工件前面应设挡板或铁丝防护网。

(6)工作中应注意周围人员及自身安全，防止工件、工具脱落及铁屑飞溅伤人，两人以上一起工作时要有一人负责指挥。

(7)进行设备检修时，工作前必须办理《安全检修票》；进入设备内检修时，必须事先办理《进入设备、容器作业许可证》；进入易燃易爆物的设备内检修时，必须事先办理《动火许可证》。

(8)进行设备检修(检查)作业时，要办理《设备检修停送电联系单》，由电工进行停送电，并按规定采取安全措施，不须经过电工，可由操作人员直接停车、断电，在检修时，停车、断电后，在闸刀开关处加锁或在闸刀开关处挂上“禁止合闸”的标示牌，必要时设专人监护。

(9)清洗设备、工件时,不准用挥发性强的可燃液体清洗,如汽油、苯、丙酮等,必要时应有防火措施。

(10)在潮湿地点和阴雨天气使用电气设备时,经由电工检查合格后才能使用。

(11)刮研操作时,工件必须稳固,刮刀不准对人操作,研磨大型曲拐轴、甩头瓦时,应设保险装置、垫木或采用适当的安全措施。

(12)使用清管器时,应检查蛇皮管、软轴及保证电气接地良好。清管器连接要紧固。两人操作时开关信号必须明确,相互配合好。清管时不准戴手套。

(13)划线平台周围要保持整洁,1 m 内禁止堆放物件。所用千斤顶必须底平、顶尖,丝口松紧合适。禁止使用滑丝千斤顶,起重千斤顶不准倾斜,底部应垫平,随起随垫枕木,应遵守千斤顶的安全操作规程。

(14)工件划线应支牢。支撑大件时,严禁将手伸到工件下面,必要时要用支架或吊车吊扶。当日不能完工时,应做好防护。

(15)划线用紫色酒精时,在 3 m 内不准有明火,禁止将酒精放在暖气、气炉上面烘烤。

(16)使用倒链、千斤顶等小型起重设备时,必须遵守《起重安全操作规程》。

(17)用人力移动物件时,要统一指挥,稳步前进,口号一致。

(18)检查拆卸或装配工作中间停止或休息时,零件必须放稳妥。

(19)高处作业及使用梯子作业时,应遵守《高处作业安全操作规程》和《使用梯子安全注意事项》。

(20)机器设备试车前,先检查机器设备各部分是否完好。检修人员撤离现场后,办理停送电联系手续。试车中不准调整接触转动部位。

(21)工作完毕或因故离开岗位时,必须停车断电。

(22)在交叉和多层作业时,必须戴好安全帽,带好工具包防止落物伤人,并注意统一指挥。

(23)高空作业,必须办理《高处作业证》。作业所用工具必须用绳拴住或设其他防护措施,以免失手掉落伤人。

练习题

1. 选择题

(1)錾削平面时应选用(　　)錾。

A. 扁　　B. 油槽　　C. 尖

(2)平锉、方锉、半圆锉和三角锉属(　　)类锉刀。

A. 异形　　B. 钳工　　C. 普通

(3)经过刮削的表面,其组织变得比原来(　　)。

A. 疏松　　B. 粗糙度值小　　C. 紧密

(4)锯割硬材料、薄板和管子等时,适宜选用(　　)锯条。

A. 粗齿　　　　B. 中齿　　　　C. 细齿

(5)清除铁屑时可以采用(　　)。

A. 工具　　　　B. 手拿　　　　C. 嘴吹

2. 填空题

(1)划线分为________和________。

(2)用手锯对材料进行分割的加工方法称为________。

(3)锯条开始切入零件称为起锯,起锯有________和________两种方式。

(4)按用途,锉刀分为________、________、________等。

(5)錾削的工作范围包括________、________、________、________等。

3. 判断题

(1)攻螺纹时应在工件的孔口倒角,套螺纹时应在工件的端部倒角。(　　)

(2)刮削具有刮削量小、切削力大、切削热小、切削变形大等特点。(　　)

(3)划线精度一般要求达到0.25~0.5 mm。(　　)

(4)錾子的前角、后角与楔角之和为90°。(　　)

(5)锯削推进时的速度应稍慢,并保持匀速,锯削回程时的速度应稍快,且不加压力。(　　)

4. 综合题

(1)划线的作用是什么?常用的划线工具有哪些?

(2)什么叫锯路?锯路的作用是什么?

(3)试分析锯割时锯齿崩断和锯条折断的原因。

(4)粗、精锉低碳钢时,应选择什么种类的锉刀?

(5)锉平面时为什么会锉成鼓形?如何克服?

(6)请阐述钻头、扩孔钻和铰刀的区别。

(7)攻螺纹时,应如何保证螺孔质量?

第4篇　机械切削加工基础

模块10　金属切削的基本知识

【模块导入】

金属切削加工是指用切削工具从毛坯上去除多余的金属，以获得具有所需几何参数和表面粗糙度的零件的加工方法。切削加工能获得较高的精度和较好的表面质量，对被加工材料、零件的几何形状及生产批量具有广泛的适应性。机器上的零件除少数采用无切削加工的方法获得外，绝大多数零件都是靠切削加工来获得的。因此，如何进行切削加工，对于保证零件质量、提高劳动生产率和降低生产成本有着重要的意义。

【技能要求】

通过本模块学习，了解金属切削加工过程中的物理、力学现象，以便在实际工作中正确地选择切削参数、刀具材料及角度，对具体情况进行具体分析，合理地应用这些知识来解决实际问题。

10.1　切削运动与切削要素

10.1.1　零件表面的形成及切削运动

机器零件的形状千差万别，但分析起来都是由下列几种简单的表面组成的，即外圆面、内圆面、平面和成形面等。因此，只要能对这几种表面进行加工，基本上就能完成所有机械零件表面的加工。

零件的不同表面，分别采用相应的加工方法来获得，而这些加工方法是通过零件与不同的切削刀具之间的相对运动来进行的。这些刀具与零件之间的相对运动称为切削运动。以车床加工外圆柱面为例来研究切削的基本运动。切削运动可分为主运动和进给运动两种类型。

10.1.1.1　主运动

零件与刀具之间产生相对运动，以进行切削的最基本运动称为主运动。主运动的速度最高，所消耗的功率最大。在切削运动中，主运动只有一个。它可以由零件完成，也可以由刀具完成；可以是旋转运动，也可以是直线运动。图10-1中由车床主轴带动零件作的回转运动，即为主运动。

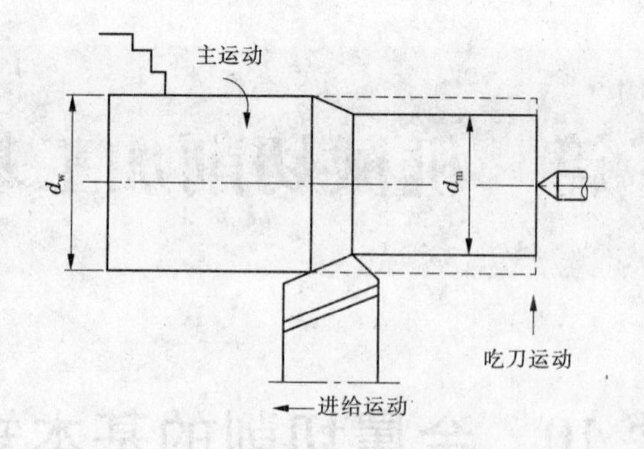

图 10-1　车削运动

10.1.1.2　进给运动

不断地使被切削层投入切削，以逐渐切削出整个零件表面的运动称为进给运动。图 10-1 中刀具相对于零件轴线的平行直线运动，即为进给运动。进给运动一般速度较低，消耗的功率较小，可由一个或多个运动组成。它可以是连续的，也可以是间断的。

10.1.2　工作表面

在切削过程中，零件上形成了以下三个表面，分别是：

(1) 已加工表面，即零件上切除切屑后留下的表面；

(2) 待加工表面，即零件上将被切除切削层的表面；

(3) 过渡表面，即零件上正在切削的表面，即已加工表面和待加工表面之间的表面。

10.1.3　切削要素

在一般的切削加工中，切削包括切削速度、进给量和背吃刀量三个要素。

10.1.3.1　切削速度 v_c

切削速度是指单位时间内，刀具相对于零件沿主运动方向的相对位移，单位为 m/s。当主运动是回转运动时，则其切削速度为

$$v_c = \frac{\pi dn}{1\,000} \tag{10-1}$$

式中　d——零件待加工表面直径 d_w 或刀具直径 d_0；

　　n——零件或刀具的转速。

10.1.3.2　进给量 f

进给量是指单位时间内，刀具相对于零件沿进给运动方向的相对位移。例如车削时，零件每转一圈，刀具所移动的距离即为进给量，单位为 mm/r。铣削时，由于铣刀是多齿刀具，还常用每齿进给量表示，单位为 mm/z。

10.1.3.3　背吃刀量 a_p

背吃刀量是指待加工表面与已加工表面间的垂直距离，单位为 mm。对于图 10-2 中外圆车削来说，背吃刀量可表示为

$$a_p = \frac{d_w - d_m}{2} \tag{10-2}$$

式中 d_w——待加工圆柱面的直径；

d_m——已加工圆柱面的直径。

10.1.4 切削层的几何参数

切削层是指零件上正被切削刃切削的一层金属，即两个相邻加工表面间的那层金属，即零件转一圈，主切削刃移动一个进给量 f 所切除的金属层，如图 10-2 所示。

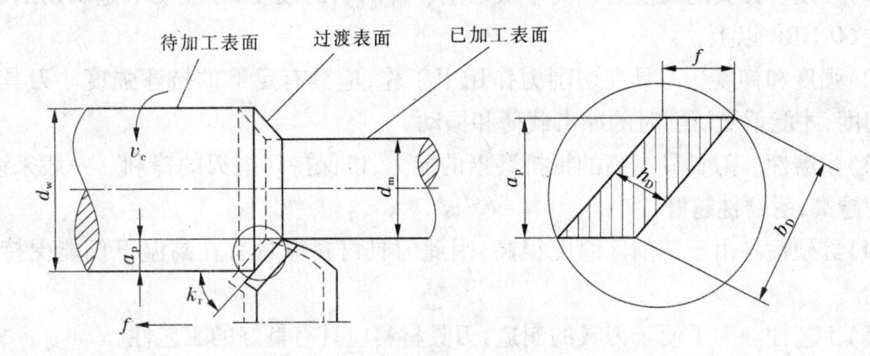

图 10-2 切削要素

切削层的几何参数对切削过程中切削力的大小、刀具的载荷和磨损、零件加工的表面质量和生产率都有决定性的影响。通常在垂直于切削速度的平面内观察和度量，包括切削层公称厚度、切削层公称宽度和切削层公称横截面面积等参数。

10.1.4.1 切削层公称厚度 h_D

切削层公称厚度是指相邻两加工表面间的垂直距离，单位为 mm。车外圆时，若车刀主切削刃为直线，则

$$h_D = f\sin k_r \tag{10-3}$$

可见，切削层公称厚度与主偏角 k_r 有关。

10.1.4.2 切削层公称宽度 b_D

切削层公称宽度是指沿主切削刃度量的切削层尺寸，单位为 mm。车外圆时，则

$$b_D = a_p / \sin k_r \tag{10-4}$$

10.1.4.3 切削层公称横截面面积 A_D

切削层公称横截面面积是指切削层在垂直于切削速度截面内的面积，单位为 mm^2。车外圆时，则

$$A_D = h_D b_D = f a_p \tag{10-5}$$

10.2 刀具材料及刀具角度

刀具一般都是由切削部分和夹持部分组成的。夹持部分是用来将刀具夹持在机床上的部分，要求它能保证刀具具有正确的工作位置，传递所需要的运动和动力，并且夹持可

靠,装卸方便。切削部分是刀具上直接参与切削工作的部分,直接决定着切削性能。

10.2.1 刀具材料

10.2.1.1 刀具材料应具备的性能

刀具材料是指切削部分的材料。它在高温下工作,并要承受较大的压力、摩擦力、冲击力和振动力等。由于刀具工作环境的特殊性,为保证切削的正常进行,刀具材料必须具备以下性能:

(1)硬度。刀具的硬度必须高于被切削零件材料的硬度,才能切下金属切屑,常温下一般在60 HRC以上。

(2)强度和韧度。刀具在切削力作用下工作,应具有足够的抗弯强度。刀具具有足够的韧度,才能承受切削时的冲击载荷和振动。

(3)耐磨性。刀具具有高的抵抗磨损的能力,以保持切削刃的锋利。一般来说,材料的硬度越高,耐磨性越好。

(4)红硬性。由于切削区温度很高,因此刀具材料应具有在高温下仍能保持高硬度的性能。

(5)工艺性。为了便于刀具的制造,刀具材料应具有良好的工艺性。

目前,已开发使用的刀具材料各有其特性,但都不能完全满足上述要求。在生产中常根据被加工对象的材料性能及加工要求,结合经济性选用相应的刀具材料。

10.2.1.2 常用的刀具材料

1.碳素工具钢

碳素工具钢红硬性差,在200~500 ℃时即失去原有硬度,且淬火后易变形和开裂,不宜用作复杂刀具,常用作低速、简单的手工工具,如锉刀、锯条等,其牌号有T10A和T12A。

2.合金工具钢

合金工具钢的耐热温度为300~400 ℃,用于制造形状复杂、要求淬火变形小的刀具,如铰刀、丝锥、板牙等。常用牌号有9SiCr和CrWMn。

3.高速钢

高速钢的红硬性(500~600 ℃)和耐磨性虽低于硬质合金,但强度和韧度高于硬质合金,工艺性较硬质合金好,且价格也比较低。由于高速钢的工艺性能较好,所以高速钢除用条状刀坯直接刃磨切削刀具外,还广泛地用于制造形状较为复杂的刀具,如麻花钻、铣刀、拉刀、齿轮刀具和其他成形刀具等。

普通型高速钢有钨钢类和钨钼钢类。钨钢类的典型牌号为W18Cr4V。钨钼钢类如6Mo5Cr4V2,其热塑性比钨钢类好,可通过热轧工艺制作刀具。

高速钢在630~650 ℃时也能保持60 HRC的硬度。典型牌号有高碳高速钢9W18Cr4V、高钒高速钢W6Mo5Cr4V3、钴高速钢W6Mo5Cr4V2Co8、超硬高速钢W2Mo9Cr4VCo8等。

粉末冶金高速钢是将超细的高速钢粉末通过粉末冶金的方式制成的刀具材料,其强度、韧度和耐磨性都有较大程度的提高,但价格较高。

4. 硬质合金

硬质合金是以 WC、TiC 等高熔点的金属碳化物粉末为基体，用 Co 或 Ni、Mo 等作黏结剂，用粉末冶金的方法烧结而成的。其硬度高达 70 ~ 75 HRC，热硬性很高，在 850 ~ 1 000 ℃高温时，尚能保持良好的切削性能。

常用硬质合金按其化学成分和使用特性可分为四类：钨钴类（YG）、钨钛钴类（YT）、钨钛钽钴类（YW）和碳化钛基类（YN）。

硬质合金刀具的切削效率是高速钢刀具的 5 ~ 10 倍，能切削一般钢刀具无法切削的材料，如淬火钢之类的材料。其缺点是性脆、抗弯强度和冲击韧度均比高速钢刀具低，刃口不锋利，工艺性较差，难以加工成形，不易做成形状较复杂的整体刀具，因此目前还不能完全代替高速钢刀具。

车刀和端铣刀大多使用硬质合金制作。钻头、深孔钻、铰刀、齿轮滚刀等刀具中，使用硬质合金的也日益增多。

5. 陶瓷

陶瓷的主要成分是 Al_2O_3，它的硬度、耐磨性和热硬性均比硬质合金好，用陶瓷材料制成的刀具，适于加工高硬度的材料。刀具硬度为 93 ~ 94 HRA，在 1 200 ℃的高温下仍能继续切削。陶瓷与金属的亲和力小，用陶瓷刀具切削不易粘刀、不易产生积屑瘤，被切削件加工表面粗糙度小，加工钢件时的刀具寿命是硬质合金的 10 ~ 12 倍。但陶瓷刀片性脆，抗弯强度与冲击韧度低，一般用于钢、铸铁以及高硬度材料的半精加工和精加工。我国的陶瓷刀片的牌号有 AM、AMF、AT6、SG3、SG4、LT35、LT55、CT530、CT5015 等。

10.2.1.3　其他刀具材料

1. 涂层硬质合金

涂层硬质合金是在韧性较好的硬质合金基体上涂一层硬度、耐磨性极高的难熔金属化合物而获得的。它较好地解决了刀具的硬度、耐磨性与强度、韧性之间的矛盾，具有良好的切削性能。与未涂层刀具相比，涂层刀具能降低切削力、切削温度，并能提高已加工表面质量，在相同的刀具使用寿命下，能提高切削速度。

2. 金刚石

金刚石是目前已知的最硬材料，它的硬度极高，接近于 10 000 HV。金刚石刀具既能对陶瓷、高硅铝合金和硬质合金等高硬度耐磨材料进行切削加工，又能切削其他有色金属及其合金，使用寿命极长，在正常使用条件下，金刚石车刀可工作 100 h 以上。金刚石的热稳定性较差，当切削温度高于 700 ℃时，碳原子即转化为石墨结构而丧失硬度，因此不宜加工钢铁材料。

3. 立方氮化硼

立方氮化硼是由六方氮化硼在合成金刚石相同的条件下加入氧化剂而成的。其硬度高、耐磨性好、耐热性强，主要用于对高温合金、冷硬铸铁进行半精加工和精加工。

10.2.1.4　刀具材料的选用

综上所述，碳素工具钢因耐热性差，仅用于手工工具。合金工具钢、陶瓷、金刚石和立方氮化硼，由于质脆、工艺性差及价格昂贵，仅在小范围内使用。当今，最常用的工具材料是高速钢和硬质合金。

10.2.2　刀具角度

金属切削刀具的种类很多,其形状各不相同,但是它们的基本功用都是在切削过程中从零件毛坯上切下多余的金属,因此在结构上基本相同,尤其是它们的切削部分。外圆车刀是最基本、最典型的切削刀具,故通常以外圆车刀为代表来说明刀具切削部分的组成和几何参数。

10.2.2.1　刀具切削部分的组成

如图 10-3 所示的外圆车刀切削部分的结构要素及其定义如下:

(1)前刀面。切屑被切下后,从刀具切削部分流出所经过的表面。

(2)主后刀面。在切削过程中,刀具上与零件的过渡表面相对的表面。

(3)副后刀面。在切削过程中,刀具上与零件的已加工表面相对的表面。

(4)主切削刃。前刀面与主后刀面的交线,切削时承担主要的切削工作。

(5)副切削刃。前刀面与副后刀面的交线,也起一定的切削作用,但不明显。

(6)刀尖。主切削刃与副切削刃相交之处,刀尖并非绝对尖锐,而是一段过渡圆弧或直线。

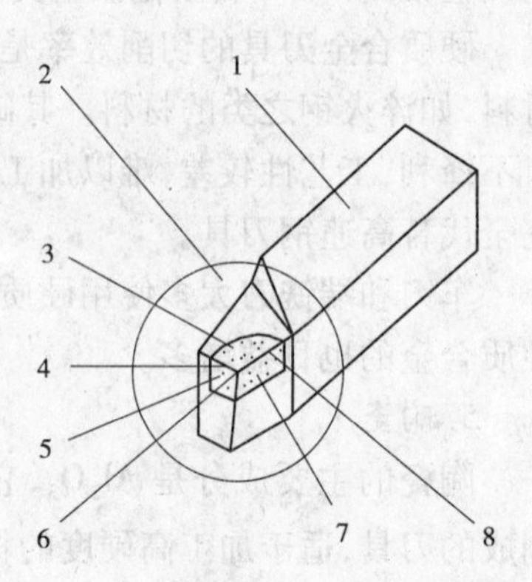

1—夹持部分;2—切削部分;3—前刀面;4—副切削刃;5—副后刀面;6—刀尖;7—主后刀面;8—主切削刃

图 10-3　刀具的组成

10.2.2.2　刀具角度的参考系

为了表示出刀具几何角度的大小,以及刃磨和测量刀具角度的需要,必须表示出上述刀面和切削刃的空间位置。而要确定它们的空间位置,就应该建立假想的参考坐标系,如图 10-4 所示。它是在不考虑进给运动的大小,并假定车刀刀尖与主轴轴线等高,刀杆中心线垂直于进给方向的情况下建立的,是由三个互相垂直的平面组成的。

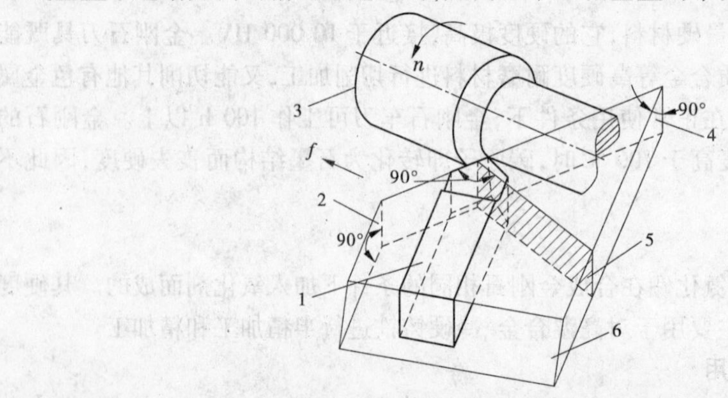

1—车刀;2—基面;3—零件;4—切削平面;5—主剖面;6—底平面

图 10-4　参考系辅助平面

(1)基面(P_r)。通过主切削刃上的某一点,与该点的切削速度方向相垂直的平面。

(2)切削平面(P_s)。通过主切削刃上的某一点,与该点过渡表面相切的平面。

(3)主剖面(P_0)。通过主切削刃上的某一点,与主切削刃在基面上的投影相垂直的平面。

10.2.2.3 刀具的标注角度

刀具的标注角度是刀具制造和刃磨的依据。车刀的标注角度主要有五个,如图10-5所示。

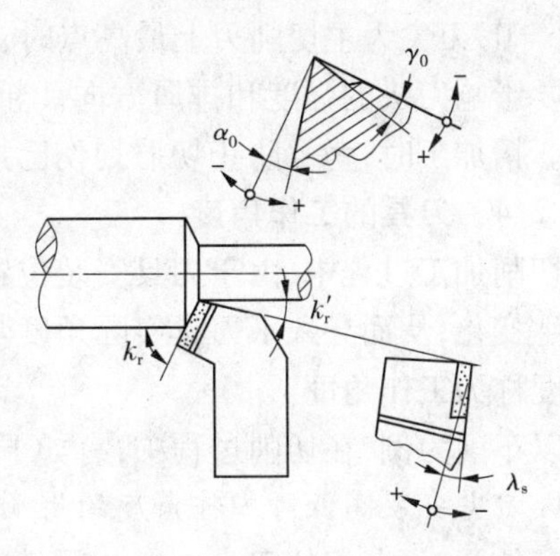

图10-5 车刀的标注角度

1. 前角 γ_0

在主剖面内测量的前刀面与基面之间的夹角,即为前角。根据前刀面和基面相对位置的不同,又分别规定为正前角、零前角、负前角(见图10-5)。适当增大前角,则主切削刃锋利,切屑变形小,切削轻快,减小切削力和切削热。但前角过大,切削刃变弱,散热条件和受力状态变差,将使刀具磨损加快、耐用度降低,甚至崩刀或损坏。生产中应根据零件材料、刀具材料和加工要求,合理选择前角的数值。加工塑性材料时,应选较大的前角;加工脆性材料时,应选较小的前角。精加工时前角可选大些,粗加工时前角可选小些。通常硬质合金刀具的前角在 $-5° \sim +25°$的范围内选取。

2. 后角 α_0

在主剖面内测量的主后刀面与切削平面之间的夹角,即为后角。后角用以减小刀具主后刀面与零件过渡表面间的摩擦和主后刀面的磨损,配合前角调整切削刃的锋利程度与强度,直接影响加工表面质量和刀具耐用度。后角大,摩擦小,切削刃锋利。但后角过大,将使切削刃变弱,散热条件变差,加速刀具磨损。因此,后角应在保证加工质量和刀具耐用度的前提下取小值。粗加工和承受冲击载荷的刀具,为了保证切削刃的强度,应取较小的后角,通常为 $4° \sim 7°$。精加工为减小后刀面的磨损,应取较大的后角,一般为 $8° \sim 12°$。

3. 主偏角 k_r

在基面内测量的主切削刃在基面上的投影与进给运动方向的夹角,即为主偏角。主偏角的大小影响切削断面的形状和切削分力的大小。在进给量和背吃刀量相同的情况下,减小主偏角,将得到薄而宽的切屑。由于主切削刃参加切削的长度增加,增大了散热面积,刀具的寿命得到延长,但减小主偏角却使吃刀抗力增加。当加工刚性差的零件时,为了避免零件产生变形和振动,常采用较大的主偏角。车刀常用的主偏角有45°、60°、75°、90°几种。

4. 副偏角 k_r'

在基面内测量的副切削刃在基面上的投影与进给运动反方向的夹角,即为副偏角。副偏角的作用是减小副切削刃与零件已加工表面之间的摩擦,防止切削时产生振动。减小副偏角,可减小切削残留面积的高度,降低表面粗糙度值。一般车刀的 $k_r' = 5° \sim 7°$。粗加工时,k_r' 取较大值,精加工时,则取较小值,必要时可磨出一段 $k_r' = 0$ 的修光刃,其长度为进给量的1.2～1.5倍。断续切削时，$k_r'=4°～6°$，以提高刀尖强度。对于切槽刀，为保证刀头强度和重磨后主切削刃宽度变化小，$k_r'=1°～2°$。

5. 刃倾角 λ_s

在切削平面内测量的主切削刃与基面之间的夹角，即为刃倾角。当主切削刃呈水平时，$\lambda_s=0$；刀尖为主切削刃上最高点时，$\lambda_s>0$；刀尖为主切削刃上最低点时，$\lambda_s<0$。刃倾角主要影响刀头的强度和排屑方向。粗加工和断续切削时，为了增加刀头强度，λ_s 常取负值。精加工时，为了防止切屑划伤已加工表面，λ_s 常取正值或零。

10.2.2.4 刀具的工作角度

切削加工过程中，由于刀具安装位置的变化和进给运动的影响，参考平面坐标系的位置发生变化，从而导致了刀具实际角度与标注角度的不同。刀具在工作过程中的实际切削角度称为工作角度。

以车削为例，在切削过程中，有如下因素影响实际的工作角度。

1. 刀尖安装高低对工作角度的影响

车外圆时，车刀的刀尖一般与零件轴心线是等高的。若车刀的刃倾角 $\lambda_s=0$，则此时刀具的工作前角和工作后角与其标注前角和标注后角相等。如果刀尖高于或低于零件轴线，则此时的切削速度方向发生变化，引起基面和切削平面的位置变化，从而使车刀的实际切削角度发生变化。

粗车外圆时，刀尖略高于零件轴线，以增大前角、减小切削力；精车外圆时，刀尖略低于零件轴线，以增大后角、减小后刀面的磨损；车成形面时，切削刃应与零件轴线等高，以免产生误差。

2. 刀杆中心线安装偏斜对工作角度的影响

当刀杆中心线与进给方向不垂直时，工作主偏角和工作副偏角将发生变化。在自动车床上，为了在一个刀架上装几把刀，常使刀杆偏斜一定角度。在普通机床上，为了避免振动，有时也将刀杆偏斜安装，以增大主偏角。

10.3 金属切削过程

金属切削靠刀具的前刀面与零件间的挤压，使零件表层材料产生以剪切滑移为主的塑性变形成为切屑而被去除，切削过程也就是切屑的形成过程。

10.3.1 切屑的形成及其类型

10.3.1.1 切削过程

当刀具刚与零件接触时，接触处的压力使零件产生弹性变形。由于刀具与零件间的相对运动，在零件材料与刀具切削刃逼近的过程中，材料的内应力逐渐增大，当剪切应力 τ 达到屈服点 τ_s 时，材料就开始滑移而产生塑性变形，如图10-6所示。OA 线表示材料各点开始滑移的位置，称为始滑移线，OM 为终滑移线。OA 与 OM 间的区域称为第Ⅰ变形区。

切屑沿前刀面流出时还需要克服前刀面对切屑的挤压而产生的摩擦力。切屑受到前刀面的挤压和摩擦，继续产生塑性变形，切屑底面的一层薄金属区称为第Ⅱ变形区。

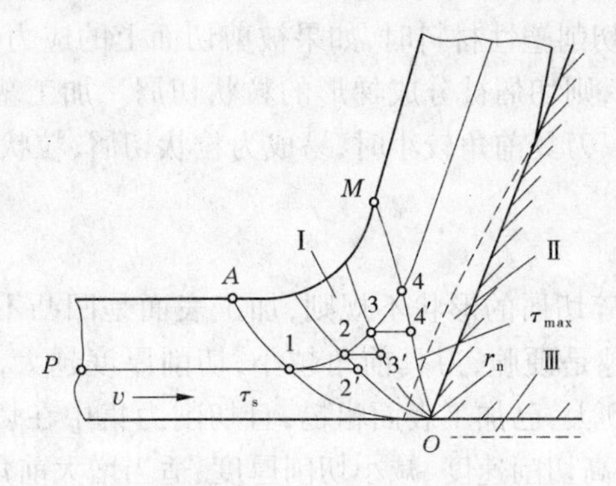

图 10-6　切削过程中的三个变形区

零件已加工表面受到切削刃钝圆部分和后刀面的挤压、回弹与摩擦，产生塑性变形，导致金属表面的纤维化和加工硬化。零件已加工表面的变形区域称为第Ⅲ变形区。

应当说明，第Ⅰ变形区和第Ⅱ变形区是相互关联的，第Ⅱ变形区内前刀面的摩擦情况与第Ⅰ变形区内金属滑移方向有很大关系。当前刀面上的摩擦力较大时，切屑排除不通畅，挤压变形加剧，使第Ⅰ变形区的剪切滑移增大。

10.3.1.2　切屑类型

切削加工时，由于不同的材料、不同的切削速度和不同的刀具角度，滑移变形的程度差异很大，产生的切屑形态也是多样的。一般来说，切屑可以分为以下四种类型，如图 10-7所示。

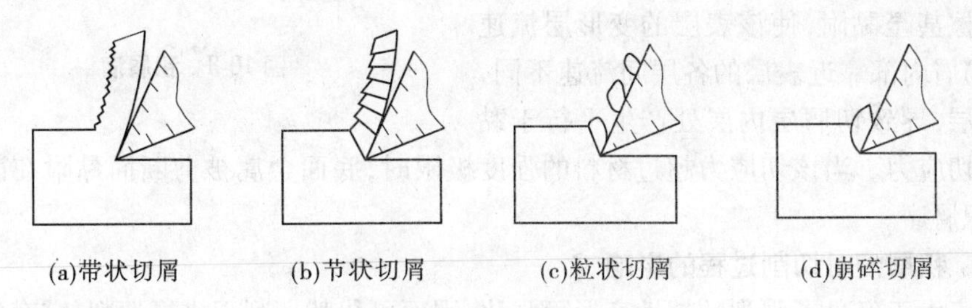

(a)带状切屑　(b)节状切屑　(c)粒状切屑　(d)崩碎切屑

图 10-7　切屑类型

1. 带状切屑

如图 10-7(a)所示，带状切屑连续不断，呈带状，内表面是光滑的，外表面是毛茸的。一般加工塑性金属材料时，当切削厚度较小、切削速度较高、刀具前角较大时，往往得到这类切屑。形成带状切屑时，切削过程较平稳，切削力波动较小，已加工表面的表面粗糙度值较小。

2. 节状切屑

如图 10-7(b)所示，切屑的外表面呈锯齿形，内表面有时有裂纹，这种切屑大多在加工较硬的塑性金属材料，且所用的切削速度较低、切削厚度较大、刀具前角较小的情况下产生。切削过程中的切削力波动较大，已加工表面的表面粗糙度值较大。

3. 粒状切屑

如图 10-7(c)所示，在切削塑性材料时，如果被剪切面上的应力超过零件材料的强度极限，裂纹扩展到整个面上，则切屑被分成梯形的粒状切屑。加工塑性金属材料时，当切削厚度较大、切削速度较低、刀具前角较小时，易成为粒状切屑，粒状切屑的切削力波动最大，已加工表面粗糙。

4. 崩碎切屑

如图 10-7(d)所示，崩碎切屑的形状不规则，加工表面是凹凸不平的，通常发生在加工脆性材料时。零件材料越是硬脆，刀具前角越小，切削厚度越大，越易产生这类切屑。形成崩碎切屑的切削力波动大，已加工表面粗糙，且切削力集中在切削刃附近，切削刃容易损坏，故应力求避免。提高切削速度、减小切削厚度、适当增大前角，可使切屑呈针状或片状。

10.3.2 积屑瘤

第Ⅱ变形区内，在一定范围的切削速度下，切削塑性材料且形成带状切屑时，常有一些来自切屑底层的金属黏附层积在前刀面上，形成硬度很高的楔块，称为积屑瘤，如图 10-8所示。

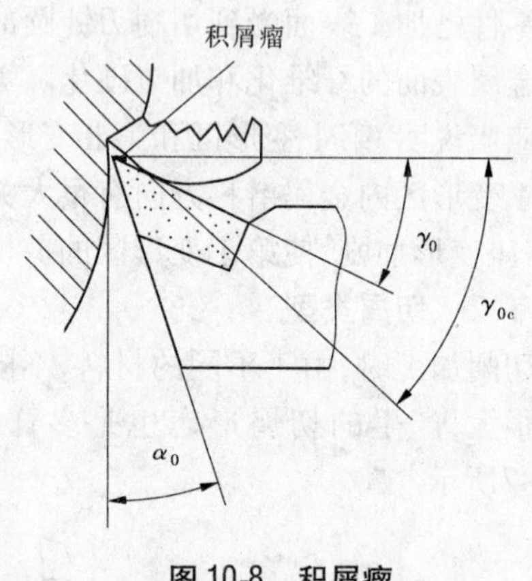

图 10-8 积屑瘤

10.3.2.1 积屑瘤的形成

当切屑沿前刀面流出时，在一定的温度和压力的作用下，切屑与前刀面接触的表层产生强烈的摩擦甚至黏附，使该表层的变形层流速减慢，使切屑内部靠近表层的各层间流速不同，形成滞流层，导致切屑层内层处产生平行于黏附表面的切应力。当该切应力超过材料的强度极限时，底面金属被剪断而黏附在前刀面上，形成积屑瘤。

10.3.2.2 积屑瘤对切削过程的影响

积屑瘤由于经过了强烈的塑性变形而强化，因而可代替切削刃进行切削，它有保护切削刃和增大实际工作前角的作用，使切削轻快，可减小切削力和切屑变形。粗加工时，产生积屑瘤有一定好处。但是积屑瘤的顶端伸出切削刃之外，它时现时消，时大时小，这就使切削层的公称厚度发生变化，导致切削力变化，引起振动，降低了加工精度。此外，有一些积屑瘤碎片黏附在零件已加工表面上，使表面变得粗糙。因此，在精加工时，应当避免产生积屑瘤。

10.3.2.3 积屑瘤的控制

影响积屑瘤形成的主要因素有零件材料的力学性能、切削速度和冷却润滑条件等。在零件材料的力学性能中，影响积屑瘤形成的主要因素是塑性。塑性愈大，愈容易形成积屑瘤，如加工低碳钢、中碳钢、铝合金等材料时容易产生积屑瘤。要避免积屑瘤，可将零件材料进行正火或调质处理，以提高其强度和硬度，降低塑性。

切削速度是通过切削温度和摩擦来影响积屑瘤的。当切削速度低于 5 m/min 时，切削温度低,切屑与前刀面摩擦不大,切屑内表面的切应力不会超过材料的强度极限,故不会产生积屑瘤。当切削速度提高到5~50 m/min时,切削温度升高,且切屑底面的新鲜金属来不及充分氧化,摩擦系数增大,切屑内表面的切应力会超过材料的强度极限,部分底层金属黏结在切削刃上而产生积屑瘤。加工钢材时,约在300 ℃时摩擦系数最大,积屑瘤高度也最大。当切削速度大于100 m/min时,切屑底层的金属呈微熔状态,减小了摩擦,因而不会产生积屑瘤。

因此,精车和精铣一般均采用高速切削,而在铰削、拉削、宽刃精刨和精车丝杠、蜗杆等情况下,采用低速切削,以避免形成积屑瘤。采用适当的切削液,可有效地降低切削温度,减小摩擦,也是减少或避免产生积屑瘤的重要措施之一。

10.3.3 切削力和切削功率

在切削过程中,切削力直接影响切削热、刀具磨损与耐用度、加工精度和已加工表面质量。在生产中,切削力又是计算切削功率,设计机床、刀具、夹具以及监控切削过程和刀具工作状态的重要依据。研究切削力的规律,对于分析生产过程和解决金属切削加工中的工艺问题都有重要意义。

10.3.3.1 切削力的来源与分解

刀具切削零件时,必须克服材料的变形抗力、克服切屑与前刀面以及零件与后刀面之间的摩擦阻力,才能切下切屑。这些阻力的合力就是作用在刀具上的总切削力 F。常把 F 分解成 F_c、F_p、F_f 互相垂直的三个分力,以车外圆为例,如图10-9所示。

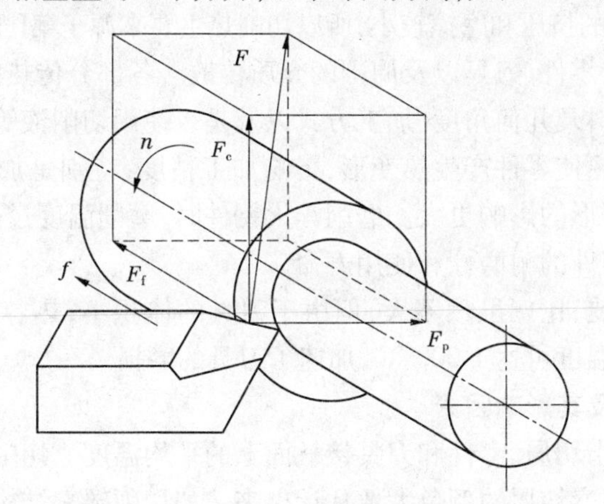

图10-9 切削分力与合力

(1)主切削力 F_c,垂直于基面,与切削速度方向一致,又称为切向力。它是各分力中最大,且消耗功率最多的一个分力。它是计算机床动力、刀具和夹具强度的依据,也是选择刀具几何形状和切削要素的依据。

(2)吃刀抗力 F_p,作用在基面内,并与刀具纵向进给方向相垂直,又称为径向力。它作用在机床、零件刚性最弱的方向上,使刀架后移和零件弯曲,容易引起振动,影响加工质量。

(3)走刀抗力 F_f,作用在基面内,并与刀具纵向进给方向相平行,又称为轴向力。它作用在进给机构上，是设计和校验进给机构的依据。

如图 10-9 所示，这三个切削分力与总切削力有如下关系：

$$F = \sqrt{F_c^2 + F_p^2 + F_f^2} \tag{10-6}$$

10.3.3.2 切削功率

切削功率 P_m 是上述三个切削分力所消耗功率的总和，单位为 kW，但在车外圆时，吃刀抗力 F_p 消耗的功率为零，走刀抗力 F_f 消耗的功率很小，一般可忽略不计。因此，切削功率 P_m 可用下式计算：

$$P_m = 10^{-3} F_c v_c \tag{10-7}$$

在设计机床时，应根据切削功率，确定机床电动机功率，还要考虑机床的传动效率（一般取 0.75 ~ 0.85）。

10.3.4 切削热和切削温度

10.3.4.1 切削热的产生与传散

切削加工过程中，切削功几乎全部转换为热能，将产生大量的热量。将这种产生于切削过程的热量称为切削热。其来源有以下三种：切屑变形所产生的热量，是切削热的主要来源；切屑与刀具前刀面之间的摩擦所产生的热量；零件与刀具后刀面之间的摩擦所产生的热量。

切削塑性材料时，切削热主要来源于第Ⅰ、Ⅱ变形区。切削脆性材料时，由于产生崩碎切屑，因而切屑与前刀面的挤压和摩擦较小，所以切削热主要来源于第Ⅰ、Ⅲ变形区。

切削热通过切屑、零件、刀具以及周围的介质传散。各部分传热的比例取决于零件材料、切削速度、刀具材料及几何角度、加工方式以及是否使用切削液等。

传入零件的切削热使零件产生热变形，影响加工精度，特别是加工薄壁零件、细长零件和精密零件时，热变形的影响更大。磨削淬火钢件时，磨削温度过高往往使零件表面产生烧伤和裂纹，影响零件的耐磨性和使用寿命。

传入刀具的切削热，比例虽然不大，但由于刀具的体积小、热容量小，因而切削温度高，高速切削时，切削温度可达 1 000 ℃，加速了刀具的磨损。

10.3.4.2 切削温度及其影响因素

切削温度一般是指切屑、零件和刀具接触面上的平均温度。切削温度，除用仪器进行测定外，还可以通过观察切屑的颜色大致估计出来。如切削碳素结构钢，切屑呈银白色或黄色，说明切削温度不高；切屑呈深蓝色或蓝黑色，则说明切削温度很高。

切削温度的高低取决于切削热的产生和散热情况。影响切削温度的主要因素有以下几点。

1. 切削要素

切削要素中，切削速度对切削热的影响最大，进给量次之，背吃刀量最小。当切削速度增加时，切削功率增加，切削热亦增加；同时由于切屑底层与前刀面强烈摩擦产生的摩擦热来不及向切屑内部传导，而大量积聚在切屑底层，因而使切削温度升高。增大进给量，单位时间内的金属切除量增多，切削热也增加。但进给量对切削温度的影响，则不如切削速度那样显著,这是由于进给量增加,使切屑变厚,切屑的热容量增大,由切屑带走的热量增多,切削区的温升较小。切削深度增加,切削热虽然增加,但切削刃参加切削的长度也增加,改善了散热条件,因此切削温度的上升不明显。从降低切削温度、提高刀具耐用度的角度来看,选用大的切削深度和进给量,比选用高的切削速度有利。

2. 零件材料

零件材料的强度和硬度越高,切削中消耗的功率越大,产生的切削热越多,切削温度也越高。即使对同一材料,由于其热处理状态不同,切削温度也不相同。如 45 钢在正火状态、调质状态和淬火状态下,其切削温度相差悬殊。与正火状态相比,调质状态的切削温度增高 20% ~25%,淬火状态的切削温度增高 40% ~45%。零件材料的导热系数高(如铝、镁合金),切削温度低。切削脆性材料时,由于塑性变形很小,崩碎切屑与前刀面的摩擦也小,产生的切削热较少。采用 YG8 硬质合金车刀切削 HT200 时,其切削温度比切削 45 钢低 20% ~25%。

3. 刀具角度

前角的大小直接影响切削过程中的变形和摩擦,增大前角,可减小切屑变形,产生的切削热减少,切削温度降低。但当前角过大时,刀具的散热条件变差,反而不利于切削温度的降低。减小主偏角,主切削刃参加切削的长度增加,散热条件变好,可降低切削温度。

10.3.5 刀具磨损和刀具耐用度

在切削过程中,刀具与零件和切屑间的强烈挤压和摩擦,会造成刀具磨损。磨损后刀具的切削刃变钝,以致无法再使用。对于可重磨刀具,经过重新刃磨以后,切削刃恢复锋利,仍可继续使用。这样经过"使用—磨钝—刃磨锋利"若干个循环以后,刀具的切削部分便无法继续使用,而完全报废。刀具从开始切削到完全报废,实际切削时间的总和称为刀具寿命。

10.3.5.1 刀具磨损的形式与过程

刀具正常磨损时,按其发生的部位不同有后刀面磨损、前刀面磨损、前后刀面同时磨损三种形式。

刀具的磨损过程如图 10-10 所示,可分为以下三个阶段:

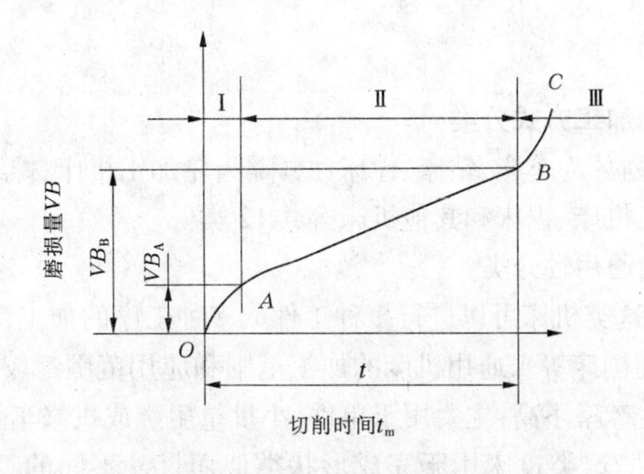

图 10-10 刀具的磨损阶段

第一阶段(OA段),由于刀具刃磨后刀面有许多微观凹凸,因而接触面积小、压强大,而磨损较快,这一阶段称为初期磨损阶段。

第二阶段(AB段),由于刀具的微观凹凸已磨平,表面光滑,接触面积大而压强小,所以磨损很慢,这一阶段称为正常磨损阶段。

第三阶段(BC段),正常磨损阶段的后期,刀具磨损钝化,切削状态逐渐恶化,磨损量急剧加大,切削刃很快变钝,以致丧失切削能力,这个阶段称为急剧磨损阶段。

经验表明,在刀具正常磨损阶段的后期、急剧磨损阶段之前,最好换刀重磨,这样既可保证加工质量,又能充分利用刀具材料。

10.3.5.2 影响刀具磨损的因素

增大切削要素时,切削温度随之升高,将加速刀具磨损。在切削要素中,切削速度对刀具磨损的影响最大。

此外,刀具材料、刀具几何角度、零件材料以及是否采用切削液等,也都会影响刀具的磨损。例如,耐热性好的刀具材料,就不易磨损;适当加大前角,由于减小了切削力,减少了摩擦,可减少刀具的磨损。

10.3.5.3 刀具耐用度

刃磨后的刀具自开始切削直到磨损量达到磨钝标准的切削时间称为刀具耐用度,以 T 表示。刀具的耐用度越长,两次刃磨或更换刀具之间的实际工作时间越长。

粗加工时,多以切削时间表示刀具耐用度。目前,硬质合金焊接车刀的耐用度大致为60 min,高速钢钻头的耐用度为80 ~ 120 min,硬质合金端铣刀的耐用度为120 ~ 180 min,齿轮刀具的耐用度为200 ~ 300 min。精加工时,常以走刀次数或加工零件个数表示刀具耐用度。

10.4 机床的基本知识

金属切削机床的品种和规格繁多,为便于区别、使用和管理,需对其进行分类和型号编制。

10.4.1 机床的分类

10.4.1.1 按机床的加工方式分类

目前,我国机床划分为车床、钻床、镗床、磨床、齿轮加工机床、螺纹加工机床、铣床、刨插床、拉床、特种加工机床、锯床和其他机床等共12类。

10.4.1.2 按机床的通用性分类

(1)通用机床。这类机床可以进行多种工件或多种工序的加工,如卧式车床(普通车床)、外圆磨床和龙门刨床等。通用机床的加工范围和应用范围都较广,但结构往往较复杂,机床刚度较差,生产率不高,主要用于单件、小批量生产或机修车间。

(2)专门化机床。这类机床用于完成形状类似而尺寸不同的工件的特定工序的加工,如曲轴磨床、凸轮轴磨床、曲轴连杆颈车床和精密丝杠车床等。专门化机床的特点介于通用机床和专用机床之间，既有加工尺寸的通用性，又有加工工序的专用性，生产率较高，适用于成批生产。

(3)专用机床。这类机床用于完成特定工件的特定工序的加工，如汽车发动机汽缸镗床等。专用机床结构比通用机床简单，生产率较高，适用于大批量生产。专用机床中有一种以标准的通用部件为基础，配以少量按工件特定形状或加工工艺设计的专用部件组成的自动或半自动机床，称为组合机床，它能对一种或若干种工件按预先确定的工序进行加工。

10.4.1.3　按机床的加工精度分类

(1)普通机床。即普通级别的机床，包括普通车床、钻床、镗床、铣床、刨插床等。

(2)精密机床。主要包括磨床、齿轮加工机床、螺纹加工机床和其他精密机床。

(3)高精度机床。主要包括坐标镗床、齿轮磨床、螺纹磨床、高精度滚齿机、高精度刻线机和其他高精度机床。

此外，机床按工件大小和机床质量，分为仪表机床、中小型机床、大型机床(10～300 t)、重型机床(30～1 000 t)和超重型机床(1 000 t 以上)；按机床的自动化程度，分为手动操作机床、半自动机床和自动机床；按机床的自动控制方式，分为仿形机床、数控机床、适应控制机床和加工中心等。

10.4.2　机床的型号

机床的型号是按一定规律赋予每种机床的一个代号，通常由汉语拼音大写字母和阿拉伯数字按一定规律组合而成，可简明地表达机床的类型、主要规格及有关特征。我国机床现行型号的编制是按照 GB/T 15375—2008《金属切削机床型号编制方法》执行的，它适用于各类通用机床、专门化机床和专用机床，但不包括组合机床。通用机床的型号表示方法如图 10-11 所示。

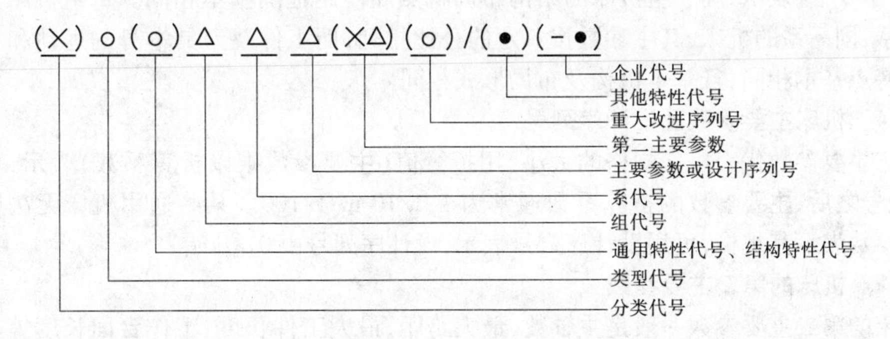

图 10-11　机床的型号表示

10.4.2.1　机床的类型代号和分类代号

机床的类型代号用汉语拼音大写字母表示，位于型号的首位。磨床因其种类较多，又划分为三类，分类代号用阿拉伯数字表示，但第一分类通常不表示。机床的类型及分类代号如表 10-1 所示。

表 10-1 机床的类型及分类代号

类型	车床	钻床	镗床	磨床			齿轮加工机床	螺纹加工机床	铣床	刨插床	拉床	锯床	其他机床
代号	C	Z	T	M	2M	3M	Y	S	X	B	L	G	Q
读音	车	钻	镗	磨	2 磨	3 磨	牙	丝	铣	刨	拉	割	其

10.4.2.2　**机床的通用特性和结构特性代号**

通用特性表示机床所具有的特殊性能，用大写汉语拼音字母表示，位于类型代号之后。当某类型机床除有普通型外，还具有表 10-2 所列的某种通用特性时，则在类型代号之后加以相应的通用特性代号。如“CK”表示数控车床。若同时具有两种及以上通用特性，可依次用通用特性代号写在类型代号之后，如“MBG”表示半自动高精度磨床。

表 10-2　通用特性代号

通用特性	高精度	精密	自动	半自动	数控	加工中心	仿形	轻型	加重型	简式	柔性加工单元	数显	高速
代号	G	M	Z	B	K	H	F	Q	C	J	R	X	S
读音	高	密	自	半	控	换	仿	轻	重	简	柔	显	速

为区别主要参数相同而结构不同的机床，又引入了结构特性代号，在型号中用大写汉语拼音字母表示，排在通用特性之后。这些字母根据各类机床的情况分别规定，在不同型号中意义可以不一样。通用特性已用过的字母和“I”、“O”不能用作结构特性代号。

10.4.2.3　**机床的组、系代号**

机床的组、系代号用两位阿拉伯数字表示，位于类型代号之后。每类机床划分为十组，用数字 0 ~ 9 表示，同一组机床的结构布局特点和使用范围基本相同。每组机床又划分为十系，同一系的机床，其主参数按一定的公比排列，而工件及刀具本身的运动和相对运动的特点基本相同，且基本机构及布局形式相同。

10.4.2.4　**机床主要参数及设计序列号**

机床主要参数代表机床规格的大小，用折算值(主要参数乘以折算系数)表示，位于组、系代号之后，主要参数的折算系数通常为 1、1/10 或 1/100。某些通用机床无法用一个主要参数表示其规格，可用设计序列号表示，设计序列号由 01 开始。

10.4.2.5　**机床的第二主要参数**

机床的第二主要参数一般是主轴数、最大跨距、最大工件长度、工作台面长度等。第二主要参数也用折算值表示。以长度单位表示的第二主要参数，如机床的最大工件长度、最大切削长度、最大行程和最大跨距等，采用 1/100 的折算系数；以直径、深度和宽度表示的第二主要参数，采用 1/10 的折算系数(出现小数时可以化整)；以厚度、最大模数和机床轴数作为第二主要参数时，以实际的数值列入型号。

10.4.2.6　**机床的重大改进序列号**

机床的性能及结构布局有重大改进，并按新产品重新设计、试制和鉴定后，在原机床型号尾部加重大改进序列号,以示区别于原型号机床。序号按 A、B、C、…顺序选用。同一型号机床的变型代号在机床基本型号基础上改动,仅改变机床的部分性能结构时,在相应机床型号之后加变型代号 1、2、3 等顺序号以示区别。

10.4.3 机床的技术性能与技术规格

机床的技术性能是指机床的使用范围、加工质量和经济效益的技术参数,包括工艺范围、技术规格、加工精度和表面粗糙度、生产率、自动化程度及精度保持性等。

机床的技术规格是反映机床的加工能力、加工范围和加工精度的各项技术数据,包括主要参数、第二主要参数和基本参数。为了适应不同的生产和使用、满足加工各种尺寸工件的要求,每种通用机床系列都有不同的技术规格的规定。

10.4.3.1 主要参数和第二主要参数

机床的主要参数直接反映机床的加工能力和特性,表示机床的规格,是确定其他参数、设计机床结构和选用机床的主要依据。对于普通机床(包括专门化机床),主要参数通常以机床的最大加工尺寸表示,只有不适于用工件最大加工尺寸表示,才采用其他尺寸或物理量来表示。例如,卧式铣镗床的主要参数为镗轴直径,拉床的主要参数为额定拉力。为了更完整地表示出机床的工作能力和加工范围,有的机床还规定有第二主要参数,如最大工件长度、主轴数、最大加工模数等。

10.4.3.2 基本参数

除主要参数和第二主要参数外,机床的技术参数还有尺寸参数、运动参数和动力参数等基本参数。

1. 尺寸参数

机床的尺寸参数是表示机床工作范围的主要尺寸,也是与工具、夹具、量具的标准化及机床结构有关的主要尺寸。机床的主要尺寸参数内容见表 10-3。

表 10-3 机床的主要尺寸参数内容

与工件主要尺寸有关的参数	最大加工尺寸和范围	最大加工直径或最大工件直径,最大加工模数、螺旋角主轴通孔直径,最大工件安装尺寸,如工作台尺寸、主轴端面至工作台面最大距离、主轴轴线至工作台面最大距离、立柱间距等;最小加工尺寸,如最小磨削外径或孔径、主轴轴线至工作台面最小距离等
	部件运动尺寸范围	刀架、工作台、主轴箱、横梁等的最大行程,刀架、工作台、砂轮(导轮)架、摇臂等的最大回转角度
与工具、夹具、量具标准化有关的参数		主轴或尾架套筒的锥孔大小,刀杆断面尺寸、刀架最大尺寸、安装的刀具(滚刀、砂轮等)直径,工作台 T 形槽的尺寸和数量
与机床结构有关的参数		床身的导轨宽度、花盘或圆工作台直径、主轴轴线或工作台面至地面的高度

2. 运动参数和动力参数

机床的运动参数包括机床主运动(切削运动)的速度范围和级数、进给量范围和级数以及辅助运动速度等,这些参数主要由表面形成运动的工艺要求决定。动力参数指主运动、进给运动和辅助运动的动力消耗，主要由机床的切削载荷和驱动的工件质量等因素决定。机床的运动参数和动力参数内容见表 10-4。

表 10-4　机床的运动参数和动力参数内容

运动参数	主运动	主轴（或圆工作台、砂轮主轴、磨床头架主轴）转速范围（r/min）、数列公比、级数，滑枕（或工作台、刀轴）每分钟往复行程次数，砂轮圆周速度（m/s）
	进给运动	各方向进给量范围（mm/r、mm/min）、数列公比、级数，螺纹加工范围
	辅助运动	各方向快速运动速度（m/min）
动力参数		主运动、进给运动及辅助运动的电动机功率（kW），最大切削力（N），最大进给力（N）主轴或圆工作台的最大转矩（N·m），最大工件质量（g）

现以卧式车床为例加以说明。卧式车床的主要参数是工件在床身上的最大回转直径，有 250 mm、320 mm、400 mm、500 mm、630 mm、800 mm、1 000 mm、1 250 mm 共 8 种规格。主要参数相同的卧式车床又有几种不同的第二主要参数——最大工件长度。例如，CA6140 型卧式车床在床身上工件最大回转直径为 400 mm，而最大工件长度有 750 mm、1 000 mm、1 500 mm、2 000 mm 共 4 种。该机床的主要技术参数如表 10-5 所示。

表 10-5　CA6140 型卧式车床的主要技术参数

最大加工直径（mm）	在床身上	400	主轴内孔锥度（号）		No. morse6
	在刀架上	210	主轴转速范围（r/min）		10 ~ 1 400（24 级）
	棒料	46	进给量范围（mm/r）	纵向	0.028 ~ 6.33（64 级）
最大加工长度（mm）		650、900、1 400、1 900		横向	0.014 ~ 316（64 级）
中心高（mm）		205	加工螺纹范围	米制（mm）	1 ~ 192（44 种）
顶尖距（mm）		750、1 000、1 500、2 000		英制（牙 · in^{-1}）	2 ~ 24（20 种）
刀架最大行程（mm）	纵向	650、900、1 400、1 900		模数（mm）	0.25 ~ 48（39 种）
	横向	320		径节（牙 · in^{-1}）	1 ~ 96（37 种）
刀架溜板（mm）		140	主电动机功率（kW）		7.5

机床的技术规格可以从机床说明书中查得，它是设备使用、维修和管理部门在设备的选型、使用、维护、修理及设备的资产管理等方面不可缺少的主要依据。

10.4.4　机床的传动系统

为了实现机床加工过程中所需的各种运动，机床必须具备执行件、动力源和传动装置三个基本部分。

1. 执行件

执行件是执行机床运动的部件，如主轴、刀架、工作台等。其任务是带动工件或刀具完成一定形式的运动，并保持准确的运动轨迹。

2. 动力源

动力源是为机床提供动力和运动的装置。普通机床常用三相异步电动机作为动力源,数控机床常用直流(或交流)调速电动机和伺服电动机作为动力源。

3. 传动装置

传动装置是传递运动和动力的装置。通过它把动力源的运动和动力传给执行件,或把一个执行件的运动传给另一个执行件的传动装置,同时还完成变速、换向、改变运动形式等任务,使执行件获得所需的运动速度、运动方向和运动形式。

10.5 拓展提高——机床发展趋势

机床是将金属毛坯加工成机器零件的机器,它是制造机器的机器,所以又称为工作母机或工具机,习惯上称为机床。现代机械制造中,加工机械零件的方法很多:除切削加工外,还有铸造、锻造、焊接、冲压、挤压等,但凡精度要求较高和表面粗糙度要求较细的零件,一般都需在机床上用切削的方法进行最终加工。在一般的机器制造中,机床所担负的加工工作量占机器总制造工作量的40%~60%,因此机床在国民经济现代化的建设中起着重大作用。

经过100多年的风风雨雨,机床家族已日渐成熟,真正成了机械领域的工作母机。在机械行业,除传统意义上的机床得到广泛应用外,又发展了一些新式机床,主要体现在以下几个类型。

10.5.1 虚拟机床

通过研发机电一体化的、硬件和软件集成的仿真技术,来提高机床的设计水平和使用绩效。

虚拟机床是随着虚拟制造技术的发展而提出的一个新的研究领域,它的最终目标是为虚拟制造建立一个真实的加工环境,用于仿真和评估各加工过程对产品质量的影响。在虚拟机床中,需要建立机床模型和加工过程模型。机床模型包括机床的几何参数、运动关系、伺服系统、刚度和热影响等。加工过程模型包括切削力、刀具的磨损、加工表面形状以及公差等。利用工艺模型和刀具模型时,要求得到关于工件特性、刀具状况和加工效率等信息,用于虚拟制造中产品的可制造性评价。

10.5.2 绿色机床

绿色机床将成为研究热点。将毛坯转化为零件的工作母机,在使用过程中不仅消耗能源,还会产生固体、液体和气体废弃物,对工作环境和自然环境造成直接或间接的污染。据此,绿色机床应该具有以下特点:机床主要零部件由再生材料制造;机床的重量和体积减少50%以上;通过减轻移动质量、降低空运转功率等措施使功率消耗减少30%~40%;使用过程中产生的各种废弃物减少50%~60%,保证基本没有污染的工作环境;报废后机床材料百分百地可回收。据统计,机床使用过程中用于切除金属的功率只占到25%左右,各种损耗和辅助功能占大部分。机床绿色化的第一个措施是,通过大幅度降低机床重量和减少驱动功率来构建具有生态效益的机床。绿色机床提出了一种全新的概念,大幅减少重量,力求节省材料,同时降低能耗。

绿色机床强调节能减排,力求使生产系统的环境负荷达到最小化。

10.5.3 智能机床

智能机床就是能够对制造过程做出决定的机床。智能机床了解制造的整个过程,能够监控、诊断和修正在生产过程中出现的各类偏差,并且能为生产的最优化提供方案。此外,还能计算出所使用的切削刀具、主轴、轴承和导轨的剩余寿命,让使用者清楚其剩余使用时间和替换时间。

智能机床提高了生产系统的智能化、可靠性、加工精度和综合性能。

10.5.4 电子机床(e-机床)

电子机床提高了生产系统的独立自主性以及与使用者和管理者的交互能力,使机床不仅是一台加工设备,还是企业管理网络中的一个节点。

练习题

1. 选择题

(1)车削时,车刀的纵向或横向移动是(　　)。

A. 主运动　　B. 进给运动　　C. 相对运动

(2)车刀切削部分由三面、两刃、一尖组成。两刃是指副切削刃、(　　)。

A. 前切削刃　　B. 后切削刃　　C. 主切削刃

(3)当切削速度确定后,增大进给量会使切削力增大,表面粗糙度 Ra 值(　　)。

A. 变小　　B. 变大　　C. 不变

(4)主切削刃与基面间的夹角称为(　　)。

A. 前角　　B. 主偏角　　C. 刃倾角

(5)机械制造中应用最广的刀具材料是高速钢和(　　)。

A. 合金工具钢　　B. 硬质合金　　C. 陶瓷

2. 填空题

(1)在切削过程中,零件上形成了三个表面,即________、________和________。

(2)切削三要素是指________、________和________。

(3)常用的刀具材料有________、________、________、________、________。

(4)切屑类型有________、________、________、________。

(5)按通用性,机床可分为__________、__________和__________。

3.判断题

(1)切削加工时,主运动通常是速度较低、消耗功率较小的运动。 ( )

(2)刀具两次刃磨之间实际切削的时间称为刀具寿命。 ( )

(3)切削过程中所消耗的功绝大部分转变为热量,称为切削热。 ( )

(4)粗加工时允许产生一些积屑瘤,精加工时应避免产生积屑瘤。 ( )

(5)车削时,待加工表面与已加工表面的垂直距离称为进给量。 ( )

4.综合题

(1)什么是刀具的工作角度?影响刀具工作角度的因素有哪些?

(2)刀具材料必须具备哪些性能?目前常用的刀具材料有哪些?

(3)金属切削过程的实质是什么?

(4)影响切削力的因素有哪些?

(5)切削要素对切削温度有何影响?

(6)试述前角、后角、主偏角的作用。

(7)提高切削加工生产率的措施有哪些?

(8)了解机床主要技术规格对机床的选择和使用有什么意义?

模块 11　切削加工

【模块导入】

组成机器的零件大小不一,形状和结构各不相同,金属切削加工的方法也多种多样。常用的车削、钻削、镗削、刨削、拉削、铣削和磨削等,尽管它们在加工原理方面有许多共同之处,但由于所用机床和刀具不同,切削运动形式也不同,所以它们有各自的工艺特点及应用范围。

【技能要求】

通过本模块的学习,掌握车削、铣削、磨削、钻削、镗削、刨削和拉削等的基本加工方法和加工范围,为制定机器零件的机械加工工艺规程打下良好的基础。

11.1　机床附件及工件安装

工件安装的主要任务是使工件准确定位及夹持牢固。由于各种工件的形状和大小不同,所以有各种不同的安装方法。安装需要不同的机床附件,常用的主要有卡盘和顶尖等。

11.1.1　机床附件

11.1.1.1　三爪卡盘

三爪卡盘是车床最常用的附件。三爪卡盘上的三个爪是同时动作的,可以达到自动定心兼夹紧的目的。其装夹工作方便,但定心精度不高,工件上同轴度要求较高的表面,应尽可能在一次装夹中车出。由于传递的扭矩不大,故三爪卡盘适于夹持圆柱形、六角形等中小型工件。当安装直径较大的工件时,可使用"反爪"。

11.1.1.2　四爪卡盘

四爪卡盘也是车床常用的附件(见图 11-1),四爪卡盘上的四个爪分别通过转动螺杆而实现单动。根据加工的要求,利用划针盘校正后,四爪卡盘的安装精度比三爪卡盘高,

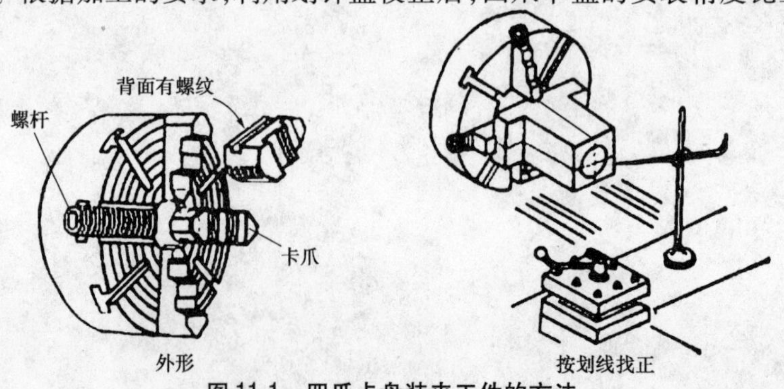

图 11-1　四爪卡盘装夹工件的方法

夹紧力大,适用于夹持较大的圆柱形工件或形状不规则的工件。

11.1.1.3 **顶尖**

常用的顶尖有死顶尖和活顶尖两种,如图 11-2 所示。

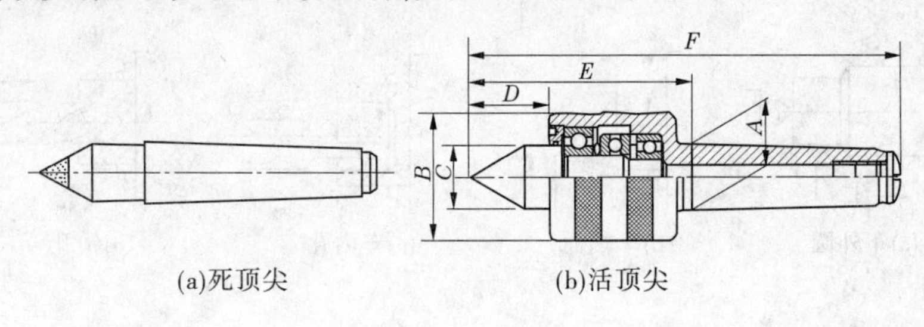

图 11-2 顶尖

11.1.2 工件安装

11.1.2.1 **工件在两顶尖之间的安装**

较长或加工工序较多的轴类工件,为满足工件同轴度的要求,常采用两顶尖的装夹方法。工件支承在前后两顶尖间,由卡箍、拨盘带动旋转。前顶尖装在主轴锥孔内,与主轴一起旋转。后顶尖装在尾架锥孔内固定不转。有时亦可用三爪卡盘代替拨盘,此时前顶尖用一段钢棒车成,夹在三爪卡盘上,卡盘的卡爪通过鸡心夹头带动工件旋转。

11.1.2.2 **工件在心轴上的安装**

精加工盘套类零件时,如孔与外圆的同轴度、孔与端面的垂直度要求较高,工件需在心轴上装夹进行加工。这时应先加工孔,然后将孔定位安装在心轴上,再一起安装在两顶尖上进行外圆和端面的加工。

11.1.2.3 **工件在花盘上的安装**

在车削形状不规则或形状复杂的工件时,三爪、四爪卡盘或顶尖都无法装夹,必须用花盘进行装夹。花盘工作面上有许多长短不等的径向导槽,使用时配以角铁、压块、螺栓、螺母、垫块和平衡铁等,可将工件装夹在盘面上。安装时,按工件的划线痕进行找正,同时要注意重心的平衡,以防止旋转时产生振动。

11.1.2.4 **中心架或跟刀架的使用**

当车削长度为直径 20 倍以上的细长轴或端面带有深孔的细长工件时,由于工件本身的刚性很差,当受切削力的作用时,往往容易产生弯曲变形和振动,把工件车成两头细、中间粗的腰鼓形。为防止上述“让刀”现象发生,需要附加辅助支承,即中心架或跟刀架。

中心架主要用于加工有台阶或需要调头车削的细长轴,以及端面和内孔(钻中孔)。中心架固定在床身导轨上。车削前调整其三个爪与工件轻轻接触,并加上润滑油。

11.2 车床及车刀

机床的主要设备就是车床,车床是利用工件的旋转运动和刀具的移动来完成对工件的切削加工的。车削加工是机械加工中最基本、最常用的一种工艺方法。

车床主要用来加工各种回转表面,如内、外圆柱面,内、外圆锥面,端面,内、外沟槽,内、外螺纹,内、外成形表面,钻孔、扩孔、铰孔、镗孔、攻丝、套丝、滚花等,其加工范围如图 11-3所示。

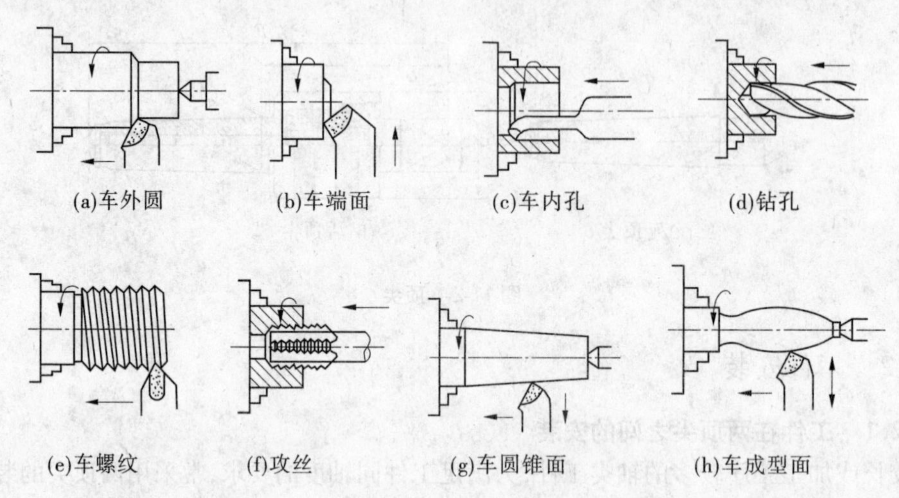

图 11-3　车床的加工范围

11.2.1　车床

11.2.1.1　车床的组成

车床主要由床身、主轴箱、变速箱、进给箱、光杆、丝杆、溜板箱、刀架、床腿和尾座等部分组成,如图 11-4 所示。

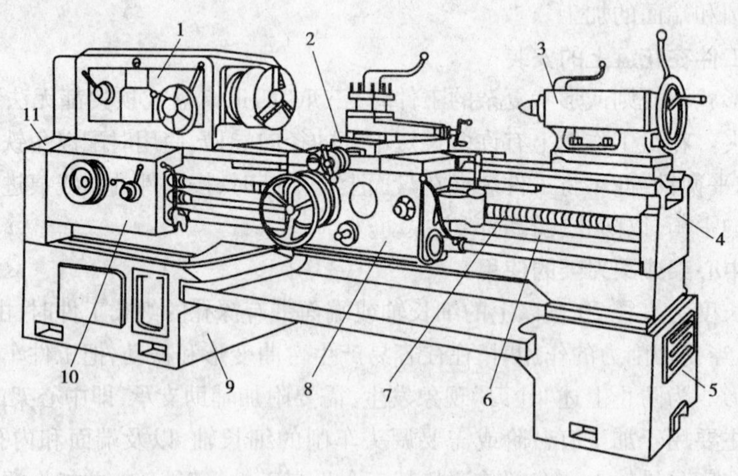

1—主轴箱;2—刀架;3—尾座;4—床身;5、9—床腿;6—光杆;7—丝杆;
8—溜板箱;10—进给箱;11—挂轮变速机构

图 11-4　普通车床

床身是车床上精度要求较高的零件,用来支撑和安装车床的各部件,如床头箱、进给箱、溜板箱等。床身具有足够的刚度、强度和精度,以保证各部件之间有正确的相对位置。

床身上有4条平行的导轨,供大拖板(刀架)和尾架相对于床头箱进行正确的移动,为了保持床身的表面精度,在操作车床时应注意维护保养。

主轴箱用以支承主轴,并使之旋转。主轴为空心结构。其前端外锥面安装三爪卡盘等附件来夹持工件,前端内锥面用来安装顶尖,细长孔可穿入长棒料。

对于变速箱,由电动机带动变速箱内的齿轮轴转动,通过改变变速箱内的齿轮搭配(啮合)位置,可得到不同的转速,然后通过皮带轮传动把运动传给主轴。

进给箱内装进给运动的变速齿轮,可调整进给量和螺距,并将运动传至光杆或丝杆。

光杆、丝杆将进给箱的运动传给溜板箱。光杆用于一般车削的自动进给,不能用于车削螺纹;丝杆用于车削螺纹。

溜板箱与刀架相连,是车床进给运动的操纵箱。它可将光杆传来的旋转运动变为车刀的纵向或横向的直线进给运动;可将丝杆传来的旋转运动,通过开合螺母直接变为车刀的纵向移动,以车削螺纹。

刀架用来夹持车刀,并使其作纵向、横向或斜向进给运动。

尾座安装在床身导轨上,可作纵向移动。其应用范围广泛:在套筒内安装顶尖,可以支承工件;将尾架偏移,可用来车削长圆锥面;安装钻头、铰刀等刀具,在工件上可进行孔的加工。

冷却管的功用是在车削时给切削区浇注冷却液。照明部分的功用是保证车削时有足够的亮度。

11.2.1.2 其他车床

为了满足零件加工的需要以及提高切削加工的生产率,除卧式车床外,尚有转塔车床、立式车床、自动车床和半自动车床等。尽管车床有各种不同的外形和结构,但其基本原理相同。下面仅介绍转塔车床和立式车床的主要特点。

1. 转塔车床

对于外形复杂、具有内孔的成批零件,用转塔车床加工较为合适。转塔车床与卧式车床不同的地方是,有一个可转动的六角刀架,代替了卧式车床上的尾架。在六角刀架和四方刀架上可同时安装钻头、铰刀、板牙以及车刀等11组不同的切削刀具。这些刀具是按零件加工顺序安装的。六角刀架每转60°便更换一组刀具,而且可与四方刀架上的刀具同时对工件进行加工,提高了加工效率。

2. 立式车床

立式车床一般用来加工大型盘装零件,如单柱式车床。它由底座、工作台、立柱、横梁、垂直刀架和侧刀等部分组成。立式车床的主轴处于竖直位置,工作台面处于水平位置。工作台安装在底座上,用来安装工件并带动工件旋转作主运动,横梁和立柱上装有垂直刀架和侧刀架,均可作垂直进给和横向进给。垂直刀架还可作斜向进给运动。

11.2.2 车刀

11.2.2.1 车刀的种类

在车削过程中,由于零件的形状、大小和加工要求不同,采用的车刀也不尽相同。车刀的种类很多,用途各异,现介绍几种常用的车刀,如图11-5所示。

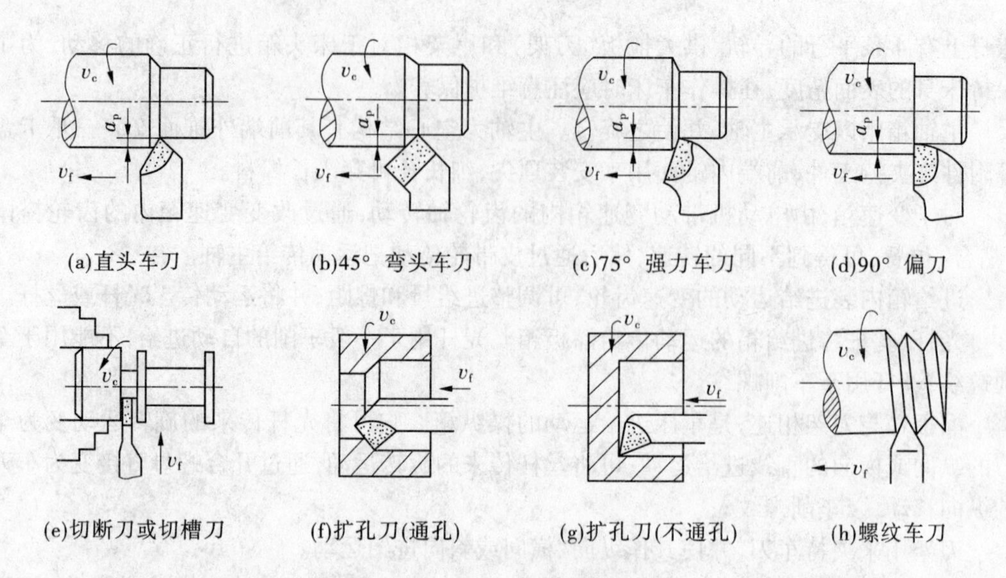

(a)直头车刀 (b)45° 弯头车刀 (c)75° 强力车刀 (d)90° 偏刀

(e)切断刀或切槽刀 (f)扩孔刀(通孔) (g)扩孔刀(不通孔) (h)螺纹车刀

图 11-5 用车刀的种类和用途

1. 外圆车刀

外圆车刀又称尖刀,主要用于车削外圆、平面和倒角。外圆车刀一般有三种:

(1)直头车刀。直头车刀的主偏角与副偏角基本对称,一般在45°左右,前角可在5°~30°选用,后角一般为6°~12°。

(2)45°弯头车刀。45°弯头车刀主要用于车削不带台阶的光轴,它可以车外圆、端面和倒角,使用比较方便,刀头和刀尖部分强度高。

(3)75°强力车刀。75°强力车刀的主偏角为75°,适用于粗车加工余量大、表面粗糙、有硬皮或形状不规则的零件。它能承受较大的冲击力,刀头强度高,耐用度高。

2. 偏刀

偏刀的主偏角为90°,用来车削工件的端面和台阶,有时也用来车外圆,特别是用来车削细长工件的外圆,可以避免把工件顶弯。偏刀分为左偏刀和右偏刀两种,常用的是右偏刀,它的刀刃向左。

3. 切断刀和切槽刀

切断刀的刀头较长,其刀刃狭长,这是为了减少工件材料消耗和切断时能切到中心。因此,切断刀的刀头长度必须大于工件的半径。切槽刀与切断刀基本相似,其形状与槽间一致。

4. 扩孔刀

扩孔刀又称镗孔刀,用来加工内孔,分为通孔刀和不通孔刀两种。通孔刀的主偏角小于90°,一般在45°~75°,副偏角为20°~45°。扩孔刀的后角应比外圆车刀稍大,一般为10°~20°。不通孔刀的主偏角应大于90°,刀尖在刀杆的最前端,为了使内孔底面车平,刀尖与刀杆外端距离应小于内孔的半径。

5. 螺纹车刀

螺纹按牙型有三角形、方形和梯形等,相应地使用三角螺纹车刀、方形螺纹车刀和梯形螺纹车刀等。螺纹的种类很多,其中以三角形螺纹应用最广。采用三角形螺纹车刀车削公制螺纹时，其刀尖角必须为60°，前角取0°。

11.2.2.2　车刀的安装

车削前必须把选好的车刀正确地安装在刀架上，车刀安装的好坏对操作顺利与否和加工质量都有很大关系。安装车刀时应注意下列几点：车刀刀尖应与工件轴线等高；车刀不能伸出太长；每把车刀安装在刀架上时，不可能刚好对准工件轴线，一般会低些，因此可用一些厚薄不同的垫片来调整车刀的高低；车刀刀杆应与车床主轴轴线垂直；车刀位置装正后，应交替拧紧刀架螺丝。

11.2.2.3　车刀的刃磨

无论是硬质合金车刀或是高速钢车刀，在使用之前都要根据切削条件，选择合理的切削角度进行刃磨。一把用钝了的车刀，为恢复其原有的几何形状和角度，也必须重新刃磨。手工刃磨一般在砂轮机上进行，磨高速钢车刀用白色氧化铝砂轮，磨硬质合金车刀用绿色碳化硅砂轮。

11.3　铣床及铣刀

铣床是利用铣刀在工件上加工各种表面的机床，铣刀旋转运动为主运动，工件或铣刀的移动为进给运动。铣刀加工的主要特点是用旋转的多刃刀具来进行切削，故效率较高，加工范围广，可以加工各种平面、台阶、沟槽、分齿零件和螺旋面等。另外，铣床的加工精度也较高，其经济加工精度一般为IT9～IT8，表面粗糙度 *R*a 值为12.5～1.60 μm。精细加工时精度可高达IT5，表面粗糙度 *R*a 值可达0.12 μm。因此，铣削加工在机械制造业中占有重要的地位，其加工范围如图11-6所示。

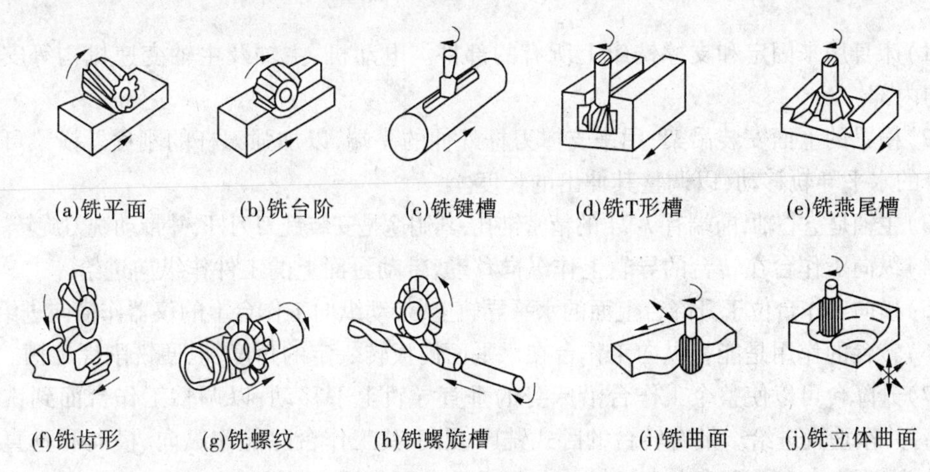

图11-6　铣床的典型加工范围

11.3.1　铣床

11.3.1.1　铣床的种类

铣床主要有卧式铣床、立式铣床和龙门铣床等，以适应不同的加工需要。立式铣床是指铣头主轴与工作台面相垂直的铣床;卧式铣床是指铣头主轴与工作台面相平行的铣床。

1. 万能铣床

卧式万能升降台铣床简称万能铣床,如图 11-7 所示,是铣床中应用最广的一种。其主轴是水平的,与工作台面平行。下面以 X6132 型卧式万能升降台铣床为例,介绍万能铣床的型号、组成部分及其作用。

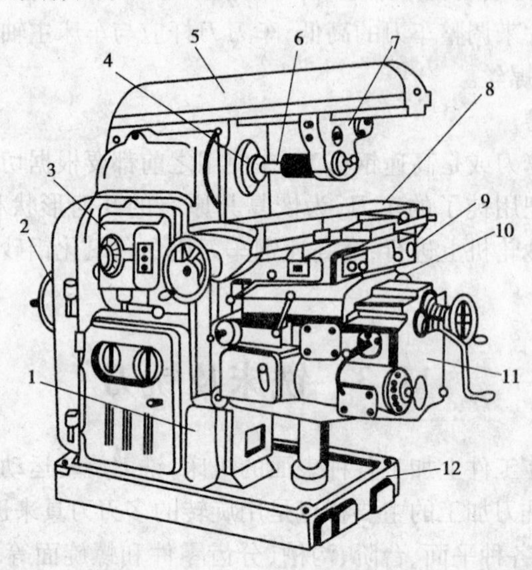

1—床身;2—电动机;3—变速机构;4—主轴;5—横梁;6—刀杆;7—刀杆支架;
8—纵向工作台;9—转台;10—横向工作台;11—升降台;12—底座

图 11-7 X6132 型卧式万能升降台铣床

(1)床身用来固定和支撑铣床上所有的部件。电动机、主轴及主轴变速机构等安装在它的内部。

(2)横梁的上面安装吊架,用来支撑刀杆外伸的一端,以加强刀杆的刚性。横梁可以沿床身的水平导轨移动,以调整其伸出的长度。

(3)主轴是空心轴,前端有 7:24 的精密锥孔,其用途是安装铣刀刀杆,并带动铣刀旋转。

(4)纵向工作台在转台的导轨上作纵向移动,带动台面上的工件作纵向进给。

(5)横向工作台位于升降台上面的水平导轨上,带动纵向工作台上的仪器作横向进给。

(6)转台的作用是能将纵向工作台在水平面内扳转一定的角度,以便铣削螺旋槽。

(7)升降台可以使整个工作台沿床身的垂直导轨上下移动,以调整工作台面到铣刀的距离,并作垂直进给。带有转台的卧式铣床,由于其工作台除能作纵向、横向和垂直方向移动外,还能在水平面内左右扳转 45°,因此称为万能卧式铣床。

2. 升降台铣床

立式升降台铣床简称立式铣床,如图 11-8 所示为 X5032 型立式升降台铣床的外观图。立式铣床与卧式铣床的主要区别是,其主轴与工作台面相垂直。有时根据加工的需要,可以将立铣头(包括主轴)左右扳转一定的角度,以便加工斜面等。

对于立式铣床来说,由于操作时观察、检查和调整铣刀位置等比较方便,并能够安装

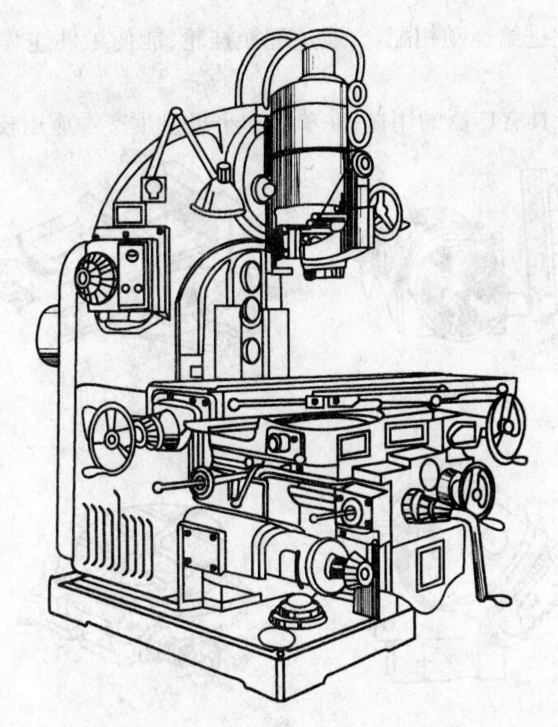

图 11-8　X5032 型立式升降台铣床

面铣刀、立铣刀、键槽铣刀及半圆键铣刀等来加工平面、台阶面、斜面、键槽,所以生产率较高,应用广泛。

3. 龙门铣床

龙门铣床主要用来加工大型或较重的工件。它可以用几个铣头对工件的几个表面同时进行加工,故生产率高,适用于大批量生产。龙门铣床有单轴、双轴、四轴等多种形式。

4. 数控铣床

随着科学技术的发展,数控机床应用日益广泛。在铣床上若配置数字控制系统,各运动部件的运动速度、轨迹、方向、起止点和位移量大小都可根据控制指令由伺服系统精确地实现,若对相应的结构进行改进,则可以成为数控铣床。它主要适用于单件和小批量生产,加工表面形状复杂、精度要求高的工件。

11.3.1.2　铣床主要附件

铣床的主要附件有分度头、平口钳、万能铣头和回转工作台,如图 11-9 所示。

1. 分度头

在铣削加工中,常会遇到铣六方、齿轮、花键和刻线等工件,这时,就需要利用分度头分度。因此,分度头是万能铣床上的重要附件。

1) 分度头的作用

分度头的作用:能使工件实现绕自身的轴线周期性地转动一定的角度(即进行分度);利用分度头主轴上的卡盘夹持工件,使被加工工件的轴线相对于铣床工作台在向上 90°和向下 10°的范围内倾斜成需要的角度,以加工各种位置的沟槽、平面等(如铣圆锥齿轮)；与工作台的纵向进给运动相配合，通过配换挂轮，能使工件连续运转，以加工螺旋沟槽、斜齿轮等。

万能分度头由于具有广泛的用途，在单件和小批量生产中应用较多。

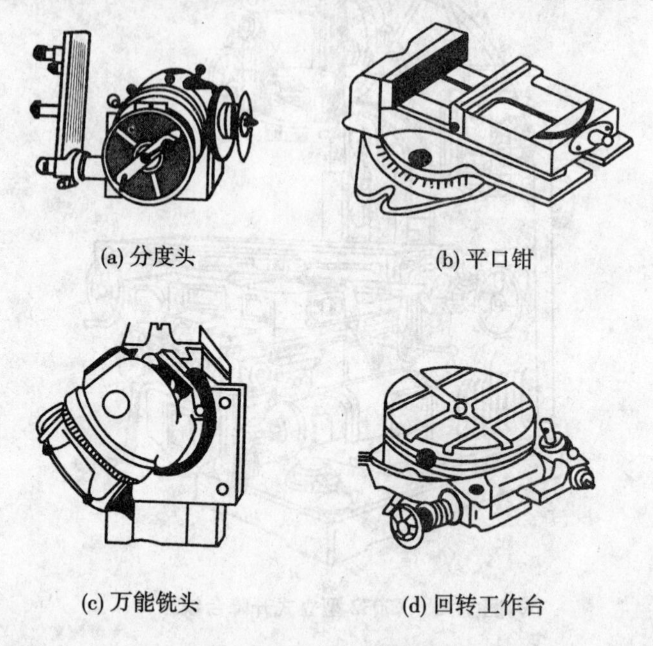

(a) 分度头　(b) 平口钳

(c) 万能铣头　(d) 回转工作台

图 11-9　常用铣床附件

2)分度头的结构

分度头的主轴是空心的，两端均为锥孔，前锥孔可装入顶尖(莫氏 4 号)，后锥孔可装入心轴，以便在差动分度时挂轮，把主轴的运动传给侧轴，可带动分度盘转动。主轴前端外部有螺纹，用来安装三爪卡盘，如图 11-10 所示。

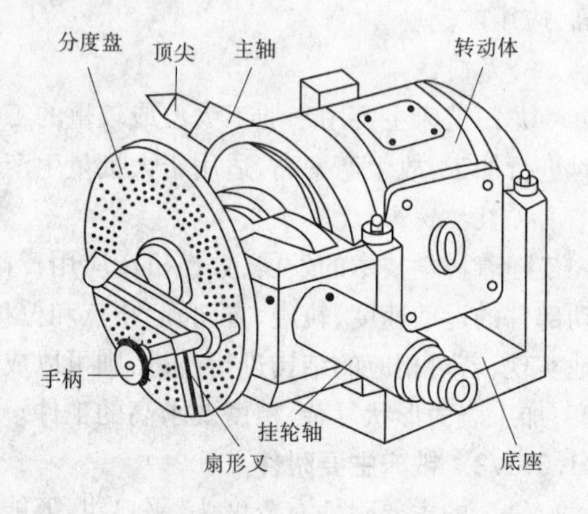

图 11-10　万能分度头的外形

松开壳体上部的两个螺钉，主轴可以随回转体在壳体的环形导轨内转动，因此主轴除安装成水平外，还能扳成倾斜位置。当主轴调整到所需的位置后，应拧紧螺钉。主轴倾斜的角度可以从分度盘上看出。

在壳体下面，固定有两个定位块，以便于铣床工作台的 T 形槽相配合，用来保证主轴轴线准确地平行于工作台的纵向进给方向。手柄用于紧固或松开主轴，分度时松开，分度后紧固，以防止在铣削时主轴松动。另一手柄是控制蜗杆的手柄，它可以使蜗杆和蜗轮连接或脱开(即分度头内部传动的切断或结合)，在切断传动时，可用手动分度的主轴。

蜗轮和蜗杆之间的间隙可用螺母调整。

3)分度方法

分度头内部的传动系统如图 11-11(a)所示，可转动分度手柄，通过传动机构(传动比为1∶1的一对齿轮,1∶40的蜗轮蜗杆),使分度头主轴带动工件转动一定的角度。手柄转一圈,主轴带动工件转1/40圈。

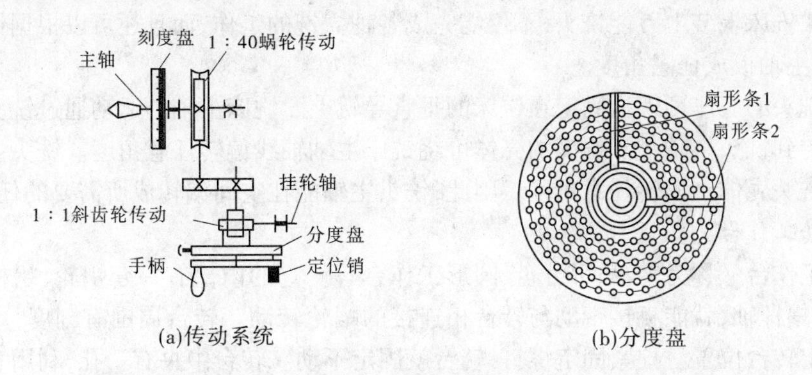

图11-11　分度头的传动

如果将工件的圆周 z 等分,则每次分度工件转过 $1/z$ 圈。设每次分度手柄的转数为 n,则手柄转数 n 与工件等分数 z 之间有如下关系:

$$1:40=\frac{1}{z}:n,\text{即}\ n=\frac{40}{z} \tag{11-1}$$

分度头分度的方法有直接分度法、简单分度法、角度分度法和差动分度法等。这里仅介绍常用的简单分度法。例如,铣齿数 $z=35$ 的齿轮,需对齿轮毛坯的圆周做35等分,每一次分度时,手柄转数为

$$n=\frac{40}{z}=\frac{40}{35}=\frac{8}{7} \tag{11-2}$$

分度时,如果求出的手柄转数不是整数,可利用分度盘上的等分孔距来确定。分度盘如图11-11(b)所示,一般备有两块分度盘。分度盘的两面各钻有许多不贯通的孔圈,各圈孔数均不相等,然而同一孔圈上的孔距是相等的。

分度头的第一块分度盘正面各圈孔数依次为24、25、28、30、34、37,反面各圈孔数依次为38、39、41、42、43。第二块分度盘正面各圈孔数依次为46、47、49、51、53、54,反面各圈孔数依次为57、58、59、62、66。

按上例计算结果,即每分一齿,手柄需转动8/7圈,其中1/7圈需通过分度盘来控制。用简单分度法需先将分度盘固定。再将分度手柄上的定位销调整到孔数为7的倍数(如28、42、49)的孔圈上,如在孔数为28的孔圈上。此时分度手柄转过1整圈后,再沿孔数为28的孔圈转过4个孔距。

为了确保手柄转过的孔距数可靠,可调整分度盘上的扇形条1、2间的夹角,使之正好等于分子的孔距数,这样依次进行分度就可准确无误了。

2. 平口钳

平口钳是一种通用夹具,经常用于安装小型规则工件,如较方正的板块类零件、盘套类零件、轴类零件和小型支架等。使用时,先校正平口钳在工作台上的位置,然后再夹紧工件。用平口钳安装工件时,应注意:要使工件被加工面高于钳口,否则应用垫铁垫高工件;应防止工件与垫铁间有间隙;为保护工件的已加工表面,可以在钳口与工件之间垫上

软金属片。

3. 万能铣头

在卧式铣床上装上万能铣头,不仅能完成各种立铣的工作,而且还可以根据铣削的需要,把铣头主轴扳成任意角度。

万能铣头的底座用螺栓固定在铣床的垂直导轨上。铣床主轴的运动通过铣头内的两对锥齿轮传到铣头主轴上。铣头的壳体可绕铣床主轴轴线偏转任意角度。铣头主轴的壳体还能在铣头壳体上偏转任意角度。因此,铣头主轴能在空间偏转成所需要的任意角度。

4. 回转工作台

回转工作台又称为转盘、平分盘、圆形工作台等。它的内部有一套蜗轮、蜗杆。摇动手柄,通过蜗杆轴,就能直接带动与转台相连接的蜗轮转动。转台周围有刻度,可以用来观察和确定转台位置。拧紧固定螺钉,转台就固定不动。转台中央有一孔,利用它可以方便地确定工件的回转中心。当底座上的槽和铣床工作台的T形槽对齐后,即可用螺栓把回转工作台固定在铣床工作台上。铣圆弧槽时,工件安装在回转工作台上,铣刀旋转,用手柄均匀、缓慢地摇动回转工作台而使工件铣出圆弧槽。

11.3.2 铣刀

铣刀的分类方法很多,根据铣刀安装方法的不同可分为两大类,即带孔铣刀和带柄铣刀。带孔铣刀多用在卧式铣床上,带柄铣刀多用在立式铣床上。带柄铣刀又分为直柄铣刀和锥柄铣刀。

11.3.2.1 铣刀的种类

1. 圆柱形铣刀

圆柱形铣刀如图11-12(a)所示,用于卧式铣床上加工平面。通常采用螺旋形刀齿以提高切削平稳性,其圆柱表面上有切削刃,两端面没有副切削刃。

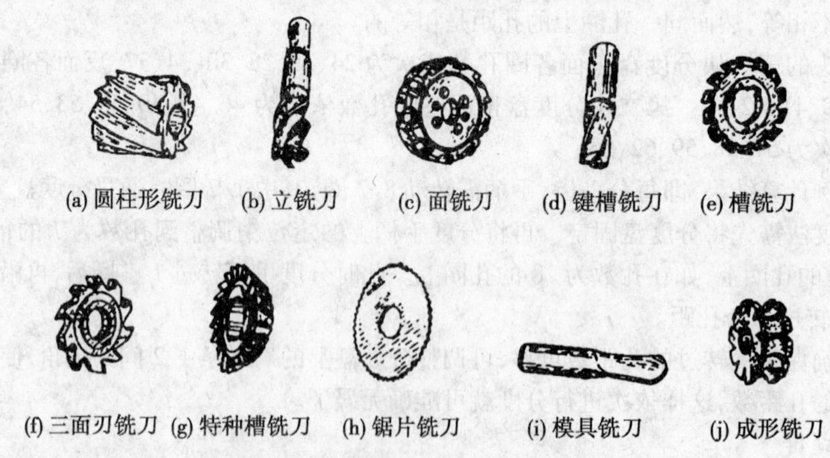

图11-12 铣刀的类型

2. 立铣刀

立铣刀如图11-12(b)所示,用于立式铣床上加工台阶面、槽、平面型面。立铣刀圆柱表面上的切削刃是主切削刃,端面刃是副切削刃。

3. 面铣刀

面铣刀如图 11-12(c)所示,用于在立式铣床上加工平面。面铣刀的每个刀齿和车刀很相似,其主切削刃分布在圆锥表面或圆柱表面上。端部切削刃为副切削刃。

4. 键槽铣刀

键槽铣刀如图 11-12(d)所示,其外形像立铣刀,但只有两个刀刃。加工时像钻头一样可以轴向进给加工孔,又可像立铣刀一样加工槽,是一种专门用来加工圆头封闭键槽的刀具。

5. 槽铣刀

槽铣刀如图 11-12(e)所示,仅在圆柱表面上分布有刀齿,两侧面在加工槽面时也参加切削,但切削条件较差。一般用于在卧式铣床上加工油槽、螺钉槽等浅槽。

6. 三面刃铣刀

三面刃铣刀如图 11-12(f)所示,用于在卧式铣床上加工台阶面或切槽。三面刃分布在圆柱表面上,两端面有副切削刃,其切削条件得到改善。

7. 特种槽铣刀

特种槽铣刀如图 11-12(g)所示,此类刀具是专门用来加工特种槽的刀具,主要有 T 形槽铣刀、燕尾槽铣刀、半圆键铣刀、单角铣刀和双角铣刀等。特种槽铣刀容屑空间小,刀齿强度较弱,加工时应选择合理的切削用量,防止振动,以免损坏刀齿。

8. 锯片铣刀

锯片铣刀如图 11-12(h)所示,是一种薄片槽铣刀,主要用于在卧式铣床上切断工件,也可用来加工窄槽。

9. 模具铣刀

模具铣刀如图 11-12(i)所示,用于加工模具型腔表面或其他成形表面,它是在立铣刀的基础上发展起来的,有球头立铣刀、圆锥形立铣刀等类型。

10. 成形铣刀

成形铣刀如图 11-12(j)所示,用于加工成形表面(如凹、凸半圆等型面)的刀具,其刀齿廓形要根据被加工表面廓形来设计。

11.3.2.2 铣刀的安装

1. 带孔铣刀的安装

带孔铣刀中的圆柱形、圆盘形铣刀多用长刀杆安装,如图 11-13 所示。长刀杆一端有

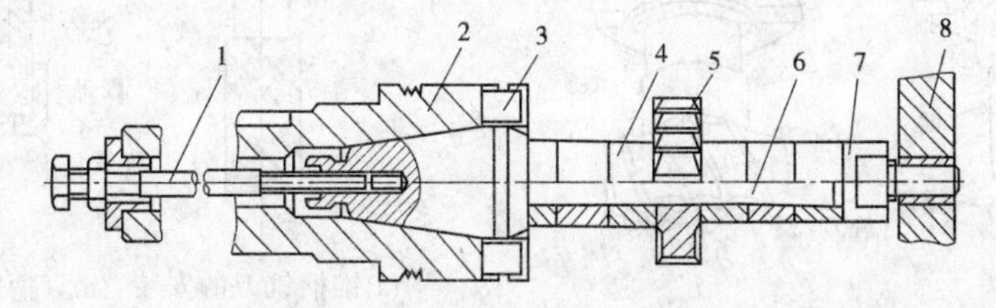

1—拉杆;2—铣床主轴;3—端面键;4—套筒;5—铣刀;6—长刀杆;7—螺母;8—刀杆支架

图 11-13　圆盘形铣刀的安装

7∶24 锥度与铣床主轴孔配合。安装刀具的刀杆部分，根据刀孔的大小分为几种型号，常用的有 ϕ16 mm、ϕ22 mm、ϕ27 mm、ϕ32 mm 等。

用长刀杆安装带孔铣刀时要注意以下几点：铣刀应尽可能地靠近主轴或吊架，以保证铣刀有足够的刚性；套筒的端面与铣刀的端面必须擦干净，以减小铣刀的端跳；拧紧刀杆的压紧螺母时，必须先装上吊架，以防刀杆受力弯曲；斜齿圆柱铣刀所产生的轴向切削力应指向主轴轴承。主轴转向与斜齿圆柱铣刀旋向的选择见表 11-1。

表 11-1 主轴转向与斜齿圆柱铣刀旋向的选择

情况	铣刀安装简图	螺旋线方向	主旋转方向	轴向力的方向	说明
1		左旋	逆时针方向旋转	向着主轴轴承	正确
2		左旋	顺时针方向旋转	离开主轴轴承	不正确

带孔铣刀中的端铣刀多用短刀杆安装，如图 11-14 所示。

2. 带柄铣刀的安装

锥柄铣刀的安装如图 11-15(a)所示。根据铣刀锥柄的大小，选择合适的变锥套，将配合表面擦净，然后用拉杆把铣刀及变锥套一起拉紧在主轴上。

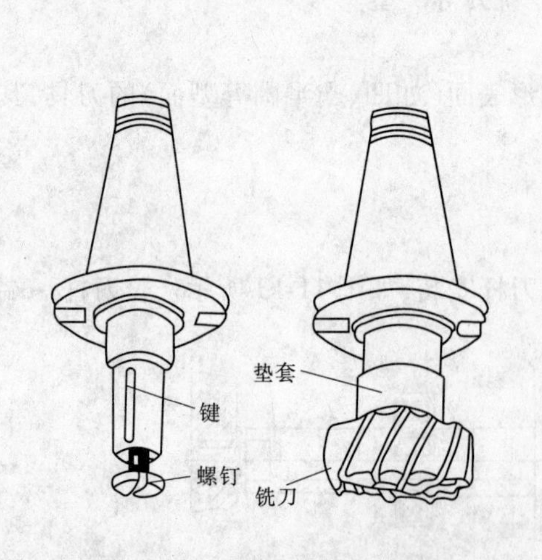

图 11-14 端铣刀的安装

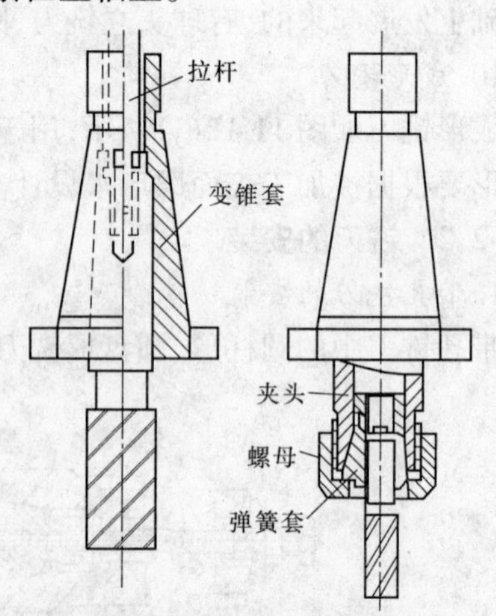

(a)锥柄铣刀的安装 (b)直柄铣刀的安装

图 11-15 带柄铣刀的安装

直柄铣刀的安装如图 11-15(b)所示，这类铣刀多为小直径铣刀，一般不超过 ϕ20

mm,多用弹簧夹头进行安装。铣刀的主柄插入弹簧套的孔中,用螺母压住弹簧套的端面,使弹簧套的外锥面受压而孔径缩小,即可将铣刀抱紧。弹簧套上有三个开口,故受力时能收缩。弹簧套有多种孔径,以适应各种尺寸的铣刀。

11.4 磨床及砂轮

用磨料磨具(砂轮、砂带、磨石或研磨料等)做工具进行切削加工的机床统称为磨床。由于磨削加工较易获得高的加工精度和小的表面粗糙度值,所以磨床主要用于零件表面的精加工,尤其是淬硬的钢件和高硬度特殊材料的精加工。磨削加工的公差等级可达 IT6 ~ IT5,表面粗糙度 Ra 为 0.8 ~0.1 μm。几种常见的磨削加工形式如图 11-16 所示。

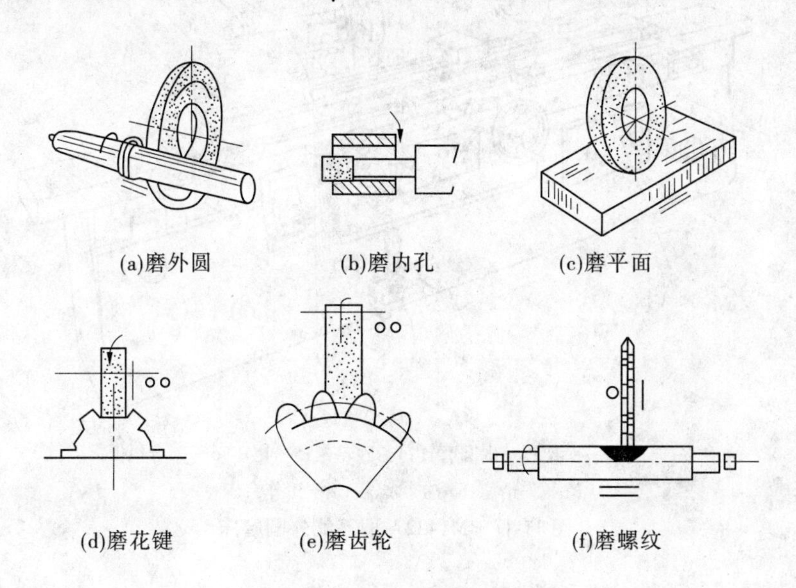

图 11-16 常见的磨削加工形式

11.4.1 磨床

11.4.1.1 磨床的种类

磨床按用途不同可分为外圆磨床、内圆磨床、平面磨床、工具磨床、刀具刃具磨床、专门化磨床以及其他专用磨床。

磨床的种类很多,主要类型有以下几种。

(1)外圆磨床。外圆磨床包括普通外圆磨床、万能外圆磨床、无心外圆磨床等。

(2)内圆磨床。内圆磨床包括普通内圆磨床、无心内圆磨床、行星式内圆磨床等。

(3)平面磨床。平面磨床包括卧轴矩台平面磨床、立轴矩台平面磨床、卧轴圆台平面磨床、立轴圆台平面磨床等。

(4)工具磨床。工具磨床包括工具曲线磨床、钻头沟槽磨床、丝锥沟槽磨床等。

(5)刀具刃具磨床。刀具刃具磨床包括万能工具磨床、拉刀刃磨床、滚刀刃磨床等。

(6)专门化磨床。专门化磨床是指专门用于磨削某一类零件的磨床,如曲轴磨床、凸轮轴磨床、花键轴磨床、球轴承磨床、活塞环磨床、螺纹磨床、导轨磨床、中心孔磨床等。

(7)其他专用磨床。例如,衍磨机、研磨机、抛光机、超精加工机床、砂轮机等。

11.4.1.2 万能外圆磨床的组成

M1432A 型万能外圆磨床可用来磨削外圆柱面、内圆柱面(加内圆磨具)、圆锥面和轴、孔的台阶端面。其主要由床身、工作台、头架、尾座、砂轮架及操纵机构、内圆磨具等组成,如图 11-17 所示。

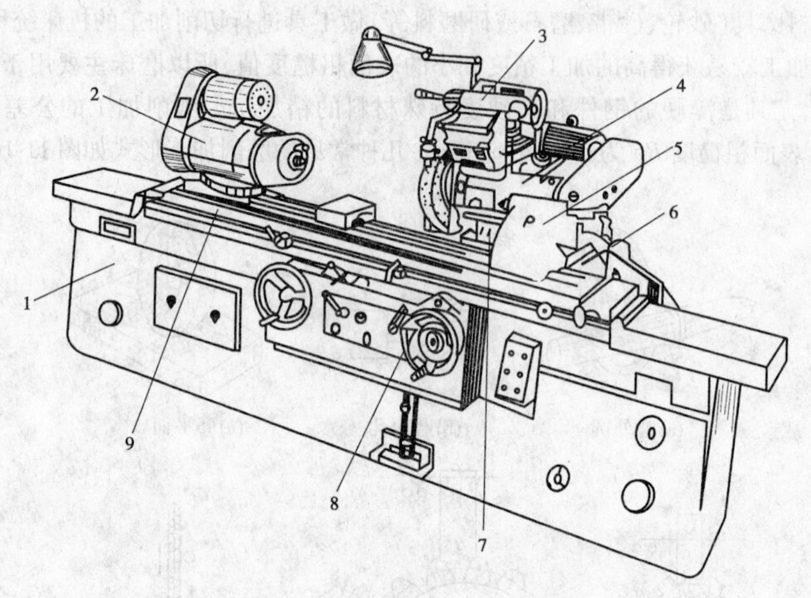

1—床身;2—头架;3—内圆磨具;4—砂轮架;5—尾座;6—床身垫板;
7—滑座;8—主操纵箱; 9—工作台

图 11-17 M1432A 型万能外圆磨床

(1)床身。床身是一个箱形铸件,用来支撑磨床的各个部件。床身上有纵向和横向两组导轨,分别装有工作台和砂轮架等。床身内部有液压传动装置和机械传动机构。

(2)头架。头架可固定在工作台左端适当位置。在头架主轴前端可安装顶尖或卡盘,用来装夹和带动工件旋转。调节变速机构可以使工件得到几种不同的转速。

(3)内圆磨具。内圆磨具用于磨削工件的内孔,由电动机经皮带带动旋转。内圆磨具是通过回转支架安装到砂轮架上的,使用时可向下翻转至工作位置。

(4)砂轮架。砂轮架用来安装砂轮,它由单独的电动机经皮带传动带动砂轮作高速旋转。砂轮架可沿着床身后部的横向导轨前后移动,以控制工件的磨削尺寸,移动的方式有自动周期进给、快速引进和退出、手动三种,前两种是由液压传动实现的。

(5)尾座。尾座在工作台右端,尾座套筒内可安装顶尖,用来配合头架主轴顶尖装夹工件。

(6)工作台。工作台由上工作台和下工作台两部分组成。上工作台可相对下工作台回转一定角度,顺时针可转 3°,逆时针可转 6°,以便调整机床和磨削圆锥面。下工作台以底面导轨定位安放在床身的纵向导轨上,由液压传动装置或机械传动机构传动,带动其作纵向运动。

11.4.2 砂轮

11.4.2.1 砂轮的组成与特性

砂轮是磨削的主要工具，由细小而坚硬的磨料加结合剂制成的疏松的多孔体组成。如图 11-18 所示，砂轮表面上杂乱地排列着许多磨粒，磨粒的每一个棱角都相当于一个切削刃，整个砂轮相当于一把具有无数切削刃的刀具。磨削时砂轮高速旋转，切下粉末状切屑。

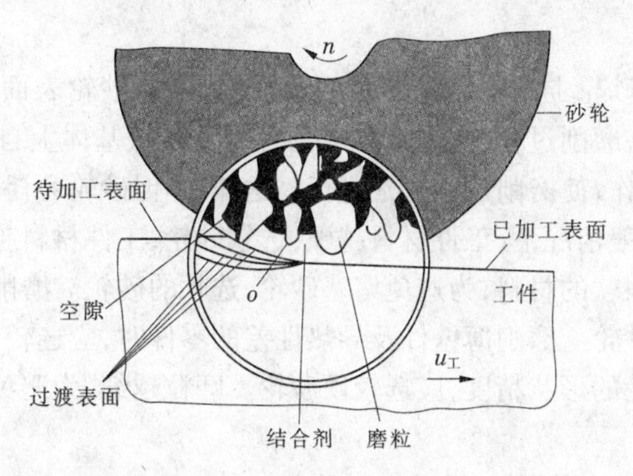

图 11-18　砂轮的组成

常用的磨料有氧化铝（又称刚玉）和碳化硅两种。氧化铝类磨料硬度高、韧性好，适合磨削钢料。碳化硅类磨料硬度更高、更锋利，导热性好，但较脆，适合磨削铸铁和硬质合金。

同样磨料的砂轮，由于磨粒粗细不同，加工后工件的表面粗糙度和加工效率就不相同，磨粒粗大的用于粗磨，磨粒细小的适合精磨，磨粒愈粗，粒度号愈小。

结合剂起黏结磨料的作用，常用的是陶瓷结合剂，其次是树脂结合剂。结合剂选料不同，对砂轮的耐腐蚀性、强度、耐热性和韧性等影响也不同。

磨粒黏结愈牢，就愈不容易从砂轮上掉下来，就称砂轮愈硬，即砂轮的硬度是指砂轮表面的磨粒在外力作用下脱落的难易程度。容易脱落称为软，反之称为硬。砂轮的硬度与磨料的硬度是两个不同的概念。被磨削工件的表面较软，磨粒的刃口（棱角）就不易磨损，这样磨粒使用的时间可以长些，也就是说，可选黏结牢固些的砂轮（硬度较高的砂轮）。反之，硬度低的砂轮适合磨削硬度高的工件。

砂轮的特性由下列因素决定：磨料、粒度、结合剂、硬度、组织、形状及尺寸。

1. 磨料

磨料直接起切削作用，故应具有很高的硬度，以及耐热性，并具有一定的韧性。常用的磨料有棕刚玉（A）、白刚玉（WA）、黑碳化硅（C）、绿碳化硅（GC）。

2. 粒度

粒度表示磨粒颗粒的大小程度。分为磨粒、磨粉两类。磨粒用筛选法分级，粒度号以其所能通过的最小筛网每英寸长度上的孔数来表示。粒度号越大，颗粒越小。

磨料粒度对磨削生产率和加工表面粗糙度影响很大。一般来说,粗磨用粗粒度,精磨用细粒度。工件材料软,为避免砂轮堵塞,应选粗粒度;磨削接触面大,为避免发热过多使工件烧伤,宜选粗粒度。成形磨削,为保持砂轮轮廓精度,宜用细粒度。

3. 结合剂

结合剂的作用是将磨粒黏结在一起,使之成为具有一定形状和强度的砂轮。常用的结合剂有陶瓷结合剂(V)、树脂结合剂(B)和橡胶结合剂(R)三种。除切断用砂轮外,大多数砂轮都采用陶瓷结合剂。

4. 硬度

砂轮的硬度是指砂轮上的磨粒在磨粒力的作用下,从砂轮表面上脱落的难易程度。砂轮硬度选择得当,在磨削过程中,当磨粒钝化后能及时从基体上自行脱落,露出新的锋利的磨粒担负切削工作,使磨削过程正常进行。这样,不但砂轮磨耗小,而且切削效率高,加工表面质量好。一般情况下,工件材料越硬,选软砂轮;工件材料越软,选硬砂轮。但对于有色金属、树脂等很软的材料,为避免堵塞砂轮,选软的砂轮。磨削接触面大,为避免工件烧伤,应选较软的砂轮。磨削薄壁件及导热性差的零件时,应选较软的砂轮。精磨和成形磨削时,为保持砂轮的形状精度,应选较硬砂轮。磨粒越细,为避免砂轮堵塞,应选较软的砂轮。

11.4.2.2 砂轮的安装和修整

因砂轮在高速下运转,安装之前必须经过外观检查,不能有裂纹,并经过动平衡试验,如直接安装在砂轮机上,必须空转2~5 min,让砂轮自动进行动平衡调节。砂轮工作一段时间后,其工作表面会钝化,使砂轮磨削能力丧失,砂轮与工件之间摩擦加剧,致使工件表面烧伤和产生振动波纹。为了保证加工质量,砂轮钝化后应及时修整,以恢复其切削性能和正确的几何形状。

生产中应用最为广泛的修整方法是金刚钻笔车削法,它与车削外圆相似。

11.5 钻床及钻削刀具

11.5.1 钻床

钻床是一种加工孔的机床,一般用来加工直径不大且精度要求不高的孔。其主要加工方法是运用钻头在实心材料上钻孔,还可在原有孔的基础上进行扩孔、铰孔、攻螺纹等。在钻床上加工时,工件固定不动,刀具在作主运动旋转的同时作轴向进给运动。钻床的各种加工方法如图11-19所示。

常见的钻床有立式钻床、摇臂钻床和台式钻床等。

11.5.1.1 立式钻床

立式钻床的主轴是垂直布置的,而且其位置是固定的。加工时,为使刀具旋转中心线与被加工孔的中心线重合,必须移动工件,因此它只适合在中、小型工件上加工孔。进给箱可沿立柱导轨上下调整位置,工作台也可上下调整到适当位置。

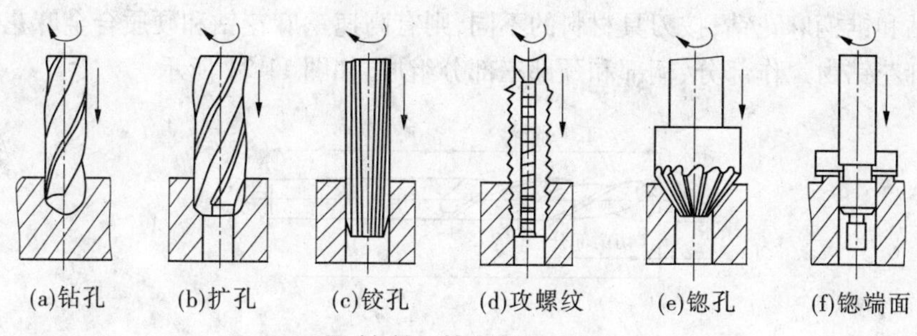

图 11-19 钻床的加工方法

11.5.1.2 摇臂钻床

摇臂钻床通常用来加工大、重型或多孔工件，还可以进行钻孔、扩孔、铰孔、锪平面及攻螺纹等工作。装配其他工艺装备时，还可以进行镗孔。工作时，工件位置固定后，调整机床主轴位置，使刀具轴线与工件被加工孔轴线重合，然后进行钻孔。

图 11-20 是摇臂钻床的外形图。工作台 3 为固定工件用，摇臂 7 可绕立柱 1 转动，当转到需要位置后，通过液压机构使其与立柱夹紧。另外，摇臂可由电动机单独带动，沿立柱上下移动。钻头等切削刀具装在主轴箱 5 的主轴内。

加工时，工件固定在工作台上或底座上，主轴上的钻头作旋转运动，并沿主轴轴线方向作进给运动。

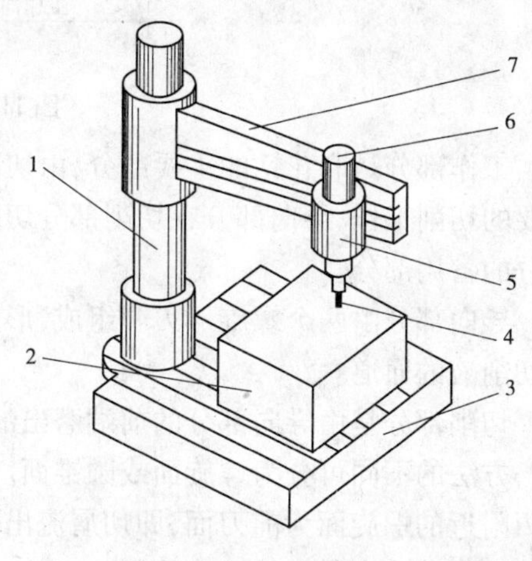

1—立柱；2—工件；3—工作台；4—钻头；
5—主轴箱(进给箱)；6—电动机；7—摇臂

图 11-20 摇臂钻床的外形图

11.5.1.3 台式钻床

台式钻床结构简单，操作方便，用于小型工件钻孔，扩 $\phi12$ mm 以下的孔。

11.5.2 钻削刀具

金属钻削加工中，孔和螺纹的加工占很大比例，因此孔加工刀具与螺纹刀具应用得十分广泛。

孔加工刀具是在工件上直接形成孔或扩大已有孔用的刀具。按其用途，可分为两大类：一类用于在实体材料上钻出孔，如麻花钻、扁钻、中心钻和深孔钻等；另一类用于对已有孔进行再加工，如扩孔钻、铰刀、锪钻和镗刀等。

螺纹刀具是加工内、外螺纹表面用的刀具。按加工方法不同，可分为两大类：一类是按切削法加工，如螺纹车刀、丝锥、板牙、螺纹铣刀、自动开合螺纹切头和砂轮等；另一类是按滚压法加工，如滚丝轮、搓丝板和螺纹滚压头等。

11.5.2.1 麻花钻

麻花钻一般称钻头，是目前钻削加工中使用最广泛的刀具，主要用来钻直径在 0.1 ~ 80 mm 范围内的孔，尤其 30 mm 以下的孔，有时也当做扩孔钻。根据柄部形式的不同，有直柄麻花钻和锥柄麻花钻；按刀具材料的不同，则有高速钢麻花钻和硬质合金麻花钻。

标准麻花钻由工作部分、柄部和颈部三部分组成，如图 11-21 所示。

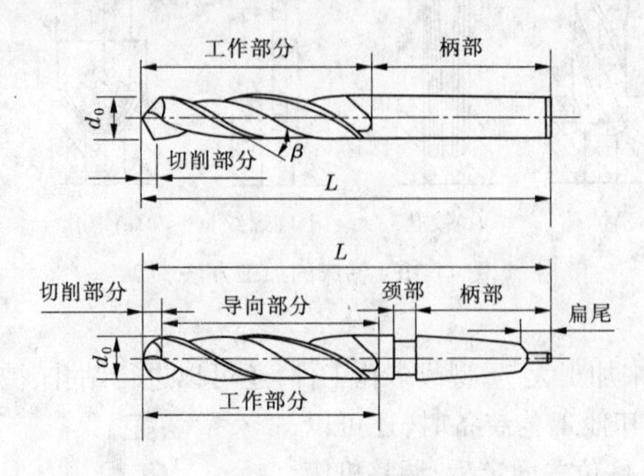

图 11-21　麻花钻

工作部分是麻花钻的主要部分，由切削部分和导向部分两部分组成。切削部分承担主要的切削工作；导向部分在切削部分切削工件后起保持进给方向的作用，同时还是切削部分的备用部分。

导向部分由两个螺旋形刃瓣组成，形成两条螺旋槽，在切削时起排屑和容屑作用，也是切削液的通道。

切削部分是由导向部分的前端磨出的一个钻尖和两个后刀面组成的。后刀面形状按刃磨方法的不同可分为螺旋面或圆锥面。后刀面与螺旋槽相交形成两条主切削刃，主切削刃附近的螺旋面为前刀面，即切屑流出时最初接触的钻头表面。

柄部是用来装夹钻头和传递扭矩的。钻头直径 $d_0 \leqslant 12$ mm 时用直柄，$d_0 > 12$ mm 时用锥柄。锥柄后端制有扁尾，便于使用楔铁把钻头从机床主轴中取出。

颈部是柄部和工作部分的连接部分，用于磨削柄部时砂轮退刀。钻头的标记也打印在此处。直柄钻头无此部分。

11.5.2.2　**扩孔钻**

扩孔钻的形状与麻花钻相似，如图 11-22所示。区别在于扩孔钻有 3、4 个切削刃且无横刃，钻芯粗、刚度好、分齿数多、导向性好。

用扩孔钻扩孔可以校正孔的轴线偏斜，还可以获得较高的几何形状及尺寸精度，孔的表面质量也较高。

11.5.2.3　**锪钻**

在孔口表面用锪钻加工出一定形状的孔或凸台的平面，称为锪孔。图 11-23(a)所示为用圆柱形锪钻加工圆柱形沉头孔；图 11-23(b)所示为用圆锥形锪钻加工圆锥形沉头孔或倒角，一般顶角有 60°、90°、120°三种；图 11-23(c)所示为用平面锪钻加工安装垫圈用的凸台平面。

11.5.2.4　**铰刀**

铰刀按使用方式，分为机用铰刀和手用铰刀；按铰孔形状，分为圆柱形铰刀和圆锥形铰刀；按铰刀容屑槽的形状，分为直槽铰刀和螺旋槽铰刀；按结构，分为整体式铰刀和调节

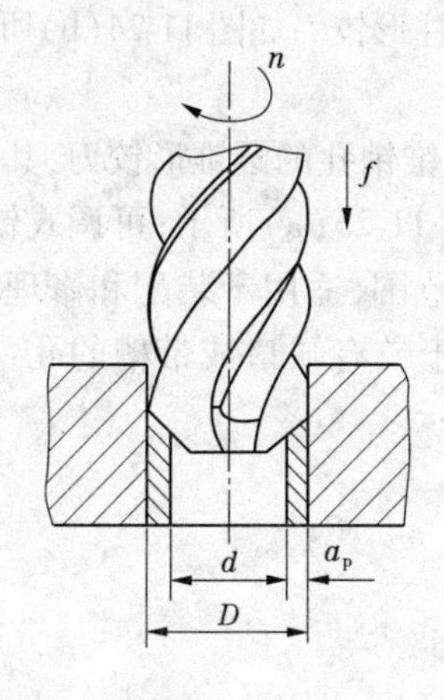

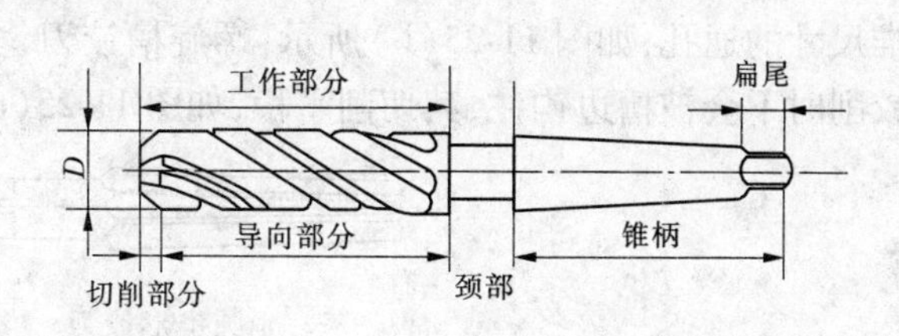

图 11-22　扩孔钻及扩孔

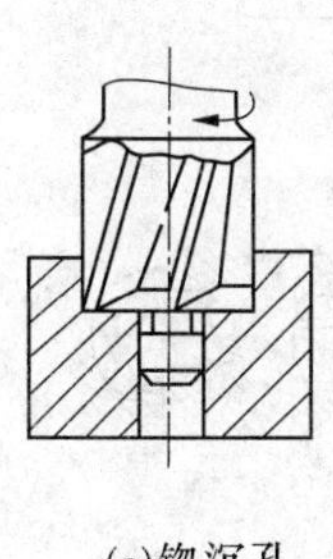
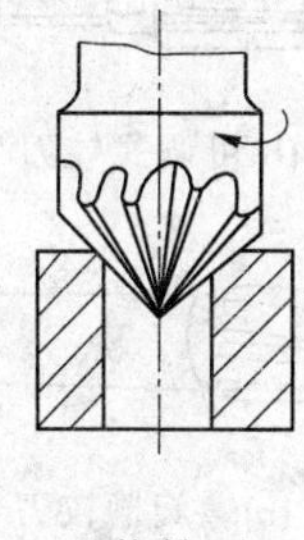
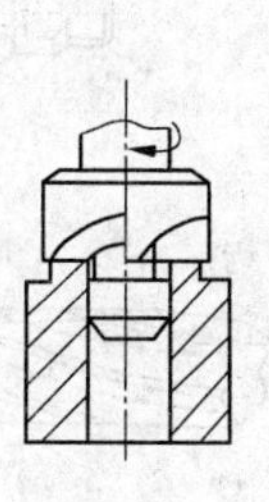

(a)锪沉孔　(b)锪锥面　(c)锪平面

图 11-23　锪钻及其应用

式铰刀。铰刀的材料一般是高速钢和高碳钢。

1. 机用铰刀

机用铰刀工作部分较短，导向锥角 2φ 较大，切削部分有圆柱和圆锥两种。柄部有圆柱和圆锥两种，分别装在钻夹头和钻床主轴锥孔内使用。机用锥柄圆柱形铰刀如图 11-24(a)所示。

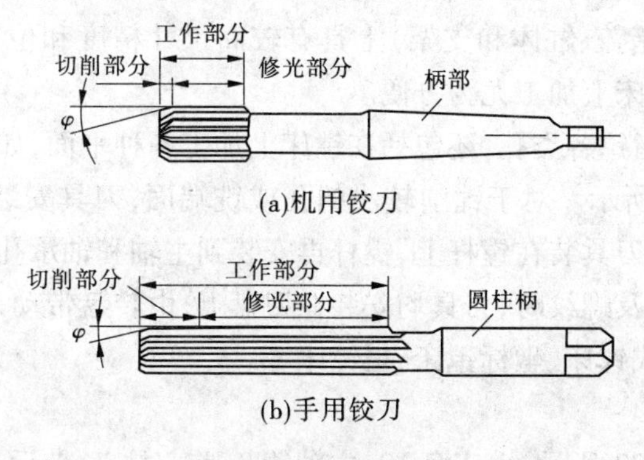

图 11-24　圆柱形铰刀

2. 手用铰刀

手用铰刀用于手工铰孔，工作部分较长，导向锥角 2φ 较小，切削部分也有圆柱和圆锥两种。柄部为圆柱形,端部为方榫,可夹在铰杠内使用。手用圆柱形铰刀如图 11-24(b)所示。

3. 其他类型的铰刀

其他类型的铰刀包括常见的圆柱形铰刀;用作加工定位锥销孔的圆锥形铰刀,其锥度为 1∶50(即在 50 mm 内,铰刀两端的直径差为 1 mm),如图 11-25(a)所示;可调式铰刀,由刀柄、刀片和调节螺钉等组成,每把铰刀都有一定的可调范围,适用于装配和修理时铰非标准尺寸的通孔,如图 11-25(b)所示;螺旋槽铰刀,多用于铰有缺口或带槽的孔,其特点是铰削时不会被槽边钩住,其切削平稳,如图 11-25(c)所示。

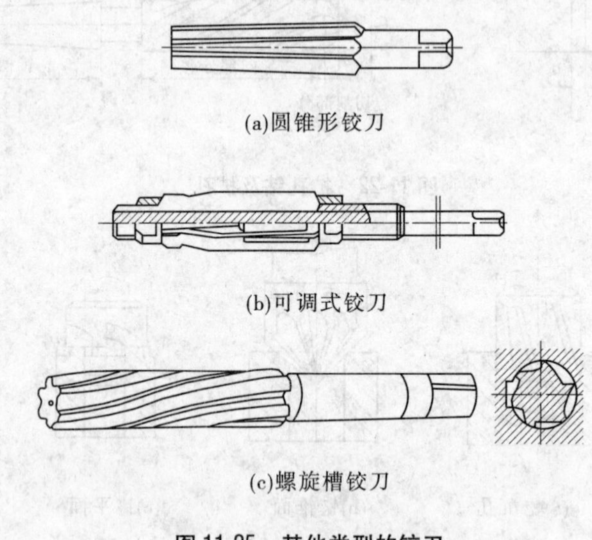

(a)圆锥形铰刀

(b)可调式铰刀

(c)螺旋槽铰刀

图 11-25　其他类型的铰刀

11.6　镗床及镗刀

11.6.1　镗床的功用和类型

镗削加工是以镗刀旋转为主运动,工件或镗刀作进给运动的切削加工方法。对于复杂零件(如各种箱体、箱盖、缸体和支架)上具有较高尺寸精度和位置精度要求的孔和孔系以及相关表面,在镗床上加工尤为方便。

镗削加工不只是指镗各类孔,还包括在镗床上加工各种平面,如沟槽、端面、环形槽以及螺纹等,如图 11-26 所示。对于镗削较浅的孔或铣端面,刀具安装在主轴的锥孔内;对于镗削长孔和同轴孔,刀具装在镗杆上,镗杆再安装到主轴和轴承孔内随主轴转动。镗削大而浅的孔、车削端面及螺纹时,刀具均安装在刀盘上,由转盘带动刀具旋转作主运动。

镗床主要分为卧式镗床、坐标镗床、精镗床等。

11.6.1.1　卧式镗床

卧式镗床如图 11-27 所示,由床身 10、主轴箱 8、前立柱 7、带后支架 1 的后立柱 2、下滑座 11、上滑座 12 和工作台 3 等部件组成。主轴箱 8 可沿前立柱 7 上的导轨上下移动。在主轴箱中,装有主轴部件、主运动和进给运动的变速机构以及操纵机构。根据加工情况

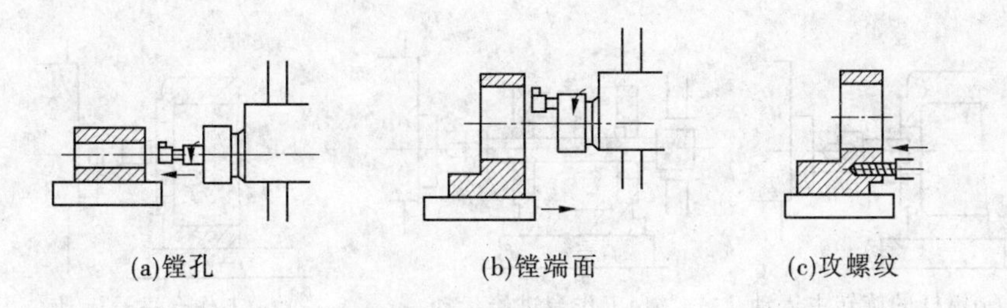

图 11-26　镗床加工方式

不同，刀具可以装在镗杆 4 或平旋盘 5 上。加工时，镗杆 4 旋转完成主运动，并可沿轴向移动完成进给运动；平旋盘 5 只能作旋转主运动，装在后立柱 2 的后支架 1 上，用于悬伸长度较大的镗杆的悬伸端，以增加刚性。后支架可沿后立柱上的导轨与主轴箱同步升降，以保持其上的支承孔与镗轴在同一轴线上，后立柱可沿床身 10 上的导轨左右移动，以适应镗杆不同长度的需要。工件安装在工作台 3 上，可与工作台一起随下滑座 11、上滑座 12 作纵向或横向移动。

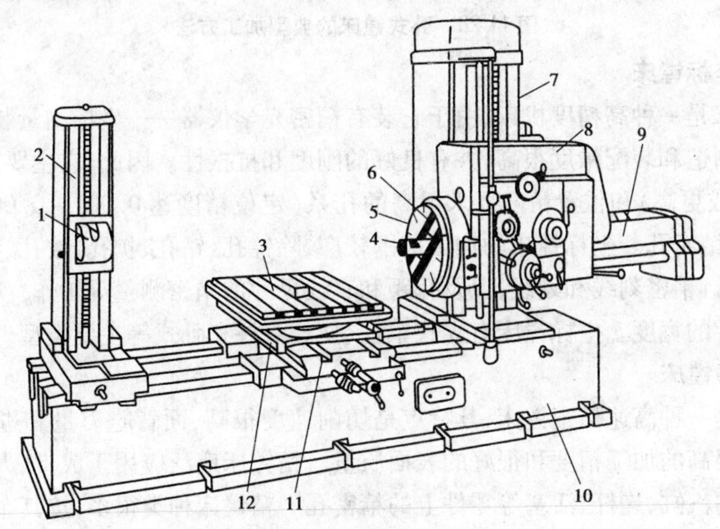

1—后支架；2—后立柱；3—工作台；4—镗杆；5—平旋盘；6—径向滑板；
7—前立柱；8—主轴箱；9—后尾筒；10—床身；11—下滑座；12—上滑座

图 11-27　卧式镗床

工作台还可绕上滑座的圆导轨在水平面内转位，以便加工互成一定角度的平面或孔。当刀具装在平旋盘 5 的径向刀架上时，径向刀架可带着刀具作径向进给，以镗削端面，如图 11-28 所示。综上所述，卧式镗床具有下列工作运动：镗杆的旋转主运动，平旋盘的旋转主运动，镗杆的轴向进给运动，主轴箱垂直进给运动，工作台纵向进给运动，工作台横向进给运动，平旋盘径向刀架进给运动。

辅助运动：主轴箱、工作台在进给方向上的快速调位运动，后立柱的纵向调位运动，后支架的垂直调位运动及工作台的转位运动，这些辅助运动由快速电动机传动或手动完成。

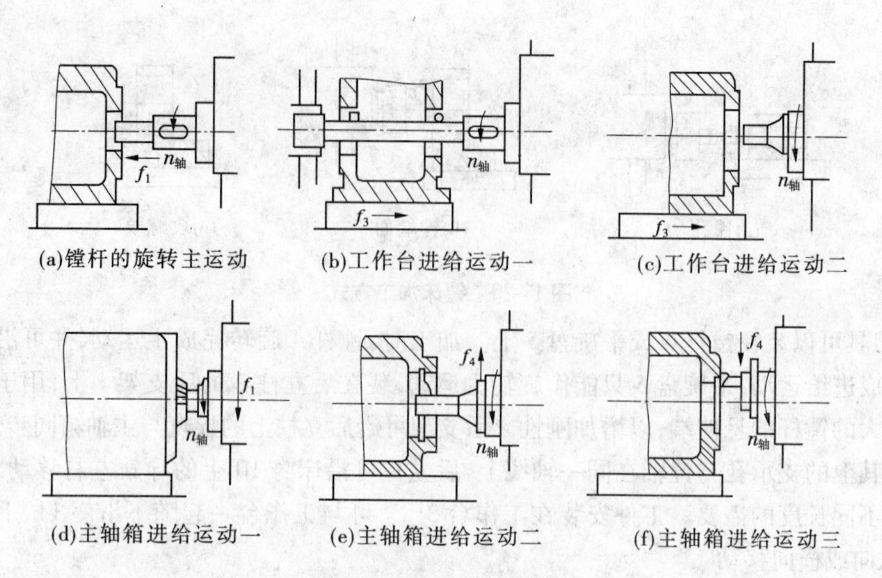

(a)镗杆的旋转主运动　(b)工作台进给运动一　(c)工作台进给运动二

(d)主轴箱进给运动一　(e)主轴箱进给运动二　(f)主轴箱进给运动三

图 11-28　卧式镗床的典型加工方法

11.6.1.2　坐标镗床

坐标镗床是一种高精度机床，由于它装有精密光学仪器——坐标测量装置，机床的主要零部件的制造和装配精度很高，并有良好的刚度和抗振性。因此，它主要用来镗削精密的孔（IT5 级或更高）和位置精度要求很高的孔系（定位精度达 0.001 ~ 0.002 mm），如钻模、镗模等的精密孔。坐标镗床的加工范围较广，除镗孔、钻孔、扩孔、铰孔、精铣平面和沟槽外，还可进行精密刻线和划线，以及孔距和直线尺寸的精密测量等工作。坐标镗床的主参数是工作台的宽度。坐标镗床有立式单柱、立式双柱和卧式等主要类型。

11.6.1.3　精镗床

精镗床是一种高速精密镗床，其特点是切削速度很高，而背吃刀量和进给量极小，因此可以获得很高的加工精度和很好的表面质量。精镗床广泛应用于成批、大量生产中，如加工发动机的汽缸、连杆、活塞等零件上的精密孔。精镗床种类很多，按其布局形式，可分为单面、双面和多面精镗床；按其主轴数量，可分为单轴、双轴和多轴精镗床。

11.6.2　镗刀

镗刀是具有一个或两个切削部分，专门用于对已有的孔进行粗加工、半精加工或精加工的刀具。镗刀的种类很多，从功能上可分为通孔镗刀、盲孔镗刀、直槽镗刀、T 形槽镗刀、端面镗刀、通切镗刀、推切镗刀等；从刀刃的数量上可分为单刃镗刀和双刃镗刀。镗刀与车刀一样，有整体式、焊接式和机夹式三种。

镗刀可在镗床、车床或铣床上使用。因装夹方式不同，镗刀柄部有方柄、莫式锥柄和 7∶24 锥柄等多种形式。

单刃镗刀切削部分的形状与车刀相似。为了使孔获得高的尺寸精度，精加工用镗刀的尺寸需要准确地调整。微调镗刀可以在机床上精确地调节镗孔尺寸，它有一个精密游标刻度的指示盘，指示盘和装有镗刀头的心杆组成一对精密丝杆螺母副机构。当转动螺母时,装有刀头的心杆即可沿定向键作直线移动,借助游标刻度读数,精度可达 0.001 mm。镗刀的尺寸也可在机床外用对刀仪预调。

双刃镗刀有两个分布在中心两侧同时切削的刀齿,由于切削时产生的径向力互相平衡,可加大切削用量,生产效率高。双刃镗刀按刀片在镗杆上浮动与否分为浮动镗刀与定装镗刀,如图 11-29(a)所示。浮动镗刀适用于孔的精加工。它实际上相当于铰刀,能镗削出尺寸精度高和表面光洁的孔,但不能修正孔的直线性偏差。为了提高重磨次数,浮动镗刀常制成可调机构。

为了适应各种孔径和孔深的需要,并减少镗刀的品种规格,人们将镗杆和刀头设计成系列化的基本件——模块。使用时可根据工件的要求选用适当的模块,拼合成各种镗刀,如图 11-29(b)所示,从而简化了刀具的设计和制造。

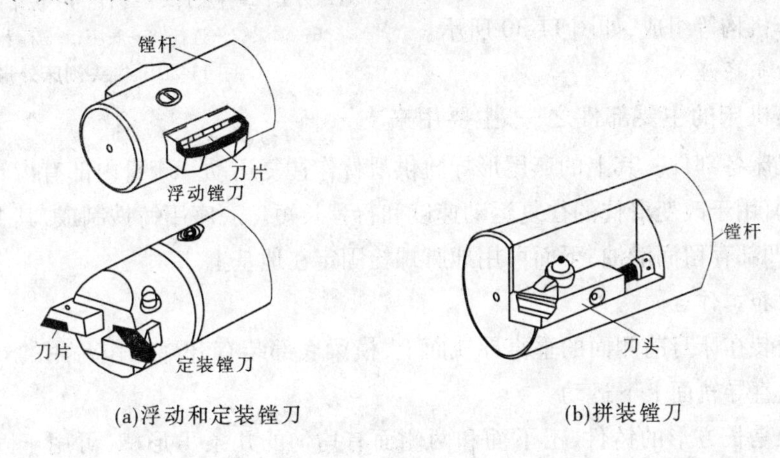

图 11-29　镗刀

11.7　刨床及刨刀

11.7.1　刨床

刨床主要用于加工各种平面(如水平面、垂直面、斜面等)和沟槽(如 T 形槽、燕尾槽、V 形槽等)。此外,在刨床上还可以加工一些简单的直线成形面。

刨床类机床的主运动是刀具或工件所作的往复直线运动。刀具或工件进行切削时的运动称为工作行程,刀具或工件返回时不进行切削,称为空行程。进给运动由刀具或工件完成,其方向与主运动方向相垂直,它是在空行程结束后的短时间内进行的,因而是一种间歇运动。

刨床按其结构特征可以分为牛头刨床、龙门刨床和插床,其应用范围各有不同。这里主要介绍 B6050 型牛头刨床。

11.7.1.1　**型号含义**

牛头刨床的型号 B6050 中字母与数字的含义如下:B 表示刨床类,6 表示牛头刨床,0 表示普通牛头刨床,50 表示该刨床最大行程(即 500 mm)的 1/10。

刨削加工能达到的精度等级为 IT9 ~ IT7,表面粗糙度 Ra 为 6.3 ~ 1.6 μm。

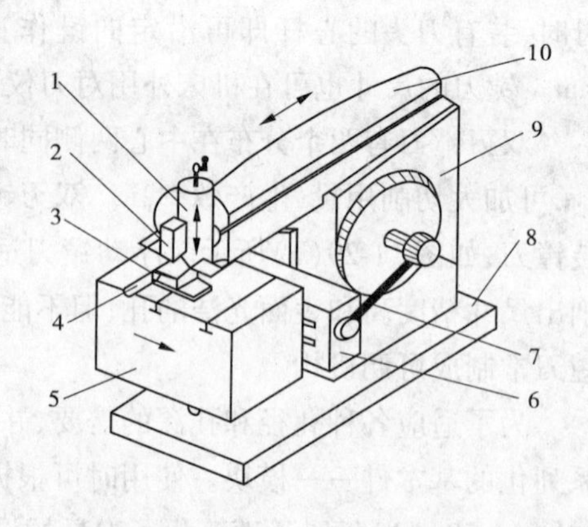

1—刀架;2—刨刀;3—零件;4—虎钳;5—工作台;6—横梁;7—连杆;8—底座;9—床身;10—滑枕

图 11-30　牛头刨床外形

11.7.1.2　**各部分名称及功用**

牛头刨床主要由床身、底座、横梁、工作台、滑枕、刀架以及曲柄插杆机构、变速机构、进给机构和操作机构等组成,如图 11-30 所示。

1. 床身与底座

床身是机床的主要部件之一,主要用来支撑和连接机床各部件。其上的燕尾形导轨供滑枕作往复运动。床身内部有齿轮变速机构和摆杆机构,用于改变滑枕的往复运动速度和行程长短。底座用铸铁制成,其上面与床身连接,中间凹部存留润滑油,下面可用地脚螺栓固定在地基上。

2. 横梁和工作台

横梁安装在床身前侧面的垂直导轨面上,横梁底部装有升降工作台用的丝杠。横梁可沿床身垂直导轨面上下运动。

工作台是长方形的铸件,上下面和两侧面有均匀的几条 T 形槽,可用于固定工件或夹具。工作台通过拖板与横梁连接,可在横梁上横向运动。

3. 滑枕

滑枕主要用来带动刨刀作往复直线运动(即主运动),前端装有刀架,内部装有丝杠螺母传动装置,可用于改变滑枕的往复行程位置。

4. 刀架

刀架主要用来夹持刨刀。松开刀架上的手柄,滑枕可以沿转盘上的导轨带动刨刀作上下移动;松开转盘上两端的螺母,扳转一定角度,可以加工斜面以及燕尾形零件。抬刀板可以绕刀座的轴转动,使刨刀回程时可绕轴自由上抬,减小刀具与工件的摩擦。

11.7.2　刨刀

刨刀的结构、几何角度与车刀相似,但由于刨削过程有冲击力,刀易损坏,所以刨刀截面通常比车刀大。为了避免刨刀扎入工件,刨刀刀杆常做成弯头的。刨刀的种类很多,常用刨刀的种类如图 11-31 所示。其中,平面刨刀用来刨平面;角度偏刀用来刨燕尾槽和角度;弯切刀用来刨 T 形槽及侧面槽;切刀及割槽刀用来切断工件或刨沟槽。此外,还有成形刀,用来刨特殊的表面。

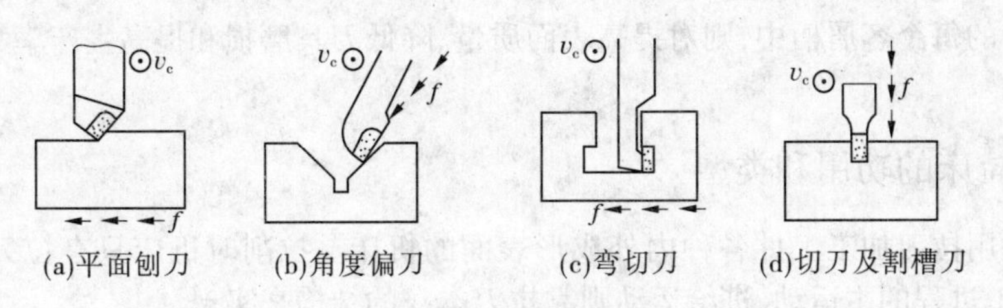

图 11-31　刨刀的种类

11.8　拉床及拉刀

11.8.1　拉削加工

拉削加工是用拉刀加工工件内外表面的切削加工方式。当拉刀相对工件作直线移动时,工件的加工余量由拉刀上逐齿递增尺寸的刀齿依次切除(见图 11-32)。通常,拉削加工一次工作行程即能加工成形,是一种高效率的精加工方法。但因拉刀结构复杂,制造成本高,且有一定的专用性,因此拉削主要用于成批大量生产。按加工表面特征不同,拉削分为外拉削和内拉削。

11.8.1.1　外拉削

外拉削用来加工非封闭型表面,如图 11-32(a)所示,如平面、成形面、沟槽、榫槽、叶片榫头和外齿轮等,特别适合于大量生产中加工比较大的平面和复合型面,如汽车和拖拉机的汽缸体、轴承座和连杆等。拉削型面的尺寸精度可达 IT8 ~ IT5,表面粗糙度 Ra 为 2.5 ~ 0.04 μm。

11.8.1.2　内拉削

内拉削用来加工各种截面形状的通孔和孔内通槽,如图 11-32(b)所示,如圆孔、方孔、多边形孔、花键孔、键槽孔、内齿轮等。拉削前要有已加工孔,让拉刀能从中插入。拉削的孔径范围为 8 ~ 125 mm,孔深不超过孔径的 5 倍。特殊情况下,孔径可小到 3 mm、大到 400 mm,孔深可达 10 m。

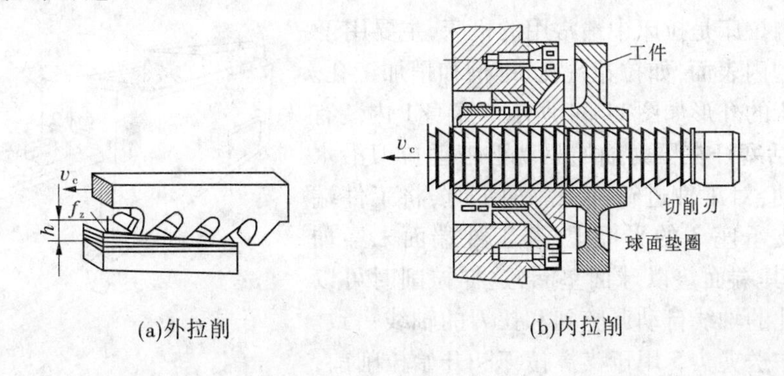

图 11-32　拉削加工方式

拉削一般采用润滑性能较好的切削液,例如切削油和乳化液等。在高速拉削时,切削温度高,常选用冷却性能好的化学切削液和乳化液。如果采用内冷却拉刀将切削液高压喷注到拉刀的每个容屑槽中,则对提高表面质量、降低刀具磨损和提高生产率都具有较好的效果。

11.8.2　拉床的功用和类型

拉床是用拉刀加工工件各种内外成形表面的机床。拉削时机床只有拉刀的直线运动,它是加工过程的主运动,进给运动则靠拉刀本身的结构来实现。

图 11-33 所示为适于拉削的一些典型表面形状。

图 11-33　适于拉削的一些典型表面形状

拉床一般都是液压传动,它只有主运动,结构简单。液压拉床的优点是运动平稳,无冲击振动,拉削速度可无级调节,拉力可通过压力来控制。拉床的生产效率高,加工质量好,精度一般为 IT9 ~ IT7,表面粗糙度 Ra 值为 1.6 ~ 0.8 μm。

按工作性质的不同,拉床可分为内拉床和外拉床;按布局的不同,可分为卧式拉床、立式拉床和连续式拉床等。

11.8.2.1　卧式内拉床

卧式内拉床是拉床中最常用的机床,主要用于加工工件的内表面,如拉花键孔、键槽和稍加工孔。卧式内拉床的外形如图 11-34 所示。床身 1 内装有液压缸 2,活塞杆在压力油的驱动下带动拉刀沿水平方向移动,对工件进行加工。加工时,将工件端面紧靠在支承座 3 的平面上,若工件端面未经加工,则应将其端面垫以球面垫圈,这样拉削时可以使工件上孔的轴线自动调整到和拉刀的轴线一致。滚柱 4 及护送夹头 5 用于支撑拉刀。开始拉削前,滚柱 4 及护送夹头 5 向左移动,将拉刀穿过工件的预制孔,并将拉刀左端柄部插入拉刀夹头。加工时,滚柱 4 的下降功能不起作用。

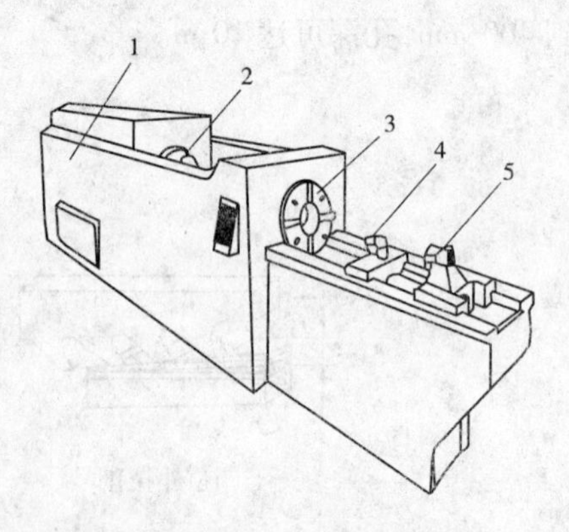

1—床身;2—液压缸;3—支承座;
4—滚柱;5—护送夹头

图 11-34　卧式内拉床的外形

11.8.2.2 立式拉床

立式拉床按用途又可分立式内拉床和立式外拉床。

1. 立式内拉床

立式内拉床可用拉刀或推刀加工工件的内表面，如齿轮淬火后，用于校正花键孔的变形等。用拉刀加工时，拉刀由滑座的上支架支撑，自上而下地插入工件的预制孔及工作台的孔，拉刀下端柄部夹持在滑座的下支架上，工件的端面紧靠在工作台的上平面上。在液压缸的驱动下，滑座向下移动进行拉削加工。

2. 立式外拉床

立式外拉床可用于加工工件的外表面，如汽车、拖拉机的汽缸体等零件的平面。工件固定在工作台上的夹具内，拉刀固定在滑块上，滑块沿床身上的垂直导轨向下移动，带动拉刀完成工件外表面的拉削加工。工作台可作横向移动，以调整背吃刀量，并用于刀具空行程时退出工件。

11.8.3 拉刀

用于拉削的成形刀具叫拉刀。刀具表面上有多排刀齿，各排刀齿的尺寸和形状从切入端至切出端依次增加和变化。当拉刀作拉削运动时，每个刀齿从工件上切下一定厚度的金属，最终得到所要求的尺寸和形状。拉刀常用于成批和大量生产中加工圆孔、花键孔、键槽、平面和成形表面等（见图 11-35），效率很高。

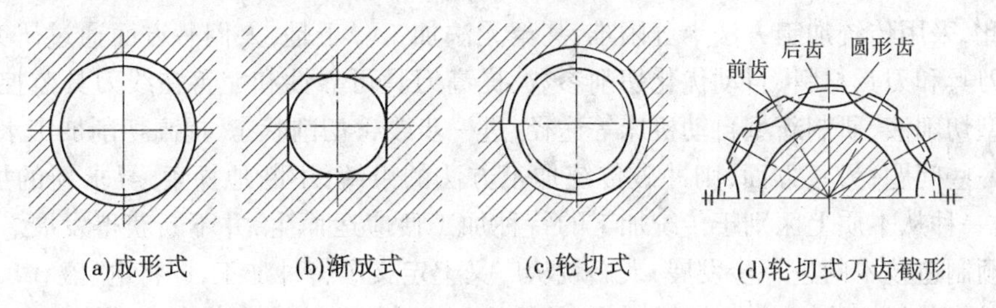

(a)成形式　(b)渐成式　(c)轮切式　(d)轮切式刀齿截形

图 11-35　拉削方式

拉刀按加工表面部位的不同，分为内拉刀和外拉刀；按工作时受力的不同，分为拉刀和推刀，推刀常用于校准热处理后的型孔。

拉刀的种类虽多，但结构组成都类似。如普通圆孔拉刀（见图 11-36）的结构组成为：头（柄）部，用于夹持拉刀和传递动力；颈部，起连接作用；过渡锥部，将拉刀前导部引入工件；前导部，起引导作用，防止拉刀歪斜；切削部（齿），完成切削工作，由粗切齿和精切齿组成；校准部（齿），起修光和校准作用，并作为精切齿的后备齿；后导部，用于支撑工件，防止刀齿切离前因工件下垂而损坏加工表面和刀齿；尾部（后托柄），承托拉刀。

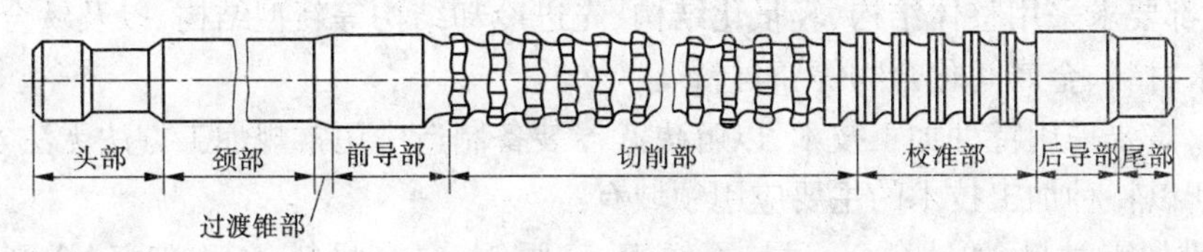

图 11-36　圆孔拉刀

11.9　拓展提高——特种加工

特种加工是指那些不属于传统加工工艺范畴的加工方法,它不同于使用刀具、磨具等直接利用机械能切除多余材料的传统加工方法。

特种加工是近几十年发展起来的新工艺,是对传统加工工艺的重要补充与发展,目前仍在继续研究开发和改进阶段。特种加工可直接利用电能、热能、声能、光能、化学能和电化学能,有时也结合机械能对工件进行加工。特种加工中以利用电能为主的电火花加工和电解加工应用较广。

11.9.1　特种加工的发展

特种加工是从20世纪40年代发展起来的,由于材料科学、高新技术的发展和激烈的市场竞争、发展尖端国防及科学研究的急需,不仅新产品更新换代日益加快,而且产品要求具有很高的强度重量比和性能价格比,并正朝着高速度、高精度、高可靠性、耐腐蚀、耐高温高压、大功率、尺寸大小两极分化的方向发展。为此,各种新材料、新结构、形状复杂的精密机械零件大量涌现,对机械制造业提出了一系列迫切需要解决的新问题,例如各种难切削材料的加工,各种结构形状复杂、尺寸或微小或特大、精密零件的加工,薄壁、弹性元件等特殊零件的加工等。

对此,采用传统加工方法十分困难,甚至无法加工。于是,人们一方面通过研究高效加工的刀具和刀具材料、自动优化切削参数、提高刀具可靠性和完善在线刀具监控系统、开发新型切削液、研制新型自动机床等途径,进一步改善切削状态、提高切削加工水平,并解决了一些问题;另一方面,则冲破传统加工方法的束缚,不断地探索、寻求新的加工方法,于是一种从本质上区别于传统加工的特种加工便应运而生,并不断获得发展。后来,由于新颖制造技术的进一步发展,人们就从广义上定义了特种加工,即将电、磁、声、光、化学等能量或其组合施加在工件的被加工部位上,从而实现材料被去除、变形、改变性能等的非传统加工方法,统称为特种加工。

11.9.2　特种加工的运用领域

特种加工技术在国际上被称为21世纪的技术,对新型武器装备的研制和生产起到举足轻重的作用。随着新型武器装备的发展,国内外对特种加工技术的需求日益迫切。不论是飞机、导弹,还是其他作战平台,都要求降低结构重量、提高飞行速度、增大航程、降低燃油消耗,达到战技性能高、结构寿命长、经济可承受性好的目标。为此,上述武器系统和作战平台都要求采用整体结构、轻量化结构、先进冷却结构等新型结构,以及钛合金、复合材料、粉末材料、金属间化合物等新材料。

为此,需要采用特种加工技术,以解决武器装备制造中用常规加工方法无法实现的加工难题,所以特种加工技术的主要应用领域有:

(1)难加工材料,如钛合金、耐热不锈钢、高强钢、复合材料、工程陶瓷、金刚石、红宝石、硬化玻璃等高硬度、高韧性、高强度、高熔点材料等的加工。

(2)难加工零件,如复杂零件三维型腔、型孔、群孔和窄缝等的加工。

(3)低刚度零件,如薄壁零件、弹性元件等零件的加工。

(4)以高能量密度束流实现焊接、切割、制孔、喷涂、表面改性、刻蚀和精细加工。

11.9.3 特种加工的特点

(1)不用机械能,与加工对象的机械性能无关。有些加工方法,如激光加工、电火花加工、等离子弧加工、电化学加工等,利用的是热能、化学能、电化学能等。这些加工方法与工件的硬度、强度等机械性能无关,故可加工各种硬、软、脆、热敏、耐腐蚀、高熔点、高强度、特殊性能的金属和非金属材料。

(2)非接触加工,不一定需要工具,有的虽使用工具,但与工件不接触。因此,工件不承受大的作用力,工具硬度可低于工件硬度,故使刚性极低的元件及弹性元件得以加工。

(3)微细加工,工件表面质量高。有些特种加工,如超声、电化学、水喷射、磨料流等,加工余量都是微小计量的,故不仅可加工尺寸微小的孔或狭缝,还能获得高精度、极低粗糙度的加工表面。

(4)不存在加工中的机械应变或大面积的热应变,可获得较低的表面粗糙度,其热应力、残余应力、冷作硬化等均比较小,尺寸稳定性好。

(5)两种或两种以上的不同类型的能量可相互组合形成新的复合加工,其综合加工效果明显,且便于推广使用。

(6)对简化加工工艺、变革新产品的设计及零件结构工艺性等产生积极的影响。

11.9.4 特种加工的加工工艺

特种加工工艺是直接利用各种能量,如电能、光能、化学能、电化学能、声能、热能等进行加工的方法。

(1)"以柔克刚",特种加工的工具与被加工零件基本不接触,加工时不受工件的强度和硬度的制约,故可加工超硬脆材料和精密微细零件,甚至工具材料的硬度可低于工件材料的硬度。

(2)加工时主要用电、化学、电化学、声、光、热等能量去除多余材料,而不是主要靠机械能切除多余材料。

(3)加工机制不同于一般金属切削加工,不产生宏观切屑,不产生强烈的弹、塑性变形,故可获得很低的表面粗糙度,其残余应力、冷作硬化、热影响度等也远小于一般金属切削加工。

(4)加工能量易于控制和转换,故加工范围广,适应性强。

练习题

1. 选择题

(1)机械加工中最基本、最常用的机床是(　　)。

A. 钻床　　　　B. 磨床　　　　C. 车床

(2) 外圆车刀主要用于车削外圆、平面和倒角。外圆车刀形状一般有(　　)。

A. 45°弯头车刀　B. 40°弯头车刀　C. 60°弯头车刀

(3) M1432A 型机床属于(　　)。

A. 车床　　　　B. 磨床　　　　C. 铣床

(4) 标准麻花钻由(　　)部分组成。

A. 2　　　　B. 3　　　　C. 4

(5) 当工具材料的硬度低于工件材料的硬度时,可采用(　　)加工方法。

A. 钳工　　　　B. 机械加工　　　　C. 特种加工

2. 填空题

(1) 常用的机床附件有________、________和________。

(2) 车床主要用来加工各种回转表面、________、________、________等。

(3) 铣刀的________为主运动,工件或铣刀的________为进给运动。

(4) 常见的钻床有________、________和________。

(5) 刨床主要用于加工________和________。

3. 判断题

(1) 拉削时机床只有拉刀的直线运动,它是加工过程的主运动。　(　　)

(2) 特种加工中以利用电能为主的电火花加工和电解加工的应用较广。　(　　)

(3) 磨高速钢车刀用绿色碳化硅砂轮。　(　　)

(4) 用磨料磨具做工具进行切削加工的机床统称为磨床。　(　　)

(5) 钻床是一种加工孔的机床,一般用来加工直径大且精度要求高的孔。　(　　)

4. 综合题

(1) 试分析钻孔、扩孔和铰孔三种加工方法的工艺特点。

(2) 镗床能完成哪些工作?在车床上镗孔和在镗床上镗孔有什么区别?

(3) 常用圆孔拉刀的结构由哪几部分组成?各起什么作用?

(4) 车床主要由哪些部分组成?各部分的主要作用是什么?

(5) 铣削加工的主要特点是什么?

(6) 砂轮由哪些要素组成?

(7) 磨削为什么能够达到较高的精度和较小的表面粗糙度?

第5篇　零件质量控制基础

模块12　尺寸公差及检测

【模块导入】

公差与配合是机械制造中重要的基础标准,单一尺寸几何参数的光滑圆柱结合为众多连接形式中最基本的形式,它以圆柱体内外表面的结合为重点。本模块主要介绍公差与配合国家标准的组成规律、特点及基本内容,并分析公差与配合选用的原则与方法。

【技能要求】

理解有关互换性、尺寸、公差、偏差、配合等术语和定义;掌握公差与配合国家标准的相关规定,熟练应用公差表格,正确进行相关参数的计算;初步学会机械设计中公差与配合的选择依据与选择方法,为读懂机械图样中有关公差与配合的标注内容、正确进行生产制造打下良好的基础。

12.1　概　述

12.1.1　互换性概述

12.1.1.1　互换性的定义

互换性是指同一规格的零、部件可以相互替换的性能。在机械制造中,符合图纸要求的零、部件在装配前不需要挑选、修配和调整,装配后能满足设计的使用要求,具有这些特性的零、部件就具有互换性。在日常生活中,有大量的现象涉及互换性。例如,电灯泡坏了,买一只安上即可;自行车掉了一个螺母,按同样规格买一个装上即可,等等。

12.1.1.2　互换性的分类

按互换程度,互换性分为完全互换和不完全互换。

(1)完全互换指一批零、部件在装配时不需分组、挑选、调整和修配,装配后即能满足预定的使用要求。

(2)不完全互换指在零、部件装配时允许有附加的挑选、修配或调整,装配后即能满足预定的使用要求。

12.1.1.3　实现互换性的条件

任何零件在加工过程中不可避免地会产生各种误差,无论设备的精度和操作人员的技术水平多么高,要使加工后零件的尺寸、形状和位置做得绝对准确,不但不可能而且也没有必要。只要把几何参数的误差控制在一定范围内就能满足互换性的要求。

零件几何参数误差的允许范围称为公差,包括尺寸公差、形状公差、位置公差等。加工好的零件是否满足公差要求,可通过检测来判断,产品质量的提高除有待于设计和加工精度的提高外,更有待于检测精度的提高。所以,合理地确定公差、正确地进行检测,是保证产品质量和实现互换性生产的两个必不可少的手段和条件。

12.1.1.4 互换性的作用

(1)设计方面:有利于最大限度地采用通用件和标准件,大大简化绘图和计算工作,缩短设计周期。

(2)制造方面:有利于组织专业化生产,采用先进工艺和高效率的专用设备,提高生产效率。

(3)使用、维修方面:可以减少机器的维修时间和费用,保证机器能连续持久的运转,提高机器的使用寿命。

总之,互换性在提高产品质量、增强可靠性、提升经济效益等方面均具有重大意义。

12.1.2 标准化与优先数系

在现代化生产中,标准化是一项重要的技术措施。一种机械产品的制造往往涉及许多企业和部门,为了适应各企业和部门之间的协作与技术交流,必须有一个共同的技术标准,来保持企业和部门之间的技术统一,使相互联系的生产过程形成一个有机的整体,以达到互换性生产的目的。由于高质量产品与公差间有密切的关系,所以要想实现互换性生产,必须建立尺寸公差与配合标准、形位公差标准、表面粗糙度标准等。

12.1.2.1 标准化和标准

标准化是指以制定标准和贯彻标准为主要内容的全部活动过程。

标准是指为产品和工程的技术质量、规格及其检验方法等方面所做的技术规定,是从事生产、建设工作的一种共同技术依据。

我国的技术标准分三级:国家标准(GB)、部门标准(专业标准,如JB)、地方标准或企业标准。

12.1.2.2 优先数和优先数系

1.优先数

制定公差标准以及设计零件的结构参数时,都需要通过数值表示。任何产品的参数值不仅与自身的技术特性有关,还直接或间接地影响与其配套系列产品的参数值。如:螺母直径数值,影响并决定螺钉直径数值以及丝锥、螺纹塞规、钻头等系列产品的直径数值。

为满足不同的需求,产品必然具有不同的规格,形成系列产品。产品数值的杂乱无章会给组织生产、协作配套、使用维修等带来困难。因此,必须把实际应用的数值限制在较小范围内,并进行优选、协调、简化和统一。凡在科学数值分级制度中被确定的数值称为优先数。

2.优先数系

按一定公比由优先数形成的一种十进制几何级数,称为优先数系。推荐系列符号为

R5、R10、R20、R40、R80，其公比分别为 $\sqrt[5]{10}$、$\sqrt[10]{10}$、$\sqrt[20]{10}$、$\sqrt[40]{10}$、$\sqrt[80]{10}$。

12.1.3 有关尺寸的术语及定义

尺寸是指用特定单位表示长度值的数字。在机械制图中，图样上的尺寸通常以 mm 为单位，在标注时常将单位省略，仅标注数值。当以其他单位表示尺寸时，单位不能省略。

12.1.3.1 公称尺寸（D、d）

由设计给定的尺寸称为公称尺寸。即设计时，根据使用要求，一般通过强度和刚度计算或出于机械结构等方面的考虑，并按标准直径或长度圆整后给定的尺寸。公称尺寸一般要求符合标准的尺寸系列，如 10、12、16、30、30.5 等。

12.1.3.2 实际尺寸（D_a、d_a）

通过测量所得的尺寸称为实际尺寸。包含测量误差，且同一表面不同部位的实际尺寸往往也不相同。

12.1.3.3 极限尺寸

允许尺寸变化的两个界限值称为极限尺寸。两者中较大的称为上极限尺寸，较小的称为下极限尺寸。孔和轴的最大、小极限尺寸分别用 D_{max}、d_{max} 和 D_{min}、d_{min} 表示。

12.1.3.4 实体状态和实体尺寸

实体状态可分为最大实体状态和最小实体状态。孔或轴在尺寸公差范围内，允许占有材料最多时的状态称为最大实体状态（MMC）。孔或轴在尺寸公差范围内，允许占有材料最少时的状态称为最小实体状态（LMC）。

实体尺寸分为最大实体尺寸和最小实体尺寸。最大实体状态时的极限尺寸称为最大实体尺寸（MMS）。对于孔为下极限尺寸 D_{min}，对于轴为上极限尺寸 d_{max}。最小实体状态时的极限尺寸称为最小实体尺寸（LMS）。对于孔为上极限尺寸 D_{max}，对于轴为下极限尺寸 d_{min}。

上述公称尺寸与极限尺寸关系如图 12-1（a）所示。

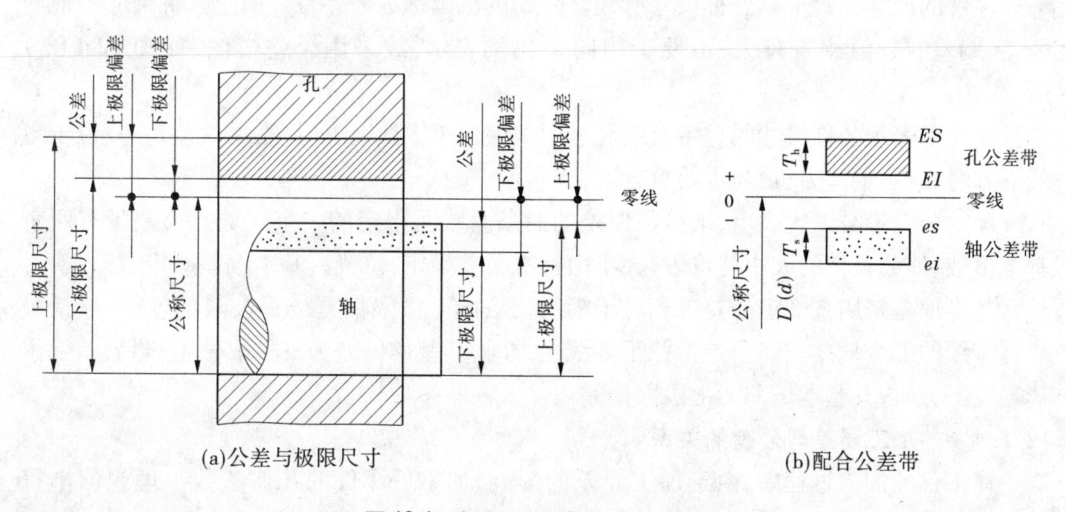

图 12-1 极限、公差与配合示意图

12.1.4 有关偏差与公差的术语及定义

12.1.4.1 偏差

某一尺寸减去其公称尺寸所得的代数差称为尺寸偏差,简称偏差。

12.1.4.2 实际偏差

实际尺寸减去其公称尺寸所得的代数差称为实际偏差。

12.1.4.3 极限偏差

极限尺寸减去其公称尺寸所得的代数差称为极限偏差,分为上极限偏差和下极限偏差。

上极限尺寸减去其公称尺寸所得的代数差称为上极限偏差。孔用 ES 表示,轴用 es 表示,即

$$ES = D_{max} - D, es = d_{max} - d \quad (12\text{-}1)$$

下极限尺寸减去其公称尺寸所得的代数差称为下极限偏差。孔用 EI 表示,轴用 ei 表示,即

$$EI = D_{min} - D, ei = d_{min} - d \quad (12\text{-}2)$$

12.1.4.4 公差

尺寸允许的变动量称为公差。它等于上极限尺寸与下极限尺寸间的代数差的绝对值,也等于上极限偏差与下极限偏差间的代数差的绝对值。孔、轴的公差分别用 T_h 和 T_s 表示。其关系为

$$T_h = | D_{max} - D_{min} | = | ES - EI | \quad (12\text{-}3)$$

$$T_s = | d_{max} - d_{min} | = | es - ei | \quad (12\text{-}4)$$

12.1.4.5 尺寸公差带图

零件的尺寸相对于其公称尺寸所允许变动的范围称为公差带。由于公称尺寸数值与公差、偏差的数值相差较大,不便于用同一比例表示,故采用公差带图,如图 12-1(b)所示。

零线是表示公称尺寸的一条直线。极限偏差位于零线上方时,表示偏差为正;位于零线下方时,表示偏差为负;与零线重合时,表示偏差为零。

尺寸公差带是由代表上、下极限偏差的两条直线所限定的一个区域。公差带有两个基本参数,即公差带的大小与位置,大小由标准公差确定,位置由基本偏差确定。

基本偏差是用来确定公差带相对于零线位置的上极限偏差或下极限偏差,一般指最靠近零线的那个偏差。当公差带位于零线上方时,其基本偏差为下极限偏差;当公差带位于零线下方时,其基本偏差为上极限偏差。

12.1.4.6 加工误差与公差的关系

在工件的加工过程中,由于加工误差的影响,加工后零件的几何参数与理想值不符合,其差别称为加工误差。加工误差主要包括尺寸误差、形状误差和位置误差。

加工误差是不可避免的,其误差值在一定范围内变化是允许的,加工后的零件的误差

只要不超过零件的公差，零件就是合格的。所以，公差是设计给定的，用于限制加工误差的；误差则是在加工过程中产生的。

12.1.5　有关配合的术语及定义

12.1.5.1　孔与轴

孔通常指工件的圆柱形内表面，也包括非圆柱形内表面（由两个平行平面或切面形成的包容面）。如图 12-2 所示零件的各内表面上，D_1、D_2、D_3、D_4 各尺寸都称为孔。

轴通常指工件的圆柱形外表面，也包括非圆柱形外表面（由两个平行平面或切面形成的被包容面）。如图 12-2 所示零件的各外表面上，d_1、d_2、d_3各尺寸都称为轴。

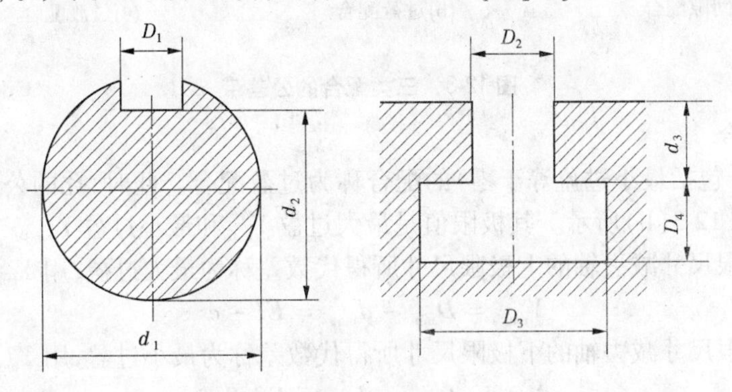

图 12-2　孔与轴

12.1.5.2　配合

公称尺寸相同，相互结合的孔、轴公差带之间的关系称为配合。

12.1.5.3　间隙或过盈

孔的尺寸减去相配合的轴的尺寸所得的代数差，当该差值为正时，称为间隙，用 X 表示；当该差值为负时，称为过盈，用 Y 表示。

12.1.5.4　配合种类

配合可分为间隙配合、过盈配合和过渡配合三种类型。

1. 间隙配合

具有间隙（包括最小间隙为零）的配合称为间隙配合。此时，孔的公差带在轴的公差带之上，如图 12-3（a）所示。其极限值是最大间隙 X_{max} 和最小间隙 X_{min}。

孔的上极限尺寸减去轴的下极限尺寸所得代数差称为最大间隙，用 X_{max} 表示。即

$$X_{max} = D_{max} - d_{min} = ES - ei \tag{12-5}$$

孔的下极限尺寸减去轴的上极限尺寸所得代数差称为最小间隙，用 X_{min} 表示。即

$$X_{min} = D_{min} - d_{max} = EI - es \tag{12-6}$$

实际生产中，平均间隙更能体现其配合性质，它是最大间隙与最小间隙的平均值，用 X_{av} 表示。即

$$X_{av} = \frac{1}{2}(X_{max} + X_{min}) \tag{12-7}$$

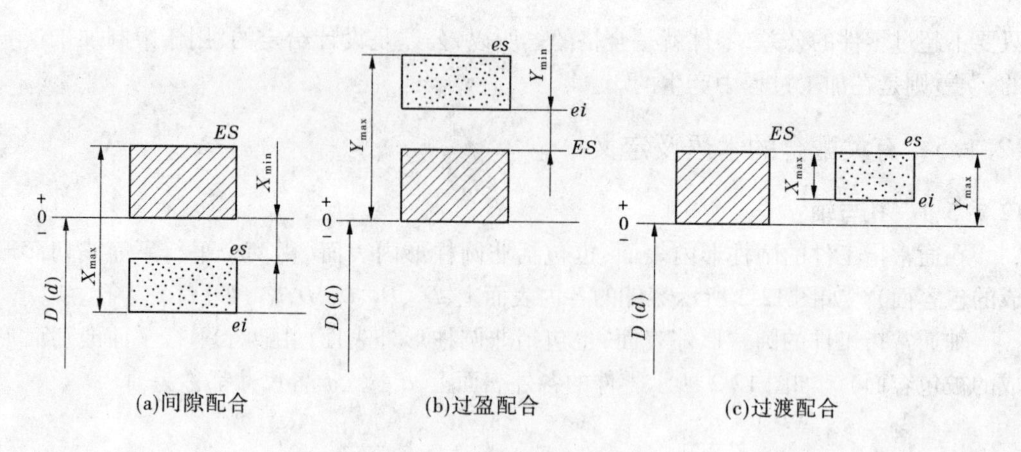

图 12-3　三类配合的公差带

2. 过盈配合

具有过盈(包括最小过盈等于零)的配合称为过盈配合。此时,孔的公差带在轴的公差带之下,如图 12-3(b)所示。其极限值是最大过盈 Y_{max} 和最小过盈 Y_{min}。

孔的下极限尺寸减去轴的上极限尺寸所得代数差称为最大过盈,用 Y_{max} 表示。即

$$Y_{max} = D_{min} - d_{max} = EI - es \tag{12-8}$$

孔的上极限尺寸减去轴的下极限尺寸所得代数差称为最小过盈,用 Y_{min} 表示。即

$$Y_{min} = D_{max} - d_{min} = ES - ei \tag{12-9}$$

实际生产中,平均过盈更能体现其配合性质,它是最大过盈与最小过盈的平均值,用 Y_{av} 表示。即

$$Y_{av} = \frac{1}{2}(Y_{max} + Y_{min}) \tag{12-10}$$

3. 过渡配合

可能具有间隙或过盈的配合称为过渡配合。此时,孔的公差带与轴的公差带相互交叠,其极限值是最大间隙 X_{max} 和最大过盈 Y_{max},如图 12-3(c)所示。

孔的上极限尺寸减去轴的下极限尺寸所得代数差称为最大间隙,用 X_{max} 表示。即

$$X_{max} = D_{max} - d_{min} = ES - ei \tag{12-11}$$

孔的下极限尺寸减去轴的上极限尺寸所得代数差称为最大过盈,用 Y_{max} 表示。即

$$Y_{max} = D_{min} - d_{max} = EI - es \tag{12-12}$$

实际生产中,平均松紧程度可能为平均间隙 X_{av},也可能为平均过盈 Y_{av}。当相互交叠的孔的公差带高于轴的公差带时,为平均间隙;当相互交叠的孔的公差带低于轴的公差带时,为平均过盈。即

$$X_{av}(Y_{av}) = \frac{1}{2}(X_{max} + Y_{max}) \tag{12-13}$$

值得一提的是,配合分为三种类型是相对批量零件而言的,如果是个体的孔、轴配合,就只有间隙配合或过盈配合。

12.1.5.5　配合公差及配合公差带图

配合公差是指允许间隙或过盈的变动量,它表明配合松紧程度的变化范围,用 T_f 表

示。在间隙配合中,配合公差为最大间隙与最小间隙之差;在过盈配合中,配合公差为最小过盈与最大过盈之差;在过渡配合中,配合公差为最大间隙与最大过盈之差。即

对于间隙配合 $$T_f = T_h + T_s = |X_{max} - X_{min}| \tag{12-14}$$

对于过盈配合 $$T_f = T_h + T_s = |Y_{min} - Y_{max}| \tag{12-15}$$

对于过渡配合 $$T_f = T_h + T_s = |X_{max} - Y_{max}| \tag{12-16}$$

配合公差带图是用来直观地表达配合性质,即配合松紧程度及其变动情况的图,如图 12-4 所示。

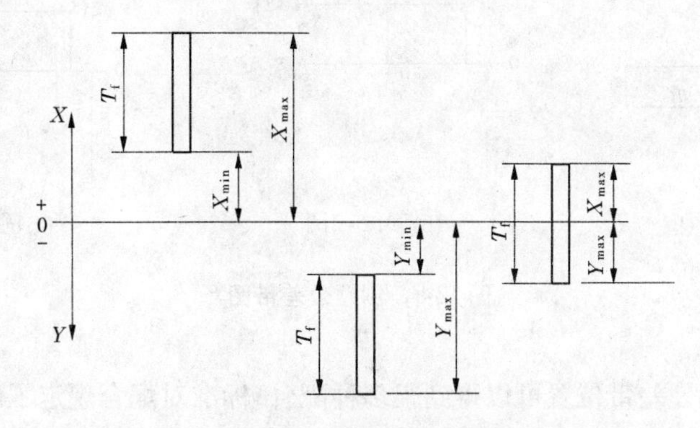

图 12-4 配合公差带图

【例 12-1】 计算 $\phi 25^{+0.021}_{0}$ 孔与 $\phi 25^{-0.020}_{-0.033}$ 轴配合的极限间隙、平均间隙及配合公差,并画出公差带图。

解 $X_{max} = ES - ei = (+0.021) - (-0.033) = +0.054(\text{mm})$

$X_{min} = EI - es = 0 - (-0.020) = +0.020(\text{mm})$

$$X_{av} = \frac{X_{max} + X_{min}}{2} = \frac{(+0.054) + (+0.020)}{2} = +0.037(\text{mm})$$

$T_f = |X_{max} - X_{min}| = |+0.054 - (+0.020)| = 0.034(\text{mm})$

公差带图如图 12-5(a)所示。

【例 12-2】 计算 $\phi 25^{+0.021}_{0}$ 孔与 $\phi 25^{+0.041}_{+0.028}$ 轴配合的极限过盈、平均过盈及配合公差,并画出公差带图。

解 $Y_{max} = EI - es = 0 - (+0.041) = -0.041(\text{mm})$

$Y_{min} = ES - ei = +0.021 - (+0.028) = -0.007(\text{mm})$

$$Y_{av} = \frac{Y_{max} + Y_{min}}{2} = \frac{(-0.041) + (-0.007)}{2} = -0.024(\text{mm})$$

$T_f = |Y_{min} - Y_{max}| = |-0.007 - (-0.041)| = 0.034(\text{mm})$

公差带图如图 12-5(b)。

【例 12-3】 计算 $\phi 25^{+0.021}_{0}$ 孔与 $\phi 25^{+0.015}_{+0.002}$ 轴配合的最大间隙和最大过盈、平均间隙或平均过盈及配合公差,并画出公差带图。

解 $X_{max} = ES - ei = (+0.021) - (+0.002) = +0.019(\text{mm})$

$$Y_{max}=EI-es=0-(+0.015)=-0.015(\text{mm})$$

$$X_{av}(Y_{av})=\frac{X_{max}+Y_{max}}{2}=\frac{(+0.019)+(-0.015)}{2}=+0.002(\text{mm})$$

$$T_f=|X_{max}-Y_{max}|=|+0.019-(-0.015)|=0.034(\text{mm})$$

公差带图如图 12-5(c)所示。

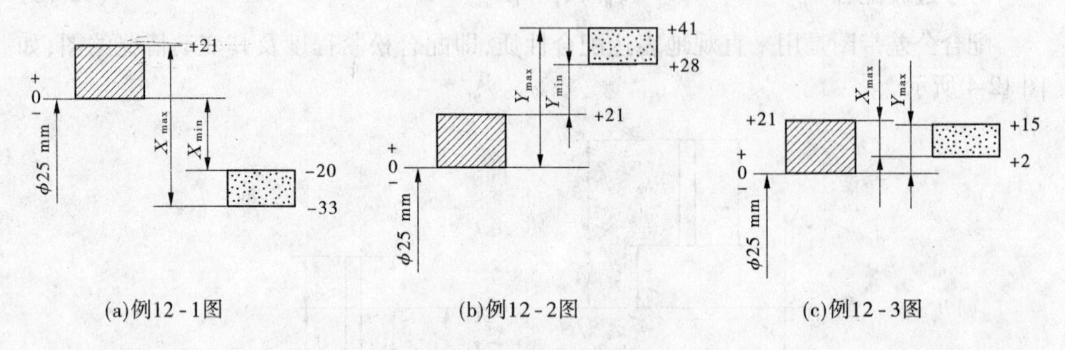

图 12-5 例题公差带图

12.1.5.6 配合制

改变孔和轴的公差带位置可以得到很多种配合，标准对配合规定了两种基准制，即基孔制和基轴制，如图 12-6 所示。

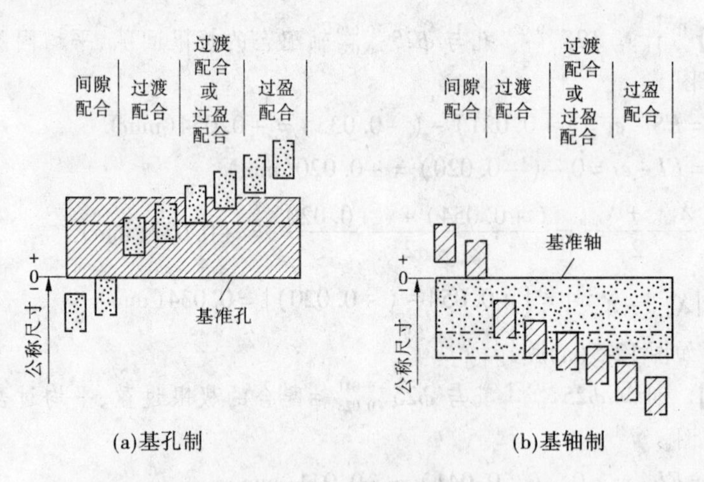

图 12-6 基准制

1. 基孔制

基本偏差为一定的孔的公差带与不同基本偏差的轴的公差带形成各种配合的一种制度，称为基孔制。基孔制中的孔为基准孔，其代号为 H，其基本偏差(下极限偏差)为零。

2. 基轴制

基本偏差为一定的轴的公差带与不同基本偏差的孔的公差带形成各种配合的一种制度，称为基轴制。基轴制中的轴为基准轴，其代号为 h，其基本偏差(上极限偏差)为零。

综上所述，各种配合是由孔、轴公差带之间的关系决定的，而公差带的大小和位置又分别由标准公差和基本偏差决定。

12.2 尺寸公差与配合

12.2.1 标准公差系列

标准公差是指按国家标准规定的用以确定公差带大小的任一公差值。它的数值取决于孔或轴的标准公差等级和公称尺寸。

12.2.1.1 公差等级

国家标准将标准公差分为 20 个等级，它们用由符号 IT 和阿拉伯数字组成的代号表示，分别为 IT01、IT0、IT1、IT2、…、IT18。其中，IT01 精度最高，然后依次降低，IT18 精度最低。其相应的标准公差值在公称尺寸相同的条件下，随公差等级的降低而依次增大，即 IT01 的公差值最小，IT18 的公差值最大。常用尺寸的标准公差值见表 12-1。

表 12-1 标准公差值（GB/T 1800.2—2009）

公称尺寸（mm）		公差等级																			
		IT01	IT0	IT1	IT2	IT3	IT4	IT5	IT6	IT7	IT8	IT9	IT10	IT11	IT12	IT13	IT14	IT15	IT16	IT17	IT18
大于	至	μm													mm						
—	3	0.3	0.5	0.8	1.2	2	3	4	6	10	14	25	40	60	0.1	0.14	0.25	0.4	0.6	1	1.4
3	6	0.4	0.6	1	1.5	2.5	4	5	8	12	18	30	48	75	0.12	0.18	0.3	0.48	0.75	1.2	1.8
6	10	0.4	0.6	1	1.5	2.5	4	6	9	15	22	36	58	90	0.15	0.22	0.36	0.58	0.9	1.5	2.2
10	18	0.5	0.8	1.2	2	3	5	8	11	18	27	43	70	110	0.18	0.27	0.43	0.7	1.1	1.8	2.7
18	30	0.6	1	1.5	2.5	4	6	9	13	21	33	52	84	130	0.21	0.33	0.52	0.84	1.3	2.1	3.3
30	50	0.6	1	1.5	2.5	4	7	11	16	25	39	62	100	160	0.25	0.39	0.62	1	1.6	2.5	3.9
50	80	0.8	1.2	2	3	5	8	13	19	30	46	74	120	190	0.3	0.46	0.74	1.2	1.9	3	4.6
80	120	1	1.5	2.5	4	6	10	15	22	35	54	87	140	220	0.35	0.54	0.87	1.4	2.2	3.5	12.4
120	180	1.2	2	3.5	5	8	12	18	25	40	63	100	160	250	0.4	0.63	1	1.6	2.5	4	6.3
180	250	2	3	4.5	7	10	14	20	29	46	72	115	185	290	0.46	0.72	1.15	1.85	2.9	4.6	7.2
250	315	2.5	4	6	8	12	16	23	32	52	81	130	210	320	0.52	0.81	1.3	2.1	3.2	12.2	8.1
315	400	3	5	7	9	13	18	25	36	57	89	140	230	360	0.57	0.89	1.4	2.3	3.6	12.7	8.9
400	500	4	6	8	10	15	20	27	40	63	97	155	250	400	0.63	0.97	1.55	2.5	4	6.3	9.7

12.2.1.2 尺寸分段

为了简化标准公差数值表格，国家标准采用了公称尺寸分段的方法。机械产品中，公称尺寸不大于 500 mm 的尺寸段在生产中应用最广，该尺寸段称为常用尺寸段，标准将常用尺寸段分为 13 个主尺寸段。对同一尺寸段内的所有公称尺寸，在公差等级相同的情况下，规定相同的标准公差。

12.2.2 基本偏差系列

12.2.2.1 基本偏差

除 JS 和 js 外，基本偏差均指靠近零线的偏差，它与公差等级无关。而对于 JS 和 js，公差带以零线对称分布，其基本偏差是上极限偏差或下极限偏差，它与公差等级有关。

12.2.2.2　**基本偏差代号**

基本偏差的代号用拉丁字母表示，大写代表孔，小写代表轴。在 26 个字母中，除去易与其他含义混淆的 I、L、O、Q、W(i、l、o、q、w)5 个字母，采用其余的 21 个，再加上用双字母 CD、EF、FG、JS、ZA、ZB、ZC（cd、ef、fg、js、za、zb、zc）表示的 7 个，共有 28 个，即孔和轴各有 28 个基本偏差。

12.2.2.3　**基本偏差系列图**

基本偏差系列如图 12-7 所示。图中公差带的一端是封闭的，它表示基本偏差，可查表确定其数值。另一端是开口的，它的位置将取决于标准公差等级。

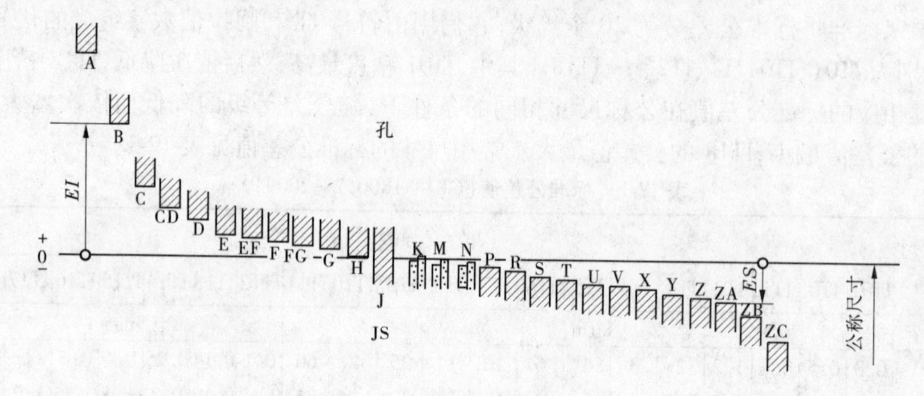

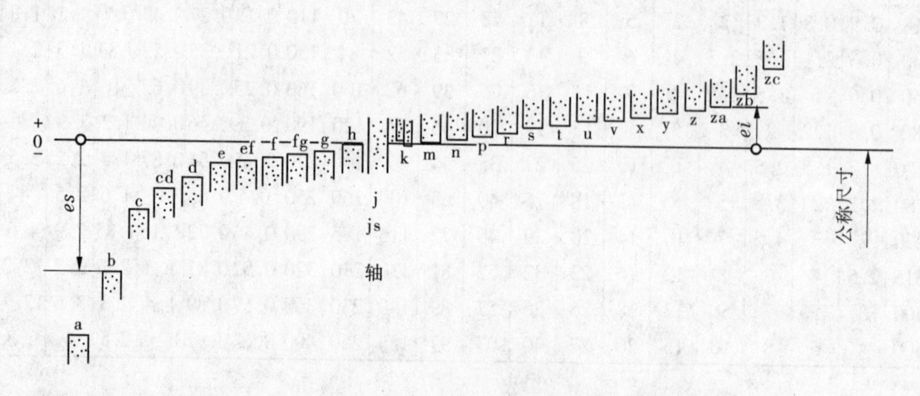

图 12-7　基本偏差系列

各种基本偏差所形成配合的特征简述如下。

1. 间隙配合

基本偏差代号为 A ~ H 的孔与基准轴相配形成间隙配合，其基本偏差（封口端）为 EI，EI 的数值依次减小，其开口端为 ES，$ES = EI + \mathrm{IT}$。

基本偏差代号为 a ~ h 的轴与基准孔相配形成间隙配合，其基本偏差（封口端）为 es，其开口端为 ei，$ei = es - \mathrm{IT}$。

2. 过渡配合

js、j、k、m、n（或 JS、J、K、M、N）等五种基本偏差与基准孔 H（或基准轴 h）形成过渡配合。

3. 过盈配合

p ~ zc(或 P ~ ZC)等 12 种基本偏差与基准孔 H(或基准轴 h)形成过盈配合。其中,P ~ ZC基本偏差为 ES,开口端为 EI,$EI = ES - IT$;p ~ zc 的基本偏差为 ei,ei 依次增大,其开口端为 es,$es = ei + IT$。

12.2.3 基本偏差数值的确定

12.2.3.1 轴的基本偏差数值

轴的基本偏差数值见表 12-2。轴的另一极限偏差数值可根据式(12-17)、式(12-18)计算:

对于 a ~ h $$ei = es - IT \tag{12-17}$$

对于 j ~ zc $$es = ei + IT \tag{12-18}$$

表 12-2 尺寸≤500 mm 的轴的基本偏差数值(GB/T 1801—2009) (单位:μm)

公称尺寸(mm)	基本偏差																
	上极限偏差 *es*												下极限偏差 *ei*				
	a	b	c	cd	d	e	ef	f	fg	g	h	js	j			k	
	所有公差等级												5 ~ 6	7	8	4 ~ 7	≤3 >7
≤3	−270	−140	−60	−34	−20	−14	−10	−6	−4	−2	0	偏差等于 $\pm\frac{IT}{2}$	−2	−4	−6	0	0
3 ~ 6	−270	−140	−70	−46	−30	−20	−14	−10	−6	−4	0		−2	−4	—	+1	0
6 ~ 10	−280	−150	−80	−56	−40	−25	−18	−13	−8	−5	0		−2	−5	—	+1	0
10 ~ 14 14 ~ 18	−290	−150	−95	—	−50	−32	—	−16	—	−6	0		−3	−6	—	+1	0
18 ~ 24 24 ~ 30	−300	−160	−110	—	−65	−40	—	−20	—	−7	0		−4	−8	—	+2	0
30 ~ 40	−310	−170	−120	—	−80	−50	—	−25	—	−9	0		−5	−10	—	+2	0
40 ~ 50	−320	−180	−130														
50 ~ 65	−340	−190	−140	—	−100	−60	—	−30	—	−10	0		−7	−12	—	+2	0
65 ~ 80	−360	−200	−150														
80 ~ 100	−380	−220	−170	—	−120	−72	—	−36	—	−12	0		−9	−15	—	+3	0
100 ~ 120	−410	−240	−180														
120 ~ 140	−460	−260	−200	—	−145	−85	—	−43	—	−14	0		−11	−18	—	+3	0
140 ~ 160	−520	−280	−210														
160 ~ 180	−580	−310	−230														
180 ~ 200	−660	−340	−240	—	−170	−100	—	−50	—	−15	0		−13	−21	—	+4	0
200 ~ 225	−740	−380	−260														
225 ~ 250	−820	−420	−280														
250 ~ 280	−920	−480	−300	—	−190	−110	—	−56	—	−17	0		−16	−26	—	+4	0
280 ~ 315	−1 050	−540	−330														
315 ~ 355	−1 200	−600	−360	—	−210	−125	—	−62	—	−18	0		−18	−28	—	+4	0
355 ~ 400	−1 350	−680	−400														
400 ~ 450	−1 500	−760	−440	—	−230	−135	—	−68	—	−20	0		−20	−32	—	+5	0
450 ~ 500	−1 650	−840	−480														

续表 12-2

公称尺寸（mm）	基本偏差													
	下极限偏差 *ei*													
	m	n	p	r	s	t	u	v	x	y	z	za	zb	zc
	所有的公差等级													
≤3	+2	+4	+6	+10	+14	—	+18	—	+20	—	+26	+32	+40	+60
3 ~ 6	+4	+8	+12	+15	+19	—	+23	—	+28	—	+35	+42	+50	+80
6 ~ 10	+6	+10	+15	+19	+23	—	+28	—	+34	—	+42	+52	+67	+97
10 ~ 14	+7	+12	+18	+23	+28	—	+33	—	+40	—	+50	+64	+90	+130
14 ~ 18								+39	+45	—	+60	+77	+108	+150
18 ~ 24	+8	+15	+22	+28	+35	—	+41	+47	+54	+63	+73	+98	+136	+188
24 ~ 30						+41	+48	+55	+64	+75	+88	+118	+160	+218
30 ~ 40	+9	+17	+26	+34	+43	+48	+60	+68	+80	+94	+112	+148	+220	+274
40 ~ 50						+54	+70	+81	+97	+114	+136	+180	+242	+325
50 ~ 65	+11	+20	+32	+41	+53	+66	+87	+102	+122	+144	+172	+226	+300	+405
65 ~ 80				+43	+59	+75	+102	+120	+146	+174	+210	+274	+360	+480
80 ~ 100	+13	+23	+37	+51	+71	+91	+124	+146	+178	+214	+258	+335	+445	+585
100 ~ 120				+54	+79	+104	+144	+172	+210	+256	+310	+400	+525	+690
120 ~ 140	+15	+27	+43	+63	+92	+122	+170	+202	+248	+300	+365	+470	+620	+800
140 ~ 160				+65	+100	+134	+190	+228	+280	+340	+415	+535	+700	+900
160 ~ 180				+68	+108	+146	+210	+252	+310	+380	+465	+600	+780	+1 000
180 ~ 200	+17	+31	+50	+77	+122	+166	+236	+284	+350	+425	+520	+670	+880	+1 150
200 ~ 225				+80	+130	+180	+258	+310	+385	+470	+575	+740	+960	+1 250
225 ~ 250				+84	+140	+196	+284	+340	+425	+520	+640	+820	+1 050	+1 350
250 ~ 280	+20	+34	+56	+94	+158	+218	+315	+385	+475	+580	+710	+920	+1 200	+1 550
280 ~ 315				+98	+170	+240	+350	+425	+525	+650	+790	+1 000	+1 300	+1 700
315 ~ 355	+21	+37	+62	+108	+190	+268	+390	+475	+590	+730	+900	+1 150	+1 500	+1 900
355 ~ 400				+114	+208	+294	+435	+530	+660	+820	+1 000	+1 300	+1 650	+2 100
400 ~ 450	+23	+40	+68	+126	+232	+330	+490	+595	+740	+920	+1 100	+1 450	+1 850	+2 400
450 ~ 500				+132	+252	+360	+540	+660	+820	+1 000	+1 250	+1 600	+2 100	+2 600

注：①当公称尺寸小于 1 mm 时，各级的 a 和 b 均不采用；

②js 的数值：对 IT7 ~ IT11，若 IT 的数值（μm）为奇数，则取 js = ±（IT − 1）/2。

12.2.3.2 孔的基本偏差数值

孔的基本偏差见表 12-3。孔的另一极限偏差数值可根据式（12-19）、式（12-20）计算：

对于 A ~ H $$ES = EI + \mathrm{IT} \tag{12-19}$$

对于 J ~ ZC $$EI = ES - \mathrm{IT} \tag{12-20}$$

公称尺寸≤500 mm时，孔的基本偏差是从轴的基本偏差换算得来的。有以下两种换算规则。

1. 通用规则

用同一字母表示的孔、轴的基本偏差的绝对值相等，符号相反。即孔的基本偏差是轴的基本偏差相对于零线的倒影，因此又称为倒影规则。即

$$ES = -ei,\ EI = -es \tag{12-21}$$

通用规则适用于以下情况：

对于A~H，因其基本偏差EI和对应轴的基本偏差es的绝对值都等于最小间隙，故不论孔与轴是否采用同级配合均按通用规则确定，即$EI = -es$。

表12-3　尺寸≤500 mm的孔的基本偏差数值　（GB/T 1801—2009）　（单位：μm）

公称尺寸（mm）	基本偏差																		
	下极限偏差 EI												上极限偏差 ES						
	A	B	C	CD	D	E	EF	F	FG	G	H	JS	J			K		M	
	所有的公差等级												6	7	8	≤8	>8	≤8	>8
≤3	+270	+140	+60	+34	+20	+14	+10	+6	+4	+2	0	偏差等于 $\pm\frac{IT}{2}$	+2	+4	+6	0	0	-2	-2
3~6	+270	+140	+70	+36	+30	+20	+14	+10	+6	+4	0		+5	+6	+10	-1+Δ	—	-4+Δ	-4
6~10	+280	+150	+80	+56	+40	+25	+18	+13	+8	+5	0		+5	+8	+12	-1+Δ	—	-6+Δ	-6
10~14 14~18	+290	+150	+95	—	+50	+32	—	+16	—	+6	0		+6	+10	+15	-1+Δ	—	-7+Δ	-7
18~24 24~30	+300	+160	+110	—	+65	+40	—	+20	—	+70	0		+8	+12	+20	-2+Δ	—	-8+Δ	-8
30~40 40~50	+310 +320	+170 +180	+120 +130	—	+80	+50	—	+25	—	+9	0		+10	+14	+24	-2+Δ	—	-9+Δ	-9
50~65 65~80	+340 +360	+190 +200	+140 +150	—	+100	+60	—	+30	—	+10	0		+13	+18	+28	-2+Δ	—	-11+Δ	-11
80~100 100~120	+380 +410	+220 +240	+170 +180	—	+120	+72	—	+36	—	+12	0		+16	+22	+34	-3+Δ	—	-13+Δ	-13
120~140 140~160 160~180	+440 +520 +580	+260 +280 +310	+200 +210 +230	—	+145	+85	—	+43	—	+14	0		+18	+26	+41	-3+Δ	—	-15+Δ	-15
180~200 200~225 225~250	+660 +740 +820	+340 +380 +420	+240 +260 +280	—	+170	+100	—	+50	—	+15	0		+22	+30	+47	-4+Δ	—	-17+Δ	-17
250~280 280~315	+920 +1 050	+480 +540	+300 +330	—	+190	+110	—	+56	—	+17	0		+25	+36	+55	-4+Δ	—	-20+Δ	-20
315~355 355~400	+1 200 +1 350	+600 +680	+360 +400	—	+120	+150	—	+62	—	+18	0		+29	+39	+60	-4+Δ	—	-21+Δ	-21
400~450 450~500	+1 500 +1 650	+760 +840	+440 +480	—	+230	+135	—	+68	—	+20	0		+33	+43	+66	-5+Δ	—	-23+Δ	-23

续表 12-3 （单位：μm）

公称尺寸（mm）	基本偏差															Δ					
	上极限偏差 *ES*																				
	N		P ~ ZC	P	R	S	T	U	V	X	Y	Z	ZA	ZB	ZC						
	≤8	>8	≤7	>7												3	4	5	6	7	8
≤3	-4	-4	在大于7级的相应数值上增加一个Δ值	-6	-10	-14	—	-18	—	-20	—	-26	-32	-40	-60	0					
3 ~ 6	-8 + Δ	0		-12	-15	-19	—	-23	—	-28	—	-35	-42	-50	-80	1	1.5	1	3	4	6
6 ~ 10	-10 + Δ	0		-15	-19	-23	—	-28	—	-34	—	-42	-52	-67	-97	1	1.5	2	3	6	7
10 ~ 14	-12 + Δ	0		-18	-23	-28	—	-33	—	-40	—	-50	-64	-90	-130	1	2	3	3	7	9
14 ~ 18									-39	-45	—	-60	-77	-108	-150						
18 ~ 24	-15 + Δ	0		-22	-28	-35	—	-41	-47	-54	-65	-73	-98	-136	-188	1.5	2	3	4	8	12
24 ~ 30							-41	-48	-55	-64	-75	-88	-118	-160	-218						
30 ~ 40	-17 + Δ	0		-26	-34	-43	-48	-60	-68	-80	-94	-112	-148	-200	-274	1.5	3	4	5	9	14
40 ~ 50							-54	-70	-81	-95	-114	-136	-180	-242	-325						
50 ~ 65	-20 + Δ	0		-32	-41	-53	-66	-87	-102	-122	-144	-172	-226	-300	-400	2	3	5	6	11	16
65 ~ 80					-43	-59	-75	-102	-120	-146	-174	-210	-274	-360	-480						
80 ~ 100	-23 + Δ	0		-37	-51	-71	-92	-124	-146	-178	-214	-258	-335	-445	-585	2	4	5	7	13	19
100 ~ 120					-54	-79	-104	-144	-172	-210	-254	-310	-400	-525	-690						
120 ~ 140	-27 + Δ	0		-43	-63	-92	-122	-170	-202	-248	-300	-365	-470	-620	-800	3	4	6	7	15	23
140 ~ 160					-65	-100	-134	-190	-228	-280	-340	-415	-535	-700	-900						
160 ~ 180					-68	-108	-146	-210	-252	-310	-380	-465	-600	-780	-1 000						
180 ~ 200	-31 + Δ	0		-50	-77	-122	-166	-236	-284	-350	-425	-520	-670	-880	-1 150	3	4	6	9	17	26
200 ~ 225					-80	-130	-180	-258	-310	-385	-470	-575	-740	-960	-1 250						
225 ~ 250					-84	-140	-196	-284	-340	-425	-520	-640	-820	-1 050	-1 350						
250 ~ 280	-34 + Δ	0		-56	-94	-158	-218	-315	-385	-475	-580	-710	-920	-1 200	-1 500	4	4	7	9	20	29
280 ~ 315					-98	-170	-240	-350	-425	-525	-650	-790	-1 000	-1 300	-1 700						
315 ~ 355	-37 + Δ	0		-62	-108	-190	-268	-390	-475	-590	-730	-900	-1 150	-1 500	-1 900	4	5	7	11	21	32
355 ~ 400					-114	-208	-294	-435	-530	-660	-820	-1 000	-1 300	-1 650	-2 100						
400 ~ 450	-40 + Δ	0		-68	-126	-232	-330	-490	-595	-740	-920	-1 100	-1 450	-1 850	-2 400	5	5	7	13	23	34
450 ~ 500					-132	-252	-360	-540	-660	-820	-1 000	-1 250	-1 600	-2 100	-2 600						

注：①当公称尺寸小于 1 mm 时，各级的 A 和 B 及大于 8 级的 N 均不采用；

②JS 的数值：对 IT7 ~ IT11，若 IT 的数值（μm）为奇数，则取 JS = ±（IT - 1）/2；

③特殊情况：当公称尺寸大于 250 mm，而小于 315 mm 时，M6 的 *ES* 等于 -9（不等于 -11）。

对于 K ~ ZC，因对于标准公差大于 IT8 的 K、M、N 和大于 IT7 的 P ~ ZC，一般孔、轴采用同级配合，故按通用规则确定，即 $ES = -ei$。

但标准公差大于 IT8，公称尺寸大于 3 mm 的 N 除外，其基本偏差 $ES = 0$。

2. 特殊规则

用同一字母表示孔、轴的基本偏差时，孔的基本偏差 *ES* 和轴的基本偏差 *ei* 符号相反，而绝对值相差一个 Δ 值。即

$$ES = -ei + \Delta \tag{12-22}$$

特殊规则适用于公称尺寸≤500 mm,标准公差等级≤IT8 的 J、K、M、N 和标准公差等级≤IT7 的 P ~ ZC。此时,由于一般的配合采用异级配合,为满足配合性质相同的要求,*ES* 和 *ei* 的绝对值相差一个 Δ 值。

12.2.4 公差与配合在图样上的标注

12.2.4.1 公差带代号及标注

孔、轴的公差带代号由基本偏差代号和公差等级数字组成。例如,H8、F7、K7 等为孔的公差带代号,h7、f6、k6 等为轴的公差带代号。

零件图中尺寸公差带的标注形式有三种,如图 12-8 所示。

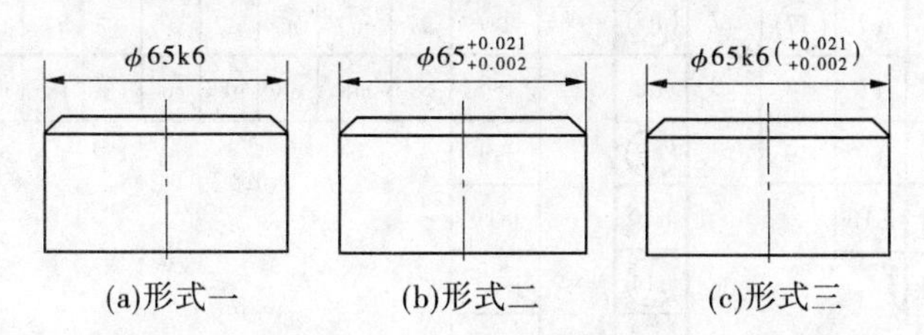

图 12-8 尺寸公差带的标注形式

12.2.4.2 配合代号及标注

配合代号用孔、轴公差带的组合表示,写成分数形式,分子为孔的公差带代号,分母为轴的公差带代号,如 $\phi 30\,\frac{H7}{f6}$或 ϕ30H7/f6。

在装配图中,配合的标注形式有三种,如图 12-9 所示。

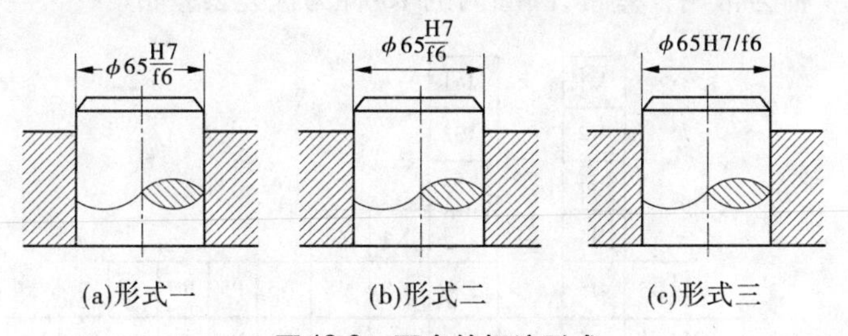

图 12-9 配合的标注形式

12.2.5 一般、常用和优先的公差带与配合

根据 GB/T 1800.2—2009 提供的 20 个等级的标准公差及 28 种基本偏差代号可组成的公差带,孔有 543 种,轴有 544 种,由孔和轴的公差带可组成近 30 万种配合。如此多的公差带与配合全部使用显然是不经济的。为了减少定值刀具、量具和工艺装备的品种及规格,对公差带和配合的选用应加以限制。

GB/T 1800.2—2009 对常用尺寸段推荐了孔、轴的一般、常用和优先公差带。公差设计时,尺寸≤500 mm 的常用尺寸段配合应按一般、常用和优先公差带和配合的顺序,选用合适的公差带和配合。

12.2.5.1　轴的一般、常用和优先公差带

GB/T 1800.2—2009 规定了一般、常用和优先轴用公差带共 119 种，如图 12-10 所示。其中，方框内的 59 种为常用公差带，圆圈内的 13 种为优先公差带。

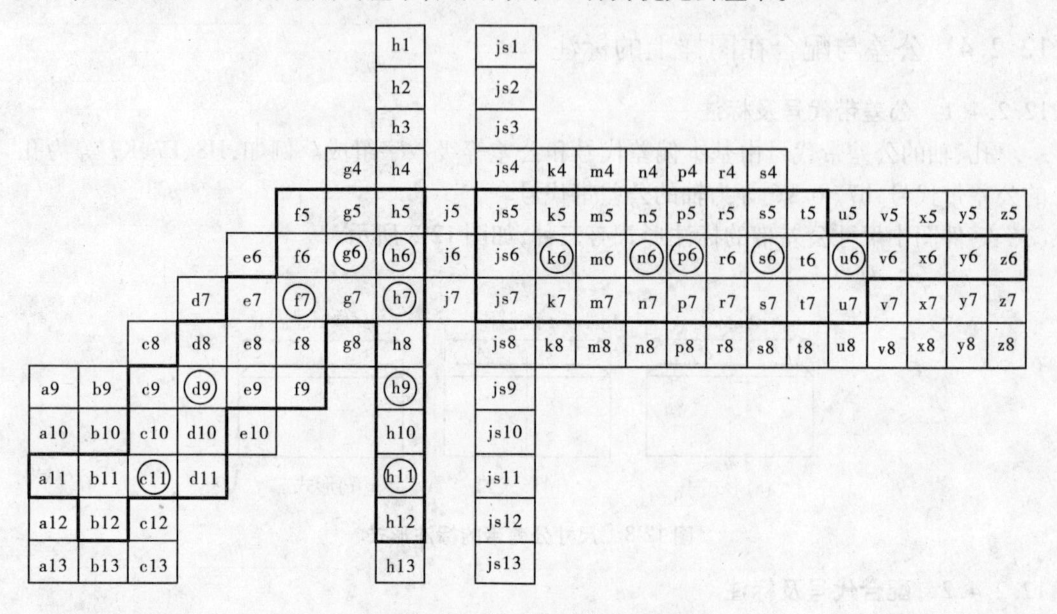

图 12-10　一般、常用和优先轴用公差带

12.2.5.2　孔的一般、常用和优先公差带

GB/T 1800.2—2009 规定了一般、常用和优先孔用公差带共 105 种，如图 12-11 所示，其中，方框内的 44 种为常用公差带，圆圈内的 13 种为优先公差带。

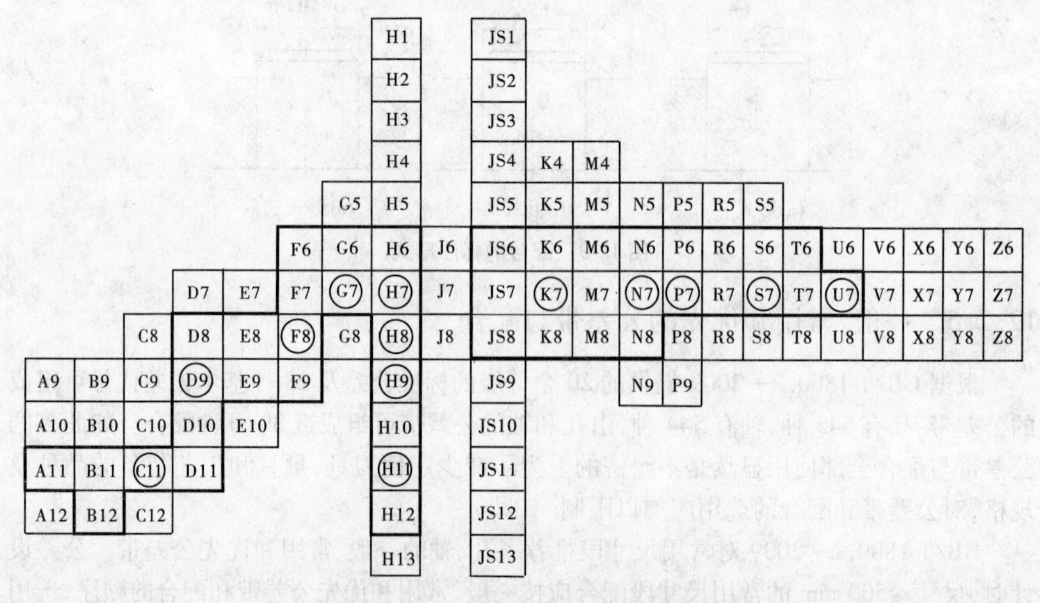

图 12-11　一般、常用和优先孔用公差带

12.2.5.3 优先和常用配合

基孔制常用配合有59种，其中注有符号“◤”的13种为优先配合，如表12-4所示。

表12-4 基孔制优先、常用配合（GB/T 1801—2009）

基孔制	轴																				
	a	b	c	d	e	f	g	h	js	k	m	n	p	r	s	t	u	v	x	y	z
	间隙配合								过渡配合				过盈配合								
H6						$\frac{H6}{f5}$	$\frac{H6}{g5}$	$\frac{H6}{h5}$	$\frac{H6}{js5}$	$\frac{H6}{k5}$	$\frac{H6}{m5}$	$\frac{H6}{n5}$	$\frac{H6}{p5}$	$\frac{H6}{r5}$	$\frac{H6}{s5}$	$\frac{H6}{t5}$					
H7						$\frac{H7}{f6}$	◤$\frac{H7}{g6}$	◤$\frac{H7}{h6}$	$\frac{H7}{js6}$	◤$\frac{H7}{k6}$	$\frac{H7}{m6}$	◤$\frac{H7}{n6}$	◤$\frac{H7}{p6}$	$\frac{H7}{r6}$	◤$\frac{H7}{s6}$	$\frac{H7}{t6}$	◤$\frac{H7}{u6}$	$\frac{H7}{v6}$	$\frac{H7}{x6}$	$\frac{H7}{y6}$	$\frac{H7}{z6}$
H8					$\frac{H8}{e7}$	◤$\frac{H8}{f7}$	$\frac{H8}{g7}$	◤$\frac{H8}{h7}$	$\frac{H8}{js7}$	$\frac{H8}{k7}$	$\frac{H8}{m7}$	$\frac{H8}{n7}$	$\frac{H8}{p7}$	$\frac{H8}{r7}$	$\frac{H8}{s7}$	$\frac{H8}{t7}$	$\frac{H8}{u7}$				
				$\frac{H8}{d8}$	$\frac{H8}{e8}$	$\frac{H8}{f8}$		$\frac{H8}{h8}$													
H9			$\frac{H9}{c9}$	◤$\frac{H9}{d9}$	$\frac{H9}{e9}$	$\frac{H9}{f9}$		◤$\frac{H9}{h9}$													
H10			$\frac{H10}{c10}$	$\frac{H10}{d10}$				$\frac{H10}{h10}$													
H11	$\frac{H11}{a11}$	$\frac{H11}{b11}$	◤$\frac{H11}{c11}$	$\frac{H11}{d11}$				◤$\frac{H11}{h11}$													
H12		$\frac{H12}{b12}$						$\frac{H12}{h12}$													

注：① $\frac{H6}{n5}$、$\frac{H7}{p6}$ 在基本尺寸小于或等于3 mm和 $\frac{H8}{r7}$ 在基本尺寸小于或等于100 mm时，为过渡配合；

②标有“◤”的配合为优先配合。

基轴制常用配合有47种，其中注有符号“◤”的13种为优先配合，如表12-5所示。

表12-5 基轴制优先、常用配合（GB/T 1801—2009）

基准轴	孔																				
	A	B	C	D	E	F	G	H	JS	K	M	N	P	R	S	T	U	V	X	Y	Z
	间隙配合								过渡配合				过盈配合								
h5						$\frac{F6}{h5}$	$\frac{G6}{h5}$	$\frac{H6}{h5}$	$\frac{JS6}{h5}$	$\frac{K6}{h5}$	$\frac{M6}{h5}$	$\frac{N6}{h5}$	$\frac{P6}{h5}$	$\frac{R6}{h5}$	$\frac{S6}{h5}$	$\frac{T6}{h5}$					
h6						$\frac{F7}{h6}$	◤$\frac{G7}{h6}$	◤$\frac{H7}{h6}$	$\frac{JS7}{h6}$	◤$\frac{K7}{h6}$	$\frac{M7}{h6}$	◤$\frac{N7}{h6}$	◤$\frac{P7}{h6}$	$\frac{R7}{h6}$	◤$\frac{S7}{h6}$	$\frac{T7}{h6}$	◤$\frac{U7}{h6}$				
h7					$\frac{E8}{h7}$	◤$\frac{F8}{h7}$		◤$\frac{H8}{h7}$	$\frac{JS8}{h7}$	$\frac{K8}{h7}$	$\frac{M8}{h7}$	$\frac{N8}{h7}$									
h8				$\frac{D8}{h8}$	$\frac{E8}{h8}$	$\frac{F8}{h8}$		$\frac{H8}{h8}$													
h9				◤$\frac{D9}{h9}$	$\frac{E9}{h9}$	$\frac{F9}{h9}$		◤$\frac{H9}{h9}$													
h10				$\frac{D10}{h10}$				$\frac{H10}{h10}$													
h11	$\frac{A11}{h11}$	$\frac{B11}{h11}$	◤$\frac{C11}{h11}$	$\frac{D11}{h11}$				◤$\frac{H11}{h11}$													
h12		$\frac{B12}{h12}$						$\frac{H12}{h12}$													

注：标有“◤”的配合为优先配合。

12.2.6 一般公差——线性尺寸的未注公差

一般公差是指在车间普通工艺条件下，机床设备一般加工能力可保证的公差，主要用于低精度的非配合尺寸。国标对线性尺寸的一般公差规定了 4 个公差等级：f（精密级）、m（中等级）、c（粗糙级）、v（最粗级）。对孔、轴与长度的极限偏差值均采用对称偏差值。

12.3 公差与配合的选用

机械设计时，在确定了孔、轴的公称尺寸后，还需进行尺寸精度设计。尺寸精度设计包括以下内容：选择基准制、公差等级和配合种类。

公差配合的选择原则是：在满足使用要求的前提下，获得最佳的技术经济效益。

公差配合的选择一般有三种方法：类比法、计算法和试验法。类比法就是通过对类似的产品或零部件进行调查研究、分析对比后，根据前人的经验来选取公差与配合。这是目前应用最多、最主要的一种选择方法。计算法是指按照一定的理论和公式来确定需要的间隙或过盈。这种方法虽然麻烦，但比较科学，只是有时将条件理论化和简单化了，使得计算结果不完全符合实际。试验法是通过试验或统计分析来确定间隙或过盈。这种方法合理、可靠，但代价较高，因此只用于重要产品的重要配合。

12.3.1 基准制的选择

12.3.1.1 优先选择基孔制

从工艺上看：加工中等尺寸的孔，通常要用价格较贵的定值刀具，而加工轴，则用一把车刀或砂轮就可以加工不同的尺寸。因此，采用基孔制可以减少备用定值刀具和量具的规格数量，降低成本，提高加工的经济性。所以，一般优先选择基孔制。

12.3.1.2 有明显经济效益时选用基轴制

但在有些情况下，由于结构和材料等原因，选择基轴制更适宜。如：由冷拉材制造的零件，其配合表面不经切削加工，同一根轴（公称尺寸相同）与几个零件孔配合，而且有不同的配合性质等。

图 12-12(a)所示为活塞、活塞销和连杆的连接。按照使用要求，活塞销与连杆头衬套孔的配合应为间隙配合，而活塞销与活塞的配合应为过渡配合。两种配合的直径相同，若采用基孔制，三个孔的公差带虽然一样，但活塞销必须做成两头大而中间小的阶梯形，如图 12-12(b)所示。然而，这种阶梯形活塞销比无阶梯活塞销加工困难。另外，在装配时活塞销不仅要挤过衬套孔壁，而且容易刮伤孔的表面。若采用基轴制，如图 12-12(c)所示，活塞销可以采用无阶梯结构，衬套孔与活塞孔可分别采用不同的公差带。显然，采用基轴制既能满足使用要求，又可减少加工工作量，使加工成本降低，还可方便装配。

12.3.1.3 根据标准件选择基准制

当设计的零件与标准件相配时，基准制的选择应根据标准件而定。例如，与滚动轴承内圈相配合的轴应选用基孔制，而与滚动轴承外圈配合的孔应选用基轴制。

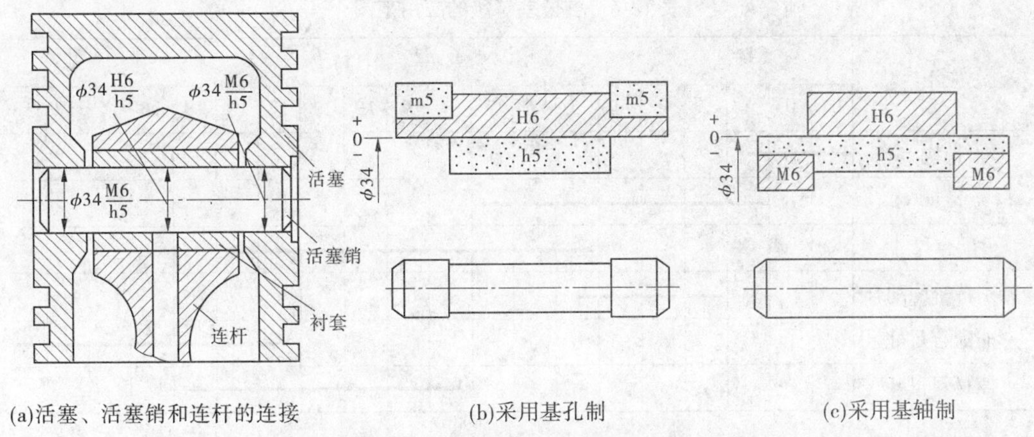

(a)活塞、活塞销和连杆的连接　(b)采用基孔制　(c)采用基轴制

图 12-12　活塞销配合基准制的选用

12.3.1.4　特殊情况下可选用非基准制混合配合

对于某些特殊需要,没有满足要求的公差带,则允许采用任一孔、轴公差带组成非基准制配合,如 M8/f7、G8/n7 等。

12.3.2　公差等级的选择

合理地选择公差等级,就是为了更好地解决机械零部件的使用要求与制造工艺成本之间的矛盾。因此,在满足使用要求的前提下,尽可能选择大的公差等级。

公差等级的选择可以采用类比法,参考从生产实践中总结出来的经验资料,进行比较、选择。应具体考虑以下几个方面:

(1)满足使用要求。在满足使用要求的前提下,尽量采用较低的公差等级,以降低成本,同时也要考虑到工艺可行性。

(2)工艺等价性。即指孔和轴的加工难易程度应大致相同。对于公称尺寸≤500 mm 的配合,当公差等级小于 IT8 时,推荐轴比孔高一级,如 H8/f7,H7/n6 等;当公差等级为 IT8 时,也可采用同级孔、轴配合,如 H8/f8 等;当公差等级大于 IT8 时,推荐采用同级配合,如 H9/c9 等,如表 12-6 所示。

表 12-6　按工艺等价性选择轴的公差等级

要求配合	孔的公差等级	轴的公差等级	实例
间隙配合及过渡配合	≤IT8	轴比孔高一级	H7/f6
	>IT8	轴与孔同级	H9/d9
过盈配合	≤IT7	轴比孔高一级	H7/p6
	>IT7	轴与孔同级	H8/s8

(3)相配合件的精度。如齿轮孔与轴的配合,它们的公差等级取决于齿轮的精度等级;与滚动轴承配合的外壳孔和轴的公差等级取决于滚动轴承的公差等级。

各公差等级的应用范围如表 12-7 所示,公差等级与各种加工方法的关系如表 12-8 所示,公差等级的选用如表 12-9 所示。

表 12-7　各公差等级的应用范围

应用	公差等级(IT)																			
	01	0	1	2	3	4	5	6	7	8	9	10	11	12	13	14	15	16	17	18
量块	—	—	—																	
量规			—	—	—	—	—	—	—											
配合尺寸							—	—	—	—	—	—	—	—	—					
特别精密的配合				—	—	—	—													
非配合尺寸														—	—	—	—	—	—	—
原材料尺寸										—	—	—	—	—	—	—				

表 12-8　各种加工方法的加工精度

加工方法	公差等级(IT)																			
	01	0	1	2	3	4	5	6	7	8	9	10	11	12	13	14	15	16	17	18
研磨																				
珩磨						—	—	—	—											
圆磨							—	—	—	—										
平磨							—	—	—	—										
金刚石车							—	—	—											
金刚石镗							—	—	—											
拉削							—	—	—	—										
铰孔									—	—	—	—								
车									—	—	—	—	—							
镗									—	—	—	—	—							
铣										—	—	—	—							
刨、插												—	—							
钻												—	—	—	—					
液压、挤压												—	—							
冲压												—	—	—	—	—				
压铸													—	—	—	—				
粉末冶金成形								—	—	—										
粉末冶金烧结									—	—	—	—								
砂型铸造、气割																		—	—	—
锻造																	—	—		

表 12-9 公差等级的选用

公差等级	主要应用范围
IT01、IT0、IT1	一般用于精密标准量块,IT1 也用于检验 IT6、IT7 级轴用量规的校对量规
IT2 ~ IT7	用于检验工件 IT5 ~ IT16 公差等级的量规的尺寸公差
IT3 ~ IT5	用于精度要求很高的重要配合,例如机床主轴与精密滚动轴承的配合、发动机活塞销与连杆孔和活塞孔的配合。配合公差很小,对加工要求高,应用较少
IT6	用于机床、发动机和仪表中的重要配合。例如,机床传动机构中的齿轮与轴的配合、轴与轴承的配合,发动机中活塞与汽缸、曲轴与轴承、气门杆与导套等的配合。配合公差较小,一般精密加工能够实现,在精密机械中应用广泛
IT7、IT8	用于机床和发动机的次要配合,也用于重型机械、农业机械、纺织机械、机车车辆等的重要配合。例如,机床上操纵杆的支承配合、发动机中活塞环与活塞环槽的配合、农业机械中齿轮与轴的配合等。配合公差中等,加工易于实现,在一般机械中广泛应用
IT9、IT10	用于一般要求或长度精度要求较高的配合。某些非配合尺寸的特殊要求,例如飞机机身的外壳尺寸,由于质量限制,要求达到 IT9 或 IT10
IT11、IT12	用于不重要的配合处,多用于各种没有严格要求,只要求用于连接的配合。例如,螺栓和螺孔、铆钉和孔的配合
IT12 ~ IT18	用于未注公差的尺寸和粗加工的工序尺寸上,例如手柄的直径、壳体的外形、壁厚尺寸、端面之间的距离等

12.3.3 配合的选择

确定了基准制和公差等级后,就要确定配合的种类。选择配合主要是为了解决相结合的零件孔与轴在工作时的相互关系,以保证机器正常工作。

在设计时,根据使用要求,尽量选用优先配合和常用配合,如果不能满足要求,可选用一般用途的孔、轴公差带按需要组成配合。

配合的选择步骤是:首先进行配合类别的选择,然后进行非基准件基本偏差代号的选择。

12.3.3.1 配合类别的选择

装配后,当孔、轴之间有相对运动要求时,应选用间隙配合;当孔、轴之间不要求有相对运动,并依靠键、销钉和螺钉等将孔、轴紧固在一起时,也可以选用间隙配合。当要求孔、轴之间有较紧配合,不能产生相对运动,甚至有时还要传递运动和力时,应选用过盈配合。当孔、轴之间受力小或基本不受力,主要要求对中、定心或便于装拆等时,应选用过渡配合。

12.3.3.2 基本偏差代号的选择

选择配合种类实质上就是确定非基准轴或非基准孔公差带的位置,也就是选择非基准轴或非基准孔的基本偏差代号。为了方便配合的选用,表 12-10 介绍了常用轴、孔的基本偏差的应用范围。

表 12-10 各种基本偏差的应用范围

配合	基本偏差	特点及应用实例
间隙配合	a(A)、b(B)	可得到特别大的间隙,应用很少。主要用于工作时温度高、热变形大的零件的配合,如发动机中活塞与缸套的配合为 H9/a9
	c(C)	可得到很大的间隙。一般用于工作条件较差、工作时受力变形大及装配工艺性不好的零件的配合,也适用于高温工作的间隙配合,如内燃机排气阀杆与导管的配合为 H8/c7,也适用于无定心要求的慢速传动
	d(D)	与 IT7 ~ IT11 对应,适用于较松、高速的间隙配合(如滑轮、空转的带轮与轴的配合),以及大尺寸滑动轴承与轴颈的配合(如涡轮机、球磨机等的滑动轴承),如活塞环与活塞槽的配合可用 H9/d9
	e(E)	与 IT6 ~ IT9 对应,具有明显的间隙,用于大跨距及多支点的转轴与轴承的配合,以及高速、重载的大尺寸轴与轴承的配合,如大型电机、内燃机的主要轴承处的配合为 H8/e7
	f(F)	与 IT6 ~ IT8 对应,用于中速转动的配合,受温度影响不大,采用普通润滑油的轴与滑动轴承的配合,如齿轮箱、小电动机、泵等的转轴与滑动轴承的配合为 H7/f6
	g(G)	与 IT5 ~ IT7 对应,形成配合的间隙较小,用于轻载精密装置中的低速转动配合,用于插销的定位配合及滑阀、连杆销等处的配合
	h(H)	与 IT5 ~ IT7 对应,广泛用于无相对转动的配合、一般的定位配合、精密低速转动或移动的配合。若没有温度、变形的影响,也可用于精密滑动轴承,如车床尾座孔与滑动套筒的配合为 H6/h6
过渡配合	js(JS)	多用于 IT4 ~ IT7 具有平均间隙的过渡配合,用于稍微过盈的定位配合,如联轴节、齿圈与轮毂的配合,滚动轴承外圈与外壳孔的配合多用 JS7。一般用手或木槌装配
	k(K)	多用于 IT4 ~ IT7 具有平均间隙接近零的配合,用于定位配合,如滚动轴承的内、外圈分别与轴颈、外壳孔的配合。用木槌装配
	m(M)	多用于 IT4 ~ IT7 具有平均过盈较小的配合,用于精密定位的配合,如涡轮的青铜轮缘与轮毂的配合
	n(N)	多用于 IT4 ~ IT7 具有平均过盈较大的配合,很少形成间隙。用于加键传递较大扭矩的配合,如冲床上齿轮与轴的配合。用槌子或压力机装配

续表 12-10

配合	基本偏差	特点及应用实例
过盈配合	p(P)	用于小过盈配合。与 H6 或 H7 的孔形成过盈配合,而与 H8 的孔形成过渡配合。碳钢和铸铁零件形成的配合为标准压入配合,绞车的绳轮与轴的配合为 H7/p6
	r(R)	用于传递大扭矩或受冲击负荷而需要加键的配合,如涡轮与轴的配合为 H7/r6。H8/r8 配合在公称尺寸 <100 mm 时,为过渡配合
	s(S)	用于钢和铸铁零件的永久性结合和半永久性结合,可产生相当大的结合力,如套环压在轴、阀座上用 H7/s6 配合
	t(T)	用于钢和铸铁零件的永久性结合,不用键可传递扭矩,需用热套法或冷轴法装配,如联轴节与轴的配合为 H7/t6
	u(U)	用于大过盈配合,最大过盈需验算。用热套法进行装配。如火车轮毂和轴的配合为 H6/u5
	v(V)、x(X)、y(Y)、z(Z)	用于特大过盈配合,目前使用的经验和资料较少,需经试验后才能使用,一般不推荐使用

当选定配合之后,需要按具体的工作条件,并参考机器或机构工作时结合件的相对位置、状态(如运动速度、运动方向、停歇时间、运动精度等)、承载情况、润滑条件、温度变化、配合的重要程度、装拆条件以及材料的物理机械性能等,对配合的间隙或过盈的大小进行修正,如表 12-11 所示。

表 12-11　不同工作条件影响配合间隙或过盈的趋势

工作条件	间隙增或减	过盈增或减
材料强度低	—	减
经常拆卸	—	减
工作时轴温高于孔温	增	减
配合长度增大	增	减
配合面形位误差增大	增	减
装配时可能歪斜	增	减
单件生产相对于成批生产	增	减
有轴向运动	增	—
润滑油黏度增大	增	—
旋转速度增高	增	增
表面趋向粗糙	减	增
有冲击载荷	减	增
工作时孔温高于轴温	减	增

【例 12-4】 某配合的公称尺寸为 $\phi40$ mm，要求间隙大小为 0.022 ~ 0.066 mm，试确定孔和轴的公差等级和配合种类。

解 (1)选择基准制。

优先选择基孔制。

(2)选孔、轴公差等级。

配合公差为 $T_f' = T_h + T_s = |X_{max} - X_{min}'| = |0.066 - 0.022| = 0.044(mm) = 44\ \mu m$。

即实际孔、轴公差之和 T_f 应最接近 T_f'。

查表 12-1，孔和轴的公差等级介于 IT6 和 IT7，属于高的公差等级，故取孔比轴大一级，孔选 IT7，$T_h = 25\ \mu m$；轴为 IT6，$T_s = 16\ \mu m$，则配合满足使用要求。

(3)确定孔、轴公差带代号。

孔：因为是基孔制配合，孔的基本偏差代号为 H，所以 $\phi40H7(^{+0.025}_{0})$。

轴：因为 $X_{min} = EI - es = 0 - es = -es$，$X_{min}' = +22\ \mu m$。

所以，es 应最接近 $-22\ \mu m$，查表 12-2，取基本偏差为 f，其 $es = -25$ mm。则 $ei = es - IT6 = -25 - 16 = -41(\mu m)$

因此，轴的公差带为 $\phi40f6(^{-0.025}_{-0.041})$。

(4)验算设计结果。

配合代号为 $\phi40H7/f6$，

最大间隙为 $X_{max} = +25 - (-41) = +66(\mu m) = +0.066$ mm。

最小间隙为 $X_{min} = 0 - (-25) = +25(\mu m) = +0.025$ mm。

故间隙在 0.022 ~ 0.066 mm。因此，设计结果满足使用要求。

【例 12-5】 图 12-13 所示为钻模的一部分。钻模板 4 上有衬套 2，快换钻套 1 在工作中要求能迅速更换，当快换钻套 1 以其铣成的缺边对正钻套螺钉 3 后可以直接装入衬套 2 的孔中，再顺时针旋转一个角度，钻套螺钉 3 的下端面就盖住钻套 1 的另一缺口面。这样钻削时，钻套 1 便不会因为切屑排出产生的摩擦力而使其退出衬套 2 的孔外，当更换钻套 1 时，可将钻套 1 逆时针旋转一个角度后直接取下，换上另一个孔径的快换钻套，而不必将钻套螺钉 3 取下。

若采用图 12-13 所示钻模加工工件上 $\phi12$ mm 孔，试选择衬套 2 与钻模板 4 的公差配合、钻孔时快换钻套 1 与衬套 2 以及钻套 1 内孔与钻头的公差配合。

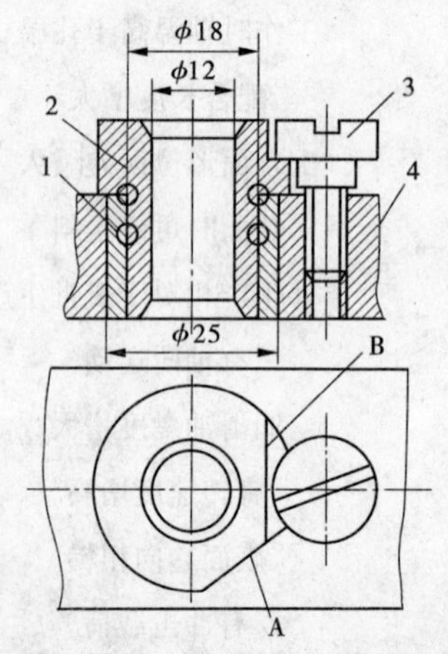

图 12-13 钻模上的钻模板、衬套与钻套

解 (1)基准制的选择。

对衬套 2 与钻模板 4 的配合以及钻套 1 与衬套 2 的配合，因结构无特殊要求，按国标规定，应优先选用基孔制。

对钻头与钻套 1 内孔的配合，因钻头属标准刀具，可视为标准件，故与钻套 1 的内孔配合应采用基轴制。

(2)公差等级的选择。

由表 12-7，钻模夹具各元件的连接，可按用于配合尺寸的 IT5 ~ IT8 级选用。

由表 12-9，重要的配合尺寸，对轴可选 IT6，对孔可选 IT7。本例中钻模板 4 的孔、衬套 2 的孔、钻套的孔按 IT7 选用。而衬套 2 的外圆、钻套 1 的外圆则按 IT6 选用。

(3) 配合种类的选择。

衬套 2 与钻模板 4 的配合，要求连接可靠，在轻微冲击和负荷下不用连接件也不会发生松动，即使衬套内孔磨损了，需更换时拆卸的次数也不多。因此，参考表 12-10，可选平均过盈率大的过渡配合 n。本例中选为 ϕ25H7/n6。

钻套 1 与衬套 2 的配合，要求经常手工更换，故需一定间隙来保证更换迅速。但是，又因要求有准确的定心，间隙不能过大。为此，参考表 12-10，可选精密手动移动的配合 g。本例中选为ϕ18H7/g6。

至于钻套 1 内孔，因为需要引导旋转着的刀具进给，既要保证一定的导向精度，又要防止因间隙过小而被卡住。因钻孔切削速度多为中速，参考表 12-10，应选中速转动的配合 F。本例中选为 ϕ12F7。

必须指出，对于与钻套 1 配合的衬套 2 的内孔，根据上面分析应选 ϕ18H7/g6，考虑到钻套内孔与衬套内孔的公差带，统一选用 F7，以利于制造。所以，在衬套 2 内孔公差带为 F7 的前提下，选用非基准制配合 ϕ18F7/k6。具体的对比见图 12-14。从图中可见，两者的极限间隙基本相同。

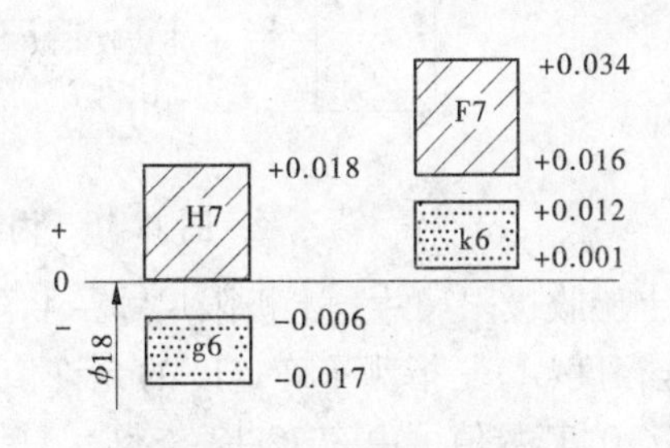

图 12-14 例 12-5 的公差带图

12.4 尺寸的检测

在机械制造中，技术测量主要对零件的几何量（包括长度、角度、表面粗糙度、几何形状和相互位置误差等）进行检验和测量，以确定零部件加工后是否符合设计图样上的技术要求。

检验是确定被检几何量是否在规定的极限范围内，从而判断其是否合格的操作过程。检验通常用量规、样板等专用定值无刻度量具来判断被测对象的合格性，所以它不能得到被测量的具体数值。主要适宜于大批量生产，以提高检测效率。

测量是指为确定被测对象的量值而进行的操作过程。即测量是将被测量与测量单位或标准量在数值上进行比较，从而确定两者比值的过程。

12.4.1 普通计量器具的选择

12.4.1.1 误废与误收

由于各种测量误差的存在，若按零件的最上、下极限尺寸验收，当零件的实际尺寸处于最上、下极限尺寸附近时，有可能将本来处于零件公差带内的合格品误判为废品，称为误废；将本来处于零件公差带外的废品误判为合格品，称为误收。

12.4.1.2 验收极限与安全裕度(A)

国家标准规定的验收原则:所用验收方法应只接收位于规定的极限尺寸之内的工件(内缩方案)。为了保证这个验收原则的实现,以及保证零件达到互换性要求,规定了验收极限。

验收极限是指检测工件尺寸时,判断其合格与否的尺寸界限。国家标准规定,验收极限可以按照下列两种方法来确定:

方法1:验收极限是由从图样上标定的上极限尺寸和下极限尺寸分别向工件公差带内移动一个安全裕度(A)来确定的,如图12-15所示。

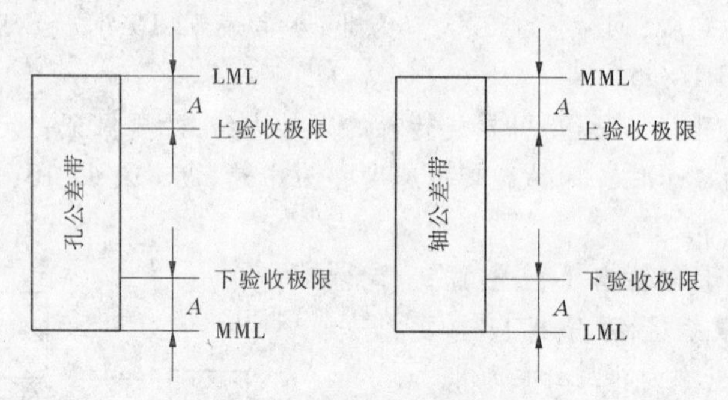

图12-15 内缩的验收极限

即:上验收极限尺寸=上极限尺寸$-A$,下验收极限尺寸=下极限尺寸$+A$。

安全裕度(A)是指测量确定度的允许值。A的数值由工件公差T确定,一般取工件公差的1/10,其数值可由表12-12查得。

表12-12 安全裕度(A)与计量器具的测量不确定度允许值(u_1) (单位:μm)

公差等级		IT6					IT7					IT8					IT9				
公称尺寸(mm)		T	A	u_1			T	A	u_1			T	A	u_1			T	A	u_1		
大于	至			Ⅰ	Ⅱ	Ⅲ			Ⅰ	Ⅱ	Ⅲ			Ⅰ	Ⅱ	Ⅲ			Ⅰ	Ⅱ	Ⅲ
—	3	6	0.6	0.54	0.9	1.4	10	1.0	0.9	1.5	2.3	14	1.4	1.3	2.1	3.2	25	2.5	2.3	3.8	5.6
3	6	8	0.8	0.72	1.2	1.8	12	1.2	1.1	1.8	2.7	18	1.8	1.6	2.7	4.1	30	3.0	2.7	4.5	6.8
6	10	9	0.9	0.81	1.4	2.0	15	1.5	1.4	2.3	3.4	22	2.2	2.0	3.3	5.0	36	3.6	3.3	5.4	8.1
10	18	11	1.1	1.0	1.7	2.5	18	1.8	1.7	2.7	4.1	27	2.7	2.4	4.1	6.1	43	4.3	3.9	6.5	9.7
18	30	13	1.3	1.2	2.0	2.9	21	2.1	1.9	3.2	4.7	33	3.3	3.0	5.0	7.4	52	5.2	4.7	7.8	12
30	50	16	1.6	1.4	2.4	3.6	25	2.5	2.3	3.8	5.6	39	3.9	3.5	5.9	8.8	62	6.2	5.6	9.3	14
50	80	19	1.9	1.7	2.9	4.3	30	3.0	2.7	4.5	6.8	46	4.6	4.1	6.9	10	74	7.4	6.7	11	17
80	120	22	2.2	2.0	3.3	5.0	35	3.5	3.2	5.3	7.9	54	5.4	4.9	8.1	12	87	8.7	7.8	13	20
120	180	25	2.5	2.3	3.8	5.6	40	4.0	3.6	6.0	9.0	63	6.3	5.7	9.5	14	100	10	9.0	15	23
180	250	29	2.9	2.6	4.4	6.5	46	4.6	4.1	6.9	10	72	7.2	6.5	11	16	115	12	10	17	26
250	315	32	3.2	2.9	4.8	7.2	52	5.2	4.7	7.8	12	81	8.1	7.3	12	18	130	13	12	19	29
315	400	36	3.6	3.2	5.4	8.1	57	5.7	5.1	8.4	13	89	8.9	8.0	13	20	140	14	13	21	32
400	500	40	4.0	3.6	6.0	9.0	63	6.3	5.7	9.5	14	97	9.7	8.7	15	22	155	16	14	23	35

续表 12-12

公差等级		IT10					IT11					IT12				IT13			
公称尺寸(mm)		T	A	u_1			T	A	u_1			T	A	u_1		T	A	u_1	
大于	至			Ⅰ	Ⅱ	Ⅲ			Ⅰ	Ⅱ	Ⅲ			Ⅰ	Ⅱ			Ⅰ	Ⅱ
—	3	40	4.0	3.6	6.0	9.0	60	6.0	5.4	9.0	14	100	10	9.0	15	140	14	13	21
3	6	48	4.8	4.3	7.2	11	75	7.5	6.8	11	17	120	12	11	18	180	18	16	27
6	10	58	5.8	5.2	8.7	13	90	9.0	8.1	14	20	150	15	14	23	220	22	20	33
10	18	70	7.0	6.3	11	16	110	11	10	17	25	180	18	16	27	270	27	24	41
18	30	84	8.4	7.6	13	19	130	13	12	20	29	210	21	19	32	330	33	30	50
30	50	100	10	9.0	15	23	160	16	14	24	36	250	25	23	38	390	39	35	59
50	80	120	12	11	18	27	190	19	17	29	43	300	30	27	45	460	46	41	69
80	120	140	14	13	21	32	220	22	20	33	50	350	35	32	53	540	54	49	81
120	180	160	16	15	24	36	250	25	23	38	56	400	40	36	60	630	63	57	95
180	250	185	18	16	28	42	290	29	26	44	65	460	46	41	69	720	72	65	110
250	315	210	21	19	32	47	320	32	29	48	72	520	52	47	78	810	81	73	120
315	400	230	23	21	35	52	360	36	32	54	81	570	57	51	80	890	89	80	130
400	500	250	25	23	38	56	400	40	36	60	90	630	63	57	95	970	97	87	150

由于验收极限向工件的公差带内移动，为了保证验收时合格，在生产时不能按原有的极限尺寸加工，应按由验收极限所确定的范围生产，这个范围称为生产公差。

方法 2：验收极限等于图样上标定的上极限尺寸和下极限尺寸，即安全裕度 A 值等于零。

具体选择哪一种方法，要结合工件的尺寸、功能要求及其重要程度、尺寸公差等级、测量不确定度和工艺能力等因素综合考虑。具体原则是：

(1) 对要求符合包容要求的尺寸、公差等级高的尺寸，其验收极限按方法 1 确定。

(2) 当工艺能力指数 $C_p \geq 1$ 时，其验收极限可以按方法 2 确定。工艺能力指数 C_p 值是工件公差 T 与加工设备工艺能力 6σ 的比值（工件尺寸遵循正态分布）。

(3) 对偏态分布的尺寸，尺寸偏向的一边应按方法 1 确定。

(4) 对非配合和一般公差的尺寸，其验收极限按方法 2 确定。

12.4.1.3 计量器具的选择原则

计量器具的选择主要取决于计量器具的技术指标和经济指标。选用时应考虑：

(1) 选择的计量器具应与被测工件的外形、尺寸的大小及被测参数特性相适应，使所选计量器具的测量范围能满足工件的要求。

(2) 选择计量器具应考虑被测工件的尺寸公差，使所选计量器具的不确定度允许值既能保证测量精度要求，又符合经济性要求。

为了保证测量的可靠性和量值的统一，国家标准规定：按照计量器具的测量不确定度允许值 u_1 选择计量器具。u_1 值见表 12-12。u_1 值分为Ⅰ、Ⅱ、Ⅲ档，分别约为工件公差的 1/10、1/6 和 1/4。一般情况下，优先选用Ⅰ档，其次为Ⅱ档、Ⅲ档。选用计量器具时，应使所选测量器具的不确定度 u_1'等于或小于 u_1 值（即 $u_1' \leqslant u_1$）。各种普通计量器具的不确定度 u_1'值见表 12-13 ~ 表 12-15。

生产中，当现有测量器具的不确定度 $u_1' > u_1$ 时，应按式（12-23）扩大安全裕度 A 至 A'。

$$A' = u_1'/0.9 \tag{12-23}$$

表 12-13　千分尺和游标卡尺的不确定度　　（单位：mm）

<table>
<tr><th colspan="2" rowspan="2">尺寸范围</th><th colspan="4">计量器具类型</th></tr>
<tr><th>分度值 0.01
外径千分尺</th><th>分度值 0.01
内径千分尺</th><th>分度值 0.02
游标卡尺</th><th>分度值 0.05
游标卡尺</th></tr>
<tr><th>大于</th><th>至</th><th colspan="4">不确定度 u_1'</th></tr>
<tr><td>0</td><td>50</td><td>0.004</td><td rowspan="3">0.008</td><td rowspan="6">0.020</td><td rowspan="5">0.050</td></tr>
<tr><td>50</td><td>100</td><td>0.005</td></tr>
<tr><td>100</td><td>150</td><td>0.006</td></tr>
<tr><td>150</td><td>200</td><td>0.007</td><td rowspan="3">0.013</td></tr>
<tr><td>200</td><td>250</td><td>0.008</td></tr>
<tr><td>250</td><td>300</td><td>0.009</td><td rowspan="7">0.100</td></tr>
<tr><td>300</td><td>350</td><td>0.010</td><td rowspan="3">0.020</td><td rowspan="7"></td></tr>
<tr><td>350</td><td>400</td><td>0.011</td></tr>
<tr><td>400</td><td>450</td><td>0.012</td></tr>
<tr><td>450</td><td>500</td><td>0.013</td><td>0.025</td></tr>
<tr><td>500</td><td>600</td><td rowspan="3"></td><td rowspan="3">0.030</td></tr>
<tr><td>600</td><td>700</td></tr>
<tr><td>700</td><td>1 000</td><td>0.150</td></tr>
</table>

注：①当采用比较测量时，千分尺的不确定度可小于本表规定的数值，一般可减小 40%。

②考虑到某些车间的实际情况，当从本表中选用的计量器具的不确定度（u_1'）需在一定范围内大于 GB/T 3177—2009 规定的 u_1 值时，须按式（12-23）重新计算出相应的安全裕度。

表 12-14　指示表的不确定度　　（单位：mm）

<table>
<tr><th colspan="2" rowspan="2">尺寸范围</th><th colspan="4">所使用的计量器具</th></tr>
<tr><th>分度值为 0.001 的千分表
（0 级在全程范围内）
（1 级在 0.2 mm 内）
分度值为 0.002 的
千分表在 1 转内</th><th>分度值为 0.001、0.002、
0.005 的千分表
（1 级在全程范围内）
分度值为 0.01 的百分表
（0 级在任意 1 mm 内）</th><th>分度值为 0.01 的
百分表（0 级在
全程范围内）
（1 级在任意
1 mm 内）</th><th>分度值为 0.01 的
百分表
（1 级在全程
范围内）</th></tr>
<tr><th>大于</th><th>至</th><th colspan="4">不确定度 u_1'</th></tr>
<tr><td>0</td><td>115</td><td>0.005</td><td rowspan="2">0.01</td><td rowspan="2">0.018</td><td rowspan="2">0.30</td></tr>
<tr><td>115</td><td>315</td><td>0.006</td></tr>
</table>

表 12-15　比较仪的不确定度　（单位：mm）

尺寸范围		所使用的计量器具			
		分度值为 0.000 5（相当于放大倍数 2 000 倍）的比较仪	分度值为 0.001（相当于放大倍数 1 000 倍）的比较仪	分度值为 0.002（相当于放大倍数 400 倍）的比较仪	分度值为 0.005（相当于放大倍数 250 倍）的比较仪
大于	至	不确定度 u_1'			
0	25	0.000 6	0.001 0	0.001 7	
25	40	0.000 7			
40	65	0.000 8	0.001 1	0.001 8	0.003 0
65	90	0.000 8			
90	115	0.000 9	0.001 2	0.001 9	
115	165	0.001 0	0.001 3		
165	215	0.001 2	0.001 4	0.002 0	
215	265	0.001 4	0.001 6	0.002 1	0.003 5
265	315	0.001 6	0.001 7	0.002 2	

【例 12-6】　被检验零件尺寸为轴 $\phi65e9$，试确定验收极限并选择适当的计量器具。

解　(1) 由极限与配合标准中查得：$\phi65e9$ 的极限偏差为 $\phi65^{-0.060}_{-0.134}$。

(2) 由表 12-12 中查得安全裕度 $A=7.4\ \mu m$，测量不确定度允许值 $u_1=6.7\ \mu m$。

应按照方法 1 的原则确定验收极限，则

上验收极限 $=65-0.060-0.007\,4=64.932\,6$(mm)

下验收极限 $=65-0.134+0.007\,4=64.873\,4$(mm)

(3) 由表 12-13 查得分度值为 0.01 mm 的外径千分尺，在尺寸为 50～100 mm 时，不确定度数 $u_1'=0.005$ mm。

因 $0.005<u_1=0.006\,7$，故可满足使用要求。

12.4.2　计量器具和测量方法

12.4.2.1　计量器具的分类

计量器具是测量仪器和测量工具的总称。计量器具按其测量原理、结构特点及用途分为以下四类。

1. 基准量具

用来校对或调整计量器具，或作为标准尺寸进行相对测量的量具称为基准量具，如量块等。

2. 通用计量器具

能将被测量转换成可直接观测的指示值或等效信息的测量工具称为通用计量器具。

按其工作原理可分类如下：

(1)游标类量具，如游标卡尺、游标高度尺等；

(2)螺旋类量具，如千分尺、公法线千分尺等；

(3)机械式量仪，如百分表、千分表、齿轮杠杆比较仪、扭簧比较仪等；

(4)光学量仪，如光学计、光学测角仪、光栅测长仪、激光干涉仪等；

(5)电动量仪，如电感比较仪、电动轮廓仪、容栅测位仪等；

(6)气动量仪，如水柱式气动量仪、浮标式气动量仪等；

(7)微机化量仪，如微机控制的数显万能测长仪、三坐标测量机等。

3. 极限量规类

极限量规类是一种无刻度专用检验工具，如塞规、卡规、螺纹量规、功能量规等。

4. 检验夹具

检验夹具也是一种专用的检验工具，它在和相应的计量器具配套使用时，可方便地检验出被测件的各项参数。如检验滚动轴承用的各种夹具，可同时测出轴承套圈的尺寸及径向或端面圆跳动等。

12.4.2.2 计量器具的度量指标

计量器具的度量指标是表征计量器具的性能和功用的指标，也是选择和使用计量器具的依据。主要包括以下度量指标：

(1)分度值(i)。即计量器具刻度尺(或盘)上相邻两刻线所代表的量值之差。例如，千分尺的分度值 $i=0.01$ mm。

(2)刻度间距。即量仪刻度尺(或盘)上两相邻刻线的中心距离，通常为 1 ~ 2.5 mm。

(3)示值范围。即计量器具所指示或显示的最低值到最高值的范围。如机械式比较仪的示值范围为 ±0.1 mm，如图 12-16 所示。

(4)测量范围。即在允许误差限内，计量器具所能测量零件的最低值到最高值的范围。

(5)灵敏度。即计量器具对被测量变化的反应能力。若用 ΔL 表示被观测变量的增量，用 ΔX 表示被测量的增量，则 $K=\Delta L/\Delta X$。

(6)测量力。即测量过程中，计量器具与被测表面之间的接触力。在接触测量中，希望测量力是一定量的恒定值。测量力太大会使零件产生变形，测量力不恒定会使示值不稳定。

(7)示值误差。即计量器具示值与被测量真值之间的差值。如测长仪示值为 0.125 mm，实际值为 0.126 mm，则示值误差为 $\Delta=-0.001$ mm。

(8)示值变动性。即在测量条件不变的情况下，对同一被测量进行多次重复测量时，其读数的最大变动量。

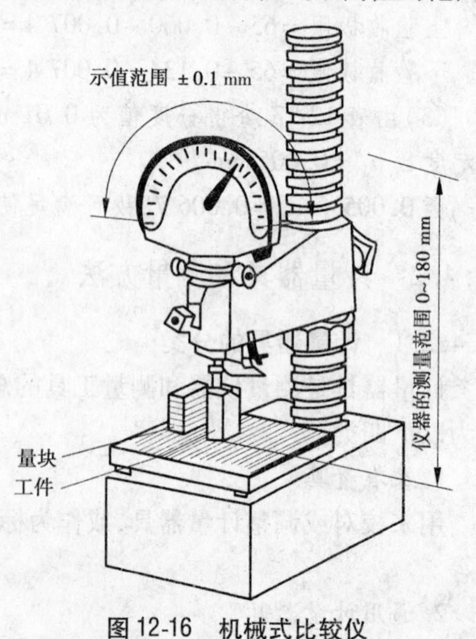

图 12-16 机械式比较仪

(9)修正值。即为了消除系统误差,用代数法加到示值上以得到正确结果。

(10)不确定度。即在规定条件下测量时,由于测量误差的存在,对测量值不能肯定的程度。

12.4.2.3 测量方法及其分类

(1)按测得示值方式不同,可分为绝对测量和相对测量。

绝对测量指在计量器具的读数装置上可表示出被测量的全值。例如,用千分尺或测长仪测量零件直径或长度,其实际尺寸由刻度尺直接读出。

相对测量指在计量器具的读数装置上只表示出被测量相对已知标准量的偏差值。例如,用量块(或标准件)调整比较仪的零位,然后再换上被测件,则比较仪所指示的是被测件相对于标准件的偏差值。

(2)按测量结果获得方法不同,可分为直接测量和间接测量。

直接测量指用计量器具直接测量被测量的整个数值或相对于标准量的偏差。例如,用千分尺测轴径,用比较仪和标准件测轴径等。

间接测量指测量与被测量有函数关系的其他量,再通过函数关系式求出被测量。

(3)按同时测量被测参数的多少,可分为单项测量和综合测量。

单项测量指对被测件的个别参数分别进行测量。例如,分别测量螺纹的中径、螺距和牙型半角。

综合测量指同时检测工件上的几个有关参数,综合判断工件是否合格。例如,用螺纹量规检验螺纹作用中径的合格性(综合检验其中径、螺距和牙型半角误差对合格性的影响)。

此外,按被测量在测量过程中所处的状态,可分为静态测量和动态测量;按被测表面与测量仪间是否有机械作用的测量力,可分为接触测量与不接触测量等。

12.5 拓展提高——内径百分表测量孔径

12.5.1 案例

在车床上精车如图 12-17 所示的轴套,使其孔径尺寸达到 $\phi42^{+0.025}_{0}$ mm,试选择合适的测量工具,在加工过程中进行尺寸控制。

12.5.2 案例分析

轴套是机械结构中最常见的零件之一,通常都是薄壁零件,主要在轴上起到零件限位、轴承固定等作用。从本工序的加工尺寸可知,在加工过程中要保证工件孔径的最大尺寸不大于 42.025 mm,最小尺寸不小于 42 mm。因此,本工序需要重点保证工件孔径的尺寸在这个范围内。

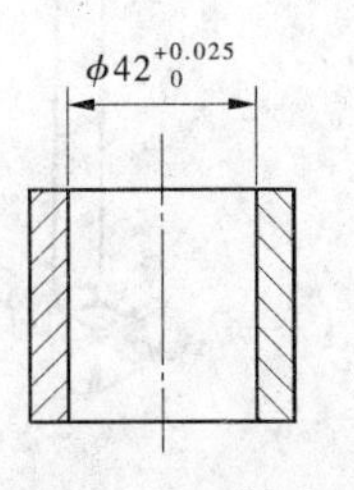

图 12-17 轴套

12.5.3 测量工具的选择

在车床上镗孔时，通常都用内径百分表进行检测，因为内径百分表的检测精度可以达到0.01 mm，完全满足轴套尺寸精度的检测要求。由于内径百分表配有测量杆可以调节内径百分表的测量范围，因此其测量范围比较广。本案例中，轴套基本尺寸为42 mm，尺寸公差为0.025 mm。所以，采用测量范围为35～50 mm的接长杆、精度为0.01 mm的百分表配合进行检测。

12.5.4 测量步骤与数据处理

12.5.4.1 测量步骤

1. 安装接长杆

根据轴套的直径正确选择接长杆，装入杆座，调整接长杆位置，使活动接长杆的长度大于被测尺寸0.5～1 mm，保证接长杆测量时活动头能在基本尺寸的正、负一定范围内自由运动，然后压紧接长杆的锁紧螺母。

2. 安装百分表

将百分表装入量杆内，预压缩1 mm左右（百分表的小指针指在1 mm附近），然后锁紧百分表的表杆。安装好接长杆及百分表的内径百分表，见图12-18。

3. 用外径千分尺校正百分表零位

选择25～50 mm的千分尺，将尺寸调整到基本尺寸42 mm，用内径百分表在千分尺两测量砧中间摆动，取最小值时，将百分表校正为零位。

4. 测量

手持内径百分表隔热手柄，将内径百分表的活动测头和定心块轻轻压入轴套孔径中，然后将接有接长杆的固定量头放入，再将表轻轻地在轴套截面内摆动，读出指示表最小读数，即为孔径的实际偏差，测量示意图见图12-19。

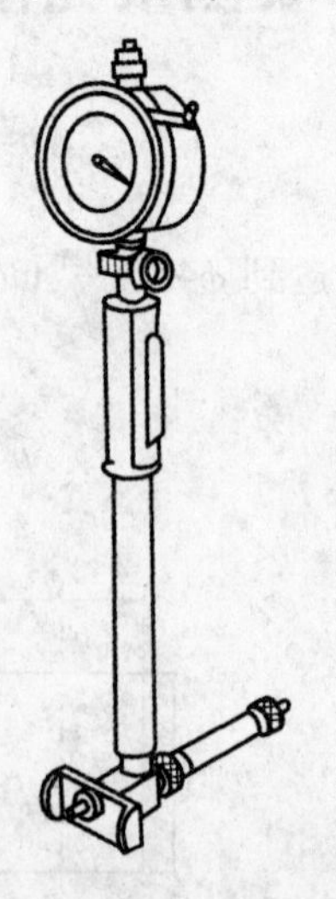

图12-18 内径百分表

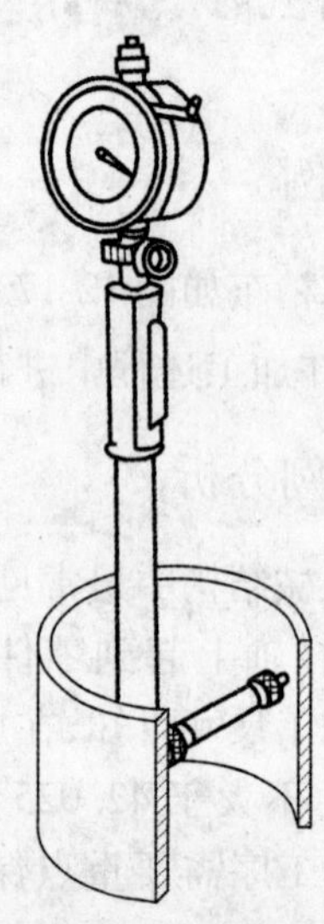

图12-19 内径百分表测量示意图

按照上述方法,在轴套内孔表面上分别取不同的 5 个点,将测量偏移值记录下来,填入表 12-16 中,计算平均值并判断内径尺寸是否合格。

表 12-16 内径百分表测量内孔数据表

测量次数	1	2	3	4	5	平均值
测量值(mm)	+0.017	+0.018	+0.019	+0.017	+0.018	+0.017 8

5. 测量后内径百分表的保养

测量结束后,拆下百分表和接长杆,擦拭干净测量工具,将工具放入指定工具盒内。

12.5.4.2 **测量数据处理**

将上述 5 次测量的表针偏移数据记入表 12-16 中,取平均值后,加上孔径的基本尺寸即得到工件内孔尺寸。

结论:测量结果显示,内径百分表上偏移的尺寸为 +0.017 8 mm,加上基本尺寸 42 mm,因此零件的实际尺寸为 42.017 8 mm。该零件合格。

12.5.5 相关知识

12.5.5.1 **内径百分表的结构**

内径百分表用于检测零件尺寸,是一种比较测量法的器具,其操作方便、简单,在生产实践中得到了广泛的应用。常用的内径百分表主要由活动测头、接长杆、接头主体件、表杆、传动杆、弹簧、百分表、杠杆、弹簧、定位护桥等组成。

12.5.5.2 **内径百分表的测量原理**

内径百分表测量工件的尺寸变化时,通过活动测头传递给等臂转向杠杆及接长杆,然后由分度值为 0.01 mm 的百分表指示出来。

12.5.5.3 **百分表的结构**

百分表外部一般都由指针、表盘、测量头、测量杆等组成,内部结构多由齿轮、齿条、测力装置等组成,其结构图见图 12-20。

12.5.5.4 **百分表的读数方法**

百分表测量前必须先用与被测尺寸公称值相同的标准尺寸来调整其零位,然后通过百分表读出被测尺寸的实际偏差。

百分表的长指针转动一小格,表示百分表的测量头移动了 0.01 mm,百分表的长指针转动一周,表示内径百分表的测量头移动了 1 mm。测量读数可估计读到 0.001 mm。

百分表的读数一般规定:表针按顺时针方向未达到零点的读数是正值,表针按顺时针方向超过零点的读数是负值。

12.5.5.5 **内径百分表的使用注意事项**

(1)使用前必须检查百分表定心装置及测量杆移动是否灵活。

(2)按内径百分表各接长杆规定的适用范围选择接长杆。

(3)安装接长杆时,不得强行用扳手旋入,防止损坏杆座内的传动杆。

(4)调整好接长杆后,必须将锁紧螺母固定,防止校正零位后尺寸发生变化。

(5)内径百分表表杆的最佳位置应该是在轴线(直径)方向最小值、截面方向最大值的位置,见图12-20。

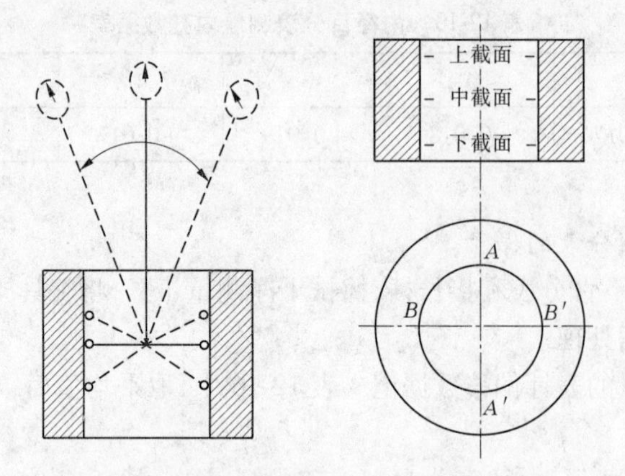

图12-20　内径百分表表杆最佳位置

(6)不得测量运动着的工件。

(7)不得测量表面粗糙的工件。

(8)测量结束后,应将量具表面擦拭干净,将其放入盒内固定,并避免放置于强磁力、潮湿、振动与腐蚀的地方。

练习题

1. 选择题

(1)标准化是制定标准和贯彻标准的(　　)。

A. 命令　　B. 环境　　C. 条件　　D. 全过程

(2)用光学比较仪测量轴径的方法属于(　　)。

A. 相对测量法　　B. 绝对测量法　　C. 综合测量法　　D. 间接测量法

(3)基本偏差代号为A、G、F的孔与基本偏差代号为h的轴配合为(　　)。

A. 基孔制配合　　B. 基轴制配合　　C. 任意制配合　　D. 过盈配合

(4)为防止加工产品的实际尺寸接近极限尺寸时产生误收或误废,采用增加安全裕度(　　)。

A. 减小公差　　B. 放大公差

C. 增大上极限尺寸　　D. 减小下极限尺寸

(5)尺寸公差带的基本偏差代号有(　　)。

A. 26个　　B. 27个　　C. 28个　　D. 29个

2. 填空题

(1)互换性可分为________和________两种。

(2)孔的基本偏差代号用________字母表示,轴的基本偏差代号用

__________字母表示,其中从__________至__________的基本偏差用于间隙配合。

(3)GB/T 1800—2009规定孔、轴的基本偏差各有__________种,其中轴的代号a至h基本偏差为__________偏差,从j至zc基本偏差为__________偏差;孔的代号A至H基本偏差为__________偏差,从J至ZC基本偏差为__________偏差。

(4) GB/T 1800—2009 规定标准尺寸公差等级分为__________级,其中__________级最高,__________级最低。

(5)将本来处于零件公差带内的合格品判为废品称为__________。将本来处于零件公差带外的废品误判为合格品称为__________。

3.判断题

(1)标准是在一定范围内使用的统一规定。 (　　)

(2)优先数系是自然数系。 (　　)

(3)间隙配合的平均配合公差为间隙。 (　　)

(4)没标公差要求的尺寸,没有公差要求。 (　　)

(5)测量是指为确定被测对象的量值而进行的操作过程。 (　　)

4.综合题

(1)什么是基准制?选择基准制的依据是什么?

(2)在尺寸检测时,误收与误废是怎样产生的?如何解决这个问题?

(3)某一配合的配合公差$T_f=0.050$ mm,最大间隙$X_{max}=+0.030$ mm,问该配合属于什么配合类别?

(4)已知20H7/m6的尺寸偏差为$\phi20^{+0.021}_{0}/\phi20^{+0.021}_{+0.008}$,保持配合性质不变,改换成基轴制配合,则20M7/h6中孔、轴尺寸的极限偏差为多少?

(5)已知配合40H8/f7,孔的公差为0.039 mm,轴的公差为0.025 mm,最大间隙$X_{max}=+0.089$ mm。试求:

①配合的最小间隙X_{min}、孔与轴的极限尺寸、配合公差并画公差带图解;

②40JS7、40H7、40F7、40H12的极限偏差。

(6)查表并计算下列四种配合的孔、轴极限偏差及配合公差T_f,并说明基准制及配合性质:

①$\phi60\dfrac{H9}{h9}$;②$\phi50\dfrac{U7}{h6}$;③$\phi50\dfrac{H7}{k6}$;④$\phi40\dfrac{P7}{m6}$。

(7)下列三组孔与轴相配合,根据给定的数值,试分别确定它们的公差等级,并选用适当的配合。

①配合的公称尺寸=25 mm,$X_{max}=+0.086$ mm,$X_{min}=+0.020$ mm;

②配合的公称尺寸=40 mm,$Y_{max}=-0.076$ mm,$Y_{min}=-0.035$ mm。

③配合的公称尺寸=60 mm,$Y_{max}=-0.032$ mm,$X_{max}=+0.046$ mm。

(8)测量如下尺寸的工件时,应选择什么样的计量器具?

①ϕ60H10;②ϕ30f9。

模块 13　几何公差及检测

【模块导入】

零件在加工过程中,其几何要素不可避免地产生形状误差和位置误差。过于强调形状与位置精度,就会使产品制造成本加大,甚至无法制造;精度要求过低,就无法保证产品的技术性能,影响产品的使用性能、安全性与寿命。因此,对零件的几何精度进行合理的设计、规定适当的几何公差是十分重要的。

【技能要求】

学会选用孔、轴的几何公差标准,掌握几何公差在零件图样上的标注方法,理解形状公差带和误差值、位置公差带和误差值。初步具备进行几何公差精度设计的基本能力,能够看懂零件图样中标注的各种几何公差要求。

13.1　概　述

零件的形状误差和位置误差简称为几何误差。几何误差会直接影响机械产品的工作精度、运动平稳性、密封性、耐磨性、使用寿命和可装配性等。因此,为保证机械产品的质量和零件的互换性,必须对零件规定几何公差。

13.1.1　几何公差的研究对象

几何公差的研究对象是构成零件几何特征的点、线、面等几何要素。如图 13-1 所示的零件是由平面、圆柱面、圆锥面、球面、轴线、素线和球心等几何要素构成的。零件的几何要素可按不同的方法进行分类。

13.1.1.1　按结构特征分类

(1)组成要素。即构成零件轮廓外形的点、线、面的要素。如图 13-1 中的圆柱面、圆锥面、平面、球面及其他表面素线等属于组成要素。

(2)导出要素。即具有对称关系的组成要素的中心点、线、面。零件上的中心线、中心面、球心和中心点等属于导出要素。

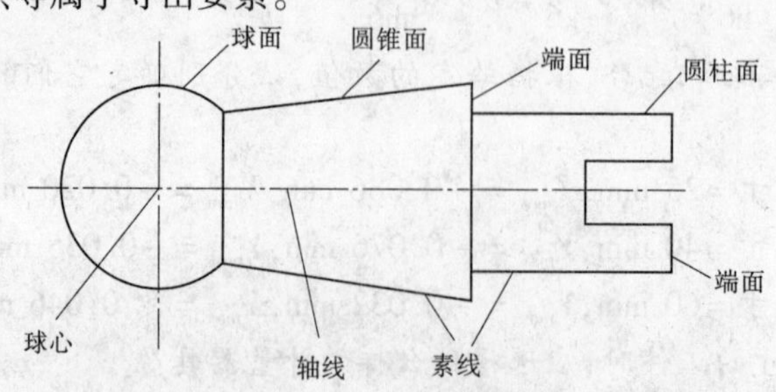

图 13-1　零件的几何要素

13.1.1.2　按存在的状态分类

(1)理想要素。即仅具有几何意义的要素,它是按设计要求,由图样给定的点、线、面的理想形态。它不存在任何误差,是绝对正确的几何要素。理想要素作为评定实际要素的依据,在生产中不可能得到。

(2)实际要素。即零件加工后实际存在的要素,通常由测得要素来代替。由于测量误差的存在,所以测得要素并非实际要素的真实情况。

13.1.1.3　按所处的地位分类

(1)被测要素。即零件上给出了几何公差要求的要素。

(2)基准要素。即零件上规定用来确定被测要素的方向和位置的要素。

13.1.1.4　按功能关系分类

(1)单一要素。即仅对要素本身提出形状公差要求的被测要素。

(2)关联要素。即与零件基准要素有方向或位置功能要求的被测要素。

13.1.2　几何公差的分类、特征项目及符号

几何公差是实际被测要素允许形状和位置变动的区域。GB/T 1182—2008 规定了 14 种几何公差的特征项目。几何公差的分类、特征项目及符号如表 13-1 所示。

表 13-1　几何公差的分类、特征项目及符号

公差		特征	符号	有或无基准要求
形状或位置	形状	直线度	—	无
		平面度	▱	无
		圆度	○	无
		圆柱度	⌭	无
	轮廓	线轮廓度	⌒	有或无
		面轮廓度	⌓	有或无
位置	定向	平行度	//	有
		垂直度	⊥	有
		倾斜度	∠	有
	定位	位置度	⌖	有或无
		同轴(同心)度	◎	有
		对称度	⌯	有
	跳动	圆跳动	↗	有
		全跳动	⌰	有

13.1.3　几何公差带

几何公差带是用来限制实际被测要素变动的区域。只要实际被测要素完全落在给定的公差带内,就表示其形状和位置符合设计要求。

几何公差带是一个几何图形,有一定的形状,它由被测要素的结构特征和功能要求决定,其形状如图 13-2 所示。形状公差带有两个要素,即形状和大小;而位置公差带则有形状、大小、方向和位置四个要素。

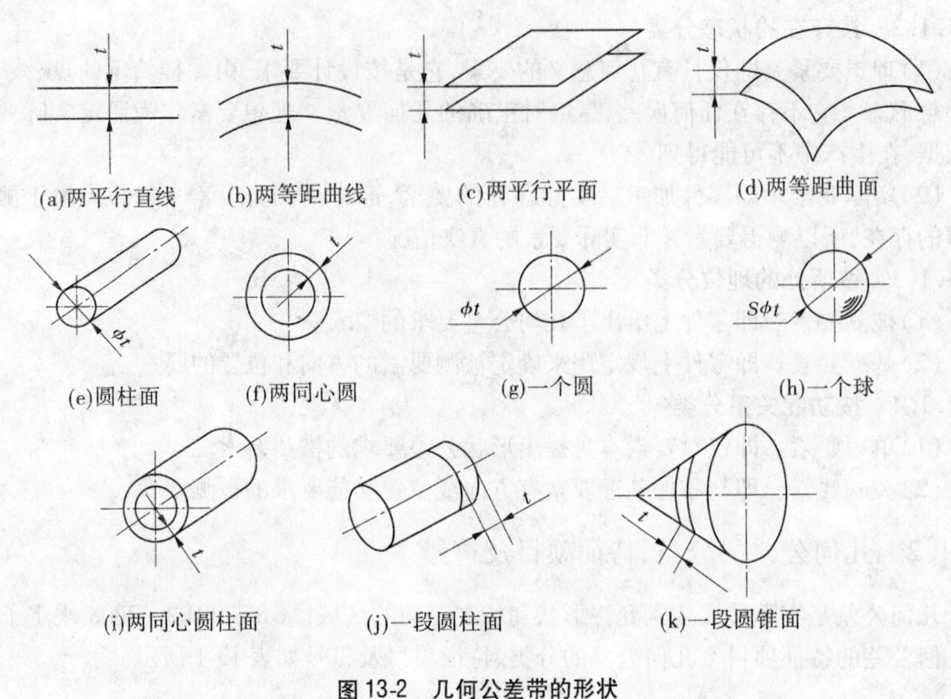

图 13-2　几何公差带的形状

13.2　几何公差的标注

13.2.1　几何公差代号

国标规定,在技术图样中,用几何公差代号标注零件的几何公差要求。当无法采用公差框格标注时,允许在技术要求中用文字说明。用几何公差代号标注能更好地表达设计意图,使工艺、检测有统一的理解,从而更好地保证产品的质量。

13.2.1.1　公差框格

几何公差代号由两格或多格的矩形框格组成,并用带箭头的指引线指向被测要素。框格中的内容包括公差特征符号、公差值、基准字母以及有关符号等,如图 13-3 所示。第一格填公差特征符号,第二格填公差值及有关符号,第三至第五格填基准字母及有关符号。当公差框格横放时,其中的内容按从左到右顺序填写,竖放时由下至上填写。如果要求在几何公差带内进一步限定被测要素的形状,则应在公差值后加注相应的符号,如表 13-2所示。

13.2.1.2　公差特征符号

根据零件的功能要求,由设计者给定,位于公差框格的第一栏。

13.2.1.3　公差值

公差值以 mm 单位,位于公差框格的第二栏。如果公差带是圆形或圆柱形的,则在公差值前加注“ϕ”;如果是球形的,则在公差值前加注“$S\phi$”,如图 13-4 所示。

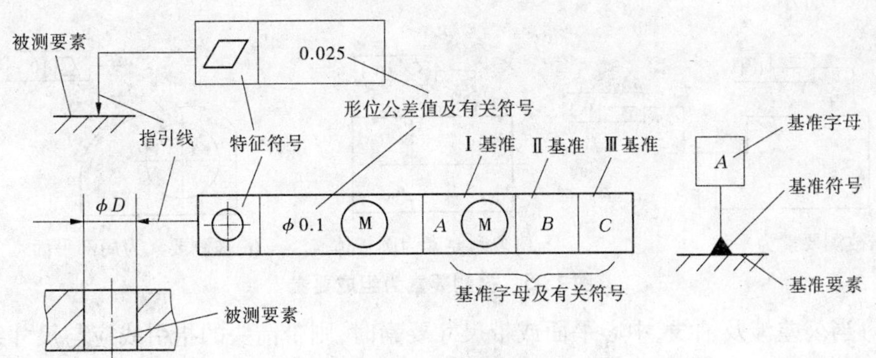

图 13-3　几何公差标注表示

表 13-2　对被测要素形状要求的符号

含义	符号	举例	含义	符号	举例
只许中间向材料内凹下	(–)	— | t(–)	只许从左至右减小	(▷)	⌭ | t(▷)
只许中间向材料外凸起	(+)	▱ | t(+)	只许从右至左减小	(◁)	⌭ | t(◁)

13.2.1.4　基准代号

零件若有位置公差要求，在图样上必须标明基准代号，并在方框中注出基准代号的字母，如图 13-4 所示。为不引起误解，不采用 E、I、J、M、O、P、L、R、F 等字母。单一基准位于公差框格的第三栏，如图 13-4(b)所示；由两个要素组成的公共基准，用由横线相隔的两个大写字母表示，如图 13-4(c)所示；由两个或两个以上要素组成的基准体系，表示基准的大写字母应按基准的优先次序填写，如图 13-4(d)所示。

—	0.1

(a)直线度

//	0.1	A

(b)平行度

◎	φ0.1	A—B

(c)同轴度

⌖	Sφ0.1	A	B	C

(d)位置度

图 13-4　公差框格

基准字母应与公差框格中的字母保持一致。基准代号可水平、垂直或倾斜绘制，无论基准代号在图样上的方向如何，其方框中的字母都应水平书写。

13.2.1.5　指引线

指引线用细实线表示。一端与公差框格相连，可从框格的左端或右端引出，必须垂直于公差框格，另一端带有箭头，指向被测要素，如图 13-3 所示。

13.2.2　被测要素的标注方法

(1)当公差涉及轮廓线或表面时，箭头可置于被测要素的轮廓线或轮廓线的延长线上，且必须与尺寸线明显地分开，如图 13-5(a)、(b)所示。

(2)当指向实际表面时，箭头可置于带点的参考线上，该点处在实际表面上，如

图 13-5(c)所示。

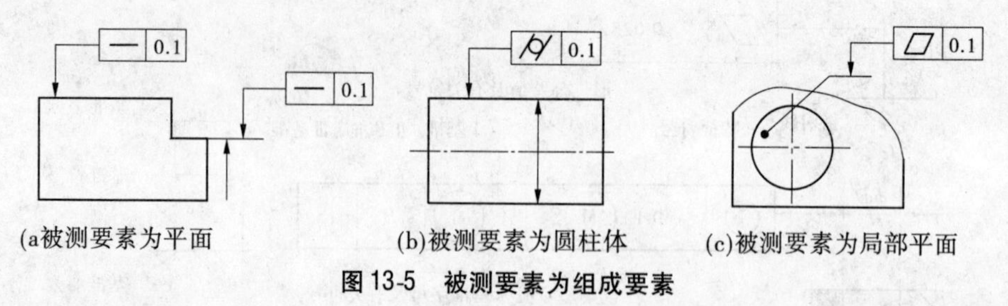

图 13-5　被测要素为组成要素

(3)当公差涉及轴线、中心平面或带尺寸要素时,则带箭头的指引线应与尺寸线的延长线重合,如图 13-6 所示。

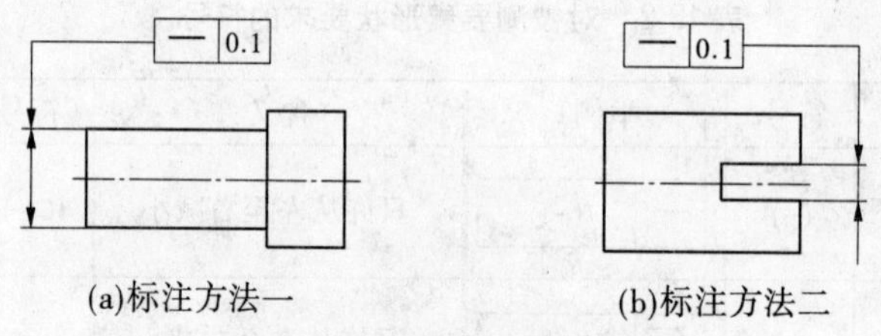

图 13-6　被测要素为中心要素

(4)当对同一被测要素有一个以上的公差特征项目要求时,为方便起见,可以多个公差框格共用一条指引线,如图 13-7 所示。

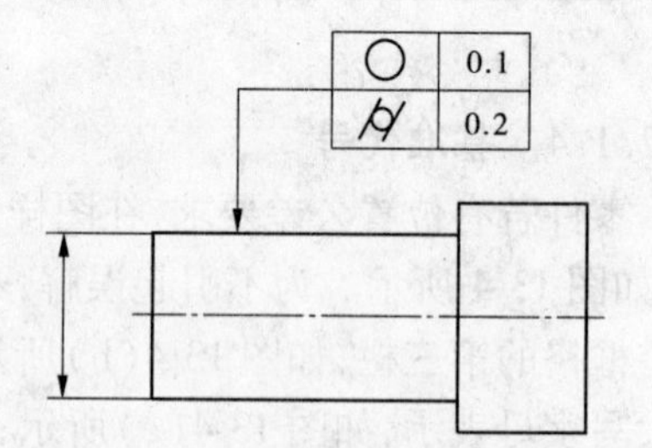

图 13-7　多个公差特征项目的简化标注

(5)当被测要素为多个时,应在公差框格上方标明,如“6 槽”;其他说明性要求应标注在公差框格的下方,如“在 *a*、*b* 范围内”;当用同一公差带控制几个被测要素时,应在公差框格上注明“共面”或“共线”;被测要素可以用字母表示,如图 13-8 所示。

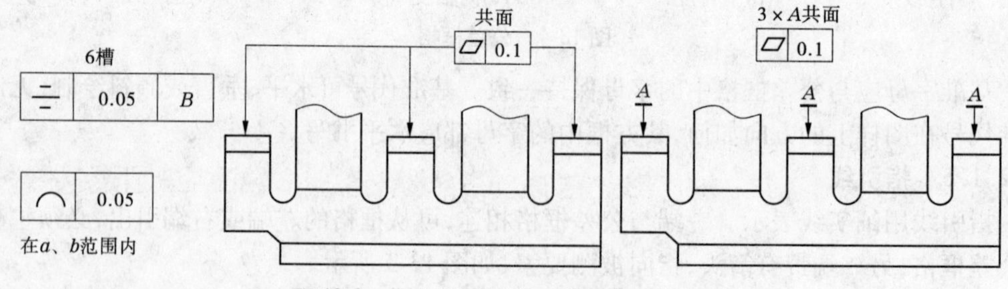

图 13-8　多个被测要素时的几何公差标注

13.2.3　基准符号的标注方法

(1)当基准要素是轮廓线或表面时,基准符号应在要素的外轮廓上或它的延长线上,但应与尺寸线明显错开,如图 13-9(a)所示。

(2)当基准要素的投影为面时,基准符号还可置于用圆点指向实际表面的参考线上,如图 13-9(b)所示。

(3)当基准要素是轴线或中心平面时,则基准符号中的细实线应与尺寸线一致。如果尺寸线处安排不下两个箭头,则标注基准符号处不用箭头,如图 13-9(c)所示。

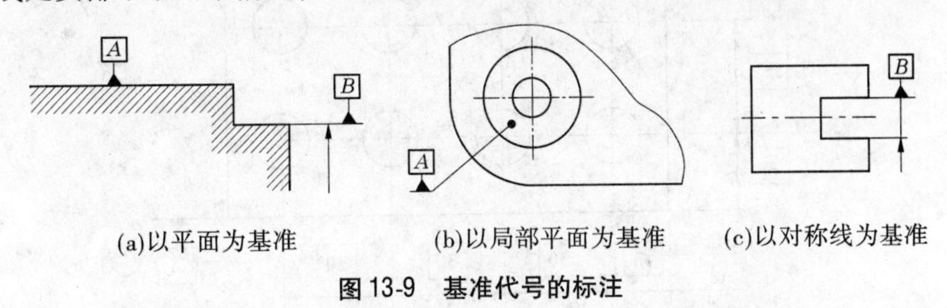

(a)以平面为基准　(b)以局部平面为基准　(c)以对称线为基准

图 13-9　基准代号的标注

13.2.4　几何公差标注中的有关问题

13.2.4.1　限定基准要素或被测要素范围的标注

当以基准要素的局部作为基准时,须用粗点画线标出其部位,并加注尺寸;当以被测要素的局部作为被测要素时,须用粗点画线表示出其部位,并加注尺寸,如图 13-10 所示。

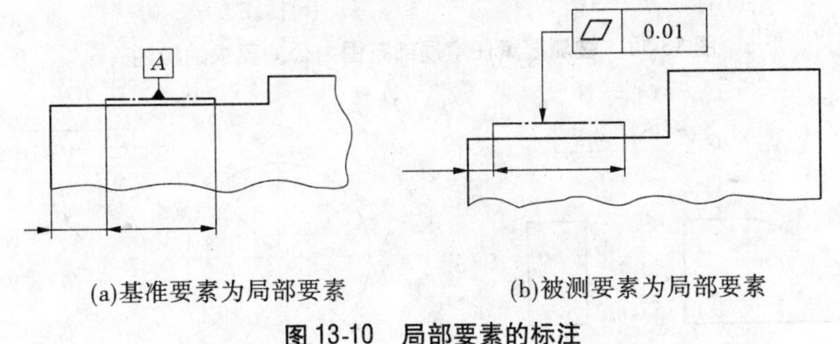

(a)基准要素为局部要素　(b)被测要素为局部要素

图 13-10　局部要素的标注

13.2.4.2　理论正确尺寸的标注

当要素的尺寸由不带公差的理论正确尺寸确定时,为了与未注公差尺寸相区别,应在尺寸数值的外面加上框格。零件的实际尺寸仅由公差框格中的几何公差来限定,如图 13-11 所示。

13.2.4.3　对公差数值有附加要求时的标注

对被测要素任意局部范围内的公差要求,应将该局部范围的尺寸标注在几何公差值后面,并用斜线隔开。如图 13-12(a)表示圆柱面素线在任意 100 mm 长度范围内的直线度公差为 0.05 mm,图 13-12(b)表示箭头所指平面在任意边长为 100 mm 的正方形范围内的平面度公差是 0.01 mm。

13.2.4.4　全周符号的标注

当被测要素为视图上的整个轮廓线(面)时,应在指示箭头的指引线的转折处加注全周符号。如图 13-13(a)所示,线轮廓度公差 0.1 mm 是对该视图上全部轮廓线的要求。

13.2.4.5　螺纹、齿轮轴线的标注

以螺纹、齿轮、花键的轴线为被测要素时,应在几何公差框格下方标明节径 PD、大径 MD 或小径 LD(不标注任何符号时,则为中径圆柱的轴线),如图 13-13(b)所示。

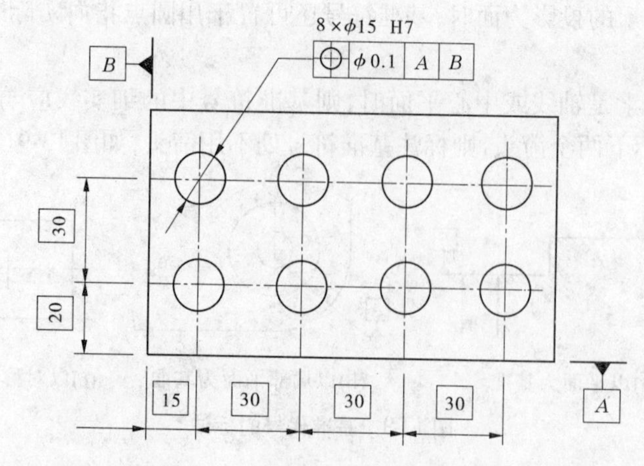

图 13-11　理论正确尺寸的标注方法

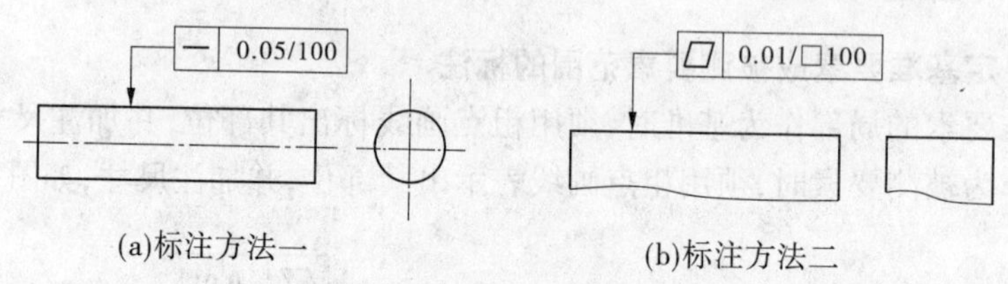

(a)标注方法一　　(b)标注方法二

图 13-12　被测要素任意局部范围内公差要求的标注

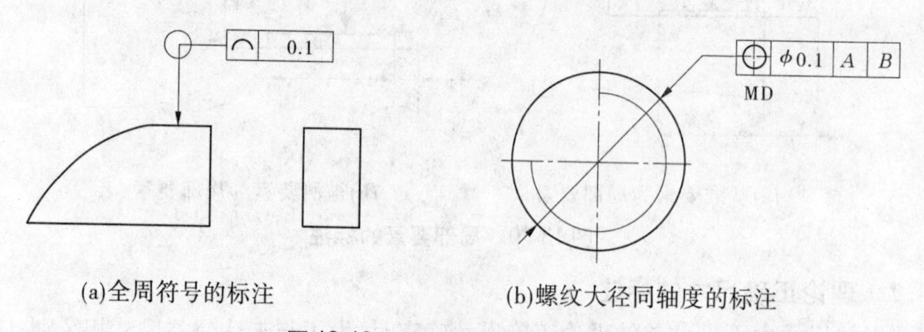

(a)全周符号的标注　　(b)螺纹大径同轴度的标注

图 13-13　被测要素的其他标注

13.3　形状公差

13.3.1　形状公差

形状公差是指单一实际被测要素的形状所允许的变动全量。形状公差带是单一实际被测要素允许变动的区域。形状公差带定义、标注示例和解释如表 13-3 所示。

13.3.2　形状或位置公差

轮廓度公差特征有线轮廓度和面轮廓度,均可有基准或无基准。轮廓度无基准要求时为形状公差,有基准要求时为位置公差。其公差带定义、标注示例和解释如表 13-4 所示。

表 13-3　形状公差带定义、标注示例和解释

特征	公差带定义	标注示例和解释
直线度	在给定平面内，公差带是距离为公差值t的两平行直线之间的区域 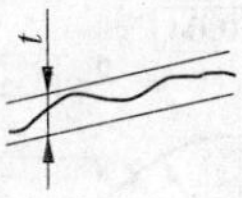	被测表面的素线必须平行于图样所示投影面，且位于距离为公差值0.1 mm的两平行直线之内 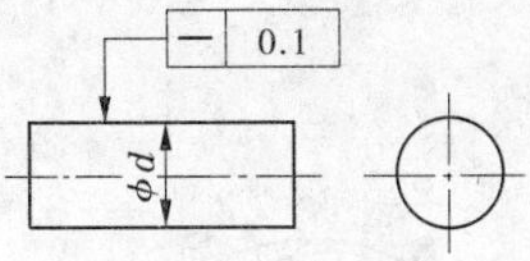
	在给定方向上，公差带是距离为公差值t的两平行平面之间的区域 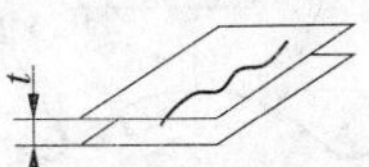	被测棱线必须位于距离为公差值0.03 mm，垂直于箭头所示方向的两平行平面之内 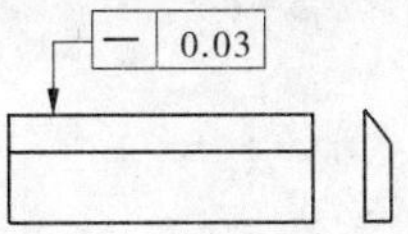
	在任意方向上，公差带是直径为公差值t的圆柱面内的区域 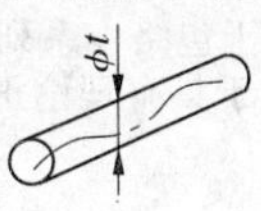	被测圆柱体的轴线必须位于直径为公差值ϕ0.08 mm的圆柱面内 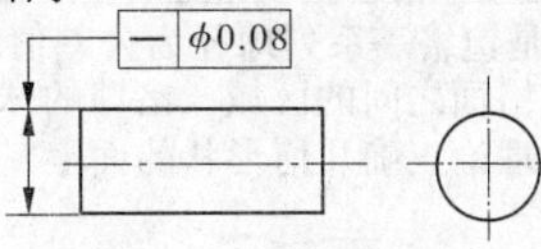
平面度	公差带是距离为公差值t的两平行平面之间的区域 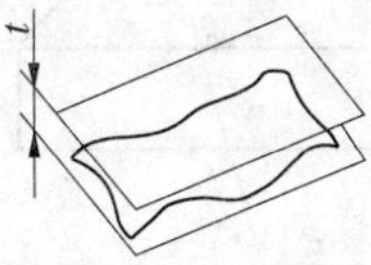	被测平面必须位于距离为公差值0.06 mm两平行平面内 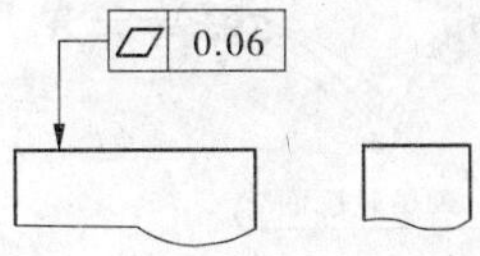
圆度	公差带是在同一正截面内半径差为公差值t的两同心圆之间的区域 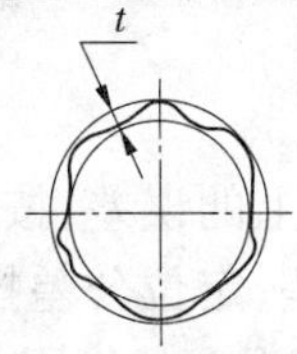	被测圆柱面任一正截面的圆周必须位于半径差为公差值0.02 mm的两同心圆之间的区域 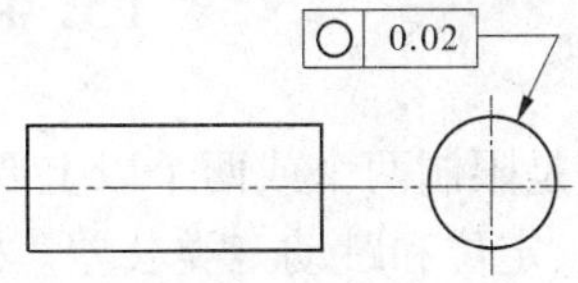
圆柱度	公差带是半径差为公差值t的两同轴圆柱面之间的区域 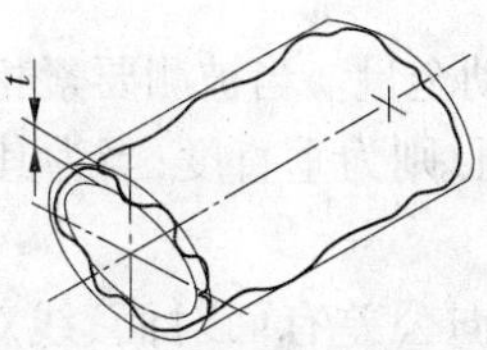	被测圆柱面必须位于半径差为公差值0.05 mm的两同轴圆柱面之间的区域 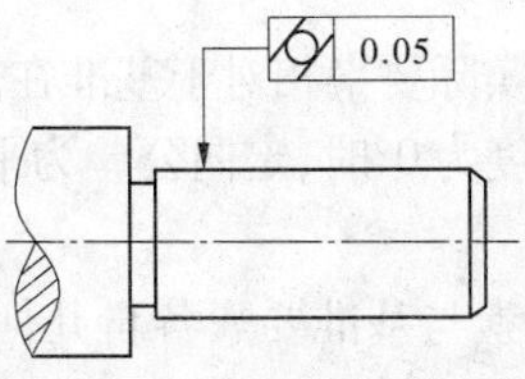

表 13-4　轮廓度公差带定义、标注示例和解释

特征	公差带定义	标注示例和解释
线轮廓度	公差带是包络一系列直径为公差值t的圆的两包络线之间的区域。诸圆的圆心位于具有理论正确几何形状的线上 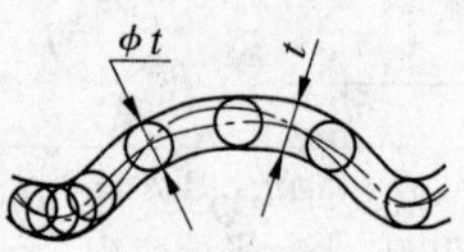	在平行于图样所示投影面的任意截面上，被测轮廓线必须位于包络一系列直径为公差值 $\phi 0.04$ mm，且圆心位于具有理论正确几何形状的线上的两包络线之间 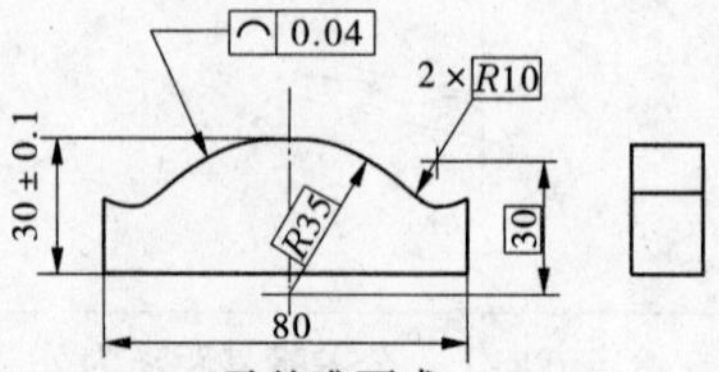 (a)无基准要求 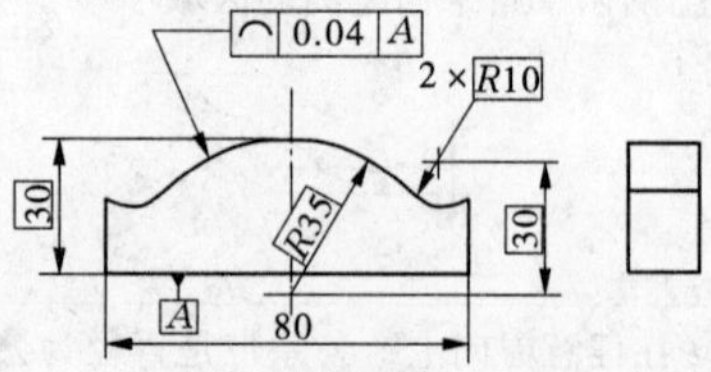 (b)有基准要求
面轮廓度	公差带是包络一系列球径为公差值t的球的两包络面之间的区域，诸球的球心位于具有理论正确几何形状的面上 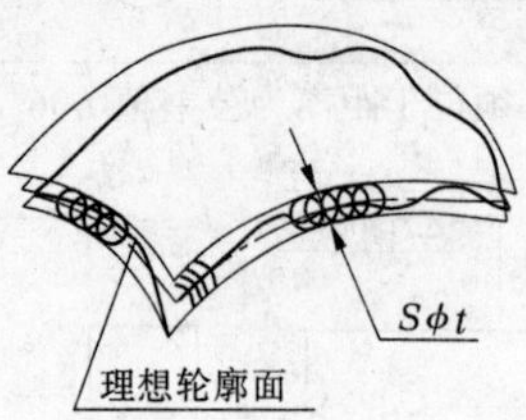	被测轮廓面必须位于包络一系列球径为公差值 $\phi 0.02$ mm，且球心位于具有理论正确几何形状的面上的两包络面之间 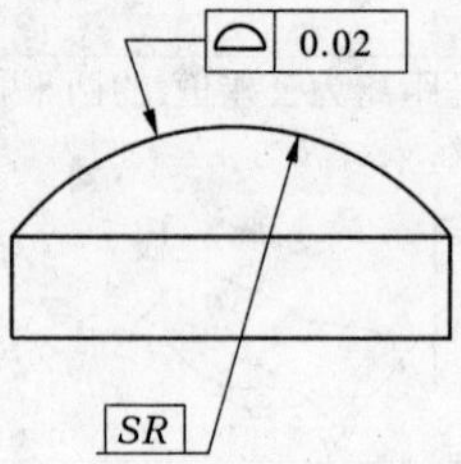

13.4　位置公差

位置公差是限制两个或两个以上要素在方向和位置关系上的误差，按照几何关系的要求分为定向、定位和跳动三类公差。定向公差控制方向误差，定位公差控制位置误差，跳动公差是以检测方式定出的项目，具有一定的综合控制几何误差的作用。

13.4.1　定向公差

定向公差是实际要素相对于基准在方向上允许的变动全量。当被测要素相对于基准的理想方向所成角度为0°时，定向公差为平行度；当为90°时，则为垂直度；当为其他任意角度时，则为倾斜度。

根据被测要素与基准要素各自几何特征的不同，定向公差有面对面、线对面、面对线和线对线四种情况。根据零件功能的不同，定向公差有给定一个方向、互相垂直的两个方向和任意方向等情况。典型的定向公差的公差带定义、标注示例和解释如表 13-5 所示。

表 13-5　典型的定向公差带定义、标注示例和解释

特征		公差带定义	标注示例和解释
平行度	面对面	公差带是距离为公差值 t，且平行于基准平面的两平行平面间的区域 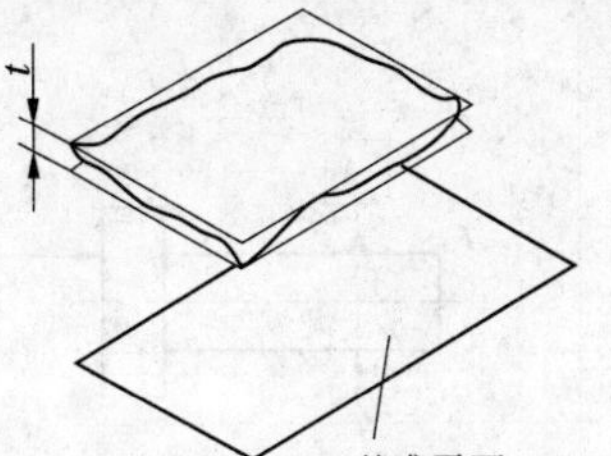 基准平面	被测表面必须位于距离为公差值 0.05 mm，且平行于基准 A 平面的两平行平面之间 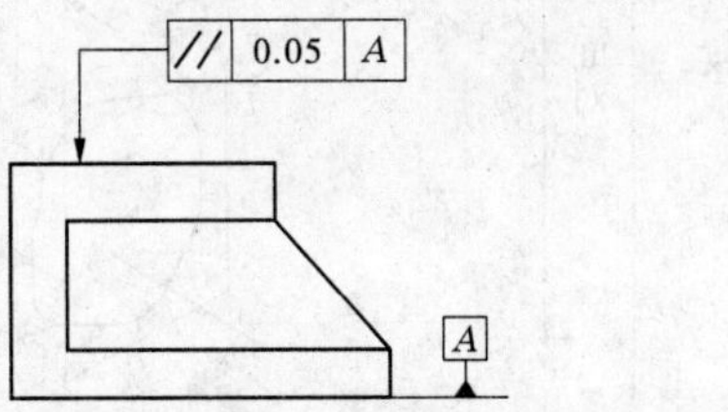 // 0.05 A
	线对面	公差带是距离为公差值 t，且平行于基准平面的两平行平面间的区域 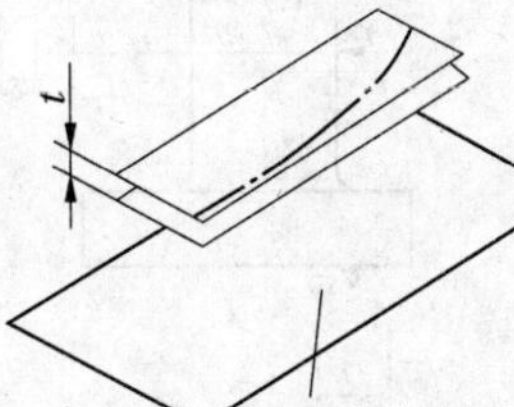 基准平面	被测轴线必须位于距离为公差值 0.03 mm，且平行于基准 A 平面的两平行平面之间 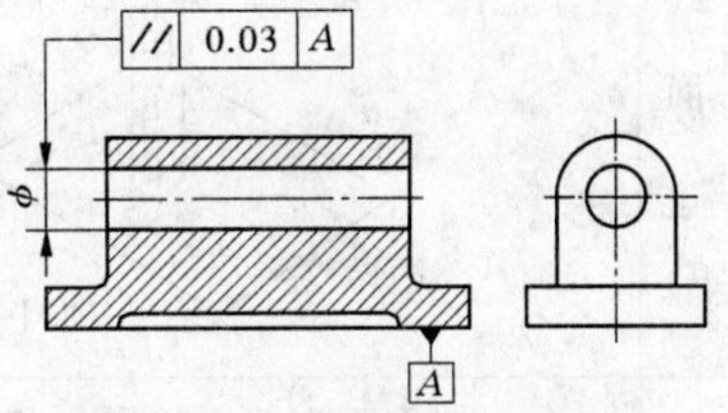 // 0.03 A
	面对线	公差带是距离为公差值 t，且平行于基准轴线的两平行平面间的区域 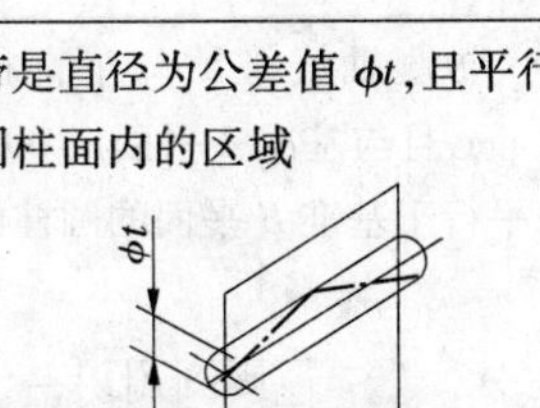 基准轴线	被测表面必须位于距离为公差值 0.1 mm，且平行于基准轴线 C 的两平行平面之间 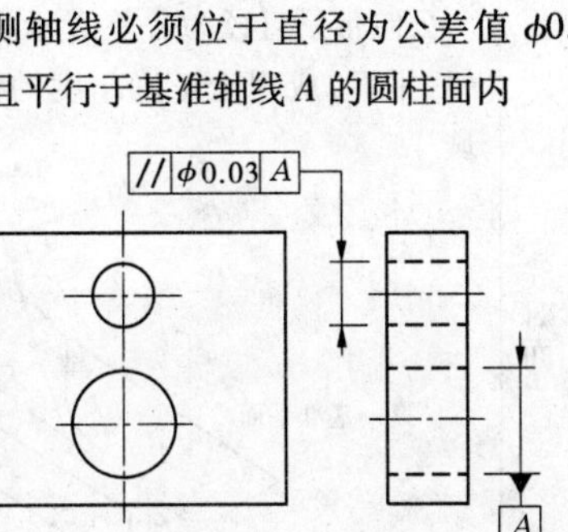 // 0.1 C
	线对线	公差带是直径为公差值 ϕt，且平行于基准轴线的圆柱面内的区域 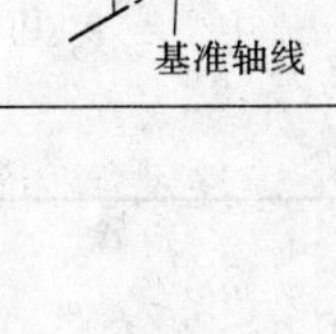 基准轴线	被测轴线必须位于直径为公差值 ϕ0.03 mm，且平行于基准轴线 A 的圆柱面内 // ϕ0.03 A

续表 13-5

特征		公差带定义	标注示例和解释
垂直度	面对线	公差带是距离为公差值 t，且垂直于基准轴线的两平行平面间的区域 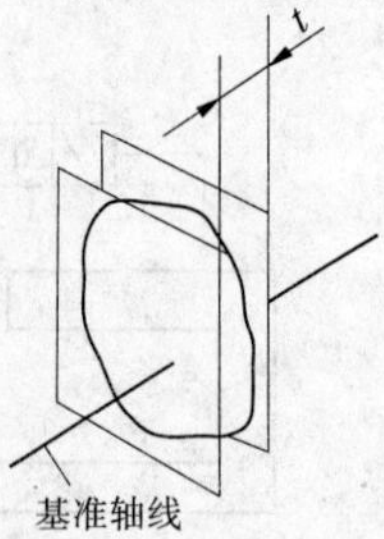 基准轴线	被测表面必须位于距离为公差值 0.08 mm，且垂直于基准轴线 A 的两平行平面之间 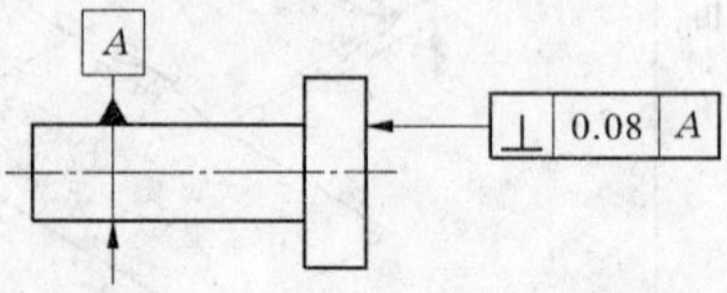 ⊥ 0.08 A
	线对面	公差带是直径为公差值 ϕt，且垂直于基准平面的圆柱面内的区域 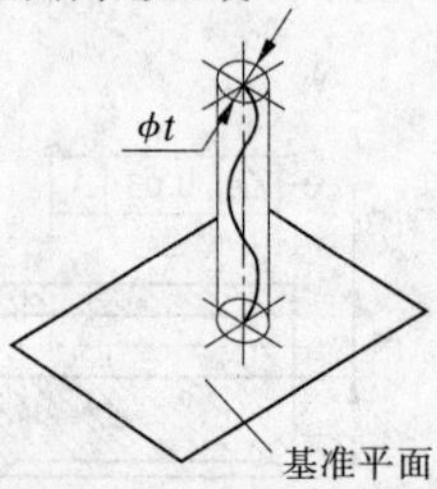 基准平面	被测轴线必须位于直径为公差值 $\phi0.01$ mm，且垂直于基准平面 A 的圆柱面内 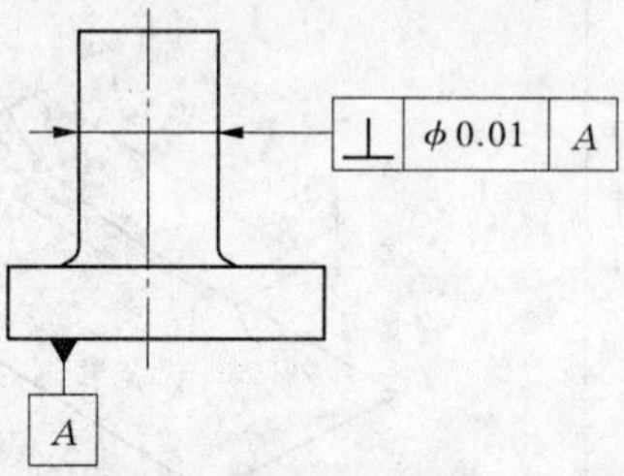 ⊥ ϕ0.01 A
倾斜度	面对面	公差带是距离为公差值 t，且与基准平面（底平面）成理论正确角度的两平行平面间的区域 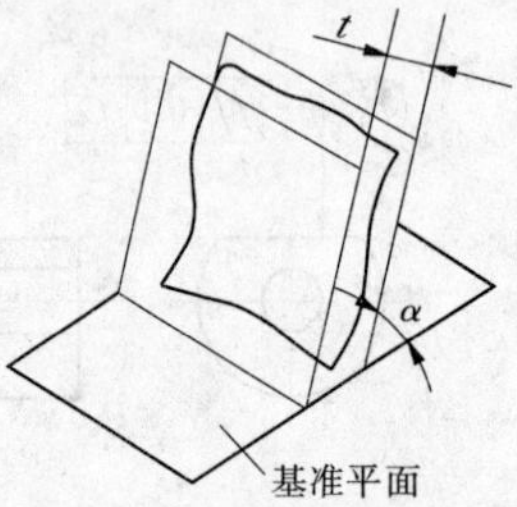 基准平面	被测表面必须位于距离为公差值 0.08 mm，且与基准 A 平面成 45°理论正确角度的两平行平面之间 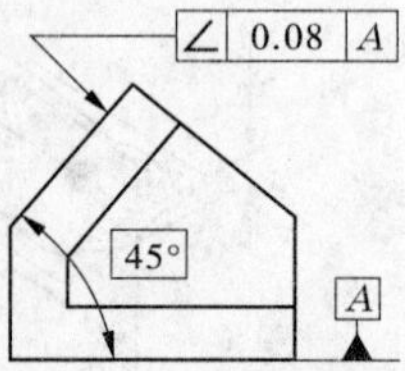 ∠ 0.08 A
	线对面	公差带是直径为公差值 ϕt，且与基准平面（底平面）成理论正确角度的圆柱面内的区域 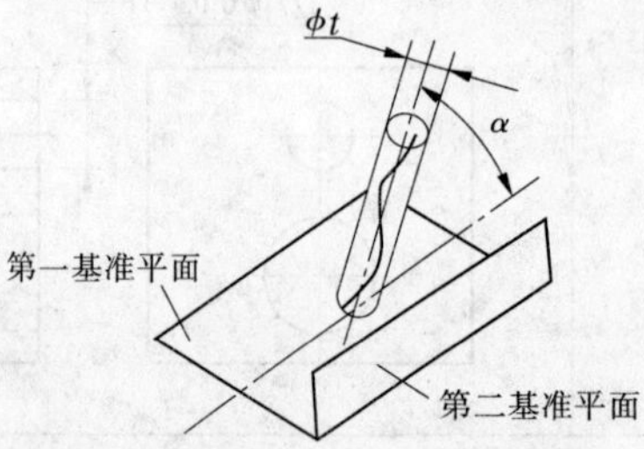 第一基准平面 第二基准平面	被测轴线必须位于直径为公差值 $\phi0.1$ mm，且与基准 A 平面成 60°理论正确角度并平行于基准 B 平面的圆柱面内 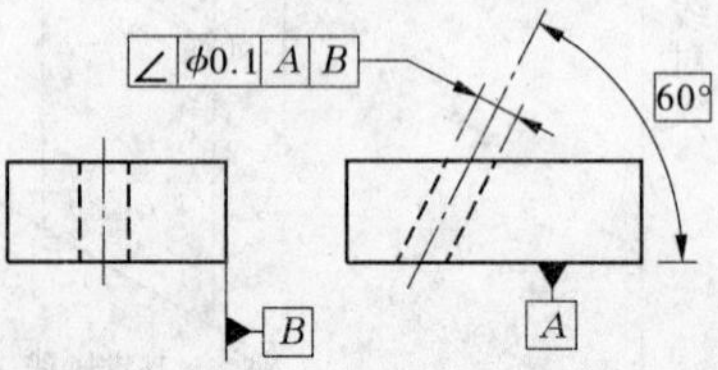 ∠ ϕ0.1 A B

13.4.2 定位公差

定位公差是关联实际要素相对于基准在位置上允许的变动全量，关联要素相对于基准的理想位置由理论正确尺寸确定。定位公差有同轴度、对称度和位置度，其公差带的定义、标注示例和解释如表 13-6 所示。

表 13-6 定位公差带定义、标注示例和解释

特征		公差带定义	标注示例和解释
同轴度		公差带是直径为公差值 ϕt，且以基准轴线为轴线的圆柱面内的区域 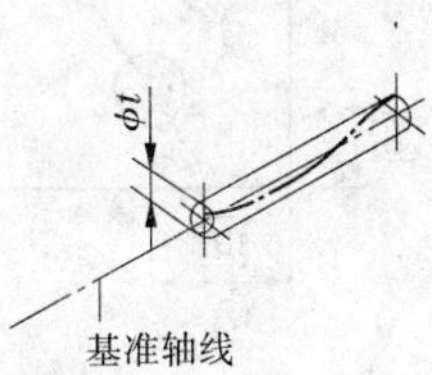 ϕt 基准轴线	被测（大圆柱的）轴线必须位于直径为公差值 ϕ0.08 mm 且与基准 A—B 轴线同轴的圆柱面内 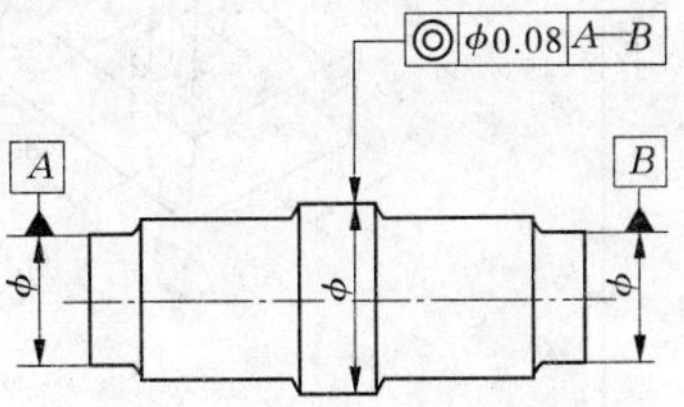 ◎ ϕ0.08 A—B A B ϕ ϕ ϕ
对称度		公差带是距离为公差值 t，且相对于基准中心平面对称配置的两平行平面间的区域 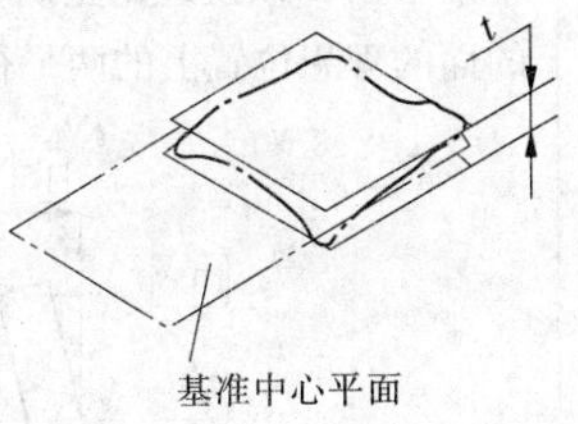 t 基准中心平面	被测中心平面必须位于距离为公差值 0.08 mm，且相对于基准 A 中心平面对称配置的两平行平面之间 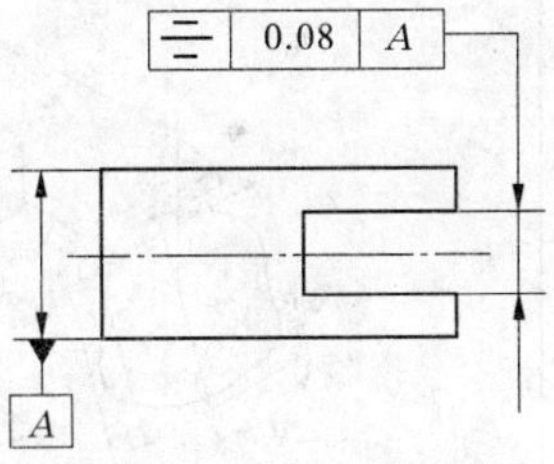 ⌯ 0.08 A A
位置度	点的位置度	公差带常见的是直径为公差值 ϕt 或 $S\phi t$，以点的理想位置为中心的圆或球内的区域 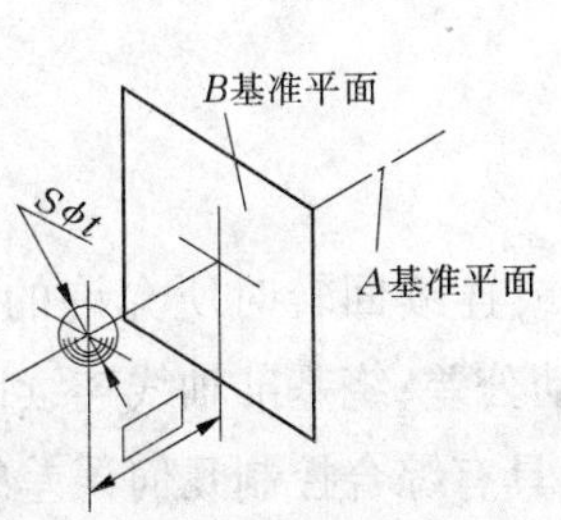 B基准平面 $S\phi t$ A基准平面	被测球的球心必须位于直径为公差值 $S\phi$0.3 mm 的球内，该球的球心位于相对于基准 A、B 和 C 所确定的理想位置上 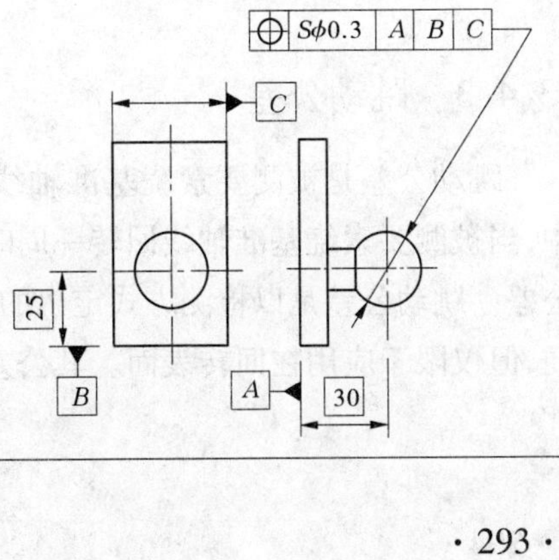 ⌖ $S\phi$0.3 A B C C 25 B A 30

续表 13-6

特征		公差带定义	标注示例和解释
位置度	线的位置度	当给定一个方向时，公差带是距离为公差值 t，中心平面通过线的理想位置，且与给定方向垂直的两平行平面之间的区域；任意方向上，公差带是直径为公差值 ϕt，轴线在理想位置上的圆柱面内的区域 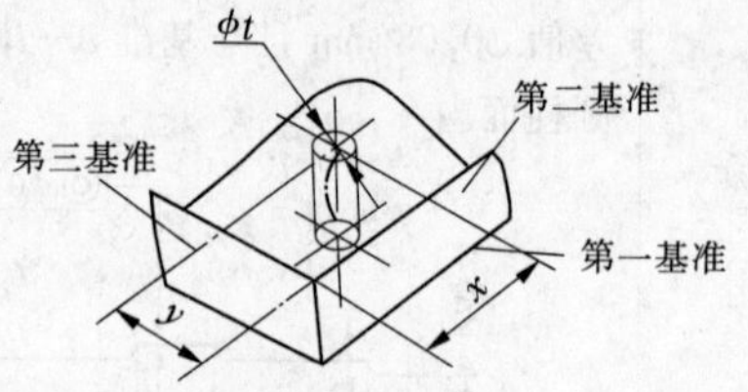 ϕt 第二基准 第三基准 第一基准 x y	被测孔的轴线必须位于直径为公差值 ϕ0.08 mm，轴线位于由基准 C、A、B 和理论正确尺寸 100、68 所确定的理想位置上的圆柱面公差带内 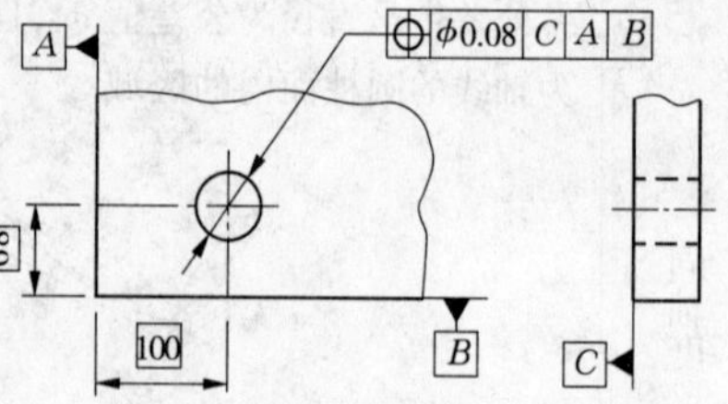 A ⌖ ϕ0.08 C A B 68 100 B C
	面的位置度	公差带是距离为公差值 t，中心平面在面的理想位置上的两平行平面之间的区域 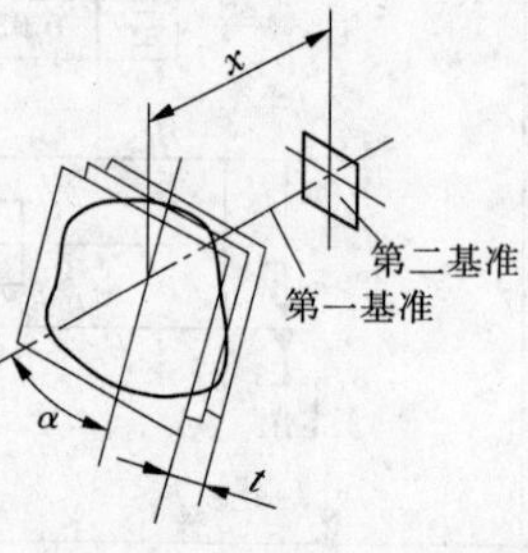 x 第二基准 第一基准 α t	被测斜平面的实际轮廓必须位于距离为公差值 0.05 mm，中心平面在由基准轴线 A 和基准平面 B 以及理论正确尺寸 105°、15 确定的面的理想位置上的两平行平面公差带内 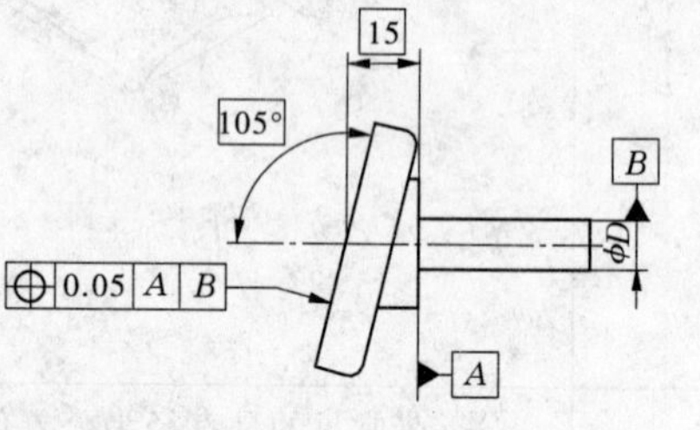 15 105° B ⌖ 0.05 A B ϕD A

13.4.3 跳动公差

跳动公差是被测要素绕基准轴线回转一周或连续回转时所允许的最大跳动量。其中，当被测要素绕基准轴线回转一周时，为圆跳动公差；绕基准轴线连续回转时，为全跳动公差。跳动公差是以检测方式定出的公差项目，具有综合控制几何误差的功能，且检测简便，但仅限于应用在回转表面。其公差带的定义、标注示例和解释如表 13-7 所示。

表 13-7　跳动公差带定义、标注示例和解释

特征		公差带定义	标注示例和解释
圆跳动	径向圆跳动	公差带是在垂直于基准轴线的任一测量平面内半径差为公差值 t，且圆心在基准轴线上的两同心圆间的区域 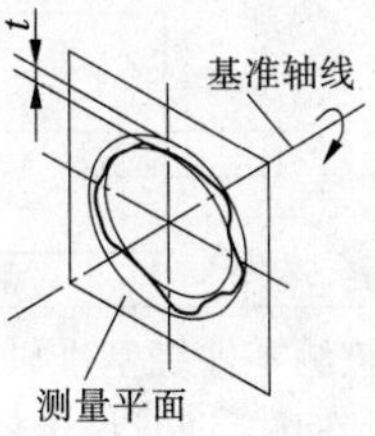	被测圆柱面绕基准轴线 A 作无轴向移动的旋转时，一周内在任一测量平面内的径向圆跳动量均不得大于 0.8 mm 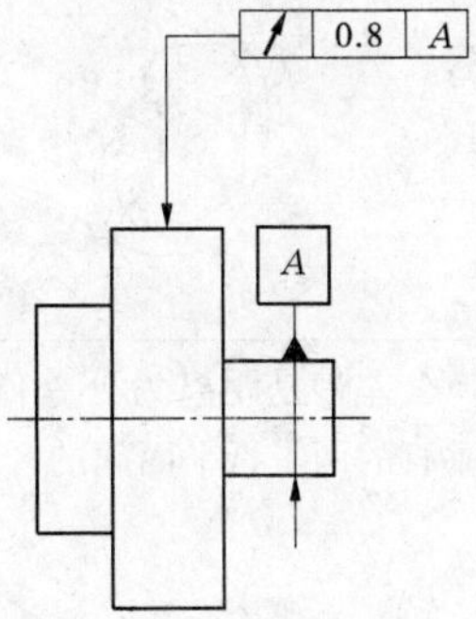
	轴向圆跳动	公差带是在与基准轴线同轴的任一半径位置的测量圆柱面上距离为公差值 t 的两圆内的区域 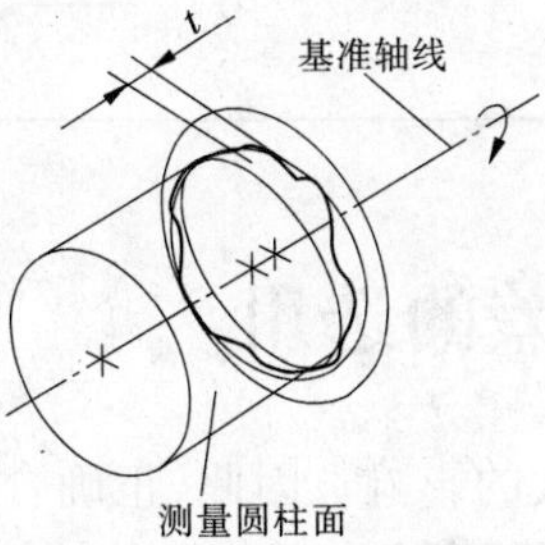	被测端面绕基准轴线 D 作无轴向移动的旋转时，一周内在任一测量圆柱面内的轴向圆跳动量均不得大于 0.1 mm 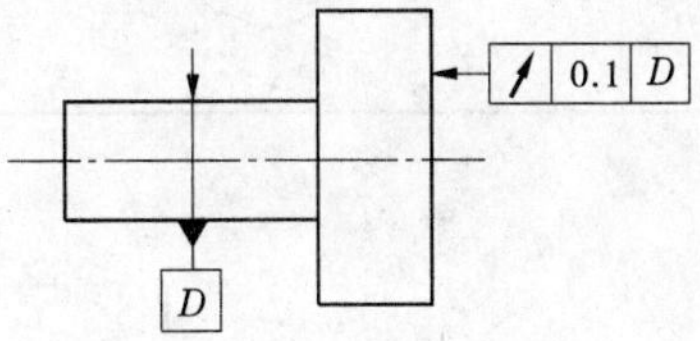
	斜向圆跳动	公差带是在与基准轴线同轴的任一测量圆锥面上，沿其母线方向宽度为公差值 t 的两圆内的区域 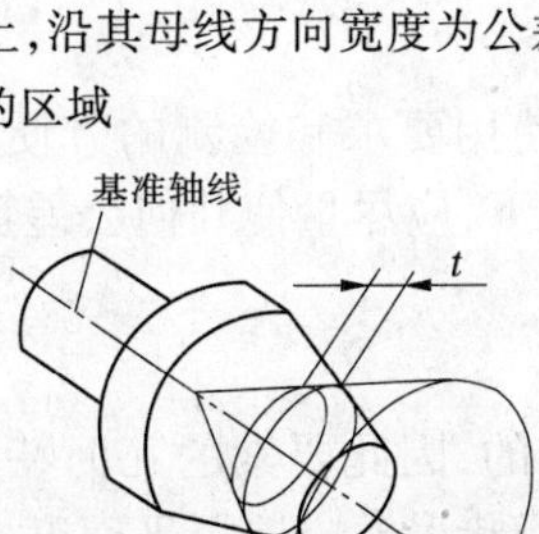	被测圆锥面绕基准轴线 C 作无轴向移动的旋转时，一周内在任一测量圆锥面上的跳动量均不得大于 0.1 mm 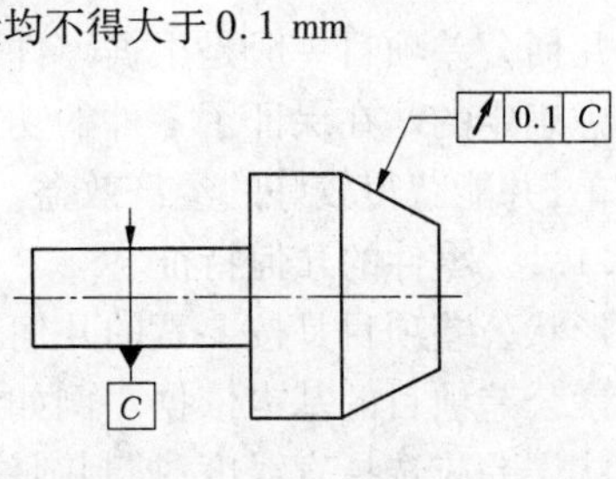

续表 13-7

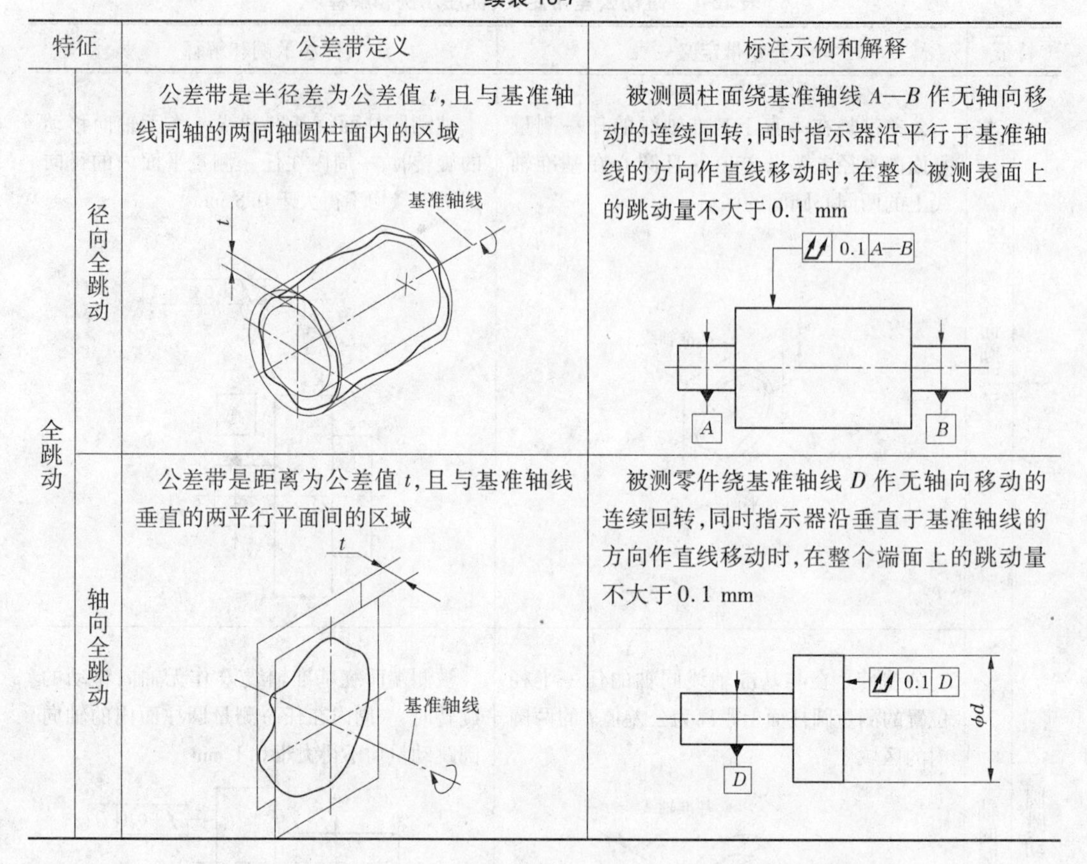

特征		公差带定义	标注示例和解释
全跳动	径向全跳动	公差带是半径差为公差值 t，且与基准轴线同轴的两同轴圆柱面内的区域	被测圆柱面绕基准轴线 A—B 作无轴向移动的连续回转，同时指示器沿平行于基准轴线的方向作直线移动时，在整个被测表面上的跳动量不大于 0.1 mm
	轴向全跳动	公差带是距离为公差值 t，且与基准轴线垂直的两平行平面间的区域	被测零件绕基准轴线 D 作无轴向移动的连续回转，同时指示器沿垂直于基准轴线的方向作直线移动时，在整个端面上的跳动量不大于 0.1 mm

13.5 几何公差的选用

几何误差对零部件的加工和使用性能有很大的影响。因此，正确合理地选择几何公差对保证产品质量和降低制造成本具有十分重要的意义。几何公差的选择主要包括几何公差项目、基准、公差等级的选择等。

13.5.1 几何公差项目的选择

几何公差项目一般是根据零件的几何特征、使用要求和检测的方便性等方面因素综合考虑确定的。在保证了零件的功能要求的前提下，应尽量使几何公差项目减少、检测方法简单，并能获得较好的经济效益。

13.5.1.1 零件的几何特征

形状公差项目是按要素的几何形状特征制定的，因此要素的几何特征自然是选择单一要素公差项目的基本依据。例如：控制平面的形状误差应选择平面度；控制导轨导向面的形状误差应选择直线度；控制圆柱面的形状误差应选择圆度或圆柱度等。

位置公差项目是按要素间几何方位关系制定的，所以关联要素的公差项目应以它与基准间的几何方位关系为基本依据。对线（轴线）、面可规定定向和定位公差，对点只能规定位置度公差，只有回转零件才规定同轴度公差和跳动公差。

13.5.1.2 零件的使用要求

零件的功能要求不同，对几何公差应提出的要求也不同，所以应分析几何误差对零件使用性能的影响。一般说来，平面的形状误差将影响支承面安置的平稳性和定位可靠性，影响贴合面的密封性和滑动面的磨损；导轨导向面的形状误差将影响导向精度；圆柱面的形状误差将影响定位配合的连接强度和可靠性，影响转动配合的间隙均匀性和运动平稳性；轮廓表面或导出要素的位置误差将直接影响机器的装配精度和运动精度，如齿轮箱体上两孔轴线不平行将影响齿轮副的接触精度、降低承载能力，滚动轴承的定位轴肩与轴线不垂直将影响轴承旋转时的精度等。

13.5.1.3 检测的方便性

为了检测方便，有时可将所需的公差项目用控制效果相同或相近的公差项目来代替。例如，要素为一圆柱面时，圆柱度是理想的项目，因为它综合控制了圆柱面的各种形状误差，但是由于圆柱度检测不便，故可选用圆度、直线度几个分项，或者选用径向圆跳动公差等进行控制。又如，径向圆跳动可综合控制圆度和同轴度误差，而径向圆跳动误差的检测简单易行，所以在不影响设计要求的前提下，可尽量选用径向圆跳动公差项目。同样，可近似地用端面圆跳动代替端面对轴线的垂直度公差要求。端面全跳动的公差带和端面对轴线的垂直度的公差带完全相同，可互相取代。

13.5.2 基准的选择

基准是确定关联要素之间方向和位置的依据。在选择公差项目时，必须同时考虑要采用的基准，基准有单一基准、组合基准及多基准等形式。选择基准时，一般应从以下几个方面考虑：

(1)根据要素的功能及被测要素之间的几何关系来选择基准。如轴类零件常以两个轴承为支承运转，其运动轴线是安装轴承的两轴颈的公共轴线。因此，从功能要求和控制其他要素的位置精度来看，应选这两处轴颈的公共轴线(组合基准)为基准。

(2)根据装配关系，应选零件上相互配合、相互接触的定位要素作为各自的基准。如盘、套类零件多以其内孔轴线径向定位装配或以其端面轴向定位，因此根据需要可选其轴线或端面作为基准。

(3)从零件结构方面考虑，应选较宽大的平面、较长的轴线作为基准，以使定位稳定。对结构复杂的零件，一般应选三个基准面，以确定被测要素在空间中的方向和位置。

(4)从加工检测方面考虑，应选择在加工、检测中方便装夹定位的要素为基准。

13.5.3 公差等级的选择

GB/T 1184—1996 规定，图样中标注的几何公差有两种形式：未注公差值和注出公差值。

按国家标准规定，除线轮廓度、面轮廓度以及位置度未规定公差等级外，其余形位公差项目均已划分了公差等级。一般分为 12 级，即 1 级、2 级、…、12 级，精度依次降低，6 级与 7 级为基本级。其中，圆度和圆柱度划分为 13 级，增加了一个 0 级，以适应精密零件的需要。各项目的各级公差值如表 13-8 ~ 表 13-11 所示。

表 13-8　直线度和平面度的公差值　　（单位：μm）

主参数 $L(D)$(mm)	公差等级											
	1	2	3	4	5	6	7	8	9	10	11	12
	公差值											
≤10	0.2	0.4	0.8	1.2	2	3	5	8	12	20	30	60
10 ~ 16	0.25	0.5	1	1.5	2.5	4	6	10	15	25	40	80
16 ~ 25	0.3	0.6	1.2	2	3	5	8	12	20	30	50	100
25 ~ 40	0.4	0.8	1.5	2.5	4	6	10	15	25	40	60	120
40 ~ 63	0.5	1	2	3	5	8	12	20	30	50	80	150
63 ~ 100	0.6	1.2	2.5	4	6	10	15	25	40	60	100	200
100 ~ 160	0.8	1.5	3	5	8	12	20	30	50	80	120	250
160 ~ 250	1	2	4	6	10	15	25	40	60	100	150	300
250 ~ 400	1.2	2.5	5	8	12	20	30	50	80	120	200	400
400 ~ 630	1.5	3	6	10	15	25	40	60	100	150	250	500
630 ~ 1 000	2	4	8	12	20	30	50	80	120	200	300	600

注：主参数 L 图例如下所示：

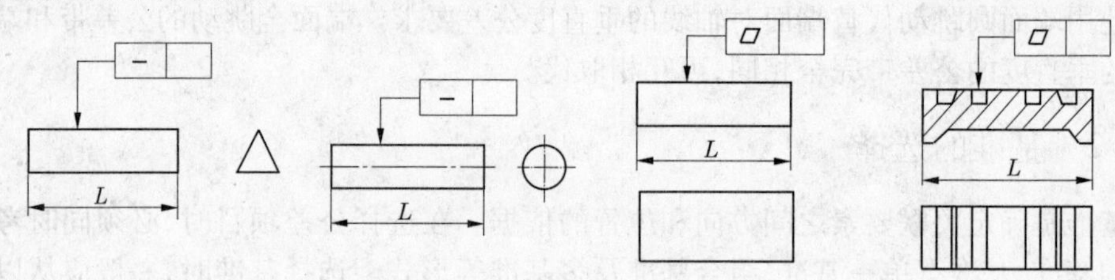

表 13-9　圆度和圆柱度的公差值　　（单位：μm）

主参数 $d(D)$(mm)	公差等级												
	0	1	2	3	4	5	6	7	8	9	10	11	12
	公差值												
≤3	0.1	0.2	0.3	0.5	0.8	1.2	2	3	4	6	10	14	25
3 ~ 6	0.1	0.2	0.4	0.6	1	1.5	2.5	4	5	8	12	18	30
6 ~ 10	0.12	0.25	0.4	0.6	1	1.5	2.5	4	6	9	15	22	36
10 ~ 18	0.15	0.25	0.5	0.8	1.2	2	3	5	8	11	18	27	43
18 ~ 30	0.2	0.3	0.6	1	1.5	2.5	4	6	9	13	21	33	52
30 ~ 50	0.25	0.4	0.6	1	1.5	2.5	4	7	11	16	25	39	62
50 ~ 80	0.3	0.5	0.8	1.2	2	3	5	8	13	19	30	46	74
80 ~ 120	0.4	0.6	1	1.5	2.5	4	6	10	15	22	35	54	87
120 ~ 180	0.6	1	1.2	2	3.5	5	8	12	18	25	40	63	100
180 ~ 250	0.8	1.2	2	3	4.5	7	10	14	20	29	46	72	115
250 ~ 315	1.0	1.6	2.5	4	6	8	12	16	23	32	52	81	130
315 ~ 400	1.2	2	3	5	7	9	13	18	25	36	57	89	140
400 ~ 500	1.5	2.5	4	6	8	10	15	20	27	40	63	97	155

注：主参数 $d(D)$ 图例如下所示：

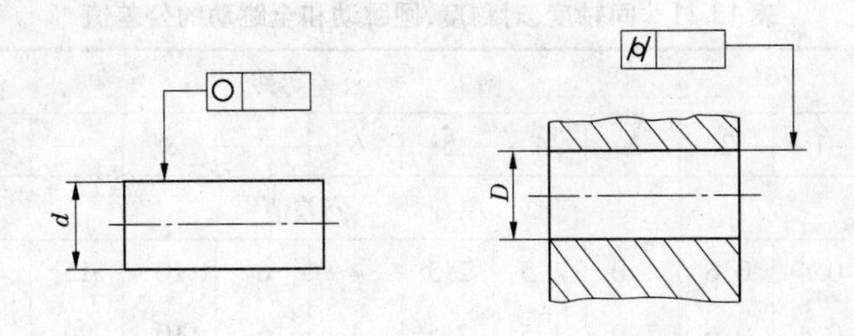

表 13-10　平行度、垂直度和倾斜度的公差值　　（单位：μm）

主参数 $L, d(D)$（mm）	公差等级											
	1	2	3	4	5	6	7	8	9	10	11	12
	公差值											
≤10	0.4	0.8	1.5	3	5	8	12	20	30	50	80	120
10～16	0.5	1	2	4	6	10	15	25	40	60	100	150
16～25	0.6	1.2	2.5	5	8	12	20	30	50	80	120	200
25～40	0.8	1.5	3	6	10	15	25	40	60	100	150	250
40～63	1	2	4	8	12	20	30	50	80	12	200	300
63～100	1.2	2.5	5	10	15	25	40	60	100	150	250	400
100～160	1.5	3	6	12	20	30	50	80	120	200	300	500
160～250	2	4	8	15	25	40	60	100	150	250	400	600
250～400	2.5	5	10	20	30	50	80	120	200	300	500	800
400～630	3	6	12	25	40	60	100	150	250	400	600	1 000
630～1 000	4	8	15	30	50	80	120	200	300	500	800	1 200
1 000～1 600	5	10	20	40	60	100	150	250	400	600	1 000	1 500
1 600～2 500	6	12	25	50	80	120	200	300	500	800	1 200	2 000
2 500～4 000	8	15	30	60	100	150	250	400	600	1 000	1 500	2 500
4 000～6 300	10	20	40	80	120	200	300	500	800	1 200	2 000	3 000
6 300～10 000	12	25	50	100	150	250	400	600	1 000	1 500	2 500	4 000

注：①主参数 L 为给定平行度时轴线或平面的长度，或给定垂直度、倾斜度时被测要素的长度。

②主参数 $d(D)$ 为给定面对线垂直度时被测要素的轴（孔）直径。

表 13-11　同轴度、对称度、圆跳动和全跳动的公差值　（单位：μm）

主参数 $d(D)$，B，L（mm）	公差等级											
	1	2	3	4	5	6	7	8	9	10	11	12
	公差值											
≤1	0.4	0.6	1.0	1.5	2.5	4	6	10	15	25	40	60
1～3	0.4	0.6	1.0	1.5	2.5	4	6	10	20	40	60	120
3～6	0.5	0.8	1.2	2	3	5	8	12	25	50	80	150
6～10	0.6	1	1.5	2.5	4	6	10	15	30	60	100	200
10～18	0.8	1.2	2	3	5	8	12	20	40	80	120	250
18～30	1	1.5	2.5	4	6	10	15	25	50	100	150	300
30～50	1.2	2	3	5	8	12	20	30	60	120	200	400
50～120	1.5	2.5	4	6	10	15	25	40	80	150	250	500
120～250	2	3	5	8	12	20	30	50	100	200	300	600
250～500	2.5	4	6	10	15	25	40	60	120	250	400	800
500～800	3	5	8	12	20	30	50	80	150	300	500	1 000
800～1 250	4	6	10	15	25	40	60	100	200	400	600	1 200
1 250～2 000	5	8	12	20	30	50	80	120	250	500	800	1 500
2 000～3 150	6	10	15	25	40	60	100	150	300	600	1 000	2 000
3 150～5 000	8	12	20	30	50	80	120	200	400	800	1 200	2 500
5 000～8 000	10	15	25	40	60	100	150	250	500	1 000	1 500	3 000
8 000～10 000	12	20	30	50	80	120	200	300	600	1 200	2 000	4 000

注：①主参数 $d(D)$ 为给定同轴度或给定圆跳动、全跳动时轴（孔）的直径。

②圆锥体斜向圆跳动公差的主参数为平均直径。

③主参数 B 为给定对称度时槽的宽度。

④主参数 L 为给定两孔对称度时的孔心距。

对位置度，国家标准只规定了公差值数系，而未规定公差等级，如表 13-12 所示。

表 13-12　位置度的公差值数系

1	1.2	1.5	2	2.5	3	4	5	6	8
1×10^n	1.2×10^n	1.5×10^n	2×10^n	2.5×10^n	3×10^n	4×10^n	5×10^n	6×10^n	8×10^n

注：n 为正整数。

几何公差值的选择原则：在满足零件功能要求的前提下，兼顾工艺的经济性、检测条件，尽量选取较大的公差值。选择的方法有计算法和类比法。

13.5.3.1　计算法

用计算法确定几何公差值，目前还没有成熟、系统的计算步骤和方法，一般是根据产品的功能要求，在有条件的情况下计算出几何公差值。

13.5.3.2 类比法

几何公差值常用类比法确定，主要考虑零件的使用性能、加工性和经济性等因素，还应考虑以下因素：

(1)形状公差与位置公差的关系。对于同一要素，给定的形状公差值应小于位置公差值，定向公差值应小于定位公差值（$t_{形状} < t_{定向} < t_{定位}$）。同一平面上，平面度公差值应小于该平面对基准平面的平行度公差值。

(2)几何公差和尺寸公差的关系。圆柱形零件的形状公差一般情况下应小于其尺寸公差值；线对线或面对面的平行度公差值应小于其相应距离的尺寸公差值。

圆度、圆柱度公差值约为同级尺寸公差的50%，因而一般可按同级选取。例如，尺寸公差为IT6，则圆度、圆柱度公差通常也选6级，必要时也可比尺寸公差高1～2级。

(3)几何公差与表面粗糙度的关系。通常表面粗糙度 *R*a 值占形状公差值的20%～25%。

(4)零件的结构特点。对于刚性较差的零件（如细长轴）和结构特殊的要素（如跨距较大的轴和孔等），在满足零件的功能要求下，可适当降低1～2级选用。此外，孔相对于轴、线对线和线对面相对于面对面的平行度、垂直度公差可适当降低1～2级。

13.5.4 未注几何公差的规定

为了简化图样，对一般机床加工能保证的几何精度，不必在图样上注出几何公差。图样上没有具体注明几何公差值的要素，其几何精度应按下列规定执行：

(1)对未注直线度、平面度、垂直度、对称度和圆跳动的各规定了H、K、L三个公差等级，其公差值如表13-13～表13-16所示。采用规定的未注公差值时，应在标题栏附件或技术要求中注出公差等级代号及标准编号，如GB/T 1184—H。

(2)未注圆度公差值等于直径公差值，但不能大于表13-16中的圆跳动值。

(3)未注圆柱度公差由圆度、直线度和素线平行度的注出公差或未注公差控制。

(4)未注平行度公差值等于尺寸公差值或直线度和平面度未注公差值中的较大者。

(5)未注同轴度的公差值可以和表13-16中规定的圆跳动的未注公差值相等。

(6)未注线、面轮廓度、倾斜度、位置度和全跳动的公差值均应由各要素的注出或未注出的线性尺寸公差或角度公差控制。

表13-13 直线度和平面度的未注公差值 （单位：mm）

公差等级	基本长度范围					
	≤10	10～30	30～100	100～300	300～1 000	1 000～3 000
H	0.02	0.05	0.1	0.2	0.3	0.4
K	0.05	0.1	0.2	0.4	0.6	0.8
L	0.1	0.2	0.4	0.8	1.2	1.6

表 13-14　垂直度的未注公差值　（单位:mm）

公差等级	基本长度范围			
	≤100	100 ~ 300	300 ~ 1 000	1 000 ~ 3 000
H	0.2	0.3	0.4	0.5
K	0.4	0.6	0.8	1
L	0.6	1	1.5	2

表 13-15　对称度的未注公差值　（单位:mm）

公差等级	基本长度范围			
	≤100	100 ~ 300	300 ~ 1 000	1 000 ~ 3 000
H	0.5	0.5	0.5	0.5
K	0.6	0.6	0.8	1
L	0.6	1	1.5	2

表 13-16　圆跳动的未注公差值　（单位:mm）

公差等级	公差值
H	0.1
K	0.2
L	0.5

13.6　几何误差的检测

13.6.1　几何误差的检测原则

由于零件结构的形式多种多样、几何误差的项目较多,所以其检测方法也很多。为了能正确地测量几何误差和合理地选择检测方案,标准规定了几何误差检测的五项原则,它是各种检测方案的概括。检测几何误差时,应根据被测对象的特点和检测条件,按照以下五项原则选择最合理的检测方案。

13.6.1.1　与理想要素比较原则

与理想要素比较原则就是将被测实际要素与理想要素相比较,量值由直接法或间接法获得。测量时,理想要素用模拟法获得,理想要素可以是实物,也可以是一束光线、水平面或运动轨迹。

13.6.1.2　测量坐标值原则

测量坐标值原则就是用坐标测量装置(如三坐标测量仪、工具显微镜等)测量被测实际要素的坐标值(如直角坐标值、极坐标值等),并经过数据处理获得几何误差值。

13.6.1.3 测量特征参数原则

测量特征参数原则就是测量被测实际要素中具有代表性的参数(即特征参数)来表示几何误差值,特征参数是指能近似反映几何误差的参数。因此,应用测量特征参数原则测得的几何误差,与按定义确定的几何误差相比,只是一个近似值。例如,以平面内任意方向的最大直线度误差来表示平面度误差;在轴的若干轴向截面内测量其素线的直线度误差,然后取各截面内测得的最大直线度误差作为任意方向的轴线直线度误差;用两点法测量圆度误差,在一个横截面内的几个方向上测量直径,取最大、最小直径差的一半作为圆度误差。

13.6.1.4 测量跳动原则

测量跳动原则就是在被测实际要素绕基准轴线回转的过程中,沿给定方向测量其对某参考点或线的变动量。变动量是指示器最大读数与最小读数之差。

13.6.1.5 控制实效边界原则

控制实效边界原则就是检验被测实际要素是否超过最大实体实效边界,以判断零件是否合格。

13.6.2 几何误差的评定准则

13.6.2.1 形状误差的评定准则

形状误差是被测实际要素的形状对其理想要素的变动量。当被测实际要素与理想要素进行比较时,由于理想要素所处的位置不同,得到的最大变动量也会不同。为了正确和统一地评定形状误差,就必须明确理想要素的位置,即规定形状误差的评定准则。

1. 最小条件法

最小条件是指被测实际要素相对于其理想要素的最大变动量为最小。图 13-14 中,理想直线Ⅰ、Ⅱ、Ⅲ处于不同的位置,被测要素相对于理想要素的最大变动量分别为 f_1、f_2、f_3 且 $f_1 < f_2 < f_3$,所以理想直线Ⅰ的位置符合最小条件。

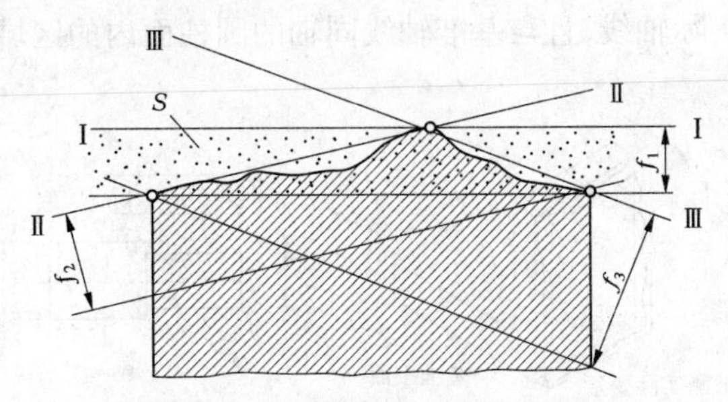

图 13-14 最小条件和最小包容区域

2. 最小包容区域法

最小包容区域是指包容被测实际要素时,具有最小宽度 f 或直径 ϕf 的包容区域,是根据被测实际要素与包容区域的接触状态判别的。形状误差值用理想要素的位置符合最小条件的最小包容区域的宽度或直径表示。

(1)评定给定平面内的直线度误差时,包容区域为两平行直线,实际直线应至少与包容直线有“两高夹一低”或“两低夹一高”三点接触,如图 13-14 所示的最小区域 S。

(2)评定圆度误差时,包容区域为两同心圆间的区域,实际圆轮廓应至少有内外交替四个点与两包容圆接触,如图 13-15(a)所示的最小区域 S。

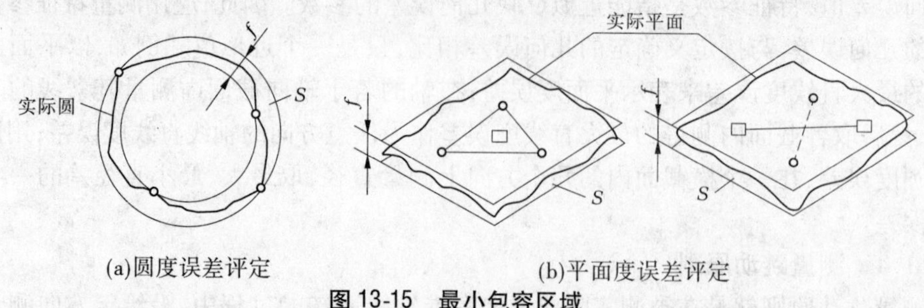

图 13-15　最小包容区域

(3)评定平面度误差时,包容区域为两平行平面间的区域,如图 13-15(b)所示的最小区域 S,被测平面至少有三个点或四个点按下列三种准则之一分别与此两平行平面接触。

三角形准则:三个极高点与一个极低点(或相反),其中一个极低点(或极高点)位于三个极高点(或极低点)构成的三角形之内。

交叉准则:两个极高点的连线与两个极低点的连线在包容平面上的投影相交。

直线准则:两平行包容平面与实际被测表面的接触点为高低相间的三个点,且它们在包容平面上的投影位于同一直线上。

13.6.2.2　位置误差的评定准则

位置误差是关联实际要素对其理想要素的变动量,理想要素的方向和位置由基准确定。位置误差的定向或定位最小包容区域的形状与其对应的位置公差带完全相同。用定向或定位最小包容区域包容实际被测要素时,该最小包容区域与基准必须保持图样上给定的几何关系,且使包容区域的宽度和直径最小。

图 13-16(a)所示面对面的垂直度的定向最小包容区域,是包容被测实际平面,且与基准保持垂直的两平行平面之间的区域;图 13-16(b)所示阶梯轴的同轴度的定位最小包容区域,是包容被测实际轴线,且与基准轴线同轴的圆柱面内的区域。

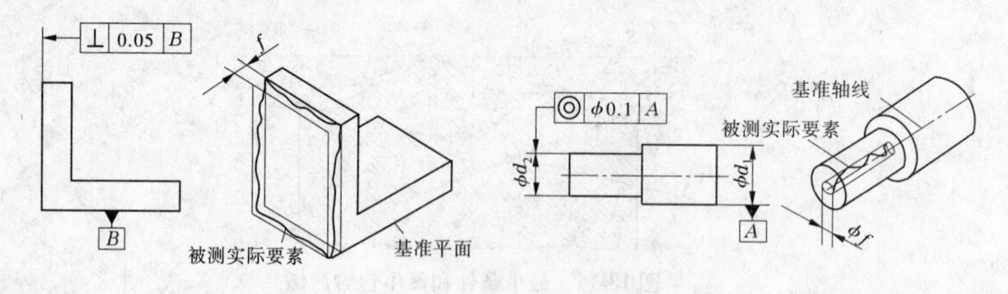

图 13-16　定向和定位最小包容区域

13.6.3　几何误差的检测

13.6.3.1　几何误差的检测步骤

(1)根据误差项目和检测条件确定检测方案,根据检测方案选择检测器具,并确定测量基准。

(2)进行测量,得到被测实际要素的有关数据。

(3)进行数据处理,按最小条件确定最小包容区域,得到几何误差数据。

下面以直线度误差、平面度误差和圆跳动误差的检测为例进行分析。

13.6.3.2　直线度误差的检测

1. 指示器测量法

如图 13-17 所示,将被测零件安装在平行于平板的两顶尖之间。用带有两只指示器的表架,沿铅垂轴截面的两条素线测量,同时分别记录两指示器在各自测点的读数 M_1 和 M_2,取各测点读数差的一半(即 $\left|\frac{M_1-M_2}{2}\right|$)中的最大差值作为该截面轴线的直线度误差。将零件移位,按上述方法测量若干个截面,取其中最大的误差值作为被测零件轴线直线度误差。

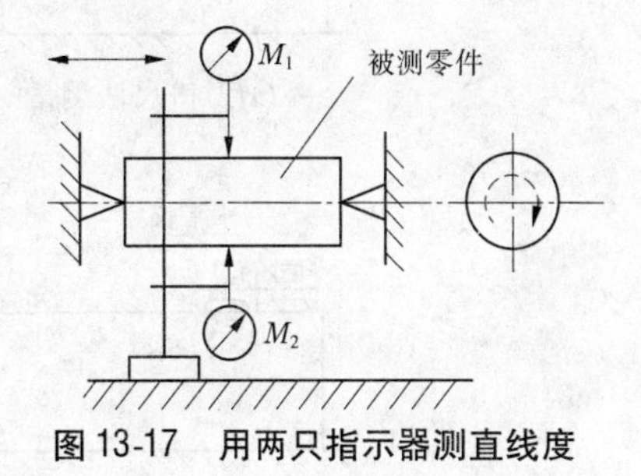

图 13-17　用两只指示器测直线度

2. 刀口尺法

刀口尺法是将刀口尺和被测要素(直线或平面)接触,使刀口和被测要素之间的最大距离为最小,此最大间隙即为被测的直线度误差。间隙量可用塞尺测量或与标准间隙比较,如图 13-18(a)所示。

3. 钢丝法

钢丝法是用特别的钢丝作为测量基准,用测量显微镜读数。调整钢丝的位置,使测量显微镜读得的两端读数相等。沿被测要素移动显微镜,显微镜读得的最大读数即为被测要素的直线度误差值,如图 13-18(b)所示。

4. 水平仪法

水平仪法是将水平仪放在被测表面上,沿被测要素按节距逐段连续测量。对读数进行计算可求得直线度误差值,也可采用作图法求得直线度的误差值。

一般在读数之前先将被测要素调成近似水平,以保证水平仪读数方便。测量时,可在水平仪下面放入桥板,桥板长度可按被测要素的长度,以及测量的精度要求决定,如图 13-18(c)所示。

5. 自准直仪法

用自准直仪和反射镜测量是将自准直仪放在固定位置上,测量过程中保持位置不变,反射镜通过桥板放在被测要素上,沿被测要素按节距逐段连续地移动反射镜,并在自准直仪的读数显微镜中读得对应的读数,对读数进行计算可求得直线度误差。该测量是以准直光线为测量基准,如图 13-18(d)所示。

13.6.3.3　平面度误差的检测

1. 打表法

被测零件支承在平板上,将被测平面上两对角线的角点分别调成等高,或将最远的三点调成距测量平板等高,按一定布点测量被测表面。指示器上最大读数与最小读数之差即为该平面的平面度误差近似值,如图 13-19(a)所示。

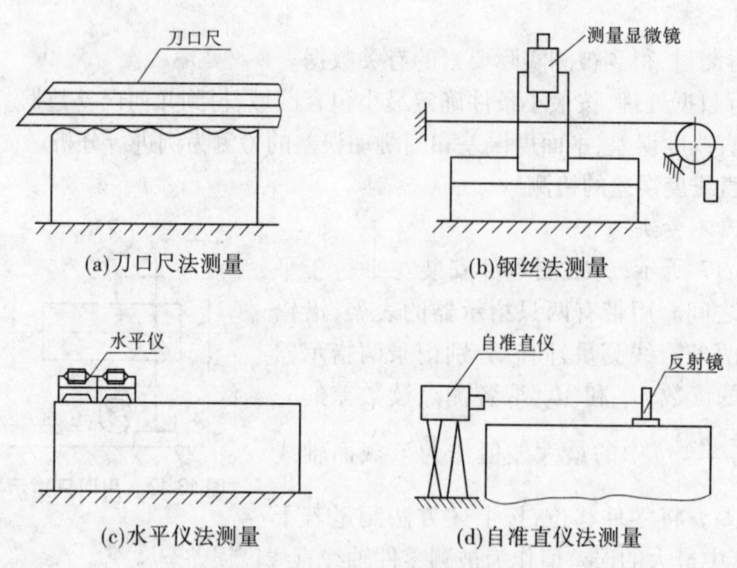

图 13-18　直线度误差的测量方法

2. 平晶法

将平晶紧贴在被测平面上，根据产生的干涉条纹，经过计算得到平面度误差值。此方法适用于高精度的小平面，如图 13-19(b)所示。

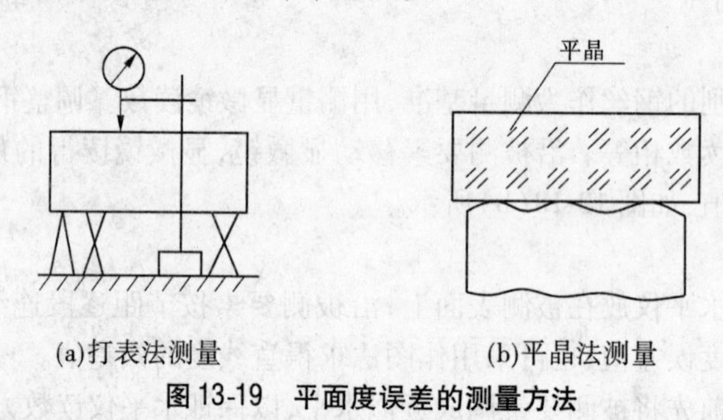

图 13-19　平面度误差的测量方法

另外，还可用水平仪法、自准直仪法检测平面度误差。

13.6.3.4　圆跳动误差的检测

1. 径向圆跳动的检测

如图 13-20 所示，基准轴线由 V 形块模拟，被测零件支承在 V 形块上，并在轴向定位。

(1)在被测零件回转一周的过程中，指示器读数最大差值即为单个测量平面上的径向圆跳动。

(2)按上述方法，测量若干个截面，取在各截面上所测得的跳动量中的最大值，作为该零件的径向圆跳动。

2. 端面圆跳动的检测

如图 13-21 所示，将被测零件固定在 V 形块上，并在轴向上固定。

(1)在被测零件回转一周的过程中，指示器读数最大差值即为单个测量圆柱面上的端面圆跳动。

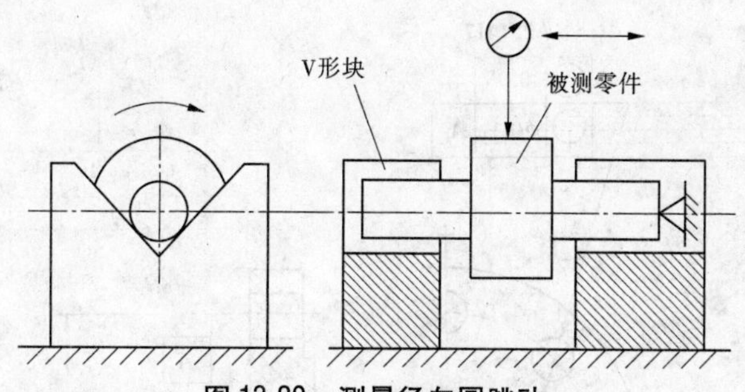

图 13-20　测量径向圆跳动

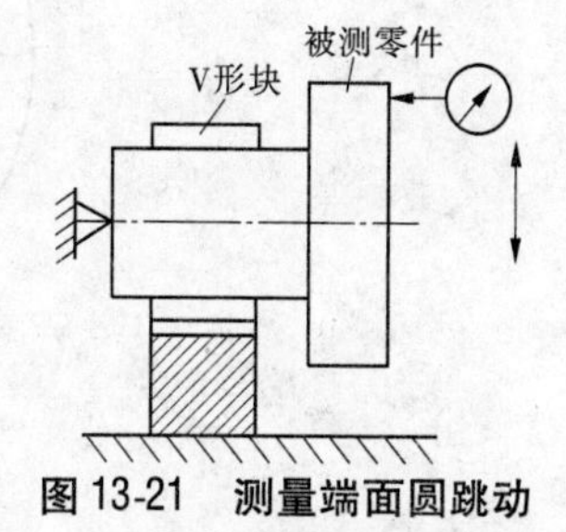

图 13-21　测量端面圆跳动

(2)按上述方法,测量若干个圆柱面,取在各测量圆柱面上所测得的跳动量中的最大值,作为该零件的端面圆跳动。

3. 斜向圆跳动的检测

如图 13-22 所示,将被测零件固定在导向套筒内,且在轴向固定。

(1)在被测件回转一周的过程中,指示器读数最大差值即为单个测量圆锥面上的斜向圆跳动。

(2)按上述方法,在若干个圆锥面测量,取在各测量圆锥面上所测得的跳动量中的最大值,作为该零件的斜向圆跳动。

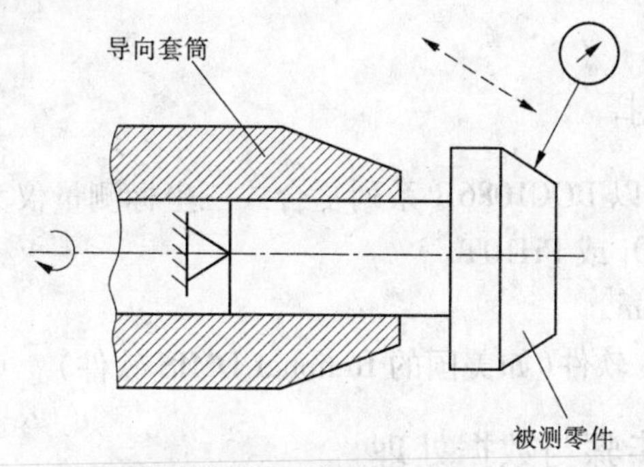

图 13-22　测量斜向圆跳动

13.7　拓展提高——认识三坐标测量仪

13.7.1　案例

图 13-23 所示为某零件的二维图,试根据图纸要求,在三坐标测量仪上检测端面上 8 个 $\phi25$ mm 均布孔的圆度、位置度是否合适。

13.7.2　案例分析

(1)此案例属于有二维图纸的测量,因此可以在实际工件上建立坐标系,通过自动方式完成各元素的测量。

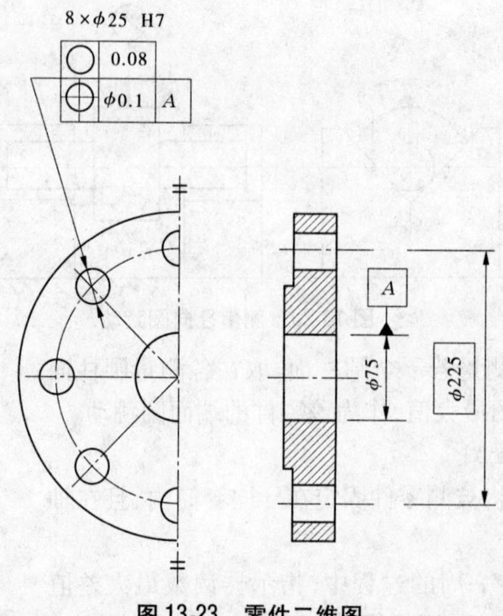

图 13-23 零件二维图

（2）根据图纸要求，需要在三坐标测量仪上测量出端面上 8 个 $\phi25$ mm 均布孔的圆度、位置度，因此需要测出 8 个 $\phi25$ mm 圆孔和基准 A（即 $\phi75$ mm），然后再进行圆度、位置度的误差评估。

13.7.3 测量工具选择

（1）三坐标测量仪（以 BQC1086R 系列复合式三坐标测量仪为例）。

（2）测头系统：MH20i 或 PH10T。

（3）测针：$20\times\phi3$ mm。

（4）测量软件：DMIS 软件（如美国的 Rational DMIS 软件）。

13.7.4 测量方法、步骤与数据处理

13.7.4.1 测量方法与步骤

（1）装夹零件。根据图纸分析，8 个 $\phi25$ mm 孔基准在图纸所示零件的右端面上，只需采用左端面竖立在工作台面的方式装夹定位。

（2）测头、角度的建立和标定。根据工件测量的空间位置，创建 MH20i 测头系统和 $20\times\phi3$ mm 测针，然后选择测头 A_0、B_0 角度进行标定。

（3）零件坐标系建立。以图纸所示零件的左端面为工作平面，$\phi75$ mm 孔中心为原点建立零件坐标系，为自动测量确立测量基准。

（4）在软件界面中选择测量“圆”，输入圆心坐标和理论圆直径，设置 5 个测量点，单击“接受”按钮，开始自动测量 $\phi25$ mm 圆孔，依次完成 CIR1、CIR2、…、CIR8 等 8 个圆的测量。

（5）在软件界面中选择测量“圆”，输入圆心坐标和理论圆直径，设置 5 个测量点，单击“接受”按钮，开始自动测量 $\phi75$ mm 圆孔，完成 CIR9 圆的测量。

(6)分别将 CIR1、CIR2、…、CIR8 等 8 个圆的实际元素拖放到“公差”中的“圆度”栏，评估 $\phi 25$ mm 圆的“圆度”。

(7)将 CIR1 的实际元素拖放到“公差”中的“位置度”栏，以 A(即 CIR9)为基准评估 CIR1 圆的位置度。CIR2、CIR3 等其他圆以同样的方法评估位置度。

(8)测量结束，退出测量软件，关闭电源。

13.7.4.2 测量数据处理

通过测量软件，将 $\phi 25$ mm 的实际圆度、位置度结果输出测量报告，完成整个测量过程。

13.7.5 相关知识

13.7.5.1 三坐标测量仪的概念

三坐标测量仪是指在一个六面体的空间范围内，能够表现几何形状、长度及圆周分度等测量能力的仪器，又称为三坐标测量机或三次元。

13.7.5.2 三坐标测量仪的结构

三坐标测量仪的结构如图 13-24 所示。同时，它通常都配备了测量软件、输出打印机、绘图仪等设备，以增强计算机数据处理及自动控制等功能。

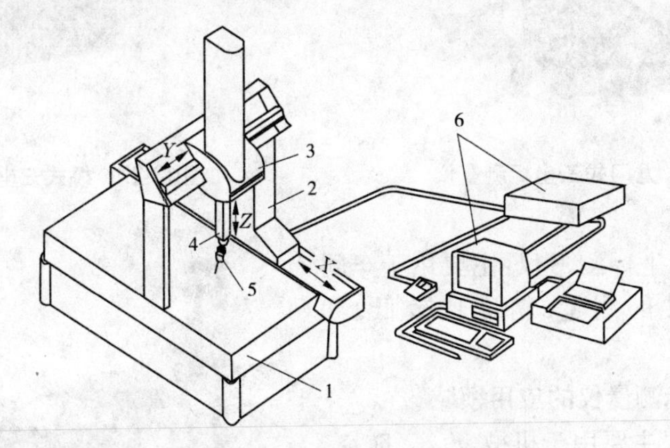

1—工作台;2—移动桥架;3—中央滑架;4—Z 轴;5—测头;6—电子系统

图 13-24 三坐标测量仪的结构

13.7.5.3 三坐标测量仪的工作原理

将被测零件放入三坐标测量仪允许的测量空间内，精密地测出被测零件各测量点在 X、Y、Z 三个坐标轴上的坐标值，根据这些点的空间坐标值，经过计算机数据处理，拟合形成测量元素，如圆、球、圆柱、圆锥、曲面等，再经过数学计算得出被测零件的几何尺寸、形状和位置公差等数据。如图 13-25 所示为三坐标测量仪工作原理图。

13.7.5.4 三坐标测量仪的分类

(1)龙门式三坐标测量仪：用于轿车车身等大型机械零部件或产品测量，如图 13-26 所示。

(2)桥式三坐标测量仪：用于复杂零部件的质量检测、产品开发，精度高，如图 13-27 所示。

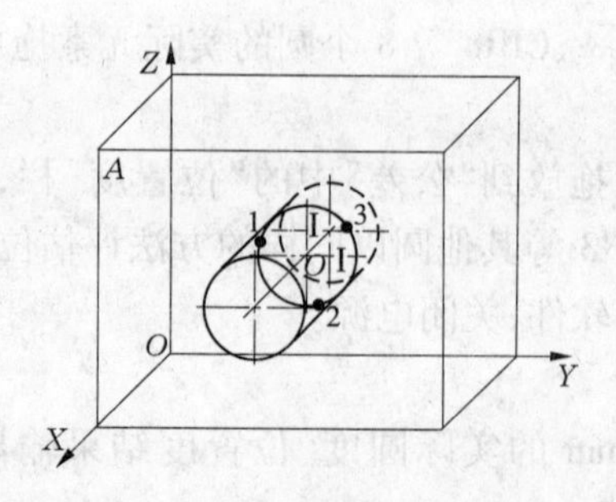

图 13-25　三坐标测量仪工作原理图

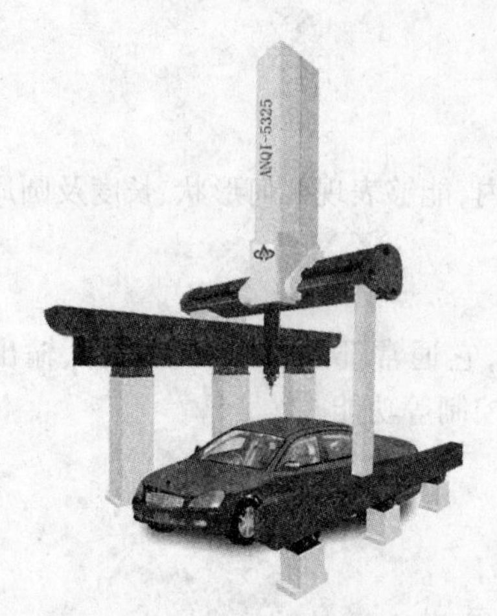

图 13-26　龙门式三坐标测量仪

图 13-27　桥式三坐标测量仪

（3）悬臂式三坐标测量仪：主要用于车间画线及简单零件的测量，精度比较低，如图 13-28所示。

图 13-28　悬臂式三坐标测量仪

13.7.5.5　三坐标测量仪的应用领域

三坐标测量仪主要用于机械、汽车、航空、军工、家具、模具等行业中的箱体、机架、齿轮、凸轮、蜗轮、蜗杆、叶片、曲线、曲面等零件，还可用于电子、五金、塑胶等行业中，可以对工件的尺寸、形状和形位公差进行精密检测，从而完成零件检测、外形测量、过程控制等任务。

13.7.6　三坐标测量仪维护及保养方法

三坐标测量仪作为一种精密的测量设备，如果维护及保养做得及时，就能延长仪器的使用寿命，并使精度得到保障、故障率降低。三坐标测量仪维护及保养规程如下。

13.7.6.1　开机前的准备

（1）三坐标测量仪对环境要求比较严格，应严格控制使用场所的温度（18 ~22 ℃）及湿度（40% ~70%）。

(2)每天对仪器气源进行检查,放油放水;定期清洗过滤器及油水分离器;定期检查仪器气源前级空气来源(空气压缩机或集中供气的储气罐);定期检查花岗岩导轨面状况,每次开机前清洁仪器的导轨,用航空汽油(120 或 180 号汽油)或无水乙醇擦拭。

(3)在保养过程中,切记不能给导轨涂上任何性质的油脂。

(4)若长时间没有使用三坐标测量仪,应在开机前做好准备工作,即控制室内的温度和湿度(24 h 以上),然后检查气源、电源是否正常。

(5)开机前检测电源,定期检查接地电阻是否小于 4 Ω,如有条件则配置稳压电源。

13.7.6.2 工作过程中的注意事项

(1)被测零件在放到工作台上检测之前,应先清洗、去毛刺,防止在加工完成后零件表面残留的冷却液及加工残留物影响测量精度及测量头使用寿命;被测零件在测量之前应在室内恒温,以免因为温度相差过大影响测量精度。

(2)大型及重型零件在放置到工作台上的过程中应轻放,以避免造成剧烈碰撞,致使工作台或零件损伤,必要时可以在工作台上放置一块厚橡胶,以防止碰撞。

(3)小型及轻型零件放到工作台后,应先紧固再进行测量,以免影响测量精度。

(4)在工作过程中,测座在转动时(特别是带有加长杆的情况下)一定要远离零件,以避免碰撞。

(5)在工作过程中,如果发生异常响声或突然故障,切勿自行拆卸及维修,应及时与专业人士或厂家联系。

13.7.6.3 操作结束后的注意事项

(1)将 Z 轴移动到下方,并应避免测针撞到工作台。

(2)工作完成后,要清洁工作台面。

(3)检查导轨,如有水印,则要及时检查过滤器,如有划伤或碰伤,则应及时与专业人士或厂家联系,避免造成更大损失。

(4)工作结束后,将仪器总气源关闭。

练习题

1. 选择题

(1)圆跳动的公差值(　　)。

A. 为负值　　B. 前面不能加“ϕ”　　C. 前面能加“ϕ”　　D. 为零

(2)定向公差综合控制被测要素的(　　)。

A. 形状误差　　B. 位置误差

C. 形状和方向误差　　D. 方向和位置误差

(3)平面度的被测要素为(　　)。

A. 实际要素　　B. 公称组成要素　　C. 公称导出要素　　D. 任意要素

(4)测量一轴的圆跳动误差时,表针显示的最大数为 15 μm,最小数为 −8 μm,则跳动误差为(　　)。

A. 15 μm　　　B. 8 μm　　　C. 23 μm　　　D. 7 μm

(5)被测平面的平面度公差与它对基准的平行度公差相比,(　　)。

A. 前者必须等于后者　　　B. 前者必须大于后者

C. 前者必须小于后者　　　D. 前者不得小于后者

2. 填空题

(1)圆跳动公差特征项目按检测方向分为________、________和________三种。

(2)定位公差特征项目分为________、________和________三种。

(3)单一要素的形状公差特征项目有________、________、________和________四项。

(4)三坐标测量仪的类型有________、________和________等。

(5)直线度误差的检测方法有________、________、________和________等。

3. 判断题

(1)被测要素为组成要素时,其指引线要远离尺寸线。　　(　　)

(2)同轴度的公差值前面必须加"ϕ"。　　(　　)

(3)平面度的被测要素为单一要素时,公差框格为两个。　　(　　)

(4)直线度的被测要素为单一要素时,无基准。　　(　　)

(5)最小条件是指被测实际要素相对于理想要素的最大变动量为最小。　　(　　)

4. 综合题

(1)几何公差项目有哪些?其名称和符号是什么?

(2)下列几何公差项目的公差带有何相同点和不同点?

①圆度和径向圆跳动公差带;

②端面对轴线的垂直度和端面全跳动公差带;

③圆柱度和径向全跳动公差带。

(3)图 13-29 所示销轴的三种几何公差标注,它们的公差带有何不同?

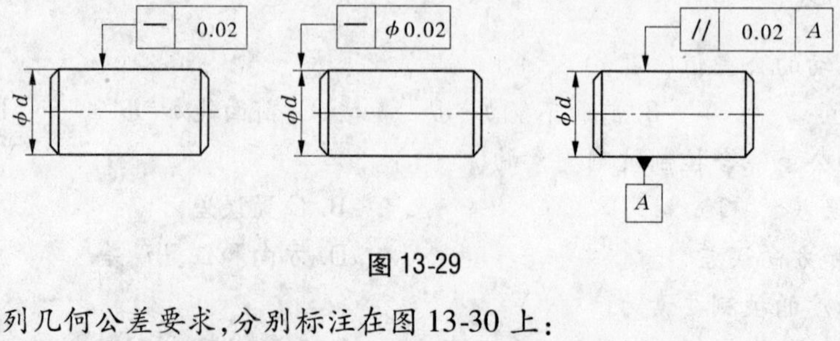

图 13-29

(4)将下列几何公差要求,分别标注在图 13-30 上:

①$\phi 40_{-0.03}^{0}$圆柱面对两$\phi 25_{-0.021}^{0}$公共轴线的圆跳动公差为 0.015 mm;

②两$\phi 25_{-0.021}^{0}$轴颈的圆度公差为 0.01 mm;

③$\phi40_{-0.03}^{0}$左、右端面对两$\phi25_{-0.021}^{0}$公共轴线的端面圆跳动公差为0.02 mm；

④键槽$10_{-0.036}^{0}$中心平面对$\phi40_{-0.03}^{0}$轴线的对称度公差为0.015 mm。

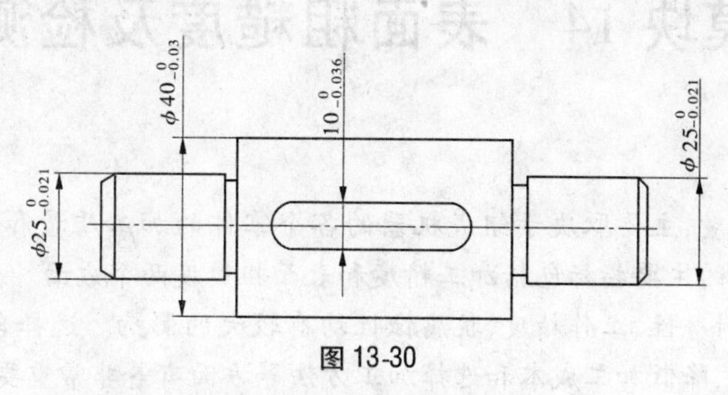

图 13-30

(5)将下列几何公差要求，分别标注在图13-31上：

①底平面的平面度公差为0.012 mm；

②$\phi20_{0}^{+0.021}$两孔的轴线分别对它们的公共轴线的同轴度公差为0.015 mm；

③$\phi20_{0}^{+0.021}$两孔的轴线对底面的平行度公差为0.01 mm，两孔表面的圆柱度公差为0.008 mm。

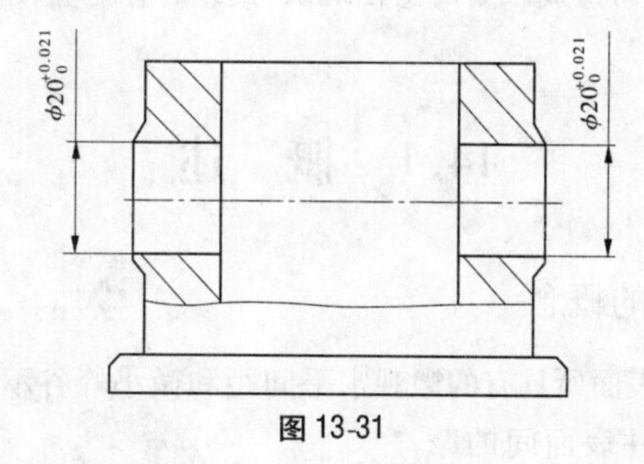

图 13-31

(6)指出图13-32中几何公差的标注错误，并加以改正(不允许改变几何公差特征符号)。

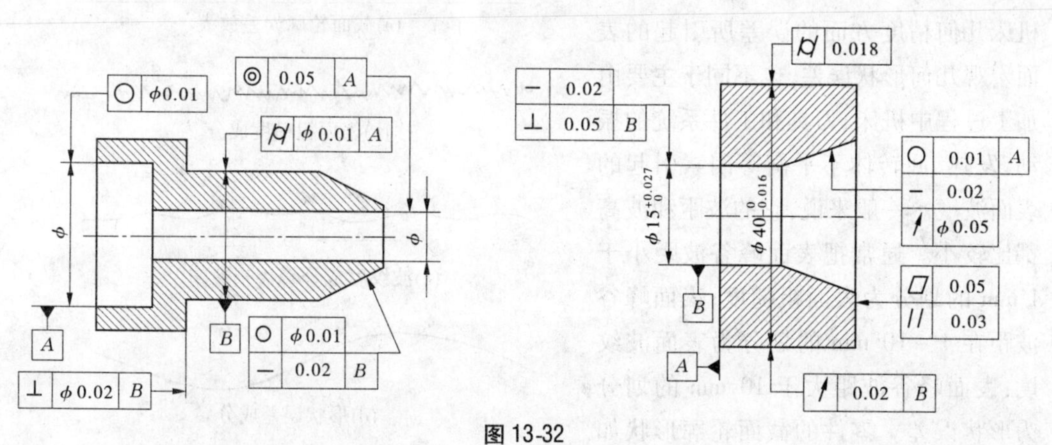

图 13-32

模块 14　表面粗糙度及检测

【模块导入】

一台机器的质量，主要取决于组成机器的各个零件的加工质量和产品的装配质量。而零件的加工质量的主要指标包括加工精度和表面粗糙度两个方面。表面粗糙度对机器零件的配合性质、耐磨性、工作精度、抗腐蚀性均有较大的影响。选择合理的表面粗糙度对保证产品的性能、降低加工成本和选择加工方法等方面有着非常重要的意义。

【技能要求】

学习表面粗糙度的基本概念及其对零件使用性能的影响；掌握表面粗糙度评定基准与主要评定参数，能准确地评定表面粗糙度的级别，并能对零件的表面粗糙度数值进行正确标注；将各种零件表面与粗糙度评定样板比较，通过眼看、手摸等方法体会不同质量的零件表面的微观特征，从而形成深刻的感性认识，最终具备能直接判断零件表面粗糙度级别的能力。

14.1　概　述

14.1.1　表面粗糙度的概念

表面粗糙度是零件表面所具有的微观水平间距和微小峰谷不平度，主要是由切削加工中的刀痕、刀具与零件表面间的摩擦、塑性变形以及工艺系统的高频振动等造成的。表面粗糙度不同于主要由机床几何精度方面的误差所引起的表面宏观几何形状误差，也不同于主要由加工过程中机床、刀具和工件系统的振动、发热、回转体不平衡等因素引起的表面波度。一般来说，它的波距和波高都比较小。通常把表面峰谷波距小于 1 mm 的划分为表面粗糙度；表面峰谷波距在 1 ~ 10 mm 的划分为表面波纹度；表面峰谷波距大于 10 mm 的划分为形状误差。零件的截面轮廓形状如图 14-1 所示。

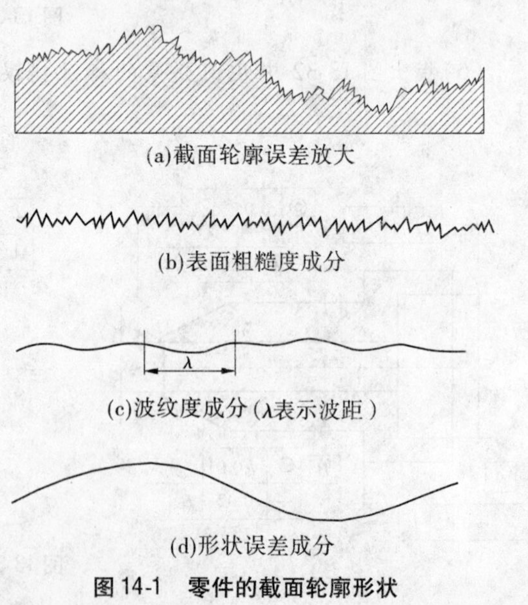

(a)截面轮廓误差放大
(b)表面粗糙度成分
(c)波纹度成分（λ表示波距）
(d)形状误差成分

图 14-1　零件的截面轮廓形状

14.1.2　表面粗糙度对零件使用性能的影响

(1)配合性能方面。表面越粗糙,配合性质越不稳定。对于有相对运动的间隙配合,工作时易磨损,间隙增大;对于过盈配合,粗糙表面波峰在装配时被挤平,实际有效过盈减小,降低了连接强度。

(2)摩擦和磨损方面。表面越粗糙,摩擦阻力越大,磨损越快,耐磨性越差。

(3)疲劳强度方面。表面越粗糙,波谷越深,且底部圆弧半径越小,越容易产生应力集中,承受交变载荷的零件的波谷位置易出现疲劳裂纹。

(4)接触刚度方面。表面越粗糙,表面间的实际接触面积越小,单位面积受力就越大,使波峰处的局部塑性变形加剧、接触刚度降低,影响机器的工作精度和抗振性。

(5)耐腐蚀性方面。表面越粗糙,越易在波谷处凝聚腐蚀物质,波谷深度越大,底部角度越小,腐蚀作用越明显。

综上所述,为保证零件的使用性能和寿命,应对零件的表面粗糙度加以合理限制。

14.2　表面粗糙度的评定

14.2.1　表面粗糙度的基本术语

由于加工表面的不均匀性,在评定表面粗糙度时,需要规定取样长度和评定长度等技术参数,以限制和减弱表面波纹度对表面粗糙度测量结果的影响。

14.2.1.1　取样长度(l_r)

取样长度是指用于判别具有表面粗糙度特征的一段基准线长度,如图 14-2 所示。规定取样长度的目的是限制和削弱几何形状误差,特别是表面波纹度对测量结果的影响。

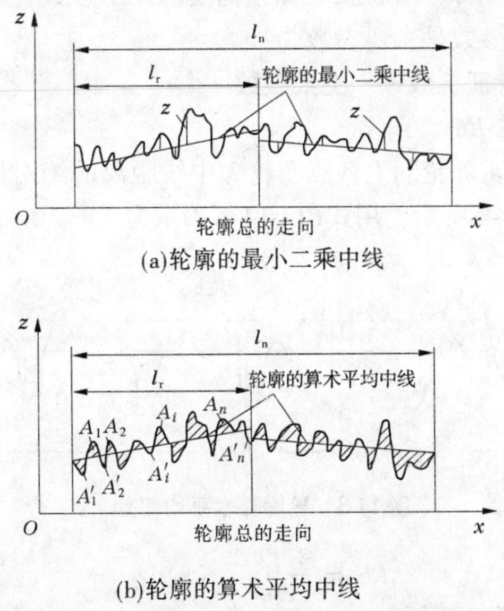

图 14-2　取样长度、评定长度和轮廓中线

在测量时，取样长度应在轮廓总的走向上量取，取样长度范围内至少包含5个以上的轮廓峰和谷。其数值选用应与表面粗糙度的要求相适应，如表14-1所示。

表14-1　取样长度与评定长度的选用值(摘自GB 1031—2009)

Ra(μm)	Rz(μm)	取样长度 l_r(mm)	评定长度 l_n(mm)
0.008～0.02	0.025～0.10	0.08	0.4
0.02～0.1	0.10～0.50	0.25	1.25
0.1～2.0	0.50～10.0	0.8	4.0
2.0～10.0	10.0～50.0	2.5	12.5
10.0～80.0	50.0～320	8.0	40.0

14.2.1.2　评定长度(l_n)

由于零件表面粗糙度不均匀，为了合理地反映其特征，在测量和评定时所规定的一段最小长度称为评定长度(l_n)。国家标准推荐，$l_n=5l_r$。当然，根据情况，也可取非标准长度。对均匀性好的表面，可选 $l_n<5l_r$；对均匀性较差的表面，可选 $l_n>5l_r$。

14.2.1.3　基准线(轮廓中线)

基准线是用以评定表面粗糙度参数大小所规定的一条参考线，基准线有下列两种：

(1)轮廓的最小二乘中线。在取样长度内，使轮廓线上各点的纵坐标值 $z(x)$ 的平方和为最小的直线，如图14-2(a)所示。

(2)轮廓的算术平均中线。在取样长度内，将实际轮廓划分为上下两部分，且使上下面积相等的直线，如图14-2(b)所示。

14.2.2　表面粗糙度的评定参数

国家标准GB/T 1031—2009规定，表面粗糙度的评定参数有高度特征参数和间距特征参数。其中，高度特征参数是主要参数。

14.2.2.1　轮廓的高度特征参数——主要参数

1. 轮廓算术平均偏差 Ra

在取样长度内，被测实际轮廓上各点至轮廓中线距离的绝对值的算术平均值称为轮廓算术平均偏差，如图14-3所示。用式(14-1)可表示为

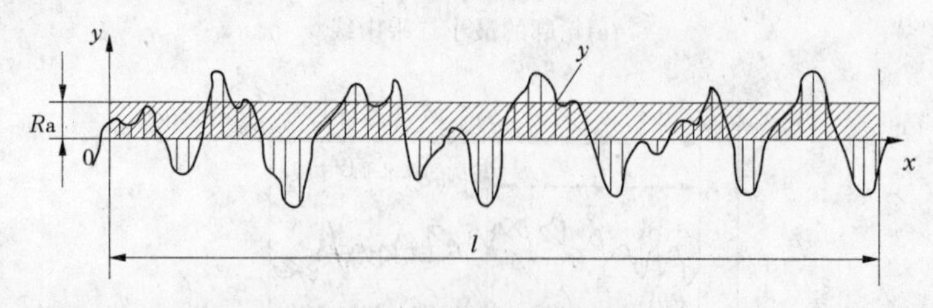

图14-3　轮廓算术平均偏差

$$Ra=\frac{1}{l_r}\int_0^{l_r}|y(x)|\mathrm{d}x \tag{14-1}$$

或近似为
$$Ra = \frac{1}{n}\sum_{i=1}^{n} |y_i| \tag{14-2}$$

测得的 Ra 值越大，则表面越粗糙，一般用电动轮廓仪进行测量。

2. 轮廓最大高度 Rz

在一个取样长度内，最大轮廓峰顶(y_p)和最大轮廓谷底(y_v)之间的高度称为轮廓最大高度，如图 14-4 所示。用式(14-3)可表示为

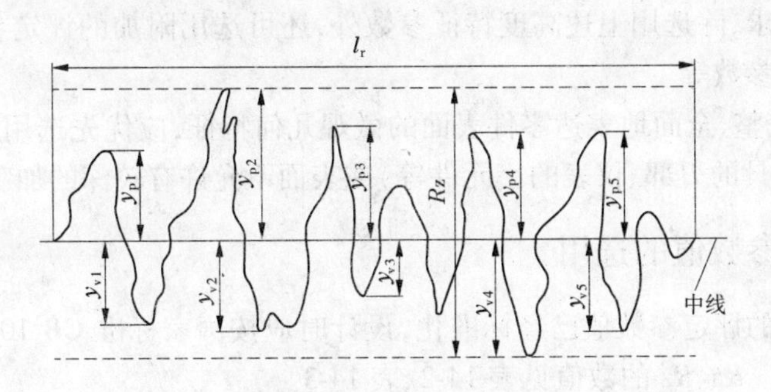

图 14-4 轮廓最大高度

$$Rz = y_p + y_v \tag{14-3}$$

14.2.2.2 间距特征参数——附加参数

1. 轮廓单元平均宽度 Rsm

轮廓单元平均宽度是指在一个取样长度内，轮廓单元宽度 X_s 的平均值，如图 14-5 所示。Rsm 的数学表达式为

$$Rsm = \frac{1}{m}\sum_{i=1}^{m} X_{si} \tag{14-4}$$

Rsm 值越小，轮廓表面越细密，密封性越好。

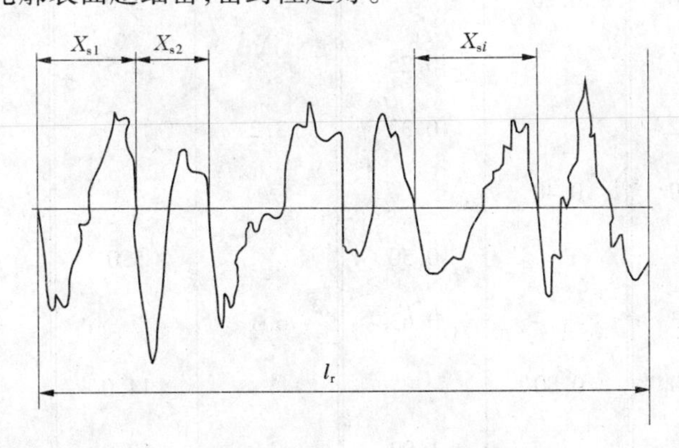

图 14-5 轮廓单元的宽度

2. 轮廓的支承长度率 $Rmr(c)$

轮廓的支承长度率是指在给定水平位置 c 上的轮廓实体材料长度 $Ml(c)$ 与评定长度 l_n 的比率。

14.3 表面粗糙度的选用

14.3.1 评定参数的选用

GB 1031—2009 规定,表面粗糙度参数应从高度特征参数 *R*a 和 *R*z 中选取。如果零件表面有功能要求,除选用上述高度特征参数外,还可选用附加的评定参数,如间距特征参数和形状特征参数等。

*R*a 值能较完整、全面地表达零件表面的微观几何特征,应优先选用。*R*z 值常用在小零件(如顶尖、刀具的刃部、仪表的小元件等)或表面不允许有较深的加工痕迹的零件。

14.3.2 评定参数值的选用

表面粗糙度的评定参数值已经标准化,设计时应按国家标准 GB 1031—2009 规定的参数值系列选取。Ra、Rz 的数值见表 14-2、表 14-3。

表 14-2 轮廓算术平均偏差 *R*a 的数值 (单位:μm)

第 1 系列	第 2 系列	第 1 系列	第 2 系列	第 1 系列	第 2 系列	第 1 系列	第 2 系列
	0.008						
	0.010						
0.012			0.125		1.25	12.5	
	0.016		0.160	1.6			16
	0.020	0.20			2.0		20
0.025			0.25		2.5	25	
	0.032		0.32	3.2			32
	0.040	0.40			4.0		40
0.050			0.50		5.0	50	
	0.063		0.63	6.3			63
	0.080	0.80			14.0		80
0.100			1.00		10.0	100	

14.3.2.1 表面粗糙度参数值的选择原则

在满足功能要求的前提下,尽量选择较大的表面粗糙度参数值,以减小加工难度,降低成本。

表 14-3　轮廓最大高度 Rz 的数值　　（单位：μm）

第 1 系列	第 2 系列	第 1 系列	第 2 系列	第 1 系列	第 2 系列	第 1 系列	第 2 系列	第 1 系列	第 2 系列
			0.125		1.25	12.5			125
			0.160	1.60			16.0		160
		0.20			2.0		20	160	
0.025			0.25		2.5	25			250
	0.032		0.32	3.2			32		320
	0.040	0.40			4.0		40	400	
0.050			0.50		5.0	50			500
	0.063		0.63	6.3			63		630
	0.080	0.8			14.0		80	800	
0.100			1.0		10.0	100			1 000
								1 600	

注：优先选用第 1 系列值。

14.3.2.2　选择方法

通常采用类比法。在用类比法进行选择时，应注意以下几点：

(1)同一零件上，工作表面比非工作表面的粗糙度参数值小。

(2)摩擦表面比非摩擦表面、滚动摩擦表面比滑动摩擦表面的粗糙度参数值小。

(3)承受交变载荷的表面及易引起应力集中的部分，粗糙度参数值应小。

(4)要求配合稳定可靠的表面、小间隙配合表面、受重载作用的过盈配合表面，其粗糙度参数值要小。

(5)表面粗糙度与尺寸及形状公差应协调。通常尺寸及形状公差小，表面粗糙度参数值也要小，同一尺寸公差的轴比孔的粗糙度参数值要小。但是，表面粗糙度的参数值和尺寸公差、形状公差之间并不存在函数关系。如机器、仪器上的手轮、手柄、外壳等部位，其尺寸、形状精度要求并不高，但表面粗糙度要求高。表 14-4 列出了在正常的工艺条件下，表面粗糙度参数值与尺寸公差及形状公差的对应关系。

表 14-4　表面粗糙度参数值与尺寸公差及形状公差的对应关系

形状公差 t 占尺寸公差 T 的百分比(%)	表面粗糙度参数值占尺寸公差的百分比(%)	
	Ra/T	Rz/T
≈60	≤5	≤20
≈40	≤2.5	≤10
≈25	≤1.2	≤5

(6)密封性、耐腐蚀性要求高的表面或外表美观的表面，其粗糙度值应小些。

(7)凡有关标准已对表面粗糙度要求作出规定者(如轴承、量规、齿轮等)，应按标准规定选取表面粗糙度参数值。

表 14-5、表 14-6 列出了表面粗糙度参数值选用的部分资料，可供设计时参考。

表14-5 常用表面粗糙度推荐值

表面特征			Ra不大于(μm)	
			基本尺寸(mm)	
	公差等级	表面	到50	大于50~500
经常拆卸零件的配合表面(如挂轮、滚刀等)	5	轴	0.2	0.4
		孔	0.4	0.8
	6	轴	0.4	0.8
		孔	0.4~0.8	0.8~1.6
	7	轴	0.4~0.8	0.8~1.6
		孔	0.8	1.6
	8	轴	0.8	1.6
		孔	0.8~1.6	1.6~3.2

表面特征			Ra不大于(μm)		
			公称尺寸(mm)		
	公差等级	表面	到50	大于50~120	大于120~500
过盈配合的配合表面 (1)按机械压入法 (2)装配按热处理法	5	轴	0.1~0.2	0.4	0.4
		孔	0.2~0.4	0.8	0.8
	6、7	轴	0.4	0.8	1.6
		孔	0.8	1.6	1.6
	8	轴	0.8	0.8~1.6	1.6~3.2
		孔	1.6	1.6~3.2	1.6~3.2
	—	轴	1.6		
		孔	1.6~3.2		

精密定心用配合的零件表面	表面	径向跳动公差(mm)					
		2.5	4	6	10	16	25
		Ra(μm)					
	轴	0.05	0.1	0.1	0.2	0.4	0.8
	孔	0.1	0.2	0.2	0.4	0.8	1.6

滑动轴承的配合表面	表面	公差等级		液体湿摩擦条件
		6~9	10~12	
		Ra不大于(μm)		
	轴	0.4~0.8	0.8~3.2	0.1~0.4
	孔	0.8~1.6	1.6~3.2	0.2~0.8

表 14-6　表面粗糙度参数、加工方法和应用举例

$Ra(\mu m)$	加工方法	应用举例
12.5 ~ 25	粗车、粗铣、粗刨、钻、毛锉、锯断等	粗加工非配合表面。如轴端面、倒角、钻孔、齿轮和带轮侧面、键槽底面、垫圈接触面及不重要的安装支承面
6.3 ~ 12.5	车、铣、刨、镗、钻、粗铰等	半精加工表面。如轴上不安装轴承、齿轮等处的非配合表面,轴和孔的退刀槽、支架、衬套、端盖、螺栓、螺母、齿顶圆、花键非定心表面等
3.2 ~ 6.3	车、铣、刨、镗、磨、拉、粗刮、铣齿等	半精加工表面。箱体、支架、套筒、非传动用梯形螺纹等与其他零件结合而无配合要求的表面
1.6 ~ 3.2	车、铣、刨、镗、磨、拉、刮等	接近精加工表面。箱体上安装轴承的孔和定位销的压入孔表面及齿轮齿条、传动螺纹、键槽、皮带轮槽的工作面、花键结合面等
0.8 ~ 1.6	车、镗、磨、拉、刮、精铰、磨齿、滚压等	要求有定心及配合的表面。如圆柱销、圆锥销的表面,卧式车床导轨面,与 P0、P6 级滚动轴承配合的表面等
0.4 ~ 0.8	精铰、精镗、磨、刮、滚压等	要求配合性质稳定的配合表面及活动支承面。如高精度车床导轨面、高精度活动球状接头表面等
0.2 ~ 0.4	精磨、珩磨、研磨、超精加工等	精密机床主轴锥孔、顶尖圆锥面、发动机曲轴和凸轮轴工作表面、高精度齿轮齿面、与 P5 级滚动轴承配合面等
0.1 ~ 0.2	精磨、研磨、普通抛光等	精密机床主轴轴颈表面、一般量规工作表面、汽缸内表面、阀的工作表面、活塞销表面等
0.025 ~ 0.1	超精磨、精抛光、镜面磨削等	精密机床主轴轴颈表面,滚动轴承套圈滚道、滚珠及滚柱表面,工作量规的测量表面,高压液压泵中的柱塞表面等
0.012 ~ 0.025	镜面磨削等	仪器的测量面等
≤0.012	镜面磨削、超精研等	量块的工作面、光学仪器中的金属镜面等

14.4　表面粗糙度的标注

14.4.1　表面粗糙度的符号

表面粗糙度的符号及其意义见表 14-7。

表 14-7　表面粗糙度的符号及其意义

符号	意义及说明
基本图形符号	基本符号，表示表面可用任何方法获得。当不标注粗糙度参数值或有关说明（例如表面处理、局部热处理状况等）时，仅适用于简化代号标注
扩展图形符号	基本符号加一短划，表示表面是用去除材料的方法获得的，例如车、铣、钻、磨、剪切、抛光、腐蚀、电火花加工、气割等
扩展图形符号	基本符号加一小圆，表示表面是用不去除材料的方法获得的，例如铸、锻、冲压变形、热轧、冷轧、粉末冶金等，或者是用于保持原供应状况的表面（包括保持上道工序的状况）
完整图形符号	在上述三个符号的长边上均可加一横线，用于标注有关参数和说明
工作轮廓各表面图形符号	在上述三个符号上均可加一小圆，表示所有表面具有相同的表面粗糙度要求

14.4.2　表面粗糙度的代号及其标注

在表面粗糙度符号的基础上，注上其他有关表面特征的符号即组成了表面粗糙度代号。表面粗糙度数值及其有关规定在符号中注写的位置如图 14-6 所示。

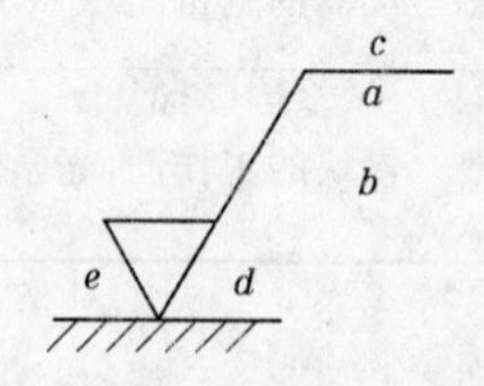

a—表面粗糙度参数代号及数值（μm）；*b*—第二个表面粗糙度要求；
c—加工方法；*d*—加工纹理方向符号；*e*—加工余量（mm）

图 14-6　表面粗糙度的代号及其标注

表面粗糙度代号的具体标注示例见表 14-8。

表 14-8　表面粗糙度代号的具体示例

代号	含义/说明
Ra 1.6	表示去除材料，单向上限值，默认传输带，粗糙度算术平均偏差 1.6 μm，评定长度为 5 个取样长度（默认），“16% 规则”（默认）
Rz_{max} 0.2	表示不允许去除材料，单向上限值，默认传输带，R 轮廓，粗糙度最大高度的最大值 0.2 μm，评定长度为 5 个取样长度（默认），“最大规则”
U Ra_{max} 3.2 L Ra 0.8	表示不允许去除材料，双向极限值，两极限值均使用默认传输带。上限值：算术平均偏差 3.2 μm，评定长度为 5 个取样长度（默认），“最大规则”。下限值：算术平均偏差 0.8 μm，评定长度为 5 个取样长度（默认），“16% 规则”（默认）
铣 -0.8/Ra3 6.3 ⊥	表示去除材料，单向上限值，默认传输带。根据 GB/T 6062，取样长度 0.8 mm，算术平均偏差极限值 6.3 μm，评定长度包含 3 个取样长度，“16% 规则”（默认）。加工方法：铣削，纹理垂直于视图所在的投影面

14.4.3　图样中的标注示例

表面粗糙度要求在图样中的标注示例如表 14-9 所示。

表 14-9　表面粗糙度要求在图样中的标注示例

说明	实例
①表面粗糙度要求对每一表面一般只标注一次，并尽可能注在相应的尺寸及其公差的同一视图上。 ②表面粗糙度的注写和读取方向与尺寸的注写和读取方向一致	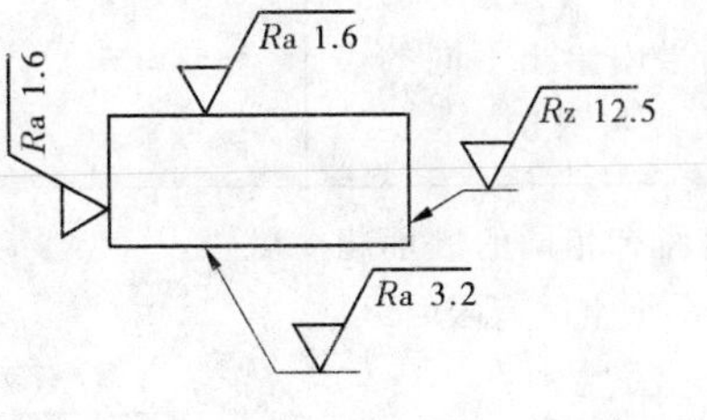 Ra 1.6；Ra 1.6；Rz 12.5；Ra 3.2
表面粗糙度要求可标注在轮廓线或其延长线上，其符号应从材料外指向并接触表面。必要时表面结构符号也可用带箭头和黑点的指引线引出标注	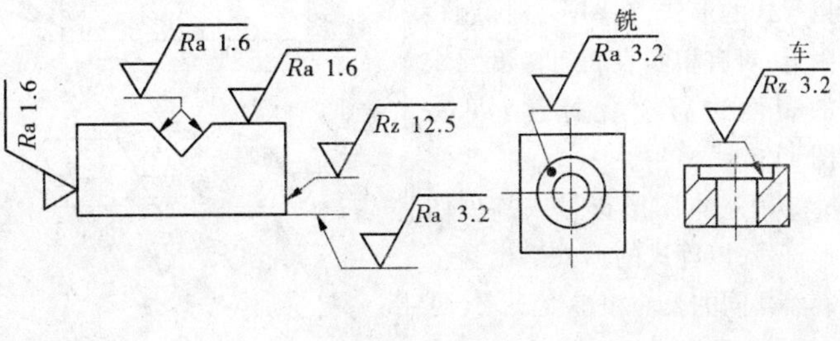 Ra 1.6；Ra 1.6；Ra 1.6；Rz 12.5；Ra 3.2；铣 Ra 3.2；车 Rz 3.2

续表 14-9

说明	实例
在不会引起误解的前提下,表面粗糙度要求可以标注在给定的尺寸线上	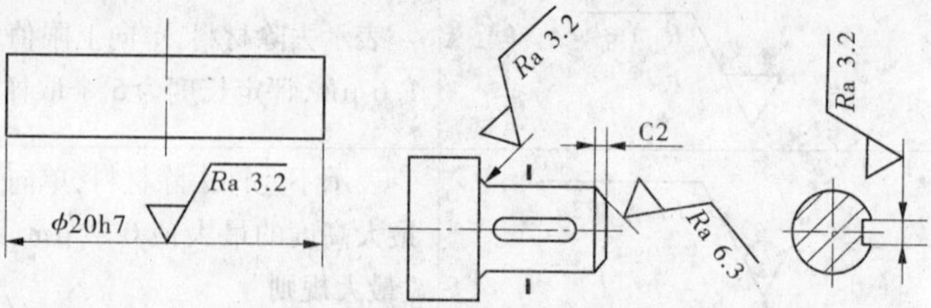 Ra 3.2 φ20h7 Ra 3.2 C2 Ra 6.3 Ra 3.2
表面粗糙度要求可以标注在几何公差框格的上方	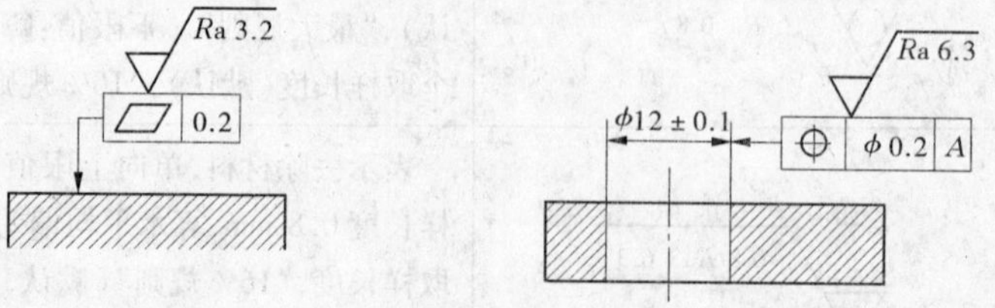 Ra 3.2 0.2 Ra 6.3 φ12 ± 0.1 φ 0.2 A
如果在工件的多数表面有相同的表面粗糙度要求,则其表面粗糙度要求可统一标注在图样的标题栏附近。此时,表面粗糙度要求的代号后面应有以下两种情况: ①在圆括号内给出无任何其他标注的基本符号(见右图 a); ②在圆括号内给出不同的表面结构要求(见右图 b)	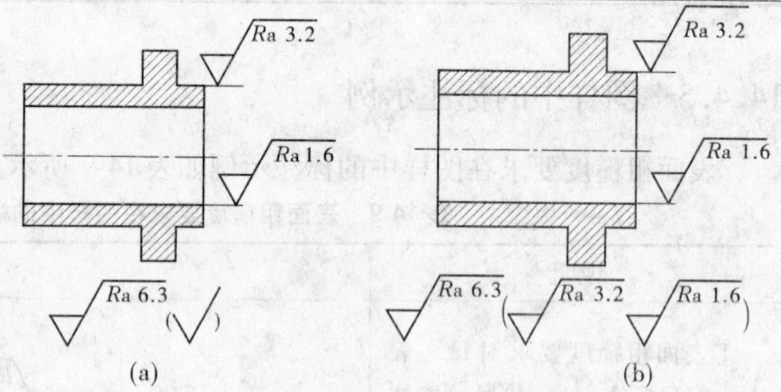 Ra 3.2 Ra 1.6 Ra 6.3 ( ) (a) Ra 3.2 Ra 1.6 Ra 6.3 (Ra 3.2 Ra 1.6) (b)
当多个表面有相同的表面粗糙度要求或图纸空间有限时,可以采用简化注法: ①用带字母的完整图形符号,以等式的形式,在图形或标题栏附近,对有相同表面粗糙度要求的表面进行简化标注(见右图 a); ②用基本图形符号或扩展图形符号,以等式的形式给出多个表面共同的表面粗糙度要求(见右图 b)	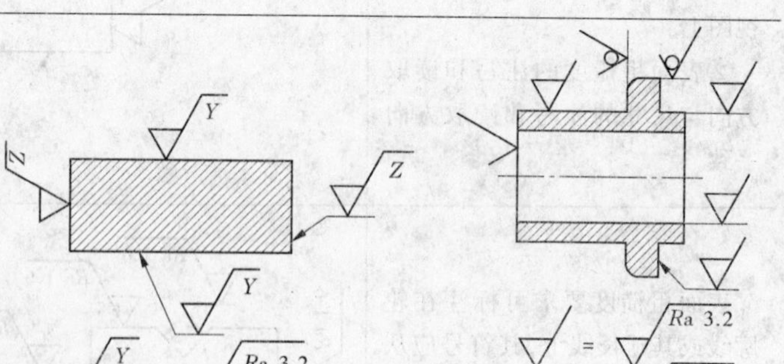 Y Z Z Y Y = Ra 3.2 Z = Ra 6.3 (a) = Ra 3.2 = Ra 6.3 = Ra 25 (b)

14.5　表面粗糙度的检测

目前,常用的表面粗糙度的测量方法主要有比较法、光切法、针描法、干涉法、激光反射法等。

14.5.1　比较法

比较法是将被测表面与已知其评定参数值的粗糙度样板(见图14-7)相比较的一种方法,如被测表面精度较高,可借助于放大镜、比较显微镜进行比较,以提高检测精度。对比较样板的选择,应使其材料、形状和加工方法与被测工件尽量相同。

比较法简单实用,适合于在车间条件下判断较粗糙的表面,其判断准确程度与检验人员的技术熟练程度有关。

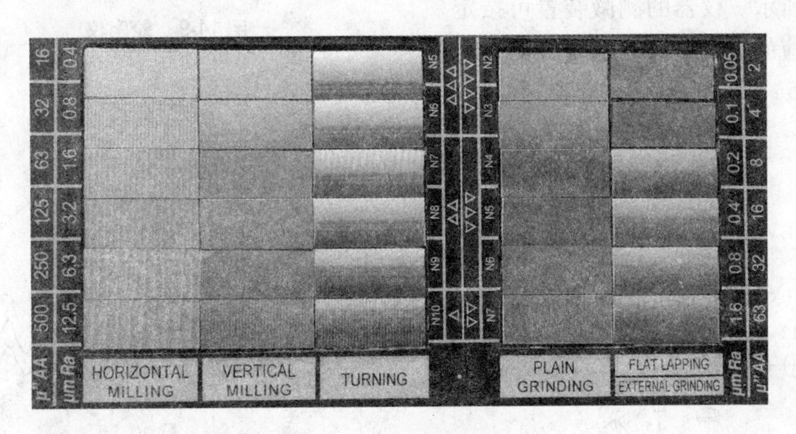

图14-7　粗糙度样板

14.5.2　针描法

针描法是利用仪器的触针在被测表面上轻轻划过,被测表面的微观不平度将使触针作垂直方向的移动,再通过传感器将位移量转换成电量,将信号放大后送入计算机,在显示器上显示出被测表面粗糙度的评定参数值的一种方法。也可由记录器绘制出被测表面轮廓的误差图形,其工作原理如图14-8所示。

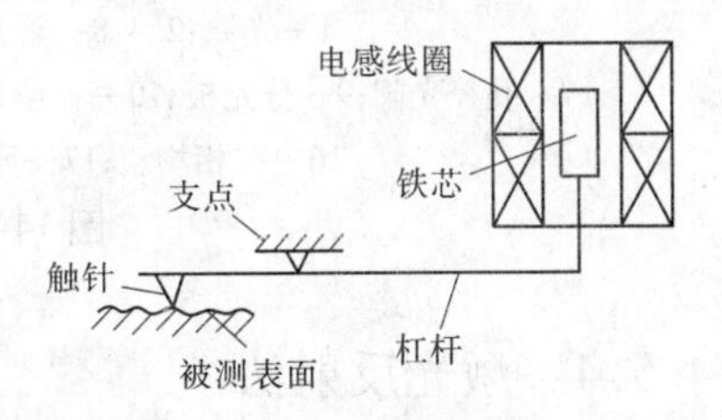

图14-8　针描法测量原理示意图

按针描法原理设计制造的表面粗糙度测量仪器通常称为轮廓仪(见图14-9)。根据转换原理的不同,有电感式轮廓仪、电容式轮廓仪、压电式轮廓仪等不同类型。轮廓仪可测 *Ra*、*Rsm* 及 *Rmr*(c)等多个参数。

除上述轮廓仪外,还有光学触针轮廓仪,它适用于非接触测量,以防止划伤零件表面,这种仪器通常直接显示 *Ra* 值,其测量范围为0.02～5 μm。

14.5.3 干涉法

干涉法是利用光波干涉原理测量表面粗糙度的方法。根据干涉原理设计制造的仪器称为干涉显微镜,其基本光路系统如图 14-10(a)所示。由光源 1 发出的光线经折射镜 5 反射向上,至分光板 9 后分成两束。一束向上射至被测表面 18 返回,另一束向左射至标准参考镜 13 返回。此两束光线会合后形成一组干涉条纹。干涉条纹的相对弯曲程度反映出被测表面微观不平度的状况,如图 14-10(b)所示。仪器的测微装置可按定义测出相应的评定参数 Rz 值,其测量范围为 0.025 ~0.8 μm。

图 14-9 轮廓仪

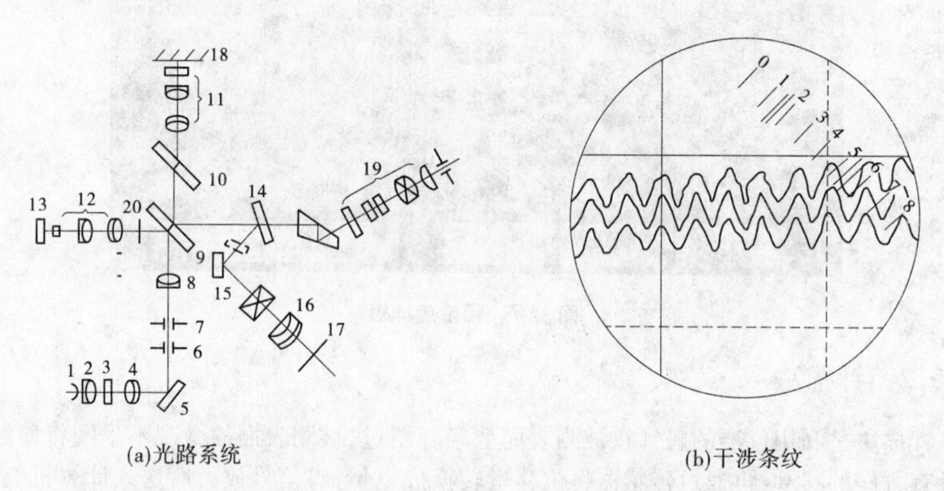

1—光源;2、4、8—聚光镜;3—滤光片;5、15—折射镜;6—视场光阑;
7—孔径光阑;9—分光板;10—补偿板;11—物镜;12—物镜组;13—标准参考镜;14—可调反光镜;
16—照相物镜;17—照相底片;18—被测表面;19—目镜;20—遮光板

图 14-10 干涉法测量原理示意图

14.5.4 激光反射法

激光反射法是用激光束以一定的角度照射到被测表面的一种方法,除一部分光被吸收外,大部分被反射和散射。反射光与散射光的强度及其分布与被测表面的微观不平度状况有关。通常,反射光较为集中,可形成明亮的光斑,而散射光则分布在光斑周围,形成较弱的光带。较为光洁的表面,光斑较强、光带较弱且宽度较小;较为粗糙的表面,则光斑较弱,光带较强且宽度较大。

14.6 拓展提高——表面粗糙度发展概况

为研究表面粗糙度对零件性能的影响和度量表面微观不平度，从20世纪20年代末到30年代，德国、美国和英国等国家的一些专家设计制作了轮廓记录仪、轮廓仪，同时也制造出了光切式显微镜和干涉显微镜等用光学方法来测量表面微观不平度的仪器，为从数值上定量评定表面粗糙度创造了条件。

从20世纪30年代起，对表面粗糙度定量评定参数进行了研究，如美国的Abbott就提出了用距表面轮廓峰顶的高度和支承长度率曲线来表征表面粗糙度。1936年出版了Schmaltz论述表面粗糙度的专著，对表面粗糙度的评定参数和数值的标准化提出了建议。但粗糙度评定参数及其数值的使用真正成为一个被广泛接受的标准，是从20世纪40年代各国相应的国家标准发布以后开始的。首先是美国在1940年发布了ASAB46.1国家标准，之后又经过几次修订，成为ANSI/ASMEB 46.1—1988《表面结构表面粗糙度、表面波纹度和加工纹理》，该标准采用中线制，并将*Ra*作为主要参数；接着苏联在1945年发布了GOCT 2789—1945《表面光洁度、表面微观几何形状、分级和表示法》，而后经过了3次修订，成为GOCT 2789—1973《表面粗糙度参数和特征》，该标准也采用中线制，并规定了包括轮廓均方根偏差，即包含6个评定参数及其相应的参数值。另外，其他工业发达国家的标准大多是在20世纪50年代制定的，如德国在1952年2月发布了DIN4760和DIN4762有关表面粗糙度的评定参数和术语等方面的标准等。

以上各国的国家标准中都采用了中线制作为表面粗糙度参数的计算制，具体参数千差万别，但其定义的主要参数依然是*Ra*，这也是国际间交流使用最广泛的一个参数。

练习题

1. 选择题

(1)通常规定表面粗糙度的评定长度是取样长度的(　　)。

A. 1~3倍　　B. 1~5倍　　C. 5~7倍　　D. 1~10倍

(2)在生产实际中用的最多的表面粗糙度的评定参数的符号是(　　)。

A. *Ra*　　B. *Rsm*　　C. *Rz*　　D. *Rmr*(c)

(3)实测一表面轮廓上的最大轮廓峰顶至基准线的距离为10 μm，最大谷底至基准线的距离为-6 μm，则轮廓最大高度值*Rz*为(　　)。

A. 4 μm　　B. 10 μm　　C. 16 μm　　D. 6 μm

(4)规定表面粗糙度的取样长度是(　　)。

A. 大于10 mm　　B. 非标准值　　C. 标准值　　D. 任意的

(5)比较样板的选择应使其(　　)与被测工件尽量相同。

A. 材料　　B. 材料和形状

C. 材料、形状和加工方法　　D. 加工方法

2. 填空题

(1)表面粗糙度是零件表面所具有的__________。

(2)取样长度用符号__________表示,评定长度用符号__________表示。

(3)在取样长度内,被测实际轮廓上各点至轮廓中线距离的绝对值的算术平均值称为__________。

(4)表面粗糙度参数值的选择原则是在满足功能要求的前提下,尽量选择__________的表面粗糙度参数值。

(5)比较法是将被测表面与已知其评定参数值的__________相比较。

3. 判断题

(1)表面粗糙度的取样长度是任意的。 ( )

(2)零件的表面粗糙度越大,说明零件的使用性能越好。 ( )

(3)基准线是用于评定表面粗糙度参数大小所规定的一条参考线。 ( )

(4)轮廓最大高度用 Ra 表示。 ( )

(5)比较法简单实用,适合于在车间条件下判断比较粗糙的零件表面。 ( )

4. 综合题

(1)表面粗糙度的含义是什么?对零件的工作性能有哪些影响?

(2)轮廓中线的含义和作用是什么?为什么规定了取样长度,还要规定评定长度?两者之间有什么关系?

(3)表面粗糙度的基本评定参数有哪些?简述其含义。

(4)表面粗糙度参数值是否选得越小越好?选用的原则是什么?如何选用?

(5)试将下列的表面粗糙度技术要求标注在图 14-11 所示的机械加工零件的图样上:

①两个 d_1 圆柱面的表面粗糙度参数 Ra 的上限值为 1.6 μm,下限值为 0.8 μm;

② d_2 轴肩的表面粗糙度参数 Rz 的最大值为 20 μm;

③ d_2 圆柱面的表面粗糙度参数 Ra 的最大值为 3.2 μm,最小值为 1.6 μm;

④宽度为 b 的键槽两侧面的表面粗糙度参数 Ra 的上限值为 3.2 μm;

⑤其余表面的表面粗糙度参数 Ra 的最大值为 12.5 μm。

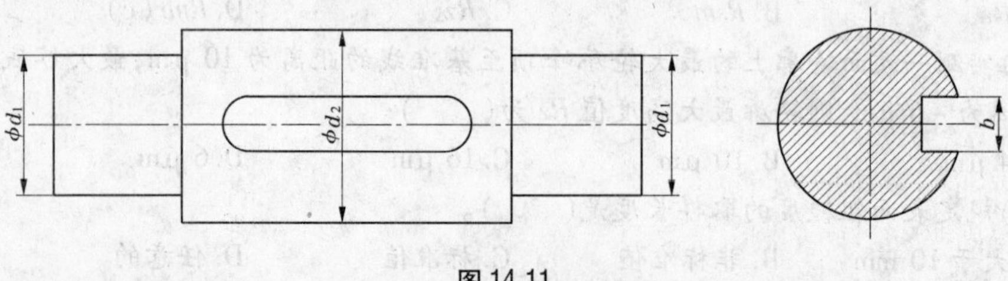

图 14-11

附录一

职业技能鉴定国家题库统一试卷

初级热处理工知识试卷

试卷编号:1000912—005

注 意 事 项

1. 请首先按要求在试卷的标封处填写您的姓名、考号和所在单位的名称。
2. 请仔细阅读各种题目的回答要求,在规定的位置填写您的答案。
3. 不要在试卷上乱写乱画,不要在标封区填写无关内容。

	第一部分	第二部分	总分	总分人
得分				

得分	
评分人	

一、选择题(第1~60题。选择正确的答案,将相应的字母填入题内的括号中。每题1.0分。满分60分)

1. 主视图与俯视图两者的关系是(　　)。
(A)两者的高相等　(B)两者的长相等
(C)两者的宽相等　(D)两者的长和宽相等

2. 在螺纹的规定画法中,牙底用(　　)表示。
(A)细实线　(B)粗实线　(C)虚线　(D)双点画线

3. 英寸制锥螺纹的螺纹代号用(　　)符号表示。
(A)M　(B)Z　(C)T　(D)G

4. 装配图与零件图相比不同的是(　　)。
(A)基本视图及表达方法不同
(B)基本视图不同
(C)零件图用一组图能清楚表达出一个零件的内外结构和形状,而装配图并不完整
(D)尺寸标注方法不同

5. 工业纯铁的含碳量小于(　　)。
(A)0.218%　(B)0.002 18%　(C)0.000 218　(D)0.021 8%

6. 每个密排六方晶胞中原子个数为(　　)。

(A)3　　(B)4　　(C)5　　(D)6

7. 晶粒越细,则(　　)。

(A)晶界面越多,晶界处的畸变能越小,原子在晶界处扩散速度加快

(B)晶界面越多,晶界处的畸变能越大,原子在晶界处扩散速度加快

(C)晶界面越多,晶界处的畸变能越大,原子在晶界处扩散速度减慢

(D)晶界面越多,晶界处的畸变能越小,原子在晶界处扩散速度减慢

8. Fe—Fe_3C 相图中 C 点的特性(名称、温度和含碳量)为(　　)。

(A)共析点,温度为 727 ℃,含碳量为 0.77%

(B)渗碳体的熔点,温度为 1 227 ℃,含碳量为 6.69%

(C)共晶点,温度为 1 227 ℃,含碳量为 4.3%

(D)共晶点,温度为 1 148 ℃,含碳量为 4.3%

9. 过共析钢随着含碳量的增加,其组织变化规律是(　　)。

(A)珠光体逐渐减少,铁素体逐渐增多

(B)珠光体逐渐减少,二次渗碳体数量逐渐增多

(C)珠光体逐渐增多,二次渗碳体数量逐渐减少

(D)铁素体逐渐减少,珠光体逐渐增多

10. 组织为单相铁素体的纯铁与铁素体加珠光体的亚共析钢相比,(　　)。

(A)亚共析钢的硬度和强度比纯铁高,塑性比纯铁低

(B)亚共析钢的硬度和强度比纯铁高,塑性也比纯铁高

(C)亚共析钢的硬度和强度比纯铁低,塑性比纯铁低

(D)亚共析钢的硬度和强度比纯铁低,塑性比纯铁高

11. 已知某一电路图如下图所示,R_{AB} 为(　　)Ω。

(A)4　　(B)6　　(C)8　　(D)16

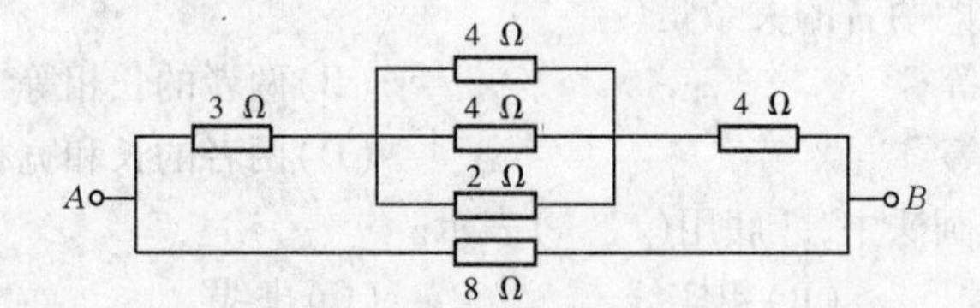

12. 变压器是(　　)。

(A)能把某一电压的交流电转变成同频率的另一电压的交流电的电器

(B)能把某一电压的交流电转变成不同频率的另一电压的交流电的电器

(C)能把某一电压的直流电转变成同频率的另一电压的直流电的电器

(D)能把某一电压的直流电转变成不同频率的另一电压的直流电的电器

13. 保护接地和保护接中线的区别是(　　)。

(A)保护接地是使接地点对地电压趋近于零,而后者使该相和电源中点形成单相短路

(B)保护接地是使接地点对地电压趋近于零,而后者使该相和电源形成回路

(C)保护接地是使接地点与保护电器形成回路,而后者使该相和电源形成回路

(D)保护接地是使接地点与保护电器形成回路,而后者使该相和电源中点形成短路

14. 奥氏体的形成速度主要受(　　)因素的影响。

(A)奥氏体成分、形核速度、原始组织　(B)加热温度、保温时间、冷却速度

(C)原始组织、化学成分、加热条件　(D)原始组织、加热条件、冷却速度

15. 当奥氏体以大于临界冷却速度冷却时,所得到的组织为(　　)。

(A)珠光体　(B)马氏体　(C)索氏体　(D)贝氏体

16. 由于加热温度过高,晶粒长得很大,以至于性能显著降低的现象称为(　　)。

(A)脱碳　(B)氧化　(C)过烧　(D)过热

17. 延长钢的奥氏体化的保温时间,可促使更多的碳溶入奥氏体中,使(　　)。

(A)M_s 点升高,M_f 点降低　(B)M_s 点降低,M_f 点升高

(C)M_s 点和 M_f 点都升高　(D)M_s 点和 M_f 点都降低

18. 片状马氏体与板条状马氏体相比,(　　)。

(A)获得片状马氏体组织的机械性能比板条状马氏体好

(B)获得板条状马氏体组织的机械性能比片状马氏体好

(C)两种所获得组织的机械性能一样

(D)两种所获得组织的机械性能无法比较

19. 正火后可得到(　　)组织。

(A)粗片状珠光体　(B)球状珠光体

(C)细片状珠光体　(D)片状珠光体+球状珠光体

20. 经加工硬化了的金属材料为基本恢复其原有性能,常进行(　　)。

(A)扩散退火　(B)再结晶退火　(C)正火　(D)完全退火

21. 不完全退火是把钢加热到(　　),达到不完全奥氏体化,随之缓慢冷却的退火工艺。

(A)A_{c3} 以上 30~50 ℃　(B)A_{c1} ~ A_{c3}

(C)A_{ccm} 以上 30~50 ℃　(D)A_1 以上 30~50 ℃

22. 对于处理厚薄相差较大的工件,应选用(　　)。

(A)延迟淬火冷却　(B)单介质淬火

(C)双介质淬火　(D)马氏体分级淬火

23. 有一精密零件,为了使光亮度好、金属表面的化学成分不变,应选择(　　)。

(A)盐浴炉热处理　(B)真空热处理

(C)箱式电阻炉　(D)井式电阻炉

24. 对尺寸较复杂的工件和要求淬透层深的工件,(　　)。

(A)前者取较高淬火温度,后者取较低淬火温度

(B)两者都取较高淬火温度

(C)前者宜取较低淬火温度,后者宜取较高淬火温度

(D)两者都宜取较低淬火温度

25. 调质钢经调质后的组织为(　　)。

(A)回火马氏体　(B)回火贝氏体　(C)珠光体　(D)回火索氏体

26. 在 100 ~ 200 ℃时钢淬火后的回火组织为(　　)。

(A)过饱和 α 固溶体　　(B)过饱和 γ 固溶体

(C)过饱和 α 固溶体 + ε 碳化物　　(D)过饱和 γ 固溶体和 ε 碳化物

27. 为了充分消除高速钢淬火后的残余奥氏体,通常要进行三次回火,其回火温度是(　　)。

(A)350 ~ 400 ℃　　(B)450 ~ 500 ℃　　(C)550 ~ 570 ℃　　(D)580 ~ 620 ℃

28. 40Cr 钢为常用调质钢,热处理工艺一般为(　　)。

(A)淬火　　(B)淬火和低温回火

(C)淬火和中温回火　　(D)淬火和高温回火

29. 对于形状比较复杂、尺寸较小而技术要求又较高的合金工具钢工具,宜采用(　　)工艺。

(A)马氏体分级淬火　　(B)双液淬火　　(C)延迟淬火　　(D)局部淬火

30. 对于要求具有一定硬度、强度和韧性且形状又比较小而复杂的工件,宜采用(　　)。

(A)延迟淬火　　(B)双液淬火　　(C)局部淬火　　(D)等温淬火

31. 中频设备的频率为(　　)kHz。

(A)50 ~ 100　　(B)30 ~ 80　　(C)0.18 ~ 8　　(D)0.05

32. 火焰淬火时,采用中性焰淬火,其氧气对乙炔的比例为(　　)。

(A)大于 1　　(B)小于 1　　(C)2 ~ 3　　(D)1 ~ 1.2

33. 为了使铸件中渗碳体全部或部分分解为石墨,以利于加工、提高韧性,灰铸铁件常采用(　　)。

(A)软化退火　　(B)去应力退火　　(C)正火　　(D)表面淬火

34. 对于扁平的工件,硬度在 40 HRC 以上,宜采用(　　)来校正。

(A)反击法　　(B)冷压校正法　　(C)淬火校直法　　(D)喷砂校直法

35. 常用高温盐浴脱氧剂为(　　)。

(A)二氧化钛　　(B)氯化铵　　(C)氯化镁　　(D)木炭

36. 脱氧效果的好坏一般在炉前用化学分析法来确定盐浴氧化物含量,在整个淬火过程中氧化物(折算成 BaO)含量(　　)。

(A)高温炉与中温炉均 <0.5%　　(B)高温炉 <1%,中温炉 <0.5%

(C)高温炉 <1%,中温炉≤0.1%　　(D)高温炉 <0.5%,中温炉≤0.1%

37. 对将要进行离子氮化的工件,入炉前工件(　　)。

(A)允许有少许锈,但应无油　　(B)干净无锈、无油

(C)允许有少量铁锈和油污　　(D)允许有少量油污,但不得有铁锈

38. 对调质后的零件,喷砂的主要目的是(　　)。

(A)增加表面压应力　　(B)清除表面氧化皮

(C)增加表面光洁度　　(D)增加表面拉应力

39. SS1 型液体喷砂机的磨料粒度的要求(　　)。

(A)60 号以上　　(B)55 号以上　　(C)46 号以上　　(D)40 号以上

40. 大型水槽常用(　　)制造。

(A)塑料板　　(B)3 ~5 mm 钢板　　(C)8 ~12 mm 钢板　(D)木板

41. 水槽可作为(　　)淬火冷却用。

(A)热作模具钢　　(B)冷作模具钢　　(C)碳素结构钢　　(D)高速钢

42. 容量为 30 m^3 左右的油槽用(　　)制造。

(A)8 ~12 mm 塑料板　　(B)8 ~12 mm 钢板

(C)20 ~25 mm 木板　　(D)3 ~5 mm 钢板

43. 硬度计型号 HRV -150AT 表示(　　)。

(A)光学洛氏硬度计　　(B)一般洛氏硬度计

(C)自动洛氏硬度计　　(D)布氏硬度计

44. 硬度计 HB -3000 型的测量范围为(　　)。

(A)450 ~600 HBS　　(B)25 ~100 HRB　　(C)70 ~85 HRA　　(D)8 ~450 HBS

45. 下列说法中(　　)是错误的。

(A)对于硬度计量表的各种机构,应加油润滑

(B)硬度计应经常保持清洁状态

(C)硬度计每隔一年或两年请计量局人来进行校验

(D)硬度计试验完毕后,应卸下砝码,避免缓冲器的弹簧疲劳

46. 有一液压校直机,其型号为 Y41 -25,它表示(　　)。

(A)公称压力为 41 t,滑块至台面最大距离 630 mm,液体最大工作压力 135 kgf/cm^2

(B)公称压力为 41 t,滑块至台面最大距离 750 mm,液体最大工作压力 130 135 kgf/cm^2

(C)公称压力为 25 t,滑块至台面最大距离 750 mm,液体最大工作压力 130 135 kgf/cm^2

(D)公称压力为 25 t,滑块至台面最大距离 630 mm,液体最大工作压力 135 135 kgf/cm^2

47. 工件直径为 20 ~30 mm,校直时宜采用(　　)液压校直机来校正。

(A)Y41 -10　　(B)Y41 -25　　(C)Y41 -40　　(D)Y41 -63

48. 对吸入式喷丸喷砂装置,其喷射丸直径以(　　)为宜。

(A)小于 0.1 mm　　(B)小于 3 mm　　(C)小于 2 mm　　(D)小于 1 mm

49. 测温范围在 600 ~800 ℃,但被测介质是还原性介质,应选(　　)热电偶。

(A)EA -2　　(B)LB -3　　(C)Eu -2　　(D)LB -3 和 Eu -2

50. 热电偶必须由(　　)构成。

(A)两种不同的金属导线　　(B)两种相同的金属导线

(C)一根是金属导线,一根是非金属导线　　(D)两种不同的非金属

51. 一种毫伏计可配(　　)热电偶。

(A)4 种　　(B)3 种　　(C)2 种　　(D)1 种

52. 毫伏计到了规定检定有效期时(　　)。

(A)只要测量准确就可继续使用　　(B)只要不出事故就可继续使用

(C)停止使用　　(D)只要技术人员同意就可继续使用

53. 电子电位差计在干燥无腐蚀条件下使用,仪表内的温度应(　　)才能正常工作。

(A) <30 ℃　　(B) <40 ℃　　(C) <60 ℃　　(D) <50 ℃

54. 使用辐射高温计时，辐射镜距离热源(　　)。

(A)0.5～0.8 m，倾斜60°～75°　　(B)0.5～0.8 m，倾斜30°～60°

(C)0.7～1.1 m，倾斜30°～60°　　(D)0.7～1.1 m，倾斜60°～75°

55. 对热处理用盐氯化钠的质量要求(　　)。

(A)一级品纯度≥96%　　(B)一级品纯度≥97%

(C)一级品纯度≥98%　　(D)一级品纯度≥98.5%

56. 对固体渗碳剂的保管方法(　　)。

(A)避免雨淋对存放环境无要求　　(B)与其他工业盐类混放

(C)存放处便于取用方便　　(D)存放在通风干燥的库房内

57. 下列耐火材料中(　　)为常用的耐火材料。

(A)高铝泡沫　　(B)氧化铝泡沫砖

(C)高铝砖　　(D)氧化铝高强度轻质砖

58. 重质高铝砖最高使用温度为(　　)。

(A)1 100 ℃　　(B)1 300 ℃

(C)1 400 ℃　　(D)1 600～1 700 ℃

59. 錾削硬钢或铸铁等硬材料，楔角取(　　)。

(A)50°～60°　　(B)60°～70°　　(C)30°～40°　　(D)40°～50°

60. 为了满足工件局部加热淬火工艺，常采用(　　)来实现。

(A)箱式电阻炉　　(B)感应加热　　(C)保护气氛炉　　(D)井式电阻炉

得分	
评分人	

二、判断题(第61～80题。将判断结果填入括号中，正确的填"√"，错误的填"×"。每题2.0分。满分40分)

(　　)61. 塑性指标的伸长率是变形直至断裂后，断口处已变形截面面积与原始截面面积之比的百分数。

(　　)62. 布氏硬度的表示方法，如120HBS10/3000/30，表示用30 mm直径的钢球，在3 000 kgf的试验力作用下，保持10 s所测得的硬度值为120。

(　　)63. 灰口铸铁用代号"KT"来表示。

(　　)64. 纯金属的结晶过程是按一定的几何形状进行无规则排列并不断长大的过程。

(　　)65. 同素异构转变的特点是有一定的转变温度，遵循晶核形成和晶核长大的结晶规律，转变时也有结晶潜热的放出和过冷现象。

(　　)66. 奥氏体在727 ℃的含碳量为2.11%。

(　　)67. Fe—Fe_3C 相图中 *GS* 线为合金冷却时奥氏体析出铁素体的开始线，也是加热时铁素体转变为奥氏体的终了线。

(　　)68. 本质细晶粒钢渗碳件可采用渗碳后直接淬火法。

(　　)69. 钢在等温转变曲线的“鼻子”至 M_s 温度范围等温时，将发生贝氏体转变。

(　　)70. 延长奥氏体保温时间，将使获得贝氏体组织的机械性能明显提高。

(　　)71. 组织应力是在低温产生的，这时钢的塑性很差，变形困难，故组织应力引起的变形较小，但容易造成开裂。

(　　)72. 盐浴炉淬火的零件，一定要清洗干净，才能进入空气炉回火，否则表面将产生严重腐蚀现象。

(　　)73. 型号 RJX－75－13 中 13 表示功率为 13 kW。

(　　)74. 电极式盐浴炉与外热盐浴炉相比，其工件入炉安全，启动方便。

(　　)75. 在吸入式喷丸喷砂装置中，对混合室负压要求低。

(　　)76. 型号为 WFT－202 的辐射感温器，当采用石英玻璃透镜时，其测温范围为 400～1 200 ℃。

(　　)77. 型号为 WGG_2－21 的光学高温计的测温范围为 800～2 000 ℃。

(　　)78. 刚玉砖不宜用于制造高温炉电热元件搁砖。

(　　)79. 安装锯条时，锯齿尖应朝向前推的方向。

(　　)80. 热处理车间的起重传动机构备有专用松闸机构，用手动操作可使吊钩继续下降到一定深度。

标准答案与评分标准

试卷编号:1000912—005

一、选择题

评分标准:各小题答对给 1.0 分;答错或漏答不给分,也不扣分。

1. B	2. A	3. B	4. C	5. D
6. D	7. B	8. D	9. B	10. A
11. A	12. A	13. A	14. C	15. B
16. D	17. D	18. B	19. C	20. B
21. B	22. A	23. B	24. C	25. D
26. C	27. C	28. D	29. A	30. D
31. C	32. D	33. A	34. A	35. A
36. D	37. B	38. B	39. C	40. C
41. C	42. B	43. A	44. D	45. A
46. D	47. A	48. D	49. C	50. A
51. D	52. C	53. C	54. C	55. D
56. D	57. C	58. D	59. B	60. B

二、判断题

评分标准:各小题答对给 2.0 分;答错或漏答不给分,也不扣分。

61. ×	62. ×	63. ×	64. ×	65. √
66. ×	67. √	68. √	69. √	70. ×
71. √	72. √	73. ×	74. ×	75. ×
76. √	77. √	78. ×	79. √	80. √

附录二

职业技能鉴定国家题库统一试卷

中级装配钳工知识试卷

试卷编号:1000911—004

注 意 事 项

1. 请首先按要求在试卷的标封处填写您的姓名、考号和所在单位的名称。
2. 请仔细阅读各种题目的回答要求,在规定的位置填写您的答案。
3. 不要在试卷上乱写乱画,不要在标封区填写无关内容。

	第一部分	第二部分	总分	总分人
得分				

得分	
评分人	

一、单项选择(第1~70题。选择一个正确的答案,将相应的字母填入题内的括号中。每题1.0分。满分70分。)

1. 职业道德的实质内容是(　　)。

(A)改善个人生活　　(B)增加社会的财富

(C)树立全新的社会主义劳动态度　　(D)增强竞争意识

2. 违反安全操作规程的是(　　)。

(A)自已制定生产工艺　　(B)贯彻安全生产规章制度

(C)加强法制观念　　(D)执行国家安全生产的法令、规定

3. 不符合着装整洁、文明生产要求的是(　　)。

(A)贯彻操作规程　　(B)执行规章制度

(C)工作中对服装不作要求　　(D)创造良好的生产条件

4. 下列说法中错误的是(　　)。

(A)对于机件的肋、轮辐及薄壁等,如按纵向剖切,这些结构都不画剖面符号,而用粗实线将它与其邻接部分分开

(B)当零件回转体上均匀分布的肋、轮辐、孔等结构不处于剖切平面上时,可将这些结构旋转到剖切平面上画出

(C)较长的机件(轴、杆、型材、连杆等)沿长度方向的形状一致或按一定规律变化时,

可断开后缩短绘制。采用这种画法时,尺寸可以不按机件原长标注

(D)当回转体零件上的平面在图形中不能充分表达时,可用平面符号(相交的两细实线)表示

5. 确定基本偏差主要是为了确定(　　)。

(A)公差带的位置　　(B)公差带的大小

(C)配合的精度　　(D)工件的加工精度

6. 球墨铸铁的组织可以是(　　)。

(A)铁素体+团絮状石墨　　(B)铁素体+球状石墨

(C)铁素体+珠光体+片状石墨　　(D)珠光体+片状石墨

7. 圆柱齿轮传动的精度要求有运动精度、工作平稳性、(　　)等几方面精度要求。

(A)几何精度　　(B)平行度　　(C)垂直度　　(D)接触精度

8. (　　)主要起冷却作用。

(A)水溶液　　(B)乳化液　　(C)切削油　　(D)防锈剂

9. 使用划线盘划线时,划针应与工件划线表面之间保持夹角(　　)。

(A)40°~60°　　(B)20°~40°　　(C)50°~70°　　(D)10°~20°

10. 在螺纹底孔的孔口倒角,丝锥开始切削时(　　)。

(A)容易切入　　(B)不易切入　　(C)容易折断　　(D)不易折断

11. 电动机的分类不正确的是(　　)。

(A)异步电动机和同步电动机　　(B)三相电动机和单相电动机

(C)主动电动机和被动电动机　　(D)交流电动机和直流电动机

12. 电流对人体的伤害程度与(　　)无关。

(A)通过人体电流的大小　　(B)通过人体电流的时间

(C)电流通过人体的部位　　(D)触电者的性格

13. 工企对环境污染的防治不包括(　　)。

(A)防治大气污染　　(B)防治水体污染　　(C)防治噪声污染　　(D)防治运输污染

14. 环境保护不包括(　　)。

(A)调节气候变化　　(B)提高人类生活质量

(C)保护人类健康　　(D)促进人类与环境协调发展

15. 机床传动系统图能简明地表示出机床全部运动的传动路线,是分析机床内部(　　)的重要资料。

(A)传动规律和基本结构　　(B)传动规律

(C)运动　　(D)基本结构

16. 读传动系统图的(　　)是研究各传动轴与传动件的连接形式和各传动轴之间的传动联系及传动比。

(A)第一步　　(B)第二步　　(C)第三步　　(D)第四步

17. 车床的(　　)即刀架的直线运动。

(A)大拖板进给运动　　(B)切入运动

(C)切削运动　　(D)主运动

18. 轴Ⅰ上装有一个(　　)，用以控制主轴的正、反转或停止。

(A)联轴器　　(B)双向多片式摩擦离合器

(C)牙嵌式离合器　　(D)圆锥摩擦离合器

19. CA6140型车床纵向和横向进给传动链，是由Ⅰ轴→(　　)→挂轮机构→变速箱→光杠(丝杠)经溜板箱中的传动机构，使刀架作纵向和横向进给运动。

(A)减速箱　　(B)主轴箱　　(C)方箱　　(D)溜板箱和方箱

20. CA6140型车床车螺纹传动链，是由Ⅰ轴→主轴箱→挂轮机构→变速箱中离合器→丝杠组成，合上(　　)中的开合螺母，使刀架作纵向进给运动，车制螺纹。

(A)减速箱　　(B)溜板箱　　(C)方箱　　(D)减速箱和溜板箱

21. 依据产品图，对零件进行(　　)分析。

(A)工序　　(B)工步　　(C)工艺　　(D)工装

22. 工艺卡是以(　　)为单位详细说明整个工艺过程的工艺文件。

(A)工步　　(B)工装　　(C)工序　　(D)工艺

23. 工序卡片是用来具体(　　)工人进行操作的一种工艺文件。

(A)培训　　(B)锻炼　　(C)指导　　(D)指挥

24. 保证装配精度的工艺之一有(　　)。

(A)调整装配法　　(B)间隙装配法　　(C)过盈装配法　　(D)过渡装配法

25. 互换装配法对装配工艺技术水平要求(　　)。

(A)很高　　(B)高　　(C)一般　　(D)不高

26. 调整装配法是在装配时改变可调整件的(　　)。

(A)尺寸　　(B)形状精度　　(C)表面粗糙度　　(D)相对位置

27. 自身是一个部件，又需要装在一起的零件或部件称(　　)。

(A)组件　　(B)部件　　(C)基准零件　　(D)基准部件

28. 构成机器的(产品)最小单元称(　　)。

(A)零件　　(B)部件　　(C)组件　　(D)分组件

29. 直接进入机器装配的(　　)称为组件。

(A)零件　　(B)部件　　(C)组合件　　(D)加工件

30. 万能外圆磨床的主轴及其支承在结构上应具有很高的(　　)。

(A)刚性　　(B)硬度　　(C)强度　　(D)韧性

31. 最先进入装配的零件称装配(　　)。

(A)标准件　　(B)主要件　　(C)基准件　　(D)重要件

32. 在单件和小批量生产中，(　　)。

(A)需要制定工艺卡　　(B)不需要制定工艺卡

(C)需要一序一卡　　(D)需要制定工步卡

33. 装配(　　)应包括组装时各装入件符合图纸要求和装配后验收条件。

(A)生产条件　　(B)技术条件　　(C)工艺条件　　(D)工装条件

34. 部件(　　)的基本原则为先上后下、先内后外、由主动到被动。

(A)加工工艺　　(B)加工工序　　(C)装配程序　　(D)制造程序

35. 圆柱形凸轮的划线第四步是在划出的曲线上打上(　　)。

(A)痕迹　(B)标记　(C)样冲眼　(D)号码

36. 研磨圆柱孔用研磨剂的粒度为(　　)的微粉。

(A)W7 ~ W7.5　(B)W5 ~ W5.5　(C)W4 ~ W4.5　(D)W1.5 ~ W2

37. 浇铸巴氏合金轴瓦首先清理轴瓦基体,然后对轴瓦基体浇铸表面(　　)。

(A)镀锡　(B)镀铬　(C)镀锌　(D)镀铜

38. 液压传动装置的控制、调节比较简单,操纵方便,便于实现(　　)。

(A)自动化　(B)系列化　(C)标准化　(D)通用化

39. 换向阀利用阀芯在阀体间的(　　)来变换油液流动的方向。

(A)移动　(B)转动　(C)相对移动　(D)配合

40. 曲柄摇杆机构属于(　　)。

(A)空间连杆机构　(B)铰链四杆机构　(C)滑块四杆机构　(D)两杆机构

41. 凸轮轮廓线上各点的压力角是(　　)。

(A)不变的　(B)变化的　(C)相等的　(D)零

42. 螺旋传动的结构(　　),工作连续平稳。

(A)复杂　(B)简单　(C)标准化　(D)不确定

43. (　　)用来支承转动零件,即只受弯曲作用而不传递动力。

(A)转轴　(B)心轴　(C)传动轴　(D)曲轴

44. (　　)工作面是两键沿斜面拼合后相互平行的两个窄面,靠工作面上挤压和轴与轮毂的摩擦力传递转矩。

(A)楔键　(B)平键　(C)半圆键　(D)切向键

45. (　　)、圆锥销及开口销均有国家标准。

(A)槽销　(B)特殊形状销　(C)安全销　(D)圆柱销

46. 联轴器性能要求能适应被联接两轴间的相互(　　)。

(A)距离　(B)方向　(C)位置关系　(D)速度

47. 离合器按实现过程分为操纵式离合器与(　　)。

(A)摩擦离合器　(B)自动离合器　(C)啮合离合器　(D)刚性离合器

48. 测量误差是指测量时所用的(　　)不完善所引起的误差。

(A)办法　(B)程序　(C)手段　(D)方法

49. 线纹尺的刻线误差属于(　　)误差。

(A)制造　(B)测量　(C)加工　(D)标准器具

50. 在同一条件下,多次测量同一量值,误差的数值和符号按某一确定的规律变化的误差称(　　)误差。

(A)人为　(B)随机　(C)变值　(D)方法

51. 机床和基础之间所选用的调整垫铁及(　　)必须符合规定要求。

(A)数量　(B)质量　(C)体积　(D)耐性

52. 机床上有些零件由于结构细长,受力后就易产生(　　)。

(A)变化　(B)变形　(C)破损　(D)磨损

53. 旋转机械产生振动的原因之一有旋转体(　　)。

(A)不均匀　　(B)不一致　　(C)不同心　　(D)不同圆

54. 齿转啮合时的冲击引起机床(　　)。

(A)松动　　(B)振动　　(C)变动　　(D)转动

55. 零件(　　)误差产生原因有工艺系统受力所引起的误差。

(A)计量　　(B)使用　　(C)加工　　(D)测量

56. 工件以平面定位时,定位误差包括(　　)位移误差和基准不重合误差。

(A)标准　　(B)基准　　(C)基面　　(D)基础

57. 工件用外圆在 U 形块上定位,加工圆柱面上键槽时,工件以上母线为工序基准,其定位误差等于(　　)位移误差与(　　)不重合误差之和。

(A)基准　　(B)标准　　(C)基面　　(D)基础

58. 减小夹紧(　　)的措施之一是夹紧力尽可能与切削力、重力同向。

(A)上差　　(B)下差　　(C)误差　　(D)公差

59. 机床误差包括(　　)误差。

(A)机床刀具　　(B)机床夹具　　(C)机床主轴　　(D)机床量具

60. 导轨面间的不平度,习惯上称为"扭曲",属于导轨的(　　)精度。

(A)位置　　(B)表面　　(C)结合面　　(D)接触

61. 机床传动链误差,是由(　　)链中各传动件的制造误差和装配误差造成的。

(A)运动　　(B)结合　　(C)传动　　(D)连接

62. 刀具误差对加工精度的影响随刀具的(　　)而异。

(A)种类不同　　(B)大小　　(C)用途　　(D)性能

63. 砂轮磨内孔时,砂轮轴刚度较低,当砂轮在孔口位置磨削时,砂轮只有部分宽度参加磨削,切削力(　　),孔口外的孔径磨出得较大。

(A)大　　(B)较大　　(C)小　　(D)较小

64. 刀具磨钝(　　)工件的加工精度。

(A)增大　　(B)减少　　(C)降低　　(D)减小

65. 关于减小热变形误差的措施,错误的是(　　)。

(A)在恒温室内对工件进行加工

(B)在室外对工件进行加工

(C)加工前预热机床,使其在热平衡状态下进行加工

(D)加工时充分冷却,减少温升

66. 工件残余应力是指在没有外力作用的情况下,存在于工件内部的(　　)。

(A)引力　　(B)重力　　(C)惯性力　　(D)力

67. 由于外来的灰尘微粒掉落,球形阀卡住会产生压力(　　)。

(A)运动　　(B)行动　　(C)冲动　　(D)振荡

68. 溢流阀阻尼孔被堵塞使液压牛头刨床空运转时,液压系统中压力(　　)。

(A)超高　　(B)超低　　(C)过低　　(D)过高

69. 造成低速时滑枕有(　　)现象的原因是滑枕润滑不良。

(A)时动时停　　(B)爬行　　(C)缓动　　(D)慢动

70. 工件表面磨削时有突然拉毛痕迹的形成原因之一是(　　)砂轮磨粒脱落夹在砂轮和工件之间。

(A)粗粒度　　(B)细粒度　　(C)较粗粒度　　(D)较细粒度

得分	
评分人	

二、判断题(第71~100题。将判断结果填入括号中。正确的填"√",错误的填"×"。每题1.0分。满分30分。)

(　　)71. 从业者从事职业的态度是价值观、道德观的具体表现。

(　　)72. 从业者要遵守国家法纪,但不必遵守安全操作规程。

(　　)73. 只有选取合适的表面粗糙度,才能有效地减小零件的摩擦与磨损。

(　　)74. 不锈钢2Cr13具有导磁性。

(　　)75. 按用途不同,螺旋传动可分为传动螺旋和调整螺旋两种类型。

(　　)76. 刀具材料的基本要求是具有良好的工艺性和耐磨性。

(　　)77. 碳素工具钢和合金工具钢的特点是耐热性好,抗弯强度高,价格便宜等。

(　　)78. 游标卡尺不能用来测量孔距。

(　　)79. 万能角度尺按其游标读数值可分为2′和5′两种。

(　　)80. 硬质合金机用铰刀来高速铰削硬材料。

(　　)81. 普通螺纹分粗牙普通螺纹和细牙普通螺纹两种。

(　　)82. CA6140型车床主电路有3台电动机,采用三相380 V的交流电源。

(　　)83. 装配工艺规程通常是按工作集中或工序分散的原则编制的。

(　　)84. 选配装配法可分为间隙选配法、过盈选配法、过渡选配法。

(　　)85. 表示装配单元的加工先后顺序的图称为装配单元系统图。

(　　)86. 装配工艺规程文件包括生产过程和装配过程所需的一些文件。

(　　)87. 采用量块移动坐标钻孔的方法加工孔距精度要求较高的孔时,应具有两个互相垂直的加工面作为基准。

(　　)88. 只要在刮削中及时进行检验,就可避免刮削废品的产生。

(　　)89. 运动精度就是指旋转体经平衡后,允许存在不平衡量的大小。

(　　)90. CA6140型车床床身导轨的精度由磨削来达到。

(　　)91. 方向控制回路包括换向回路和锁紧回路。

(　　)92. 蜗杆传动的承载能力大,传动效率高。

(　　)93. 根据轴颈和轴承之间摩擦性质的不同,轴承可分为滑动轴承和滚动轴承两类。

(　　)94. 计量器具误差主要是计量器具的结构设计、制造装配、使用过程等所有误差的总和。

(　　)95. 随机误差决定了测量的精密度,随机误差愈小,精密度愈高。

(　　)96. 通常要对温度做出规定,如外圆磨床砂轮架一般要求温升不超过 50 ℃。

(　　)97. 采用不同刀具加工齿轮必然产生理论误差。

(　　)98. 为了保证工件的加工精度,必须保证所用夹具的高精度。

(　　)99. 工艺系统在外力作用下会产生相应的变形,从而产生加工误差。

(　　)100. 辅助装置是液压系统的基本组成部分之一。

标准答案与评分标准

试卷编号:1100911—004

一、单项选择

评分标准:各小题答对给 1.0 分;答错或漏答不给分,也不扣分。

1. C	2. A	3. C	4. C	5. A	6. B	7. D	8. A	9. A	10. A
11. C	12. D	13. D	14. A	15. A	16. B	17. A	18. B	19. B	20. B
21. C	22. C	23. C	24. A	25. D	26. D	27. D	28. B	29. B	30. A
31. C	32. B	33. B	34. C	35. C	36. D	37. A	38. A	39. C	40. B
41. B	42. B	43. B	44. D	45. D	46. C	47. B	48. D	49. D	50. C
51. A	52. B	53. C	54. B	55. C	56. B	57. A	58. C	59. C	60. A
61. C	62. A	63. C	64. A	65. B	66. D	67. C	68. D	69. B	70. A

二、判断题

评分标准:各小题答对给 1.0 分;答错或漏答不给分,也不扣分。

71. √	72. ×	73. √	74. √	75. ×	76. ×	77. ×	78. ×	79. √	80. √
81. √	82. √	83. ×	84. ×	85. ×	86. ×	87. √	88. ×	89. √	90. √
91. √	92. ×	93. √	94. √	95. √	96. ×	97. ×	98. ×	99. √	100. √

参 考 文 献

[1] 袁江顺.工程材料及热加工[M].武汉:华中科技大学出版社,2006.
[2] 钱继锋.热加工工艺基础[M].北京:北京大学出版社,2006.
[3] 苏建修.机械制造基础[M].北京:机械工业出版社,2006.
[4] 徐福林.机械制造基础[M].北京:北京理工大学出版社,2007.
[5] 鞠鲁粤.工程材料与成型技术基础[M].北京:高等教育出版社,2004.
[6] 柳吉荣.铸造工[M].北京:机械工业出版社,2006.
[7] 陈宏钧.钳工操作技能手册[M].北京:机械工业出版社,2004.
[8] 祁宏志.机械制造基础[M].北京:电子工业出版社,2005.
[9] 吕天玉.公差配合与测量技术[M].大连:大连理工大学出版社,2008.
[10] 黄健求.机械制造技术基础[M].北京:机械工业出版社,2005.
[11] 鲁昌国.机械制造技术[M].大连:大连理工大学出版社,2007.
[12] 张立波.中高铸造新技术发展趋势[J].铸造,2005(3).
[13] 陈星.技术技能多面手——钳工[J].才智,2009(6).
[14] 叶春香.钳工常识[M].北京:机械工业出版社,2007.
[15] 李伟光.现代制造技术[M].北京:机械工业出版社,2008.
[16] 王甫茂.机械制造基础[M].北京:科学出版社,2011.
[17] 刘越.公差配合与技术测量[M].北京:化学工业出版社,2010.
[18] 王悦祥.金属材料及热处理[M].北京:冶金工业出版社,2010.
[19] 唐迎春.焊接质量检测技术[M].北京:中国人民大学出版社,2012.
[20] 刘光云.焊接技能实训教程[M].北京:石油工业出版社,2009.